Diseño de estructuras marinas

Diseño de estructuras marinas

Aurelio Francisco Muñoz Rubio
Julio Antonio Vas Pina

Diseño de estructuras marinas

Primera edición: 2024

ISBN: 9788410066588
ISBN Ebook: 9788410458932
Depósito legal: SE 2403-2024

© del texto:
Aurelio Francisco Muñoz Rubio y Julio Antonio Vas Pina

© de esta edición:
Editorial Aula Magna, 2024. McGraw-Hill Interamericana de España S.L.
editorialaulamagna.com
info@editorialaulamagna.com

Impreso en España – Printed in Spain

Esta publicación esta basada en los apuntes de Antonio Barrios Gallego, Ingeniero Naval y profesor de la Escuela de Ingenieros Navales y Oceánicos de la Universidad de Cádiz entre 1975 y 2012, que preparó como apoyo a sus clases. Las distintas aportaciones y actualizaciones que se han ido realizando durante años por los profesores de la Asignatura de Diseño de Estructuras Marinas, se ve plasmada en esta obra que se hace imprescindible para el buen entendimiento del comportamiento de las estructuras navales frente a las solicitaciones a las que se ven sometidas durante su vida útil. Un libro bien estructurado en su contenido de conocimiento, establece partes claramente diferenciadas; estudio de la resistencia longitudinal, resistencia trasversal, resistencia local, torsión y pandeo. El estudio de la materia contenida en esta obra, hace que podamos interpretar los resultado del calculo directo realizado con ayuda del ordenador mediante la utilización de los software específicos, comerciales o de las Sociedades de Clasificación. Además nos habilitará para poder realizar estimaciones y cálculos sobre estructura en diseños preliminares. Finalmente para consolidar los conocimiento adquiridos durante el estudio de los distintos temas, se presenta un glosario de ejercicios de aplicación, bien definidos y elaborados con una resolución clara.

ÍNDICE

LISTA DE FIGURAS

LISTA DE TABLAS

1. INTRODUCCIÓN AL CÁLCULO DE LA ESTRUCTURA DEL BUQUE

1.1 GENERALIDADES

El proceso de análisis de una estructura cualquiera lleva consigo el estudio y concreción de las solicitaciones y fuerzas actuantes sobre la misma, la determinación de los niveles de esfuerzos (tensiones) y deformaciones (flechas) y, por último, la comparación de dichos niveles de tensiones con los valores que pueden admitirse para el material del cual se ha construido dicha estructura.

El diseño de la estructura de un buque es un proceso, en ocasiones iterativo, en el que se eligen los escantillones de la misma para que, después de efectuar el correspondiente análisis, se obtengan tensiones máximas inferiores a las admisibles, pero no mucho más bajas que estas, ya que esto supondría un sobre dimensionamiento del buque, con el encarecimiento y aumento de peso correspondientes.

En el caso del buque el problema se complica no solamente porque su estructura es muy compleja, sino también porque es difícil establecer la magnitud de las solicitaciones a las que se ve sometido, principalmente en relación con las ocasionadas por el medio en que flota: la mar. Estas son de tipo estocástico o aleatorio, por lo que en muchas ocasiones no tiene sentido hablar de las «peores condiciones posibles» a menos que dicha expresión se asocie a una probabilidad de presentación en un plazo de tiempo dado.

En el caso de una viga o un pórtico constituido por pocas barras y sometido a un sistema simple de cargas, cabe pensar en abordar su análisis estructural de una forma global. Pero el buque es, como hemos dicho, una estructura muy compleja sometida a múltiples acciones solicitadoras y para efectuar su análisis es conveniente dividir el problema estructural en partes.

En primer lugar, se considera el buque como una viga soportada por un medio elástico, el mar, y cargada con su propio peso (peso del casco), con el peso de la maquinaria y del equipo, y con los pesos correspondientes a la carga, lastre y consumos. El estudio de la flexión y efecto de cizalla en esta viga-buque recibe el nombre de «Estudio de Resistencia Longitudinal».

Por otro lado, como la estructura del buque no es maciza, sino que está construida por planchas y refuerzos, es necesario comprobar que tiene rigidez suficiente para no colapsar transversalmente. El estudio de esta faceta recibe el nombre de «Resistencia Transversal».

Cuando concentramos nuestro estudio en la distribución de tensiones y deformaciones ocasionadas por la aplicación directa de una carga dada (presión hidrostática, por ejemplo) sobre una plancha o un refuerzo cuyos bordes o extremos se consideran con una cierta condición de contorno dada (apoyo o empotramiento) decimos que estamos estudiando la «Resistencia Local» de ese elemento.

El estado real de tensiones en un punto puede encontrarse por superposición de las ocasionadas por las solicitaciones de la viga-buque (Resistencia Longitudinal), las del anillo transversal (Resistencia Transversal) y las deducidas del estudio de Resistencia Local. Cuando se hace esta superposición deben tenerse en cuenta no solo la dirección y sentido de cada una de las componentes, sino también la posibilidad y probabilidad de que se presenten o no simultáneamente.

Por otra parte, en el proceso de cálculo de la estructura del buque, deben también efectuarse las comprobaciones necesarias para asegurar que no se producirán fenómenos de inestabilidad elástica (pandeo) ni vibraciones excesivas. En los buques, tales como los portacontenedores, en los que se disponen grandes aberturas en las cubiertas, cobran especial importancia la rigidez y la resistencia a la torsión.

En los párrafos que siguen se desarrollan con algún detalle estas ideas sobre la estructura del buque.

1.2 RESISTENCIA LONGITUDINAL

Cuando el buque flota en equilibrio en una mar tranquila, las presiones hidrostáticas que actúan sobre su casco exterior producen una fuerza resultante vertical exactamente igual al peso total que, además, actuará sobre la misma vertical que pasa por el centro de gravedad. Pero la igualdad numérica entre los valores totales de peso y empuje no significa que la distribución de estas acciones a lo largo de la eslora del buque sea similar: las ordenadas de la curva de empujes por unidad de eslora dependen de los calados y de las formas del buque. La forma de la curva de pesos por unidad de eslora depende principalmente de cómo se han emplazado los distintos pesos en el buque y esto dependerá en gran parte de la disposición general del mismo y solo algo de sus formas. Dependerá también de la densidad de la carga, del tipo de situación: carga o lastre y de la cantidad de consumos. La distribución de peso por unidad de eslora es normalmente una curva muy irregular y, desde luego, de un carácter completamente diferente del de la curva de empujes.

Si en cada punto de la eslora se halla la diferencia entre las ordenadas de las curvas de pesos y de empujes, se determinará una tercera curva que podemos denominar «curva de cargas» la cual representa la distribución de acciones sobre la viga-buque. Aunque la integración total de dicha curva a lo largo de la eslora conduciría a una resultante nula (ya que el buque se considera en equilibrio) la verdad es que dichas cargas originarán una flexión de la viga-buque, provocando la presencia de una cierta distribución de Momentos Flectores y de Fuerzas Cortantes a lo largo de la misma.

La iniciación a la teoría de la flexión suele hacerse mediante el estudio del comportamiento elástico de una viga de sección recta constante sometida en sus extremos a sendos pares de fuerzas iguales y opuestas. Este estudio puede verse, por ejemplo, en el Tomo I de la (Ref. (6)) , por lo que no nos detendremos aquí en su exposición.

Cuando existen fuerzas cortantes, se ha comprobado experimentalmente que las consecuencias deducidas de la aplicación de la Teoría de la Flexión pura se acercan mucho a la realidad, salvo en los casos en los que la relación entre la altura (peralte) de la viga y su longitud es muy alta.

En capítulos posteriores estudiaremos con detalle el proceso de cálculo y comprobación de la Resistencia Longitudinal, por lo que ahora no nos extenderemos en la presentación de métodos de cálculo. Sin embargo, conviene que esbocemos esquemáticamente el proceso que se sigue para efectuar tales comprobaciones.

1) Para la situación de carga que se va a analizar, se concretan los pesos actuantes y su disposición a lo largo de la eslora. Esto permite obtener, por una parte, la curva de distribución de pesos por unidad de longitud a lo largo del buque y, por otra, el peso total y la posición de su centro de gravedad.

2) Teniendo en cuenta el peso total y la posición de su centro de gravedad, se calculan los calados a popa y proa correspondientes (haciendo uso de las Tablas Hidrostáticas, por ejemplo). En función de dichos calados y teniendo en cuenta las formas del buque, se determinará la distribución de empujes a lo largo de la eslora (usando las Curvas de Bonjean, por ejemplo).

3) A continuación, se calcularán las ordenadas de la curva de cargas como las diferencias entre las correspondientes ordenadas de las curvas de pesos y de empujes.

4) Integrando la curva de cargas a lo largo de la eslora del buque se obtendrá la distribución de Fuerzas Cortantes.

5) Integrando la distribución de Fuerzas Cortantes, obtendremos la de Momentos Flectores actuantes a lo largo de la eslora del buque.

6) En la sección maestra se identifican todos los elementos que contribuyen de una forma efectiva a la Resistencia Longitudinal, es decir, aquellos que se disponen longitudinalmente con una cierta continuidad en este sentido: forros, cubiertas, longitudinales de forros y cubiertas, dobles fondos, etc. Y se lleva a cabo un cálculo de la posición del eje neutro de la sección y del momento de inercia del conjunto de los elementos longitudinales respecto a dicho eje: «I_n»

7) Los esfuerzos ocasionados por el momento flector en los diferentes puntos de la maestra pueden calcularse por la fórmula de Navier:

$$\sigma = \frac{M}{I_n} \cdot Y \tag{1.1}$$

en la que «Y» es la distancia desde el eje neutro hasta el punto en cuestión.
Obviamente son los puntos más alejados del eje neutro los que (al ser mayor su «Y») están sometidos a esfuerzos más elevados, por lo que generalmente se suele concentrar el interés del calculista en el fondo y en la cubierta.

8) Los esfuerzos originados por la distribución de momentos flectores en puntos de otras secciones diferentes de la maestra pueden calcularse por la misma fórmula, utilizando el momento flector actuante sobre la sección en cuestión y las características resistentes de la misma (posición del eje neutro y momento de inercia respecto al mismo).

9) Las tensiones de cizalla (τ) pueden calcularse a partir de la fuerza cortante que actúa en la sección considerada y de las características geométrico-resistentes de dicha sección mediante fórmulas o procedimientos más o menos elaborados de la Resistencia de Materiales.

10) Comparando la magnitud de las tensiones calculadas con los valores admisibles correspondientes, se podrá decidir si la estructura del buque es adecuada o no para resistir las solicitaciones de Resistencia Longitudinal inducidas por la condición de carga sometida a estudio.

Hasta ahora hemos supuesto que la mar estaba tranquila y que la flotación era plana y horizontal. Sin embargo, esto no deja de ser una mera simplificación de la realidad, ya que inevitablemente el buque se encontrará con mares más o menos agitados por las olas a lo largo de sus viajes. Prescindamos por el momento de los efectos dinámicos de los movimientos del agua y consideremos una superficie ondulada con una longitud entre crestas igual a la eslora del buque. Si se sitúa la carena del buque sobre este perfil de olas de manera que coincidan las perpendiculares de popa y proa con sendas crestas consecutivas, se tendrá una distribución de empujes que dependerá no solamente de las formas del buque y de los calados en las perpendiculares, sino también del tipo de perfil elegido (sinusoidal, trocoidal u otro) para la ola y de la altura de esta. Obviamente, si el buque tiene una distribución de pesos dada, existirá una sola posición del mismo sobre el perfil de ola en la que, manteniendo la coincidencia de las perpendiculares con las crestas, se verifique el equilibro entre las fuerzas de empuje y las gravitatorias. Dicha posición podría encontrarse efectuando un proceso de cálculos más o menos iterativo.

Una vez que se ha posicionado el buque en equilibrio sobre el perfil de ola, se podrá determinar la distribución de empujes a lo largo de la eslora. Si se comparase esta distribución con la que se tendría en el caso de que el buque, cargado con la misma disposición de pesos, estuviese flotando en una mar lisa y horizontal, se observaría que ambas curvas de empujes difieren en su forma: en la primera de ellas se apreciará una mayor concentración de los empujes hacia los extremos que en la segunda.

Si el buque se posicionase en equilibrio sobre una cresta, es decir, de manera que sus perpendiculares de proa y popa se situasen en dos senos consecutivos, la distribución de empujes sería muy diferente, con una gran concentración en el centro y muy poca en los extremos.

Evidentemente esta variación de la curva de empujes influirá sobre la forma de la curva de cargas y, por consiguiente, sobre la distribución de fuerzas cortantes y momentos flectores. En el estudio de la Resistencia Longitudinal del buque hay que considerar el efecto de las olas y esto trae consigo la necesidad de concretar o definir el concepto de «ola más perjudicial». Pero es este un tema del que trataremos con algún detalle en un capítulo posterior, por lo que no profundizaremos en él más por ahora. Solamente con el fin de fijar ideas sobre la importancia de estas acciones indicaremos que, en algunas ocasiones, el efecto de las olas puede llegar a duplicar y hasta casi triplicar el valor del momento flector máximo.

1.3 RESISTENCIA TRANSVERSAL

Para que el buque flote en equilibrio, las presiones hidrostáticas que actúan sobre el exterior de su casco deben producir una componente vertical exactamente igual al peso. Pero las fuerzas de presión tendrán también componentes horizontales que, aunque darán una resultante general nula, actuarán localmente sobre la estructura produciendo distorsiones y tensiones.

El estudio de la Resistencia Transversal del buque tiene por objeto el análisis de la respuesta de la estructura del buque a acciones que actúan en planos perpendiculares a la eslora. Cuando se lleva a cabo este estudio se consideran principalmente los anillos transversales que forman lo que antiguamente se llamaba el «costillaje». Cuadernas, baos y varengas en los buques en que los esfuerzos primarios de las planchas se disponen en sentido transversal. Anillos de bulárcamas de apoyos de los refuerzos longitudinales en los buques de estructura longitudinal.

Dichas acciones son debidas a los siguientes efectos:

   a) Presiones hidrostáticas, tanto exteriores como interiores.

   b) Acciones ejercidas por la carga (mineral, grano, contenedores, etc.)

   c) Efectos de la Resistencia Longitudinal: por ejemplo, distribución de tensiones de cizalla sobre los costados y mamparos longitudinales.

El estudio de Resistencia Transversal puede hacerse con diversos grados de aproximación:

1) Estudio de elementos aislados del anillo: una cuaderna; una varenga; un bao.

2) Análisis del anillo considerado como un pórtico plano (modelo de barras).

3) Análisis detallado del estado tensional del anillo transversal mediante el método de Elementos Finitos.

El estado tensional presente en el anillo transversal no se combina, por lo general, con el causado por las solicitaciones longitudinales, ya que actúan en planos diferentes y sobre elementos distintos. Sin embargo, no debe olvidarse que las planchas del forro o de la cubierta forman parte del perfil resistente de los elementos del anillo transversal como platabanda (plancha asociada), por lo que en algún caso puede requerirse una composición de esfuerzos.

Dentro de este tipo de cálculos pueden considerarse los análisis de estructuras parciales importantes tales como, por ejemplo, emparrillados de doble fondo, mamparos transversales, etc.

1.4   RESISTENCIA TORSIONAL

En buques con grandes aberturas en cubierta como sucede en el caso de los portacontenedores, es necesario llevar a cabo un estudio de la resistencia y rigidez torsional de la viga-buque.

La teoría de la torsión puede seguirse en el texto de Elasticidad o de Resistencia de Materiales (véase, por ejemplo, el Tomo I de la (Ref. (6))). Se suele poner como ejemplo el caso del tubo o cilindro hueco empotrado en un extremo y sometido en el otro a la acción de un par de fuerzas de eje coincidente con el del tubo. El giro que este momento torsor provoca es mucho mayor si el tubo se corta a lo largo de una generatriz (perfil abierto).

Las acciones torsoras son de dos tipos: las provocadas por disimetría de la distribución de la carga en relación con el plano diametral y las creadas por disimetría de los empujes tales como las que se producen cuando el buque navega a un rumbo próximo a los 45° en relación con el de propagación de las olas.

Los momentos torsores provocan un reparto de tensiones de cizalla en los elementos longitudinales y además alteran la distribución de esfuerzos longitudinales por efecto del alabeo.

1.5   RESISTENCIA LOCAL

No basta con que la viga-buque considerada como un conjunto sea capaz de soportar los momentos flectores y torsores y las fuerzas cortantes que actúan sobre ella, o que los anillos transversales tengan suficiente rigidez, es necesario además que las planchas sobre las que directamente actúan las acciones locales (pesos, presiones, etc.) y los refuerzos primarios que las rigidizan tengan los escantillones adecuados para soportar dichas fuerzas locales.

Un caso especial de diseño de estructuras locales es el de los polines que soportan máquinas, calderas, chumaceras, etc.

1.6   CARACTERÍSTICAS   MECÁNICAS   DE   LOS   ACEROS   DE CONSTRUCCIÓN NAVAL

Cuando se lleva a cabo el ensayo de tracción en una probeta de acero, se observa al principio una ley de proporcionalidad entre los alargamientos y las tracciones unitarias ejercidas sobre la probeta: es la LEY de HOOKE. La pendiente de la curva figurativa es el denominado «módulo de elasticidad» o «módulo de Young» y se expresa por:

$$E = \frac{\sigma}{\varepsilon} \tag{1.2}$$

Su valor es de 2.100 t/cm2.

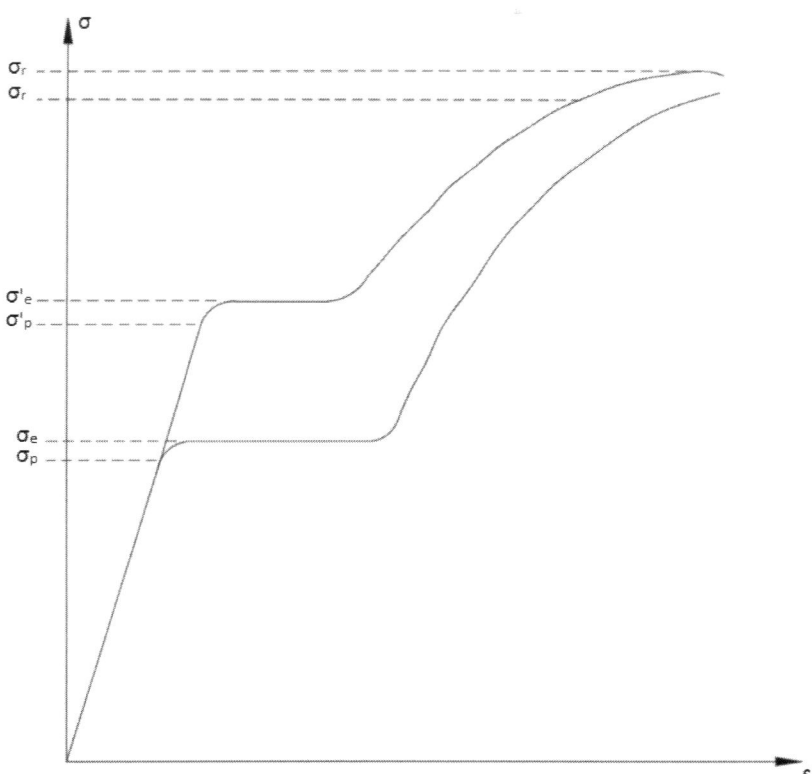

Figura 1.1: Distribución de tensión deformación del acero.

Pero al llegar el esfuerzo a un cierto nivel σ_p, denominado «límite de proporcionalidad», deja de cumplirse la proporcionalidad entre tracciones y deformaciones, aunque todavía no se han producido deformaciones permanentes, es decir, que si se descarga la probeta recobra su longitud primitiva. Pero llega un instante en el que produce el fenómeno conocido por «fluencia»: la probeta se alarga sin que sea necesario aumentar el esfuerzo en forma perceptible: el acero ha entrado ya en régimen plástico o de deformación permanente. Si sigue aumentando la deformación, llega un momento (iniciación de la «acritud») en el que el acero recobra su capacidad de resistir cargas crecientes a medida que aumenta la deformación. Y así continúa hasta el instante en que se produce la rotura.

En el caso de las estructuras navales sometidas a esfuerzos alternativos, es necesario que no se sobrepase el límite elástico, por lo que normalmente se calculan de forma que el esfuerzo debido a las cargas de proyecto quede por debajo de dicho límite. En algunos contados casos (mamparos transversales de subdivisión de bodegas no inundables, por ejemplo) se opera con el límite elástico como esfuerzo límite de trabajo.

El acero normal de construcción naval alcanza su límite elástico a las 2,5 t/cm^2 (es decir: 25 kg/mm^2) mientras que la rotura se produce a esfuerzos comprendidos entre 4,1 y 5,0 t/cm^2.

A veces se emplea en partes muy solicitadas de la estructura del buque el llamado «acero de alta resistencia», que se caracteriza por tener un límite elástico más alto que el del acero normal, oscilando entre 3,1 y 3,6 t/cm^2 en función del tipo de acero. La carga de rotura de estos aceros de alto límite elástico suele estar por las 5 t/cm^2 y el módulo de elasticidad «E» es, como en los aceros dulces o normales, de 2.100 t/cm^2.

1.7   ESFUERZOS COMBINADOS

Durante el ensayo a que nos hemos referido en el párrafo anterior, la probeta está sometida a un estado de tracción pura y la fluencia, la rotura y los demás fenómenos característicos, se producen para valores de la tensión que se repiten en cuantas probetas ensayemos en las mismas condiciones. Pero los elementos que componen las estructuras reales se encuentran a veces sometidos simultáneamente a varios tipos de solicitaciones: tracción o compresión en dos o en tres direcciones perpendiculares entre sí y, frecuentemente, se presentan los esfuerzos cortantes o de cizalla al mismo tiempo que los de tracción o compresión. En estas circunstancias, se ha comprobado experimentalmente que la fluencia del material se presenta antes de que ninguna de las tensiones actuantes haya alcanzado el valor correspondiente al límite elástico deducido del ensayo de tracción: las cosas suceden como si los distintos componentes de «tensión» que se encuentran presentes actuasen de una forma combinada para producir el fenómeno de fluencia.

Por ello, algunos autores (Ref. (5)) han sugerido el empleo de expresiones, de justificación más o menos empírica, para tener en cuenta la simultánea presencia de varios tipos de esfuerzos. La formulación propuesta por el primero de ellos se adapta más al comportamiento de los materiales no metálicos (el hormigón, por ejemplo) mientras que la de Von Mises es más adecuada para predecir el comportamiento de los materiales metálicos, por lo que nos vamos a referir a esta exclusivamente.

En primer lugar, conviene definir el concepto de «TENSIÓN OCTAÉDRICA» en un punto de un sólido sometido a esfuerzos, ya que el criterio de plastificación va a referirse a él. Sean I, II, III las direcciones principales en un punto P de una pieza sometida a ciertas cargas que provocan en ella una distribución de tensiones.

Trazando idealmente ocho planos muy próximos a P (a igual distancia de dicho punto) y perpendiculares a las bisectrices de los ocho triedros coordenados u octantes.
Quedará así determinado el octaedro regular representado en la Figura 1.2.

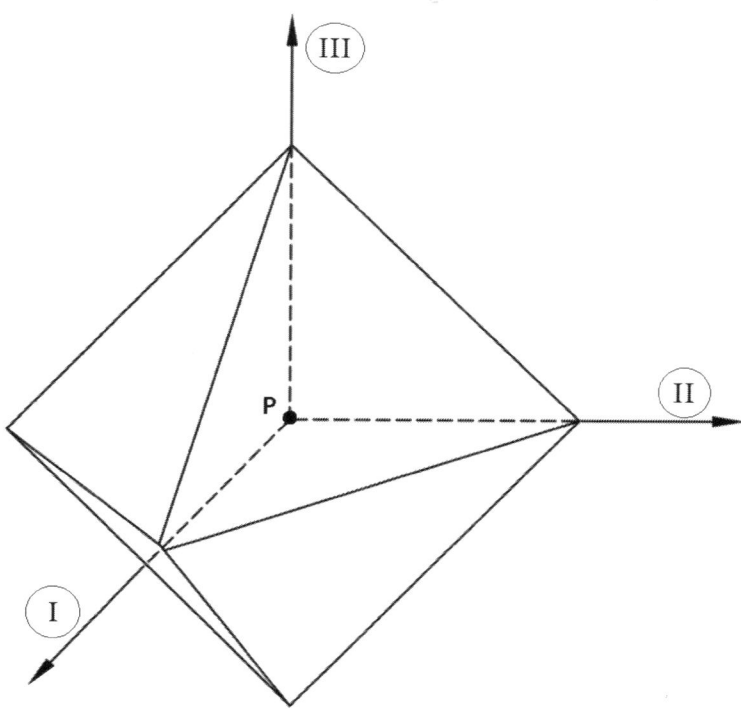

Figura 1.2: Tensión Octaédrica.

Si denominamos por σ_I, σ_{II}, σ_{III} los valores de las tensiones principales en P, en cada una de las ocho caras del octaedro mencionado se tendrá una tensión total «t» que se podrá descomponer en una tensión normal σ_{oct} y una tensión tangencial τ_{oct}. Esta última es independiente de la cara de que se trate y se puede demostrar que su valor es:

$$\tau_{oct} = \sqrt{\frac{1}{3}(\sigma_I^2 + \sigma_{II}^2 + \sigma_{III}^2) - \frac{(\sigma_I + \sigma_{II} + \sigma_{III})^2}{9}} \qquad (1.3)$$

Dicho valor recibe el nombre de «tensión octaédrica» en el punto P.

Además de la expresión anterior, se puede demostrar que también pueden utilizarse las siguientes que son equivalentes:

$$\tau_{oct} = \sqrt{\frac{2}{3}}\sqrt{(\sigma_I^2 + \sigma_{II}^2 + \sigma_{III}^2) - (\sigma_{II}\sigma_{III} + \sigma_{III}\sigma_I + \sigma_I\sigma_{II})} \qquad (1.4)$$

$$\tau_{oct} = \frac{1}{3}\sqrt{(\sigma_I + \sigma_{II})^2 + (\sigma_I + \sigma_{III})^2 + (\sigma_{II} + \sigma_{III})^2)} \qquad (1.5)$$

$$\tau_{oct} = \frac{2}{3}\sqrt{(\tau_1^2 + \tau_2^2 + \tau_3^2)} \qquad (1.6)$$

$$\tau_{oct} = \frac{\sqrt{2}}{3}\sqrt{(\sigma_x + \sigma_y + \sigma_z)^2 - 3(\sigma_y\sigma_z + \sigma_x\sigma_z + \sigma_x\sigma_y) + 3(\tau_{yz}^2 + \tau_{xz}^2 + \tau_{xy}^2)} \qquad (1.7)$$

En estas expresiones, τ_1, τ_2, τ_3 son los valores máximos que alcanzan las tensiones tangenciales y se producen en los planos bisectrices de los tres diedros principales. Los símbolos $\sigma_x, \sigma_y, \sigma_z$ se refieren a las tensiones normales en un triedro cualquiera de referencia, mientras que $\tau_{yz}, \tau_{xz}, \tau_{xy}$ son las tensiones de cizalla en el mismo.

El enunciado del criterio de Von Mises (Ref. (5)) es:

«Un material se comporta elásticamente mientras que en ninguno de sus puntos la tensión octaédrica rebasa un cierto valor característico del material».

Podemos preguntarnos: ¿cuál es este «valor característico» en el acero? Para concretarlo podemos referirnos al ensayo de tracción pura en el que en el momento de producirse la plastificación se tiene:

$$\sigma_I = \sigma_e$$
$$\sigma_{II} = 0$$
$$\sigma_{III} = 0$$

de manera que el valor de la tensión octaédrica para la que se alcanza la plastificación es:

$$\tau_{oct} = \sqrt{\frac{\sigma_I^2 + \sigma_{II}^2 + \sigma_{III}^2}{3} - \frac{(\sigma_I + \sigma_{II} + \sigma_{III})^2}{9}} = \sqrt{\frac{\sigma_e^2}{3} - \frac{(\sigma_e)^2}{9}} = \frac{\sqrt{2}}{3}\, \sigma_e \tag{1.8}$$

A este valor se le suele denominar «TENSIÓN DE COMPARACIÓN»

En el caso de que la distribución de tensiones sea plana, para que no se produzca la plantificación deberá cumplirse que:

$$\frac{\sqrt{2}}{3} \cdot \sqrt{\sigma_I^2 + \sigma_{II}^2} \leq \sigma_e \tag{1.9}$$

o, lo que es lo mismo,

$$\sqrt{\sigma_I^2 + \sigma_{II}^2} \leq \sigma_e \tag{1.10}$$

Normalmente, sin embargo, no se conocen las tensiones principales en cada punto, sino que suelen darse la distribución de tensiones normales σ y la de tensiones tangenciales o de cizalla τ en secciones diversas. En tal caso, la expresión que debe utilizarse es:

$$\boxed{\sqrt{\sigma^2 + 3\,\tau^2} \leq \sigma_e} \tag{1.11}$$

En los casos en que se presente la tracción o compresión en compañía de la cizalla, debe emplearse como «tensión de comparación» en relación con el valor admisible del esfuerzo, la tensión combinada:

$$\sigma_{comb} = \sqrt{\sigma^2 + 3\,\tau^2} \tag{1.12}$$

2. RESISTENCIA LONGITUDINAL I) EL BUQUE EN AGUAS TRANQUILAS

2.1 JUSTIFICACIÓN DEL CÁLCULO EN AGUAS TRANQUILAS

En un capítulo anterior hemos visto que, en general, el buque se encuentra navegando en un mar agitado por olas y, en consecuencia, es necesario tener en cuenta la influencia de la presencia del oleaje en los análisis de Resistencia Longitudinal.

Sin embargo, considerando la naturaleza aleatoria de los movimientos de la superficie del mar, es conveniente dividir el estudio de esta faceta de la Resistencia del buque en dos partes.

a) Estudio de solicitaciones y esfuerzos que se presentan en la hipótesis de aguas tranquilas, es decir, flotaciones planas y horizontales.

b) Incrementos debidos al oleaje.

Por otra parte, hay que tener en cuenta que los mayores momentos flectores y fuerzas cortantes suelen presentarse a lo largo de los procesos de carga o descarga, y estos se realizan generalmente en puerto, donde es admisible despreciar el efecto de las olas.

Por ello, y porque creemos que facilita la comprensión de la materia objeto de estudio, vamos a estudiar en esta lección el proceso de cálculo que debe seguirse para determinar las solicitaciones de flexión y cizalla en aguas tranquilas y dejando la exposición de los efectos del oleaje y su tratamiento para la lección siguiente.

2.2 DISTRIBUCIÓN DEL PESO EN ROSCA: SUS DIFERENTES COMPONENTES

Una parte importante del peso total del buque cargado o lastrado es el peso del propio buque vacío pero equipado, es decir, el peso del buque «en rosca». La cifra definitiva del peso en rosca se determina durante la Experiencia de Estabilidad a que debe someterse todo buque primero de serie al final de su construcción o después de haber sufrido una transformación importante; pero obviamente, en la etapa de proyecto, en la que debe comprobarse que la estructura será capaz de soportar los esfuerzos a los que se verá sometida, será necesario realizar una estimación de dicho peso y de su distribución a lo largo de la eslora. Después de llevar a cabo la Experiencia de Estabilidad se realizarán los cálculos definitivos de Resistencia Longitudinal que servirán para confirmar que el buque construido satisface las exigencias previstas en el proyecto.

Hoy en día en que se cuenta con la ayuda de potentes medios de cálculo electrónico, el estudio de Resistencia Longitudinal se suele iniciar en una temprana etapa del proyecto; por lo general se dispone de un plano de Disposición General, unas Formas preliminares y un estudio de pesos realizado en la fase de anteproyecto.

Para el estudio de Resistencia Longitudinal conviene desglosar el Peso del Buque en Rosca en el mayor número de partidas posibles de las que se conozcan o puedan estimarse:

- Su peso.
- La abscisa de su centro de gravedad.
- Las abscisas de los extremos de la zona en la que se encuentra actuando el peso.

A continuación, vamos a mencionar las partidas más importantes en que suele dividirse:

2.2.1 PESOS LOCALIZADOS DE LA ESTRUCTURA DE ACERO

Son partidas constituidas por los pesos de estructuras de acero localizadas en porciones de la eslora. Podemos mencionar:

- Castillo.
- Toldilla.
- Caseta de acomodación.
- Guardacalor y chimenea.
- Timón.
- Mamparos transversales.
- Postes soportes de estructuras importantes.

El peso de cada una de estas partidas puede ser estimado por comparación con otros buques y la posición de su centro de gravedad y eslora sobre la que actúa puedan deducirse a partir del plano de Disposición General del buque.

2.2.2 PESO DE ACERO CONTINUO

Se denomina así al peso de la estructura de acero distribuida en forma continua (aunque no uniforme) a lo largo de la eslora. Comprende los pesos de planchas y longitudinales de cubiertas, fondo, doble fondo, mamparos longitudinales y costados, así como también los de los elementos transversales que se disponen más o menos uniformemente espaciados a lo largo de la eslora: baos, cuadernas, varengas, bulárcamas, puntales, etc. Se exceptúan los mamparos transversales que abarcan toda la manga y el puntal del buque: el peso de cada uno de estos elementos suele ser de consideración y actúa en una pequeña porción de la eslora, por lo que es recomendable tratarlo como un peso localizado.

La suma del peso del Acero Continuo y de los pesos de las estructuras localizadas de acero constituye el PESO TOTAL de ACERO. Debe preverse un cierto margen para tener en cuenta el peso del material de aportación de soldadura y el hecho de que las planchas suelen venir de la Acería con un espesor ligeramente más alto del nominal (margen de laminación). En conjunto, estos efectos (laminación y soldadura) pueden incrementar el peso total del acero alrededor de un 3 % de su «peso teórico» (llamamos «peso teórico neto» de acero de un buque al que se deduciría de un cálculo llevado a cabo teniendo en cuenta las dimensiones y escantillones de las planchas y refuerzos que aparecen en los planos constructivos).

Es importante la estimación no solo del peso Continuo sino también la de la posición de su centro de gravedad. En cuanto a la «forma» de la distribución, numerosos autores han recomendado diversas figuras; entre ellas cabe citar: Biles, Prohaska, Gole, etc. Pueden estudiarse en profundidad en la (Ref. (10)).

Uno de los intentos más acertados de distribuir el peso continuo es el de las curvas publicadas por algunas Sociedades de Clasificación. Se trata de familias de curvas en las que el parámetro de variación de la forma es el coeficiente de bloque y, en algunos casos, el tipo de buque (petrolero, *bulkcarrier*, etc.)

La utilización de alguna de estas distribuciones de peso continuo trae consigo una posición longitudinal de su centro de gravedad que puede no ser la que el proyectista considere adecuada. En efecto, parece razonable ligar la posición longitudinal del centro de gravedad del peso de acero continuo a la del centro de carena del buque: lógicamente si este se desplaza hacia proa o hacia popa por condicionantes del proyecto (asiento adecuado en las condiciones de carga) el centro de gravedad de la estructura continua del casco se desplazará en el mismo sentido.

Una fórmula que está dando buenos resultados al autor de este libro, es la siguiente, que ha sido deducida de la (Ref. (22)).

$$X_{gc} = 0,705 \, X_c - \frac{L}{714} \qquad (2.1)$$

Donde:

- x_{gc}; Abscisa del centro de gravedad del acero continuo respecto a la maestra.

- x_c; Abscisa del centro de carena al calado de escantillonado respecto a la maestra.

- L; Eslora del buque entre perpendiculares.

Así, por ejemplo, en un *bulkcarrier* de 213 m de L cuyo centro de carena está localizado un 2,7 % de L, a proa de la maestra, la posición estimada del centro de gravedad del acero continuo es de:

$$X_{cg} = 0,705 \cdot 0,027 \cdot 213 - \frac{213}{714} = 3,756 \text{ m (a proa de } \otimes)$$

y en el caso de un buque ro-ro de 150 m de L en que el centro de carena está situado a un 1,8 % de L a popa de la maestra, la estimación de la abscisa del centro de gravedad del acero continuo será:

$$X_{cg} = 0,705 \cdot (-0,018) \cdot 150 - \frac{150}{714} = -2,114 \text{ m (a popa de } \otimes)$$

(El signo «-», indica que está localizado a popa de la cuaderna maestra).

Para conseguir mantener la «forma» de la distribución del acero continuo y obligar a que tenga su centro de gravedad a la abscisa deseada, puede seguirse el método que se ilustra en la Figura 2.1.

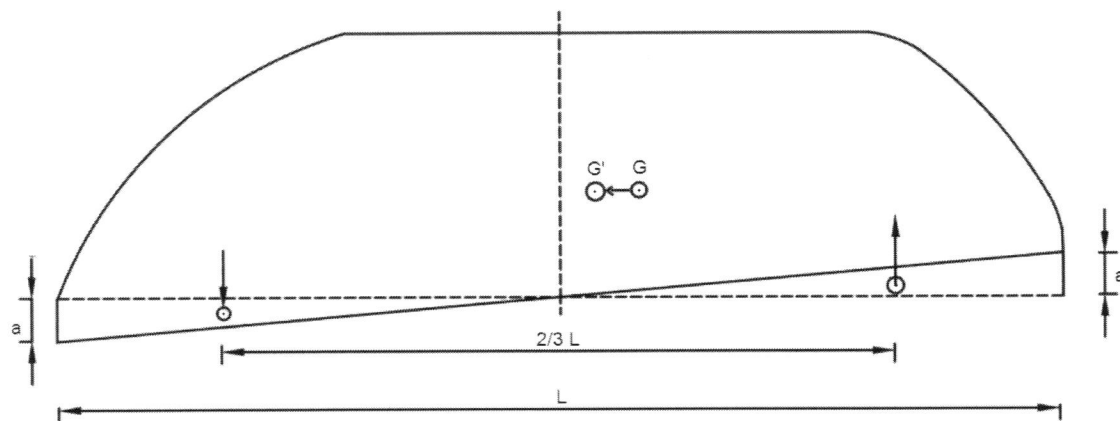

Figura 2.1: Distribución del acero continuo.

Fuente: Ref. (22)

Sea PA_c el peso de acero continuo y G la posición del centro de gravedad correspondiente a la distribución *standar* obtenida en función del tipo de buque y del coeficiente de bloque y supongamos que nuestra estimación es que dicho centro de gravedad debiera estar situado más a popa: digamos que en G'. Esto puede conseguirse modificando las ordenadas de la curva como se indica en la Figura 2.1, es decir, trazando una base inclinada una distancia «a» tal que:

$$\overline{GG'} \cdot PA_c = \frac{2}{3} L \cdot \frac{1}{2} \cdot \frac{L}{2} a \qquad (2.2)$$

es decir:

$$a = G \cdot \frac{\overline{GG'} \cdot PA_c}{L^2} \qquad (2.3)$$

2.2.3 PESO DE LA MAQUINARIA

El peso de la maquinaria se localiza principalmente dentro de la Cámara de Máquinas y abarca no solamente el de los equipos directamente relacionados con la propulsión, sino también el de los auxiliares. Puede desglosarse en las siguientes partidas:

- Motor principal o turbinas.
- Condensadores, en caso de una instalación de vapor.
- Engranajes reductores, en su caso.
- Equipos generadores de energía eléctrica.
- Bombas, filtros e intercambiadores de calor relacionados con la propulsión.
- Línea de ejes.
- Bombas de servicios del casco.
- Conductos de ventilación.

- Tuberías dentro de Cámara de Máquinas.
- Calderas o calderetas.
- Desaireador, en caso de buques a vapor.
- Purificadoras de aceite y de combustible.
- Planta de tratamiento de aguas residuales.
- Etc.

Además, hay que tener en cuenta el peso de otros elementos de maquinaria que no están dentro de la cámara de máquinas, tales como:

- Hélice/s propulsora/s.
- Hélice/s de maniobra.
- Grupo generador de emergencia.
- Etc.

El peso del motor propulsor puede conocerse con bastante exactitud ya en la fase de anteproyecto, ya que se habrá elegido un motor determinado y el peso es un dato que figura en el catálogo del fabricante. Los otros pesos pueden estimarse por comparación con otros buques.

La posición de los centros de gravedad puede estimarse a partir del plano de Disposición General.

2.2.4   PESO DEL EQUIPO

Además del peso del casco y de la maquinaria, el peso en rosca está constituido por el del Equipo, que puede desglosarse en las siguientes partidas:

- Equipo en proa (anclas, cadenas, molinetes y otros elementos de fondeo y amarre).
- Equipo de maniobra en el centro.
- Equipo de maniobra en popa.
- Postes, plumas o grúas de carga.
- Brazolas y tapas de escotillas.
- Rampas, puertas estancas, etc, y equipos de acceso.
- Tuberías de carga y de lastre.
- Pesos en Cámaras de Bombas en buques-tanque.
- Equipo «de fonda»
- Equipo de navegación y baterías.
- Unidades y conductos de aire acondicionado.
- Botellas de CO_2.
- Pasarela, en petroleros.
- Equipos especiales (por ejemplo, cubierta abatible para coches en ro-ro/s).
- Guías en portacontenedores celulares.
- Fundamento de apoyo de contenedores.
- Serretas.
- Aislamientos y ventilación de bodegas.
- Maquinaria frigorífica.

- Etc.

La estimación del peso de cada una de estas partidas y de la posición de su centro de gravedad puede hacerse por el mismo procedimiento que se ha indicado para los de maquinaria.

2.2.5 MARGEN DEL PESO EN ROSCA

Además de las partidas del acero, maquinaria y equipo, se suele considerar en la etapa de proyecto un margen de un 3 o un 4 % del peso total, aplicado en el centro de gravedad del conjunto y distribuido a lo largo de la eslora.

2.2.6 FORMA DE LA DISTRIBUCIÓN DE LOS PESOS LOCALIZADOS A LO LARGO DE LA ESLORA

En el párrafo (2.2.2) hemos indicado que la distribución del peso del acero continuo se solía hacer mediante procedimientos más o menos estándares. En teoría cada uno de los pesos localizados que forman parte del «peso en rosca» tiene una distribución más o menos irregular a lo largo de la porción de eslora del buque sobre la que actúa: piénsese, por ejemplo, en un motor propulsor. Pero es suficientemente exacto para el estudio de la Resistencia Longitudinal del buque suponer para cada uno de ellos que su distribución es de tipo lineal, es decir, en forma de trapecio como se indica en la Figura 2.2.

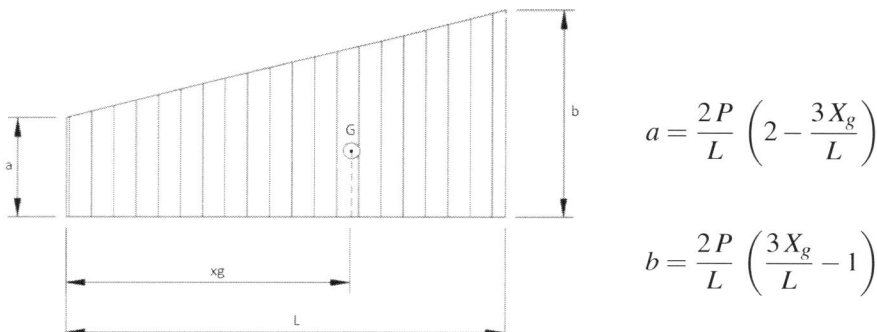

$$a = \frac{2P}{L}\left(2 - \frac{3X_g}{L}\right)$$

$$b = \frac{2P}{L}\left(\frac{3X_g}{L} - 1\right)$$

Figura 2.2: Distribución lineal de peso en forma de trapecio.

«P» es el peso a distribuir.

«L» es la longitud sobre la que actúa el peso y los valores de «a» y «b» se calculan por las fórmulas que se indican junto a la Figura 2.2; que se han deducido con la condición de que se satisfaga:

1) El área del trapecio es numéricamente igual al peso del elemento o partida que se está considerando.
2) La abscisa del centro de gravedad del área del trapecio coincide con la del centro de gravedad del peso.

2.3 PESOS DE LA CARGA, LASTRE Y CONSUMOS

Los restantes pesos de la condición de carga a analizar son los de la carga propiamente dicha, los lastres y los de los consumos.

El peso de la carga contenida en cada uno de los espacios (bodega o tanque) o zonas destinadas a contenerla o estibarla, se considera como una partida o peso localizado, es decir, a efecto de cálculo, como un trapecio cuya área coincide con el valor del peso y cuyo centro de gravedad tiene la misma abscisa.

Análogamente, cada uno de los tanques lastrados se considera como una partida del peso y también cada uno de los tanques que contienen combustible, aceite o agua (es decir, los «consumos»). Independientemente unas partidas de efecto en pañoles, víveres, etc., se consideran también.

2.4 PESO TOTAL, POSICIÓN DE SU CENTRO DE GRAVEDAD Y DISTRIBUCIÓN DE CURVAS DE PESOS

El peso total y la posición de su centro de gravedad pueden calcularse rellenando un cuadro de pesos y de momentos como el que se presenta, a título de ejemplo, en la Tabla 2.1.

Concepto	Peso (t)	Xg (m)	Zg (m)	Mto. Long (t · m)	Mto. Vert (t · m)
Buque en rosca	10.530	80,5	8,3	847.665	87.399
Peso en bodega 1	7.500	190,2	5,2	1.426.500	39.000
Peso en bodega 2	8.600	170,2	4,5	1.463.720	38.700
Peso en bodega 3	9.000	150,2	4,5	1.351.800	40.500
F.O. en tanque 1	1.500	60,5	2,3	90.750	3.450
F.O. en tanque 2	750	50,2	4,3	37.650	3.225
D.O. en tanque 1-D	200	40,3	9,2	8.060	1.840
Aceite en tanque 1-A	50	40,5	6,2	2.025	310
Totales	**70.230**	**106,0**	**9,5**	**7.444.380**	**667.185**

Tabla 2.1: Ejemplo del peso y cálculo del centro de gravedad.

La abscisa (106,0 en el ejemplo) del centro de gravedad del conjunto de los pesos se obtiene dividiendo el total de los momentos longitudinales por el total de los pesos. Análogamente, la ordenada del conjunto de los pesos se obtiene dividiendo el total de los momentos verticales por el total de los pesos.

Para obtener la distribución del total de los pesos a lo largo de la eslora del buque se procede así:

1) El primer lugar, se divide la eslora total del buque en un número total de intervalos iguales. El número de intervalos es arbitrario: cuanto mayor es el número de intervalos, mayor exactitud y detalle se obtendrá en la distribución de momentos flectores, aunque será más laborioso el proceso.

2) La distribución del peso de acero continuo se divide en el mismo número de intervalos y se va tomando la ordenada media que se traslada a la distribución (véase Figura 2.3).

3) Cada uno de los trapecios que representan los pesos de las distintas partidas localizadas se fracciona en los intervalos correspondientes de la zona de la eslora sobre la que actúa y la ordenada media en cada intervalo se acumula al contenido del intervalo correspondiente que se está obteniendo.

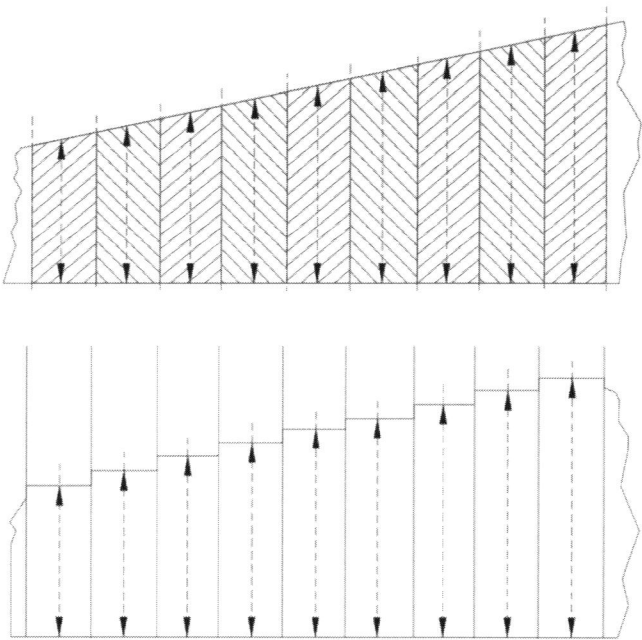

Figura 2.3: Peso del acero continuo dividido en intervalos.

2.5   CURVA DE EMPUJES: SU CÁLCULO

Conocido el peso total (desplazamiento) y la posición de su centro de gravedad, quedan determinados los calados en las perpendiculares de proa y de popa. Con ayuda de las curvas de *Bonjean*, se determinará en cada una de las secciones de trazado el área de la cuaderna que está debajo de la flotación.

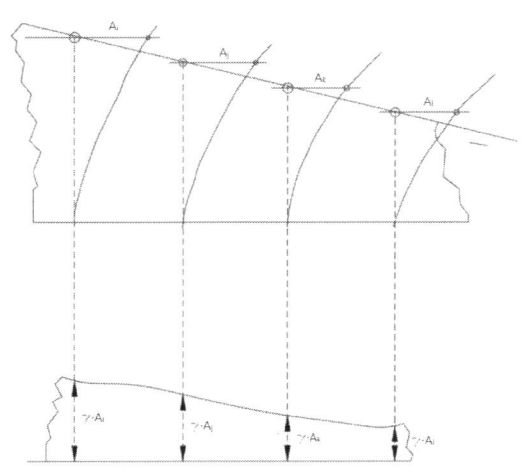

El producto del área sumergida por el peso específico «γ» del agua de mar representa el empuje hidrostático por unidad de eslora en ese punto; por lo que representando la curva de valores $(\gamma \cdot A)$ se tendrá definida la distribución de empujes. El área bajo esta curva representa el empuje total que será numéricamente igual a la suma de todos los pesos.

Figura 2.4: Curvas de Bonjean.

2.6 CURVA DE CARGAS

Como acabamos de decir, el peso total es numéricamente igual al empuje resultante. Sin embargo, por lo general, la forma de las distribuciones de pesos y de empujes a lo largo de la eslora difieren esencialmente, siendo rara la sección transversal en que estén equilibrados el peso y el empuje por unidad de eslora. Por ello se define como «carga» en una sección transversal determinada a la diferencia entre las ordenadas de las curvas de pesos y de empujes, respectivamente. La representación de estas diferencias a lo largo de la eslora del buque recibe el nombre de «curva de cargas» «q».

2.7 CÁLCULO DE FUERZAS CORTANTES

El desequilibrio de las fuerzas gravitatorias y antigravitatorias a popa de una sección dada, representa una fuerza que tiende a cizallar dicha sección, por lo que se le da el nombre de «FUERZA CORTANTE» en esa sección.

El cálculo de la fuerza cortante en una sección dada se realiza integrando la curva de cargas desde el extremo de popa. Esto puede hacerse numéricamente si se ha dividido la eslora en «n» partes iguales sobre las que se ha ido calculando sucesivamente la distribución de pesos, la distribución de empujes y luego, por diferencia, la distribución de cargas. En efecto, supongamos que la Figura 2.5 representa una distribución de «cargas» a lo largo de la eslora del buque que hemos dividido en «N» partes iguales.

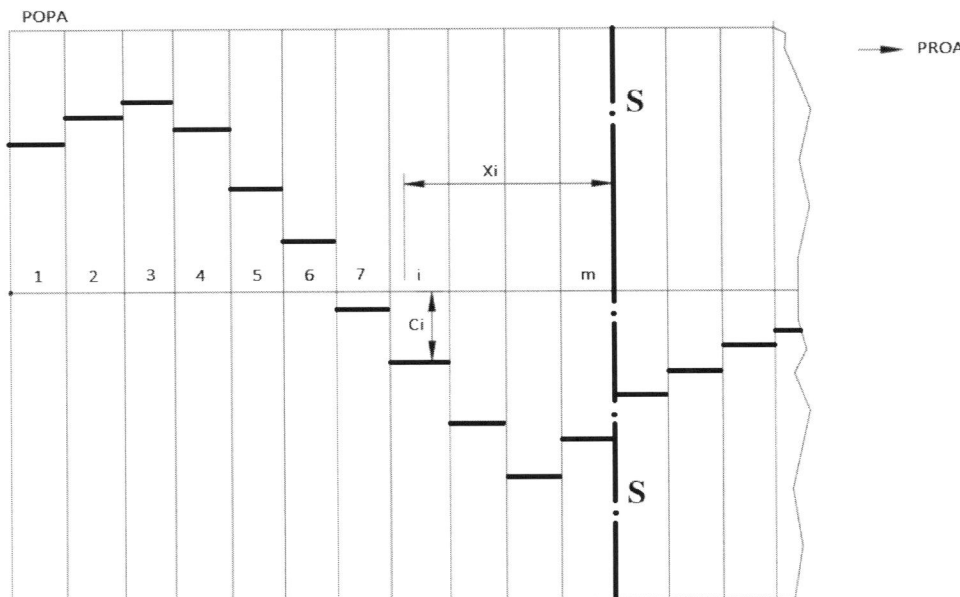

Figura 2.5: Distribución de cargas a lo largo de la eslora de un buque.

Si la eslora total es «L», la longitud de cada una de estas partes será L/N, y si denominamos «C_i» a la ordenada media de la distribución de cargas en el intervalo i-ésimo, podemos afirmar que la fuerza cortante en la sección «S», extremo de proa de un intervalo n-ésimo vendrá dado por la suma algebraica:

$$FC = \sum_{i=1}^{n} \frac{L}{N} \cdot C_i = \frac{L}{N} \cdot \sum_{i=1}^{n} C_i \tag{2.4}$$

Efectuando el cálculo de «FC» para los extremos de proa de cada uno de los intervalos, se obtendrá una serie de valores de la fuerza cortante en dichos puntos, lo que nos permitirá trazar la curva de fuerzas cortantes a lo largo de la viga-buque.

2.8   CÁLCULO DE LOS MOMENTOS FLECTORES

La desigualdad de las distribuciones de pesos y de empujes a lo largo de la eslora a que antes hemos aludido no solamente induce fuerzas de cizalla, sino que también origina una distribución de «MOMENTOS FLECTORES». En una sección «S» dada (véase Figura 2.5), el momento flector actuante es el momento, respecto a dicha sección, de las fuerzas actuantes a popa de la misma.

Si se ha dividido la eslora «L» en «N» partes y en cada una de ellas se tiene el valor de la carga «C_i», el momento flector en una sección «S» situado en el extremo de proa del intervalo n-ésimo vendrá dado por la suma algebraica de los productos:

$$MF = \sum_{i=1}^{n} \frac{L}{N} \cdot C_i \cdot X_i \tag{2.5}$$

y teniendo en cuenta que:

$$X_i = n \cdot \frac{L}{N} - \left(i - \frac{1}{2}\right) \cdot \frac{L}{N} = \frac{L}{N}\left(n - i + \frac{1}{2}\right) \tag{2.6}$$

se puede escribir:

$$MF = \left(\frac{L}{N}\right)^2 \sum_{i=1}^{n} \left(n - i + \frac{1}{2}\right) \cdot C_i \tag{2.7}$$

Si se aplica la expresión anterior a lo largo de la eslora, se obtendrán los valores de los momentos flectores en los extremos de proa de los intervalos y se podrá trazar la curva correspondiente.

2.9 CÁLCULO DE FLECHAS: ELÁSTICA DEL BUQUE VIGA

En la teoría general de la flexión simple según (Ref. (6)), se deduce que entre el momento flector «M» actuante en una sección transversal cuyo momento de inercia respecto a su eje neutro en «I», y el radio «R» de curvatura de la elástica en dicha sección, existe la relación:

$$M = \frac{E \cdot I}{R} \tag{2.8}$$

donde «E» es el módulo de elasticidad del material del cual está construida la viga.

Por otro lado, en Geometría Diferencial se demuestra que el radio de curvatura de una curva plana de ecuación $y = f_{(x)}$ viene dado por la expresión:

$$R = \frac{\left(1 + \left(\frac{dy}{dx}\right)^2\right)^{\frac{3}{2}}}{\frac{d^2y}{dx^2}} \tag{2.9}$$

Como es sabido, la primera derivada $\frac{dy}{dx}$ representa la pendiente de la curva en el punto considerado. Si como es lo usual se toma como eje «x» de referencia el que pasa por los extremos de la viga (véase Figura 2.6), puede asegurarse que, en la flexión de vigas normales, el valor de dicha pendiente es muy pequeño y, por lo tanto, su cuadrado es totalmente despreciable frente a la unidad.

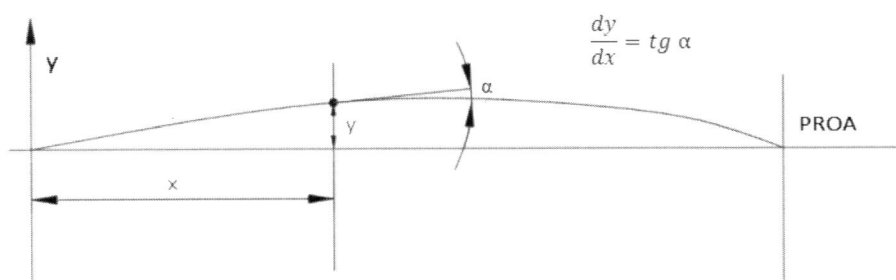

Figura 2.6: Representación de la pendiente de la curva en un punto determinado.

Al objeto de fijar el orden de magnitud de la aproximación que acabamos de indicar, consideremos un gran petrolero de 300 m de eslora. No es frecuente que la flecha en la maestra de un buque de este porte supere los 500 mm. En tal caso, la pendiente máxima de la elástica sería [1]:

$$tg\alpha = 4 \cdot \frac{0,5}{300} = 0,00666$$

y, por lo tanto, el error que cometeríamos al despreciarla frente a 1 sería solo del:

$$(0,00666)^2 \cdot 100 = 0,0044\,(\%)$$

con esta simplificación, podemos escribir:

$$\frac{1}{R} = \frac{d^2y}{dx^2} \tag{2.10}$$

y, en consecuencia, la expresión (2.8) toma la forma:

$$M = E \cdot I \cdot \frac{d^2y}{dx^2} \tag{2.11}$$

por lo que la ecuación elástica de una viga sometida a flexión puede encontrarse efectuando la doble integración:

$$y = \int \left(\int \frac{M}{E \cdot I} \cdot dx + A \right) dx + B = \int \int \frac{M}{E \cdot I} dx \cdot dx + AX + B \tag{2.12}$$

Como se ve, esta doble integración envuelve dos constantes A y B, cuyos valores se pueden determinar imponiendo las condiciones de contorno, esto es, obligando a que la flecha sea cero en ambos extremos de la viga, para que la línea de referencia (eje x) pase por dichos extremos Figura 2.6. En el caso de un buque se suele proceder a efectuar una doble integración acumulativa de la curva ($\frac{M}{E \cdot I}$) y, después, se unen los dos extremos de la curva segunda integral mediante una recta que se toma como base de referencia para centralizar las «flechas» a lo largo de la viga-buque. El trazado de esa recta (de ecuación $y = -Ax - B$) impone automáticamente las condiciones de contorno (Véase Figura 2.7).

---

[1] Por comodidad supondremos al hacer este sencillo cálculo que la elástica es una parábola de segundo grado.

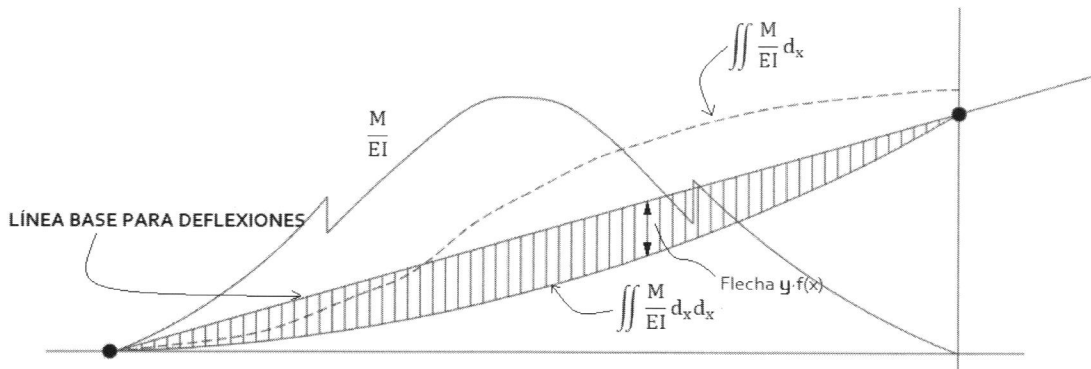

Figura 2.7: Componentes de la ecuación elástica de una viga sometida a flexión.

2.10 MÉTODOS DE CÁLCULO DE RESISTENCIA LONGITUDINAL

Hace años, el cálculo de la distribución de fuerzas cortantes y de momentos flectores se hacía en la Oficina Técnica para algunas, pocas, de las situaciones de carga más representativas. Suponía un cálculo laborioso ya que, aunque se organizase bien mediante tablas de cálculo encadenadas, era necesario llevar a cabo antes una preparación de los datos (obtención de las distribuciones de pesos y de empujes) y, luego, una primera integración numérica de la curva de cargas para obtener la distribución de fuerzas cortantes; integrando numéricamente la distribución de estas se obtenían las ordenadas de la curva de momentos flectores.

Como lo normal es que el máximo momento flector se presente en las cercanías de la maestra, era frecuente hacer tanteos preliminares calculando directamente dicho valor: para ello se hacía uso de la definición de «momento flector en una sección», como momento respecto a ella de las fuerzas actuantes a popa de la misma. Sin embargo, no se tenía así ninguna garantía de que se estuvieran considerando los valores más desfavorables que podrían producirse.

Desde la irrupción de los ordenadores en el mundo de la industria, se han desarrollado programas que permiten efectuar el estudio de Resistencia Longitudinal en aguas tranquilas para gran número de condiciones de carga o lastre en muy poco tiempo: una vez que se han introducido en la base de datos las características geométricas de la carena (por ejemplo, en forma de definición parabólica de las secciones transversales), basta dar para cada condición de carga la relación de pesos con la posición de sus centros de gravedad y porción de la eslora sobre la que actúa cada uno de ellos, para que con esta información el ordenador pueda llevar a cabo el proceso de cálculo descrito en párrafos anteriores, proporcionando los siguientes resultados:

- Calados en proa y popa.
- Desplazamiento.
- Distribución de cargas.
- Distribución de fuerzas cortantes.

- Distribución de momentos flectores.
- Distribución de flechas.

2.11   VARIACIÓN DEL MOMENTO FLECTOR EN LA MAESTRA DEBIDO A LA ADICIÓN DE UN PESO EN UN PUNTO CUALQUIERA DE LA ESLORA

El método que vamos a describir a continuación se debe a J. Chilton extraído de la (Ref. (3)) y permite encontrar el cambio producido en el momento flector en aguas tranquilas en la maestra cuando se añade un peso de P toneladas en un punto cualquiera de la eslora.

Supongamos que se añade un peso «P», cuyo centro de gravedad se sitúa a una distancia «X_g» desde la maestra. El momento flector debido al peso es simplemente $P \cdot X_g$ en el caso de que la longitud sobre la que se distribuye no se extienda más allá de la maestra. Si el peso se extendiese más allá, debería considerarse solo el momento del peso causado por la porción que se encuentra a un lado de la maestra (popa) (recuérdese la definición de momento flector: momento del sistema de cargas situado a un lado de la sección que se considera).

Pero la adición de un peso produce, además, inmersión y variación de asiento. La inmersión será:

$$i = \frac{P}{100\,T_{1cm}} \tag{2.13}$$

siendo «T_{1cm}» las toneladas por centímetro de inmersión. Por ello, si «b» es la manga de un punto cualquiera de la flotación y «x» es la distancia desde este a la maestra, el momento del empuje adicional a un lado de la maestra (popa) será:

$$\int_0^{\frac{L}{2}} \frac{\gamma \cdot P}{100\,T_{1cm}} \cdot x \cdot b \cdot dx = \frac{\gamma \cdot P}{100\,T_{1cm}} \int_0^{\frac{L}{2}} x \cdot b \cdot dx = \frac{P}{A} \int_0^{\frac{L}{2}} x \cdot b \cdot dx \tag{2.14}$$

siendo «A» el área de la flotación y «γ» el peso específico del agua del mar.

La alteración del asiento causada por la adición del peso será:

$$a = \frac{P\,(X_F - X_g)}{100 \cdot M_{1cm}} \tag{2.15}$$

Donde:

- X_F; Abscisa del centro de gravedad de la flotación.
- M_{1cm}; Momento necesario para producir una alteración del asiento en 1cm.

y, por lo tanto, el incremento de calado a una distancia «x» a popa de la maestra será:

$$\frac{a}{L}\,(X + X_F) \tag{2.16}$$

y el momento de la cuña de empuje producida será:

$$\int_0^{\frac{L}{2}} \frac{\gamma \cdot a}{L}(X + X_F) \cdot b \cdot X \cdot dx = \frac{P \cdot \gamma \cdot (X_F + X_G)}{100 \, M_{1cm} \cdot L} \int_0^{\frac{L}{2}} (X + X_F) \cdot b \cdot X \cdot dx \tag{2.17}$$

y el efecto neto de la adición del peso sobre el momento flector en la maestra será:

$$\delta M = P' \cdot X'_g - \frac{\gamma \cdot P}{100} \left\{ \frac{1}{T_{1cm}} \int_0^{\frac{L}{2}} X \cdot b \cdot dx + \frac{X_F - X_g}{M_{1cm} \cdot L} \int_0^{\frac{L}{2}} (X + X_F) \cdot X \cdot b \cdot dx \right\} \tag{2.18}$$

siendo P' la porción de peso situada a popa de la maestra y X'_g la distancia desde el c. de g. de esta porción a la maestra.

Por supuesto, si el peso se coloca totalmente a proa de la maestra se tomará $P' = 0$ y únicamente habría que tener en cuenta el efecto de la variación de empuje.

Podemos ver que solo es necesario tener calculados para los distintos calados las dos sumatorias:

$$\int_0^{\frac{L}{2}} X \cdot b \cdot dx \tag{2.19}$$

$$\int_0^{\frac{L}{2}} (X + X_F) \cdot X \cdot b \cdot dx \tag{2.20}$$

para tener la posibilidad de hacer un cálculo rápido de la variación del momento flector en la maestra debido a la adición de un peso en un punto cualquiera de la eslora.

3. RESISTENCIA LONGITUDINAL II) EL BUQUE SOBRE LAS OLAS

3.1 INTRODUCCIÓN

En una lección anterior hemos dicho que mientras el buque navega está sujeto a una combinación de fuerzas estáticas y dinámicas que producen una flexión de la viga-buque en el plano longitudinal vertical. Desde un punto de vista estricto el problema en su conjunto es de tipo dinámico, pero al objeto de realizar el proyecto de su estructura o una comparación entre dos buques, es normal reducir el problema a uno de tipo estático. Para ello se considera el buque situado estáticamente sobre un sistema de olas y se calculan las fuerzas y momentos que actúan sobre él. Aunque a primera vista esto puede parecer bastante irreal, en verdad constituye una base muy adecuada para llevar a cabo comparaciones entre buques. Para realizar dichos cálculos relativos al buque situado sobre un sistema de olas, deben hacerse algunas hipótesis sobre la forma de dicho sistema.

3.2 SISTEMAS DE OLAS CONSIDERADOS EN LOS CÁLCULOS

Un buque se encuentra, por lo general, navegando en una superficie ondulada irregularmente que suele denominarse con el apelativo de **mar confusa** (en inglés *confused sea*). Este estado de la mar está constituido por olas de diversas longitudes y alturas que se mueven en diferentes direcciones. Es prácticamente imposible reproducir exactamente el sistema de olas que puede encontrarse un buque y de hecho hay evidencia estadística de que nunca se repite la misma situación exactamente. Al objeto de realizar una investigación de la flexión longitudinal de un buque, ha venido siendo normal considerar un sistema de olas simplificado. La primera hipótesis que se hace es que el buque se encuentra con trenes regulares de olas dispuestos con sus crestas perpendicularmente a su eslora.

Lógicamente debe esperarse que la longitud y la altura de la ola considerada tengan influencia sobre los resultados del cálculo de Resistencia Longitudinal, ya que la distribución de empujes a lo largo de la eslora del buque es una función de la forma del perfil de la ola. La influencia de la longitud de esta puede comprenderse considerando en primer lugar olas muy largas. Si su longitud es varias veces la del buque, el perfil de la ola sobre este podría ser prácticamente indistinguible de una línea horizontal; y si el buque se sitúa estáticamente sobre tal sistema, la distribución del empuje sería esencialmente la misma que en aguas tranquilas. Por otro lado, si las olas fueran muy cortas, es decir con longitudes iguales a una pequeña fracción de la eslora del buque, se obtendría una distribución análoga a la de aguas tranquilas, aunque con pequeñas ondulaciones. Esto tendrá poco efecto sobre la curva de momentos flectores. Parece por lo tanto que existirá alguna longitud de ola entre estos dos extremos que originará el máximo efecto en la distribución de empujes y la norma que se acepta usualmente es que la longitud de ola que causa efectos de flexión más acusados es igual a la eslora del buque.

Para olas con longitud igual a la eslora del buque es evidente que un aumento de su altura producirá un incremento de la componente de momento flector debido al empuje. No puede hablarse aquí de «valor más desfavorable» de la altura de la ola para producir el mayor efecto de flexión y el problema es fijar la mayor altura que es esperable que alcancen olas de una longitud dada. Durante mucho tiempo se consideró que dicha altura era 1/20 de su longitud. Posteriores observaciones de las olas marinas llevaron a la conclusión de que la altura de las olas solía crecer menos que proporcionalmente con su longitud.

La Figura 3.1 recoge tres formulaciones usadas frecuentemente para fijar la altura de las olas a considerar en los cálculos:

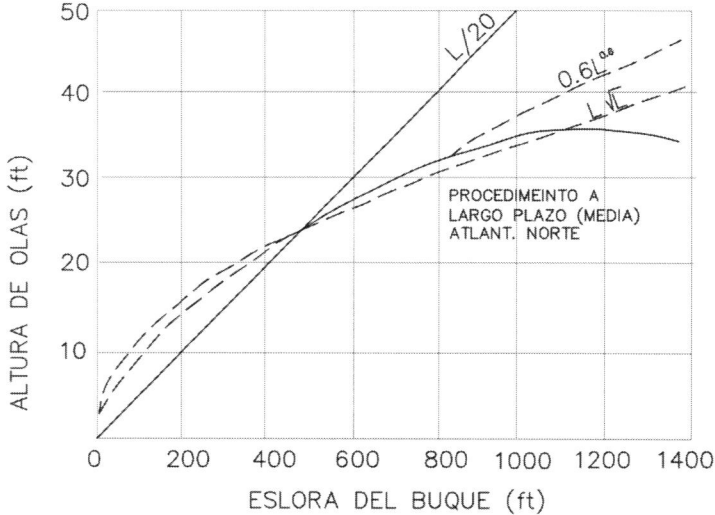

Figura 3.1: Altura de la ola en función de la eslora del buque.

$$\text{h y L en pies} \begin{cases} h = \frac{L}{20} \\ h = 1,1 \cdot \sqrt{L} \\ h = 0,6 \cdot L^{0,6} \end{cases}$$

y también una estimación de dicha altura para petroleros de un coeficiente de bloque alrededor de 0,8, que navegan con una velocidad relativa ($\frac{V}{\sqrt{L}}$; V en nudos, L en pies) de 0,34.

Para el intervalo de esloras comprendido entre los 400 y los 600 pies (es decir, entre los 120 m y los 180 m) todas las estimaciones son bastante concordantes; aunque no sucede esto para valores más grandes o más pequeños de la eslora, para los que se presentan grandes diferencias en las alturas y, por consiguiente, deben esperarse grandes diferencias en los resultados finales, dependiendo de la fórmula que se adopte. Sin embargo, los resultados de los cálculos de Resistencia Longitudinal se consideran fundamentalmente a título comparativo, de manera que, si se aplica el mismo criterio para comparar un buque con otro, el valor absoluto de la altura de ola no es excesivamente importante.

El factor que queda por decidir es la «FORMA» del perfil de ola. Como primera aproximación una curva senoidal podría considerarse. En este caso la ecuación de dicho perfil de ola vendría dada por la expresión (3.1):

$$y = \frac{h}{2} \cdot sen\left(\frac{2\pi x}{l}\right) \tag{3.1}$$

donde «h» es la altura de la ola, entre cresta y seno, y «l» es la longitud de la ola (en dos crestas o dos senos consecutivos).

Sin embargo, las observaciones de la mar han hecho ver que las olas reales tienden a ser más aguzadas en las crestas que en los senos, mientras que la forma senoidal es simétrica respecto al eje x. Una curva que podría representar bien esta mayor agudeza de las crestas es la TROCOIDE. La trocoide se forma como se indica en la Figura 3.2. Imaginemos un círculo de radio R rodando por la parte inferior de una línea base recta y consideremos la trayectoria recorrida por un punto P situado a un radio r a partir del centro del círculo. Las coordenadas (x, y) del punto P pueden obtenerse en función del parámetro θ.

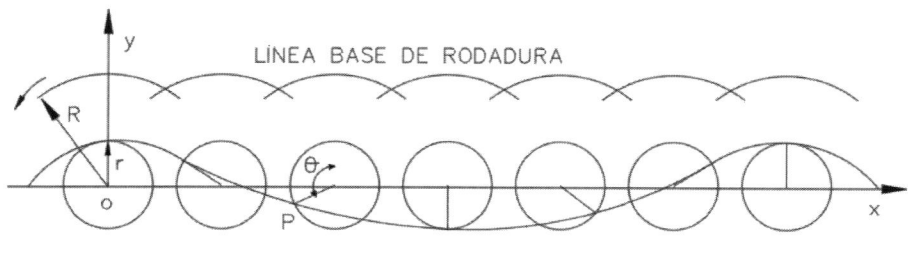

Figura 3.2: Generación de una curva trocoidal.

Donde:

$$x = R\theta - r \cdot sen(\theta)$$

$$y = r \cdot cos(\theta)$$

La Figura 3.3 muestra una comparación de esta curva con una sinusoide de las mismas características principales (longitud y altura). Puede verse claramente que la trocoide es más aguzada en la cresta que la ola senoidal. A medida que r se aproxima al valor de R, la cresta es más aguzada, y en el límite, cuando se igualan ambos valores, la cresta presentará un ángulo vivo (se tratará de una CICLOIDE).

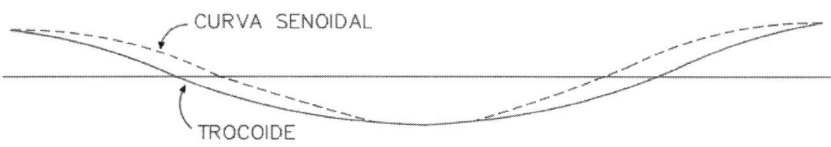

Figura 3.3: Comparación de una onda senoidal y trocoidal.

La relación que existe entre los radios R y r, y las características principales de la ola es la siguiente:

El radio «R» está relacionado con la longitud de la ola, ya que cuando el círculo ha completado una vuelta debe haberse movido una longitud de ola. Por lo tanto:

$$l = 2\pi R , \qquad \text{o bien} \quad R = \frac{l}{2\pi}$$

En cuanto a «r», es simplemente la mitad de la altura de la ola, es decir:

$$r = \frac{h}{2}$$

Para trazar el trocoide al objeto de llevar a cabo los cálculos de resistencia longitudinal puede emplearse un método gráfico, deducido de la misma definición de la curva (véase Figura 3.2), o bien se pueden calcular analíticamente las coordenadas (x, y) de varios puntos a partir de las ecuaciones paramétricas (3.2) y (3.3):

$$x = \frac{l}{2\pi} \cdot \theta - \frac{h}{2} \cdot sen(\theta) \tag{3.2}$$

$$y = \frac{h}{2} \cdot cos(\theta) \tag{3.3}$$

o, mejor, para un cálculo rutinario de oficina pueden emplearse los valores o la gráfica que aparecen en la Figura 3.4.

En forma análoga a lo que sucede con el valor de la altura de la ola considerada en los cálculos, puede decirse que la elección entre una y otra forma de la ola (trocoidal o senoidal, por ejemplo) repercute poco en los resultados del análisis cuando este es de tipo comparativo. Sin embargo, tradicionalmente se ha venido usando el perfil trocoidal en los cálculos de Resistencia Longitudinal del buque sobre olas, aunque modernamente se tiende a emplear el perfil senoidal que facilita el análisis (por descomposición en armónicos) de un espectro observado de olas.

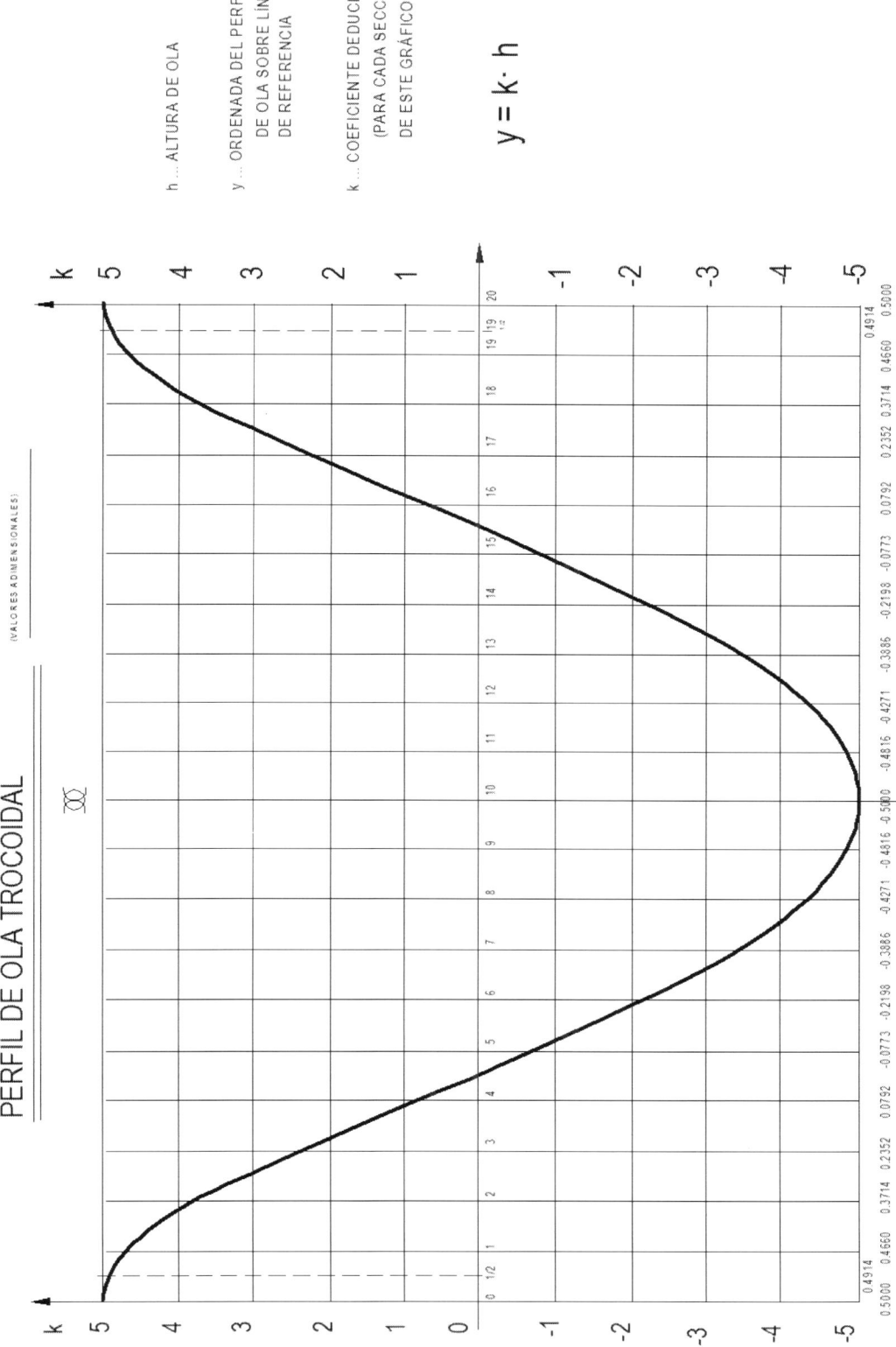

Figura 3.4: Representación de los valores de una ola trocoidal.

3.3   POSICIÓN DEL BUQUE SOBRE LA OLA: QUEBRANTO Y ARRUFO

En nuestro estudio del papel que ejercen las olas en la Resistencia Longitudinal, nos toca ahora considerar la posición relativa del buque sobre la ola, ya que esto tiene una considerable influencia sobre la distribución del empuje a lo largo de la eslora del buque. Es evidente que a medida que un perfil de ola de longitud igual a la eslora del barco se mueve longitudinalmente en relación con este, el buque puede ocupar una gama completa de posiciones, desde aquella en que dos crestas coinciden con las perpendiculares hasta la que presenta una cresta en la maestra y dos senos en las perpendiculares. Si consideramos estas dos posiciones extremas (Véase Figura 3.5) los tipos de distribución de empujes son los que se muestran en la Figura 3.6, en la que también se ha representado la distribución correspondiente a aguas tranquilas para facilitar la comparación. Se advierte que cuando se sitúan dos crestas en las perpendiculares, la acción de soporte debida al empuje hidrostático tiende a desplazarse hacia los extremos, mientras que cuando la cresta está en la maestra, el soporte hidrostático se encuentra en esa zona central.

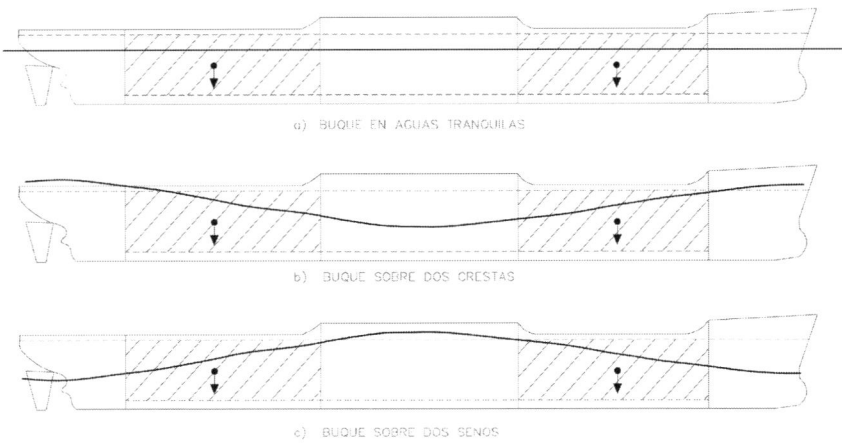

Figura 3.5: Representación de los posibles efectos de la ola en el buque.

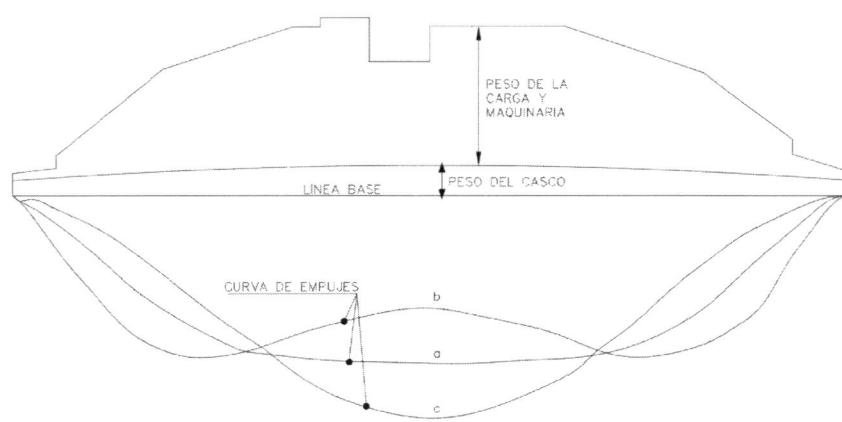

Figura 3.6: Representación de la distribución de empujes a lo largo de la eslora del buque.

En la primera de las condiciones (véase también la Figura 3.7), el momento flector mayor sobre la estructura del buque se originará cuando esté presente una concentración de pesos en la zona central. Análogamente, en el caso de que la cresta de la ola esté en la maestra, los mayores momentos flectores tendrán lugar cuando el buque haya sido cargado o lastrado principalmente en los extremos. En la primera de las dos situaciones (Figura 3.7-a), el buque ARRUFARÁ, sometiendo su cubierta a compresión y el fondo a tracción. En la otra situación, el buque QUEBRANTARÁ (Figura 3.7-b), quedando sometido el fondo a compresión, mientras que la cubierta soportará esfuerzos de tracción.

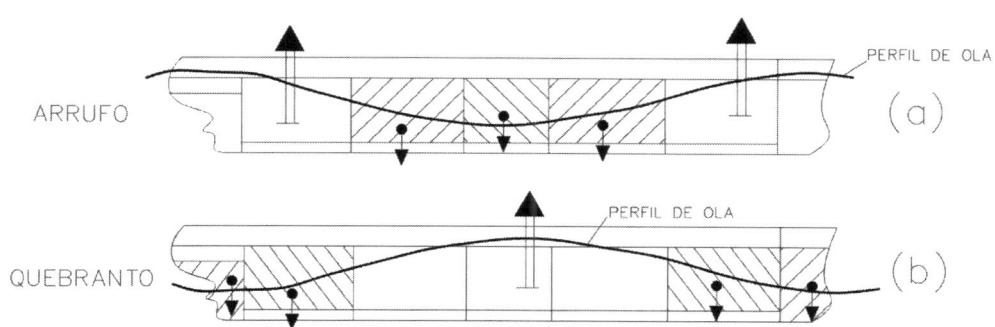

Figura 3.7: Representación de las condiciones de arrufo y quebranto.

A efectos de comprobación de la estructura longitudinal del buque, debe llevarse a cabo un estudio de las peores distribuciones posibles del peso en ambas situaciones del buque sobre la ola. Sin embargo, dichas distribuciones del peso deben ser razonables en el sentido de que se trate de condiciones de carga o lastre que realmente deba soportar el buque en servicio. Por ejemplo, en el caso de un buque de carga seca con maquinaria al centro, una condición «razonable» para estudiar el efecto de QUEBRANTO sería una llegada con poco combustible en la zona central y con las bodegas cargadas. Pudiera muy bien resultar que el momento flector calculado con el buque en esta situación y posicionado sobre una cresta, fuese menor del que se obtuviese de considerar el buque cargado solo en las bodegas extremas y con los piques de popa y proa lastrados, pero esta condición no es normalmente una condición real de servicio del buque, por lo que no hay por qué considerarla en el chequeo de la Resistencia Longitudinal. Siguiendo con el ejemplo de un carguero con maquinaria al centro y por lo que respecta a la condición de ARRUFO, con dos crestas coincidiendo con las perpendiculares, una situación razonable en relación con los pesos será considerar el buque en lastre con todos los tanques de consumos, localizados en su zona central, llenos.

Es imposible generalizar indicando qué tipo de carga producirá los mayores momentos flectores en cada una de las dos situaciones de la ola antes mencionadas e incluso para un buque concreto puede no ser fácil acertar directamente sobre cuál es la distribución de carga que debe emplearse en los cálculos, siendo necesario investigar con cierto número de ellas para deducir cuál es la peor de todas.

Hasta aquí, al hablar de situaciones de arrufo y quebranto, se ha considerado que el buque estaba cargado de forma diferente en un caso y en otro, de manera que pudiera obtenerse el máximo valor posible de momento flector. Sin embargo, un buque cargado o lastrado de una forma determinada puede pasar de una situación de arrufo a otra de quebranto a medida que la ola se mueve desde la posición que presenta las crestas en las perpendiculares, hasta la que tiene la cresta en el centro. Naturalmente, a lo largo de este ciclo el buque no pasará desde el máximo valor del momento flector en arrufo hasta el máximo valor en quebranto. Normalmente si la distribución de pesos es tal que da un gran momento flector de quebranto, cuando el buque pase a estar soportado entre dos crestas se tendrá un momento flector bastante pequeño. Análogamente, en el caso en el que dicha distribución de pesos origine un fuerte momento de arrufo cuando el buque se encuentra con sus perpendiculares en coincidencia con dos crestas, el momento flector, cuando la cresta de la ola coincida en la maestra, no será muy grande.

Una buena indicación es la distribución de momentos flectores en aguas tranquilas. Si se ha presentado un alto valor de quebranto en dicha situación de ausencia de olas, cuando se estudie la influencia de estas se obtendrá un gran valor de quebranto y otro pequeño de arrufo. Por el contrario, si en situación de aguas tranquilas se presenta un alto valor de arrufo, hay que esperar que, al estudiar el buque sobre las olas, se obtenga un gran momento flector en situación de arrufo y otro pequeño en situación de quebranto.

3.4 LA DISTRIBUCIÓN DE EMPUJES CON EL BUQUE SOBRE LA OLA

Ya hemos explicado en una lección anterior cómo puede obtenerse la distribución de empujes en caso de aguas tranquilas. Los datos de partida para ello son el total de los pesos, las coordenadas de su centro de gravedad y las características hidrostáticas de la carena: si se dispone de las curvas hidrostáticas, con los datos anteriores de peso y centro de gravedad es posible calcular los calados de equilibrio en las perpendiculares y trazando la flotación recta correspondiente sobre las curvas de *Bonjean* se obtendrá fácilmente la distribución de áreas sumergidas de las secciones y, por consiguiente, la de empujes.

Dibujada e integrada la curva de empujes así obtenida, determinaremos un valor del desplazamiento y una abscisa del centro de carena que a veces (sobre todo si el buque tiene mucho asiento) no coinciden totalmente con los valores del peso total y de la abscisa de su centro de gravedad respectivamente. Supongamos que los valores correctos de desplazamiento y abscisa del centro de carena son Δ y X_c, mientras que los valores derivados de la integración de la curva de empujes son, respectivamente Δ' y X_c'. Para obtener el desplazamiento correcto, la flotación debe desplazarse $\frac{\Delta' - \Delta}{100 \cdot T_{1c}}$ metros, donde T_{1c} son las toneladas por centímetro de inmersión correspondientes a ese calado medio. Y para que el centro de carena ocupe la posición correcta, el asiento debe modificarse una cantidad:

$$\frac{\Delta' \cdot (X_c' - X_c)}{M_{1c}} \tag{3.4}$$

siendo M_{1c} el momento para variar el asiento 1 cm.

Hecho esto, deben obtenerse otra vez las áreas bajo la flotación entrando en las curvas de *Bonjean* con los valores corregidos de los calados y a continuación debe repetirse el cálculo del desplazamiento y de la abscisa del centro de carena. Los ajustes de la flotación en el caso de aguas tranquilas suelen ser de pequeña cuantía, por lo que esta segunda aproximación suele dar unos cuantos resultados suficientemente exactos.

El problema de situar el buque en equilibrio sobre la ola, aunque en principio es análogo al del caso de aguas tranquilas, es mucho más difícil de resolver en la práctica. Una razón para ello es que no es posible situar el perfil de la ola inicialmente con algún grado de aproximación, de manera que se obtengan unos valores aceptables de desplazamiento y posición del centro de carena. Por otra parte, aunque se puede llevar a cabo un cierto ajuste de la posición del perfil de ola usando los valores de las toneladas por centímetro de inmersión y el momento para cambiar el asiento un centímetro, estas magnitudes deberían tenerse calculadas para flotaciones onduladas, mientras que la única información generalmente disponible corresponde a flotaciones planas y horizontales. El resultado es que a menudo es necesario llevar a cabo un gran número de intentos y ajustes antes de que la posición de la ola pueda quedar determinada con suficiente aproximación.

Debido a la disimetría de la trocoide en relación con la línea de centros (ya hemos hablado antes de que es más aguzada en las crestas que en los senos) resulta que el área bajo dicha curva es menor de la mitad del producto de la longitud por la altura de la ola. Por ello la línea de aguas tranquilas o nivel medio del mar queda a una distancia δ que viene determinada por la expresión (3.5):

$$\delta = \frac{r^2}{2R} = \frac{\pi}{4}\frac{h^2}{l}$$

(3.5)

por debajo de la línea de centros del círculo generador de la trocoide.

En el caso de que se haya elegido una altura de ola de acuerdo con la expresión $h = 1,1\sqrt{L}$, sustituyendo en (3.5), el valor de δ viene dado por:

$$\delta = \frac{\pi}{4}\frac{1,1^2\,\cancel{L}}{\cancel{L}} = 1,1^2\frac{\pi}{4} = 0,95\,(\text{ft}) = 0,29\,(\text{m})$$

Por ello, en el primer intento, la línea de centros de las órbitas debería situarse aproximadamente un pie por encima de la línea de flotación en aguas tranquilas. Algún ajuste adicional será necesario teniendo en cuenta el afinamiento de los extremos del buque: con la cresta en la maestra, la separación debe ser algo mayor, y cuando es el seno el que se sitúa allí, algo menor.

La corrección del asiento, cuando sea necesaria, debería hacerse alrededor del centro de flotación estimado que ordinariamente estará algo más a proa que para el caso de aguas tranquilas cuando la cresta se sitúa en la maestra, y algo más a popa cuando es el seno el que está en la maestra.

3.5   LA PRESIÓN BAJO EL PERFIL DE OLAS: CORRECCIÓN DE SMITH

Una de las hipótesis básicas en el cálculo de la Resistencia Longitudinal del buque sobre olas trocoidales es que la presión y, por lo tanto, el empuje, es directamente proporcional a la profundidad del punto considerado respecto al perfil de la ola. Sin embargo, en la (Ref. (7)), se demuestra que la presión bajo una ola no sigue las leyes de la hidrostática debido a la presencia de fuerzas centrífugas causadas por el movimiento orbital de las partículas de agua. Por lo tanto, la presión en el seno de una ola no es proporcional a la profundidad bajo la superficie exterior de la ola. Dicho movimiento orbital reduce la presión en las crestas y la aumenta en los senos, lo que conduce a una mayor uniformidad de la distribución de empujes y, por consiguiente, a una disminución de los momentos flectores en las situaciones de arrufo y de quebranto. Estas reducciones son tanto mayores cuanto mayor es el calado del buque y pueden variar tanto como entre el 15 y el 50 % o más.

El cálculo de la corrección de Smith es laborioso y como los momentos flectores del buque en olas de tipo *standard* son útiles principalmente a efectos comparativos y la corrección debe tener efectos similares en buques parecidos, es costumbre no tenerla en cuenta cuando se llevan a cabo dichos cálculos.

OLA TROCOIDAL

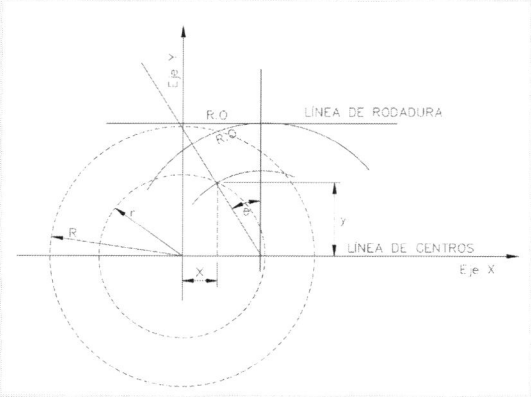

Figura 3.8: Representación geométrica de una ola trocoidal.

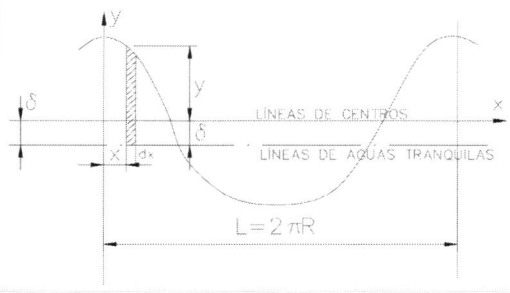

Figura 3.9: Representación del movimiento de una ola trocoidal.

ECUACIÓN PARAMÉTRICA

$$x = R \cdot \omega - r \cdot sen\omega$$

$$y = r \cdot cos\omega$$

La posición de la «LÍNEA DE AGUAS TRANQUILAS» se calcula imponiendo la condición:

$$\int_0^{2\pi R} (y + \delta)\, dx = 0$$

Pasando a variables paramétricas:

$y = r\cos\theta$

$x = R \cdot \theta - r\sin\theta => \left\{ \begin{array}{l} dx = R \cdot d\theta - r \cdot \cos\theta \cdot d\theta \\ Para : \left\{ \begin{array}{l} x = 0 \ldots \theta = 0 \\ x = 2\pi R \ldots \theta = 2\pi \end{array} \right. \end{array} \right\}$ Sustituyendo:

$$\int_0^{2\pi R} (r \cdot \cos\theta + \delta) \cdot (R\, d\theta - r \cdot \cos\theta\, d\theta) = 0 \tag{3.6}$$

$$\int_0^{2\pi R} (r \cdot R \cdot \cos\theta + \delta R - r^2 \cdot \cos^2\theta - \delta r \cdot \cos\theta)\, d\theta = 0 \tag{3.7}$$

$$\left[rR\sin\theta + \delta R\theta - \frac{r^2}{2}(\sin\theta \cdot \cos\theta + \theta) - \delta r\sin\theta \right]_0^{2\pi} = 0 \tag{3.8}$$

$$\underbrace{rR\sin\theta}_{0} + \underbrace{\delta R\theta}_{\delta R 2\pi} - \frac{r^2}{2}\underbrace{(\sin\theta \cdot \cos\theta + \theta)}_{-\frac{r^2}{2} \cdot 2\pi} - \underbrace{\delta r\sin\theta}_{0} = 0$$

$$2\pi\,\delta R - 2\pi\,\frac{r^2}{2} = 0 \quad => \quad \boxed{\delta = \frac{r^2}{2R}}$$

3.6 CÁLCULO DE LAS FUERZAS CORTANTES Y DE LOS MOMENTOS FLECTORES DEL BUQUE SOBRE LA OLA *STANDARD*

Dada una cierta condición de carga o lastre, la curva de pesos, las cifras del peso total y de las coordenadas de su centro de gravedad se calculan como ya se ha indicado en el (Apartado 3.3) para el caso de aguas tranquilas. En cuanto a la distribución de los empujes, se consideran dos casos:

a) Buque sobre dos crestas, en coincidencia con las perpendiculares.
b) Buque sobre dos senos, en coincidencia con las perpendiculares.

En cada uno de ellos, el buque se posiciona sobre el perfil de ola por el procedimiento de tanteos sucesivos, y se calcula la distribución de empujes, habitualmente, sin tener en cuenta la corrección de Smith. Hecho esto se obtiene la curva de cargas como diferencia entre la de pesos y la de empujes y se realiza el proceso de integración correspondiente para obtener las distribuciones de fuerzas cortantes y de momento flectores.

3.7 CARACTERÍSTICAS DE LAS CURVAS DE FUERZAS CORTANTES Y MOMENTOS FLECTORES

Para las dos situaciones que se han expuesto aquí, es decir, el buque sobre una ola con la cresta en la maestra o con el seno en la maestra, es posible establecer unas características generales de las curvas de fuerzas cortantes y de momentos flectores.

Dado que el buque está libremente soportado, tanto la fuerza cortante como el momento flector deben ser nulos en los extremos. La curva de momentos flectores alcanza su máximo valor aproximadamente en el centro de la eslora, aunque en algunos casos de carga y lastre, dicho máximo pudiera producirse en un punto algo alejado de la maestra.

A causa de la relación que existe entre la fuerza cortante y el momento flector, es decir:

$$F = \frac{dM}{dx}$$

se deduce que donde el momento flector es máximo, la fuerza cortante es cero; por lo que frecuentemente la fuerza cortante será nula hacia el centro de la eslora.

Los valores más altos de la fuerza cortante suelen darse a un cuarto de la eslora a partir de ambas perpendiculares.

La Figura 3.10 recoge unas curvas típicas de fuerza cortante y momento flector.

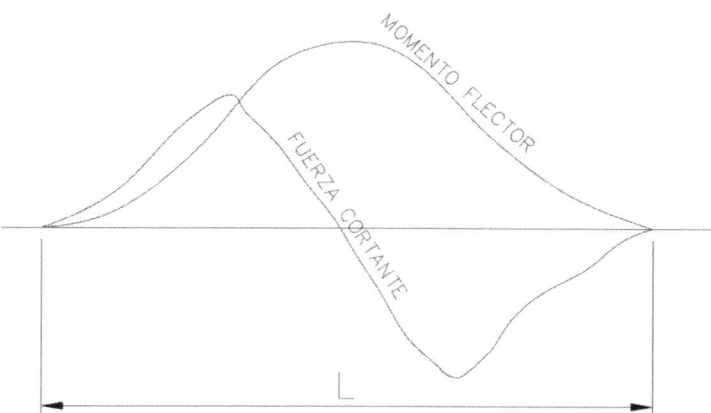

Figura 3.10: Representación de las curvas típicas de fuerza cortante y momento flector.

La posición longitudinal de la ola en relación con el buque influye en la posición del máximo momento flector. Si la ola se sitúa en una posición intermedia entre las dos que se han expuesto, se encontrará que la posición del máximo momento flector se separa de la maestra y que su valor es bastante menor. Esto se ha intentado representar gráficamente en la Figura 3.11. Si se dibujase una envolvente de las curvas de momentos flectores correspondientes a diferentes posiciones de la cresta a lo largo de la eslora, se verificaría con toda probabilidad que coincidirían sensiblemente con las curvas que se presentan en las dos situaciones básicas (cresta o seno en la maestra) que hemos venido comentando.

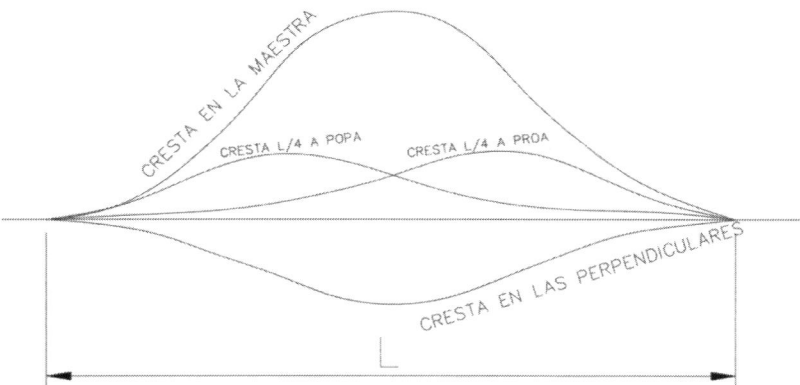

Figura 3.11: Evolución de los momentos flectores debido a diferentes posiciones de la cresta de la ola.

3.8 INFLUENCIA DE LA DISTRIBUCIÓN DE PESOS SOBRE EL MOMENTO FLECTOR

En general, la concentración de pesos cerca de los puntos de soporte conducirá a menores momentos flectores que si el peso se encuentra lejos de dichos puntos. Esto significa que, si la condición de carga presenta concentración de pesos en la zona central, en la condición en la que el seno de la ola está en el centro se originarán altos momentos flectores. Igualmente se producirán altos momentos flectores en una condición de carga en la que los pesos se han concentrado en los extremos cuando la ola tenga la cresta en la maestra.

Para obtener una distribución de pesos que produjese los mínimos momentos flectores para un desplazamiento dado, se deberían calcular las componentes o incrementos del momento flector máximo debidas a la ola, es decir:

M_{wa} ... Componente del momento flector debida a la ola cuando el <u>seno</u> de esta se encuentre en la maestra.

M_{wq} ... Componente del momento flector debida a la ola cuando la <u>cresta</u> de esta se encuentra en la maestra.

y procurar que el momento flector M_S calculado en aguas tranquilas sea lo más aproximado posible al opuesto de la semisuma de ambos, o sea:

$$M_S = -\frac{M_{wa} + M_{wq}}{2} \tag{3.9}$$

■ **Ejemplo 3.1** Supongamos que los valores de M_{Wa} y M_{Wq} son, respectivamente:

$$M_{Wa} = -70.000 \text{ T} \cdot \text{m}$$
$$M_{Wq} = 50.000 \text{ T} \cdot \text{m}$$

Si el momento flector en aguas tranquilas fuese:

$$M_S = -\frac{-70.000 + 50.000}{2} = +10.000 \text{ T} \cdot \text{m}$$

Los momentos flectores serán:

    a) En condición de <u>Arrufo</u>: -70.000 + 10.000 = -60.000 T · m
    b) En condición de <u>Quebranto</u>: 50.000 + 10.000 = 60.000 T · m

---

Todo esto es bastante teórico ya que prácticamente nunca es posible disponer la carga de manera que en aguas tranquilas se alcance el valor:

$$M_S = -\frac{M_{wa} + M_{wq}}{2}$$

y, por otra parte, todas las Sociedades de Clasificación admiten que:

$$M_{wa} = -M_{wq}$$

por lo que el valor más conveniente de M_S será CERO.

No obstante, la exposición que acabamos de hacer puede servir para ilustrar la conveniencia de MINIMIZAR los valores absolutos del momento flector en aguas tranquilas.

3.9 MÉTODOS DE CÁLCULO APROXIMADOS PARA ESTIMAR EL MOMENTO FLECTOR Y LA FUERZA CORTANTE

Después de lo que hemos indicado en los párrafos precedentes es obvio que para calcular las distribuciones de momentos flectores y de fuerzas cortantes se precisa una información bastante copiosa. Sin embargo, a menudo se requiere tener alguna idea sobre los valores máximos de estas cantidades antes de que toda esta información esté disponible, de manera que unas fórmulas o métodos aproximados puedes ser útiles a este respecto.

3.9.1 MOMENTOS FLECTORES. FÓRMULA APROXIMADA

Consideremos el momento flector en primer lugar.

Es evidente que en la flexión de vigas simples los parámetros más influyentes sobre los momentos flectores son la carga total aplicada y la longitud de la viga. Es decir, que el momento flector máximo obedece a una ley del tipo:

$$M = \frac{P \cdot L}{C} \tag{3.10}$$

donde «C» es un coeficiente que en el caso mencionado de vigas simples depende de la distribución de la carga y de las condiciones de los extremos: así, para una viga apoyada en los extremos «C» es 4, si la carga está concentrada en el centro de la luz y 8 si se distribuye uniformemente. Para vigas con los extremos empotrados los valores correspondientes de «C» son 8 y 12, respectivamente.

Considerando la flexión longitudinal del buque, el máximo momento flector podría escribirse en la forma:

$$M = \frac{\Delta \cdot L}{C} \tag{3.11}$$

en la que Δ es el desplazamiento en carga. Aquí los valores del coeficiente «C» dependerán de la distribución de la curva de cargas, que a su vez estará afectada por la distribución de los pesos y la distribución de los empujes. Así pues, el coeficiente «C» dependerá del tipo de buque, y para un buque determinado, será función de cómo se hayan distribuido los pesos. También dependerá de si se considera que el centro del buque está sobre una cresta o sobre un seno de ola.

Como consecuencia de todo ello no pueden darse valores de «C» que sean aplicables a la generalidad de los buques. La Tabla 3.1 da una indicación aproximada para diferentes tipos de buque y para diferentes situaciones de carga.

Tipo de buque	Eslora L (m)	Desplazamiento δ T · m	$M = \frac{\Delta \cdot L}{C}$ ARRUFO	QUEBRANTO
CARGERO	129	12.598		33,6
PETROLERO	141	17.242	43,0	90,0
PETROLERO	159	22.230	39,7	93,5
PETROLERO	190	36.932	35,7	89,6
PETROLERO	218	62.631	37,8	116,0
BUQUE DE LÍNEA	226	41.148	117,0	30,4
BUQUE DE LÍNEA	287	64.008	79,0	31,2

Tabla 3.1: Cálculo de momento flectores para diferentes tipos de buque según fórmulas aproximadas.

Dicha tabla es una muestra de que el coeficiente «C» depende de muchos factores y, por lo tanto, el empleo de este coeficiente en los cálculos de anteproyecto deja mucho que desear. Por esta razón, se han desarrollado varios métodos que permiten obtener mayor precisión en el establecimiento del valor del momento flector en una etapa temprana del proyecto. Entre otros, pueden citarse:

- Método de MURRAY.

- Método de MANDELLI.

- Métodos de algunas Sociedades de Clasificación (Det Norske Veritas, Bureau Veritas, Germanisher Lloyd's, etc.).

De todos ellos describiremos solo el primero.

3.9.2 MOMENTOS FLECTORES: MÉTODO DE MURRAY

En el método de Murray (Ref. (9)) se considera dividido el momento flector total en las dos componentes de las que ya hemos tenido ocasión de hablar anteriormente.

- Momento flector en aguas tranquilas.
- Aumento debido a la presencia de oleaje.

El momento flector en la maestra, en situación de aguas tranquilas, se estima por la expresión (3.12):

$$S.W.B.M = \frac{MP_f + MP_a}{2} - \frac{\Delta}{2} \cdot C \cdot L \tag{3.12}$$

Siendo:

S.W.B.M   Momento flector en aguas tranquilas (*STILL WATER BENDIGN MOMENT*).

MP_f Momento del peso situado a proa de la maestra respecto a dicha sección.

MP_a Momento del peso situado a popa de la maestra respecto a dicha sección.

Δ Desplazamiento total.

L   Eslora entre perpendiculares.

C   Coeficiente definido en la Tabla 3.2, adjunta.

CALADO	C
0,06 L	$0,179\ C_b + 0,063$
0,05 L	$0,189\ C_b + 0,052$
0,04 L	$0,199\ C_b + 0,041$
0,03 L	$0,209\ C_b + 0,030$

Tabla 3.2: Coeficientes de C en función del calado.

CALADO	K
0,06 L	1,00
0,05 L	0,94
0,04 L	0,88

Tabla 3.3: Coeficientes de K en función del calado.

Valores de b		
CB	QUEBRANTO	ARRUFO
0,80	550,0	616,0
0,78	533,5	599,5
0,76	518,1	583,0
0,74	502,7	565,4
0,72	486,2	547,8
0,68	454,2	513,7
0,66	437,8	497,2
0,64	422,4	479,6
0,60	390,5	446,6

Tabla 3.4: Valores de b en función del coeficiente de bloque y las situaciones de Arrufo y Quebranto.

En cuanto a la componente debida a las olas, se calcula por la expresión (3.13):

$$W.B.M = 22 \cdot b \cdot L^{2,5} \cdot B \cdot K \cdot 10^{-6} \tag{3.13}$$

Siendo:

b   Coeficiente que se encuentra en la Tabla 3.4.
B   Manga del buque.
K   Coeficiente que se encuentra en la Tabla 3.3.

¡Este método es válido para asientos menores de 1 % de la eslora!

3.9.3 FÓRMULA APROXIMADA PARA ESTIMAR EL MÁXIMO VALOR DE LA FUERZA CORTANTE

Las características de una curva normal de momento flector en una de las condiciones en que es máximo son:

- Tiene un máximo en el centro o zona central de la eslora.

- Tiene valor cero en los extremos.

- La pendiente en los extremos en nula.

Una curva que podría satisfacer esta condición es la que viene descrita por la expresión (3.14):

$$M = \frac{M_\otimes}{2}\left\{1 - cos\left(\frac{2\,\pi\,x}{L}\right)\right\} \tag{3.14}$$

La fuerza cortante derivada a partir de dicha curva sería la que viene descrita por la expresión (3.15):

$$F = \frac{dM}{dx} = \frac{\pi}{L}\cdot M_\otimes \cdot sen\left(\frac{2\,\pi\,x}{L}\right) \tag{3.15}$$

Los valores máximos de la fuerza cortante ocurrirán a L/4 y a 3/4 L desde la perpendicular de popa y serán:

$$F_{max} = \frac{\pi \cdot M_\otimes}{L} \tag{3.16}$$

Si la curva de momentos flectores no está de acuerdo con la trigonometría antes supuesta, se podría escribir:

$$F_{max} = \frac{C \cdot M_\otimes}{L} \tag{3.17}$$

La (Tabla 3.5) da los coeficientes calculados en (Reg. (11)).

TIPO DE BUQUE		VALOR DE **C**
Buque de pasaje	(Aguas tranquilas)	3,54
	(En la mar - quebranto)	3,49
Carguero	(En la mar - arrufo)	3,76
Buque tanque	(En la mar - quebranto)	4,32
	(En la mar - arrufo)	4,24
Buque tanque (Murray)	(En aguas tranquilas)	6,00
	(Efecto olas)	3,50

Tabla 3.5: Valores del coeficiente C calculados para distintos tipos de buques y situaciones en la mar.

Fuente: (Ref. (11)).

3.9.4 NOTA GENERAL SOBRE EL CÁLCULO DE LAS SOLICITACIONES DE RESISTENCIA LONGITUDINAL

El amplio uso que hoy en día se hace del computador electrónico ha reducido sensiblemente la utilidad de los métodos aproximados para calcular fuerzas cortantes y momentos flectores, ya que es posible obtener un cálculo completo de Resistencia Longitudinal de un conjunto de condiciones de carga y lastre en un corto espacio de tiempo. A pesar de todo, hay casos en los que es necesario disponer de una idea de la magnitud del momento flector o de su variación en función de alguna dimensión básica mucho antes de que se disponga de los datos necesarios para llevar a cabo el cálculo en el ordenador. En tales casos, los métodos aproximados todavía son útiles y pueden ser de gran ayuda al proyectista.

3.10 MODERNAS TENDENCIAS EN EL CÁLCULO DE LOS EFECTOS DE LAS OLAS

En contraste con el bajo nivel de investigación en la industria naval de hace algunos decenios, parece que, a partir de los años 50 del pasado siglo, ha surgido con cierto ímpetu este tipo de actividad. El desarrollo de la investigación en el campo de la construcción naval cobró gran impulso con el advenimiento de los superpetroleros y de nuevos tipos de buques. Los esfuerzos de la investigación sobre Resistencia Longitudinal se han encauzado principalmente en tres direcciones: conocimiento de los estados del mar, estudio de la respuesta del buque y ensayos con modelos.

El estudio de las olas y movimiento de las aguas del mar ha sido facilitado en gran medida por las estaciones y los buques oceanográficos situados de tal manera y en tal número que cubrían una amplia zona reservada para las grandes rutas marítimas. Estos estudios han permitido establecer predicciones a largo plazo del estado de la mar que, a su vez, constituyen una base firme para la obtención de predicciones realistas a largo plazo de los incrementos de los momentos flectores y de las fuerzas cortantes debidos al oleaje.

Junto a la investigación de las condiciones de la mar y estrechamente vinculada con ella, aparece otra rama de la investigación: la del estudio de la respuesta del buque ante estas condiciones. Un cierto número de buques, entre los que se incluyen grandes petroleros y *bulkcarriers*, ha sido equipado con instrumentación para medir, entre otros factores, el grado de flexión del casco cuando se encuentre sometido a unas condiciones de olas conocidas (condiciones que son medidas y registradas al mismo tiempo).

No debemos olvidar mencionar la fase de experimentación con modelos, que constituye un tercer aspecto de las investigaciones sobre la resistencia de la estructura de los buques. El fin que se persigue con este tipo de experiencias es establecer un esquema de correlación entre la respuesta del modelo a condiciones simuladas de olas y el grado medido de respuesta del buque. Una vez que se ha establecido una relación entre el buque y el modelo, particularmente en el caso de grandes buques, puede utilizarse el modelo para establecer, con gran confianza, exigencias que debe satisfacer la estructura del buque.

4. RESISTENCIA LONGITUDINAL III) CÁLCULO DE ESFUERZOS Y DEFORMACIONES UNITARIAS

4.1 APLICACIÓN DE LA TEORÍA DE LA FLEXIÓN A LA ESTRUCTURA DEL BUQUE

Los orígenes de la teoría de la flexión se remontan al estudio del comportamiento de una viga recta de sección constante sometida en sus extremos a sendos pares de fuerzas iguales y opuestos. La exposición de esta teoría puede seguirse, por ejemplo, en el tomo I de la «Resistencia de materiales» de S. Timoshenco (Ref (6)), por lo que no nos detendremos aquí en su exposición.

Para el estudio de la Resistencia Longitudinal, se considera que el buque es una viga sometida a unas cargas (diferencias entre pesos y empujes) que producen un estado de flexión y se aplican las conocidas exposiciones deducidas en la Teoría de la Flexión pura:

$$Y_n = \frac{S}{A} \tag{4.1}$$

$$\sigma_p = \frac{M}{I_n} \cdot Y_p \tag{4.2}$$

$$\sigma_p = E \cdot \varepsilon_p \tag{4.3}$$

Donde:

A ... Suma de las áreas de las secciones transversales de los elementos longitudinalmente continuos de la sección considerada.

S ... Momento estático de dicha área respecto al eje base.

Y_n ... Ordenada del eje neutro de la sección respeto al eje base.

I_n ... Momento de inercia de la sección respecto al eje neutro.

Y_p ... Distancia desde un punto P cualquiera de la sección al eje neutro.

M ... Momento flector en la sección.

σ_p ... Esfuerzo unitario en el punto P considerado.

ε_p ... Deformación unitaria (alargamiento o acortamiento) de la fibra del buque-viga que pasa por el punto P antes citado.

E ... Módulo de elasticidad o de *Young* (2.100 t/cm^2 para el acero).

Se ha comprobado experimentalmente que cuando existen fuerzas cortantes las consecuencias deducidas de la aplicación de la Teoría de la Flexión Pura se acercan mucho a la realidad, aunque cuando la relación entre la altura de la viga y su longitud entre apoyos va creciendo, las diferencias van aumentando. Por ello, es importante examinar la validez de estas fórmulas cuando se aplican a la compleja estructura de un buque:

En primer lugar, no se da el estado de flexión pura en el que se basa la teoría: las fuerzas cortantes están presentes y producen esfuerzos de cizalla verticales que naturalmente aparecerán acompañados de sus correspondientes parejas horizontales. El resultado de esto es una distorsión de las secciones debido a la cizalla y, por consiguiente, una modificación de los esfuerzos normales de flexión (Figura 4.1).

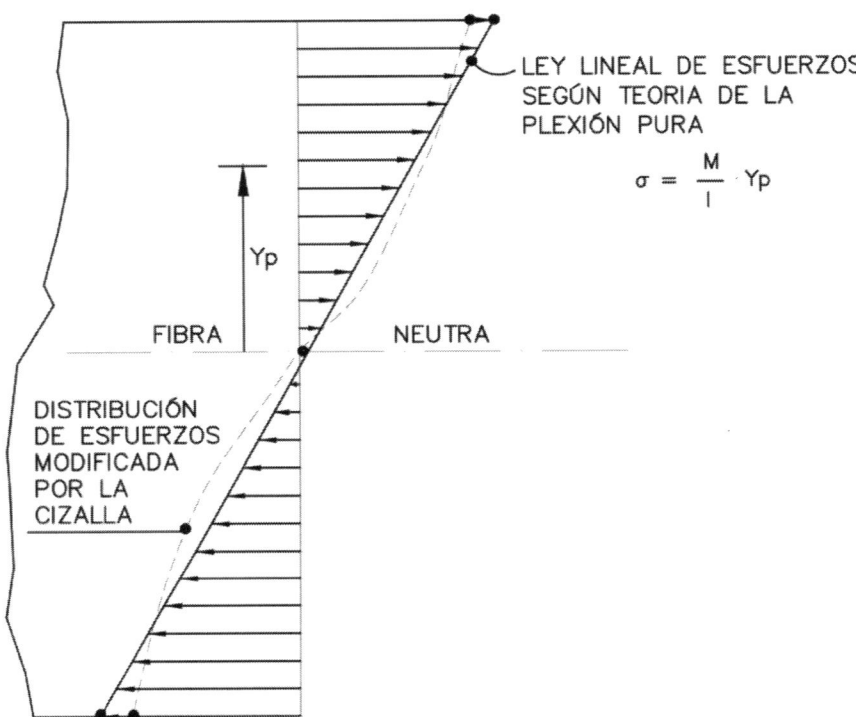

Figura 4.1: Reparto de los esfuerzos normales de flexión modificados por la cizalla.

Sin embargo, como ya hemos indicado antes, experimentalmente se ha comprobado que esta distorsión es pequeña cuando la relación altura/longitud de la viga no es alta. Por ello, salvo para los casos en que el puntal del buque es anormalmente grande en relación con la eslora del mismo, la aplicación de las consecuencias de la teoría de la flexión simple conduce a resultados bastante próximos a la realidad.

Otros factores que deben tenerse en cuenta en el estudio de la resistencia longitudinal son:

a) La viga-buque no es maciza, si no que, por el contrario, se trata de una estructura del tipo viga-cajón, de paredes relativamente delgadas unidas entre si por soldadura o roblonado (si bien este último sistema de unión puede considerarse obsoleto para cascos de acero).

b) Normalmente se trata de una «viga» de sección no uniforme a lo largo de su longitud (eslora del buque).

Estos factores podrían tener influencia en la distribución de los esfuerzos, pero existe evidencia práctica de que los efectos, cuando existen, son pequeños.

Por todo ello, se considera suficientemente exacto aceptar la teoría de la flexión simple como medio de predicción de esfuerzos y, ocasionalmente, de deformaciones.

4.2 SECCIÓN TRANSVERSAL DE LA VIGA-BUQUE: ELEMENTOS LONGITUDINALES

Al calcular las características de una sección transversal de la viga-buque deben considerarse aquellos elementos que se disponen en dirección longitudinal y mantienen su continuidad a lo largo de una porción apreciable de la eslora, tanto a proa como a popa de la sección considerada. Usualmente se lleva a cabo un cálculo detallado de las características siguientes de una sección maestra en coincidencia con los orificios (escotillas, pasos de hombre, etc.).

A Área total de las secciones transversales de los elementos longitudinalmente continuos.

Y_n Ordenada del C. de G. de A respecto al eje base considerado (posición del eje neutro).

I_n Momento de inercia de la sección respecto al eje neutro de la misma.

Hablando en general, solo debe considerarse en el cálculo el material que está distribuido sobre una longitud considerable tanto a proa como a popa de la maestra. En cualquier caso, debe quedar claro que aquellos elementos longitudinales que solo se disponen sobre una pequeña longitud en las cercanías de dicha sección maestra, tendrán poca influencia sobre la capacidad de la viga-buque para resistir la flexión, por lo que no deberán tenerse en cuenta en el cálculo de las características geométrico-resistentes antes citadas. Ejemplos de elementos que no deben tenerse en cuenta son las brazolas de escotilla de un *bulkcarrier* o los «puentecillos» (zonas de cubierta entre dos escotillas consecutivas).

Elementos que siempre se tienen en cuenta son: todas las cubiertas continuas, los longitudinales de cubierta; fondo y costados; planchas del fondo y de doble fondo y de costado; mamparos longitudinales continuos y quilla vertical. Las esloras de cubierta se deben tener en cuenta si son continuas (es decir, cuando no son intercostales entre los baos) y se extienden a lo largo de una buena porción de la eslora. En cuanto a las vagras o carlingas que forman parte de la estructura del doble fondo, si son continuas deben tenerse siempre en cuenta. Si son intercostales entre las varengas, debe considerarse la calidad de la alienación y la posible defectuosa transmisión de esfuerzos a través de las varengas, en las que puede haber defectos de laminación (hoja) que reduzcan grandemente su capacidad para resistir esfuerzos en dirección normal a la de laminación. Algunas Sociedades de Clasificación no consideran las vagras intercostales en el cálculo de las características geométrico-resistentes de la sección (véase Figura 4.2).

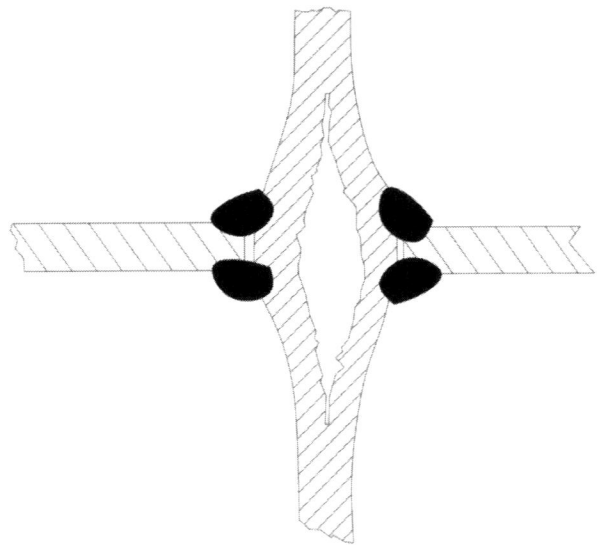

Figura 4.2: Corte de una sección genérica de un material.

En este asunto debe tenerse formado un cierto criterio o juicio para decidir qué elementos deben considerarse en el cálculo y cuáles no.

4.3 CÁLCULO DE LAS CARACTERÍSTICAS GEOMÉTRICO-RESISTENTES DE LA MAESTRA

Para calcular las características geométrico-resistentes de la sección maestra de un buque se opera como se indica a continuación:

1) En primer lugar, se elige un eje horizontal de referencia. Puede elegirse cualquier altura como tal (fondo, cubierta superior, cubierta intermedia, altura mitad de la sección ...), aunque es recomendable elegir la línea base de trazado.

2) El área «a» de cada elemento se conoce si se trata de un perfil en L o un bulbo o bien se calcula como producto de sus dos dimensiones («b», anchura y «h», altura). Se deduce o se mide la ordenada «y» del centro de gravedad de dicha área del elemento respecto al eje de referencia.

3) El momento estático del área del elemento respecto al eje de referencia será:

$$S = a \cdot y \qquad (4.4)$$

4) El momento de inercia del área del elemento respecto al eje de referencia se calcula por la expresión:

$$i_b = i_p + a \cdot y^2 \qquad (4.5)$$

siendo «ip» el momento de inercia propio del elemento, o sea con respecto a un eje paralelo al de referencia, pero pasando por el centro de gravedad del elemento.

5) Sumando las áreas de todos los elementos, obtendremos el área total de la sección maestra:

$$A = \Sigma\, a \tag{4.6}$$

6) Sumando algebraicamente los momentos estáticos de todos los elementos obtendremos el momento estático total de la sección respecto al eje de referencia. Al objeto de facilitar las comprobaciones y de hacer más difícil la aparición de errores, se suelen tratar separadamente los elementos que están por encima del eje de referencia de aquellos que están por debajo y se opera con valores absolutos de la distancia «y». Por ello,

$$S = \Sigma\, S \tag{4.7}$$

7) La posición del eje neutro de la sección que, como se sabe, pasa por el centro de gravedad de la misma vendrá definido por Expresión (4.1):

$$Y_n = \frac{S}{A}$$

8) El momento de inercia total de la sección respecto al eje de referencia se calcula sumando los momentos de inercia de los elementos que lo componen:

$$I_B = \Sigma\, i_B = \Sigma(i_p + a \cdot y^2) = (\Sigma a \cdot y^2) + (\Sigma i_p) \tag{4.8}$$

9) El momento de inercia de la sección respecto al eje neutro se obtiene a partir del anterior aplicando la corrección de Steiner:

$$I_n = I_B - A \cdot Y_n^2 = (\Sigma a \cdot y^2) + (\Sigma i_p) - Y_n^2 (\Sigma a) \tag{4.9}$$

10) Los módulos resistentes de la sección se pueden calcular dividiendo el momento de inercia «In» por las distancias desde el eje neutro a los puntos del fondo y de la cubierta respectivamente.

El cálculo de la inercia y del módulo de la sección puede realizarse con ayuda de la tabla que a continuación se presenta. En la que se sugiere que se tome como eje de referencia la línea base de trazado, y cuyos elementos por debajo de este eje (generalmente espesores de planchas y quilla), tendrán altura «y» negativa.

ELEMENTOS	DIMENSIÓN (mm)	ESPESOR (mm)	Nº ELEMENTOS	ÁREA (cm²)	y (m)	a · y (cm² ·m)	a · y² (cm² x m²)	ip (cm² x m²)
ELEMENTO 1								
ELEMENTO 2								
ELEMENTO 3								
ELEMENTO 4								
ELEMENTO 5								
ELEMENTO 6								
				A =		S =	Σ_1 =	Σ_2 =

- Área Total: A = ☐ cm²

- Eje neutro: $\frac{S}{A}$ = y_n = ☐ m

- Inercia: $\Sigma_1 + \Sigma_2 - A \cdot y_n^2 = I_n$ = ☐ cm² · m²

- Ordenada al fondo ...... $y_f = y_n$ = ☐ m (desde eje neutro.)

- Ordenada a la cubierta ...... y_c = ☐ m (desde eje neutro.)

- Módulo de fondo: $W_f = \frac{I_n}{y_f}$ = ☐ cm²·m

- Módulo de cubierta: $W_c = \frac{I_n}{y_c}$ = ☐ cm²·m

Como se sabe, el «módulo de la sección» de una viga es el cociente entre el momento de inercia «In» de la misma respecto la distancia «y» a la fibra más alejada del mismo (Cubierta (Y_c) o Fondo (Y_f)). Esta misma definición se aplica a la viga-buque.

Si denominamos:

$W = \frac{I_n}{Y_{max}}$ Módulo resistente de la sección.

M   Momento flector actuante sobre dicha sección.

σ Esfuerzo máximo de los que se producen en los puntos de la sección.

es evidente que

$$\sigma = \frac{M}{I_n}(Y_{max}) = \frac{M}{\frac{I_n}{Y_{max}}} = \frac{M}{W}$$

por lo que el máximo momento flector que puede soportar dicha sección para que no se sobrepase un cierto valor $_t$ (carga de trabajo) en ninguno de sus puntos debe ser:

$$M_{max} = W \cdot \sigma_t \tag{4.10}$$

Para ser consecuentes con la definición habitual de «módulo resistente» de una viga, en el cálculo de Y_c y de Y_f habría que tener en cuenta la brusca y los espesores de la cubierta y de la plancha de quilla (véase Figuras 4.3 y 4.4). Sin embargo, conviene advertir que habitualmente los Reglamentos de las Sociedades de Clasificación definen los módulos resistentes de cubierta y fondo respecto a los siguientes puntos:

- Cubierta: Intersección de la línea interior de cubierta con la interior del costado (líneas de trazado). Punto C de la Figura 4.4.

- Fondo: Intersección del canto interior del fondo con el eje de simetría de la sección: punto F de la Figura 4.4.

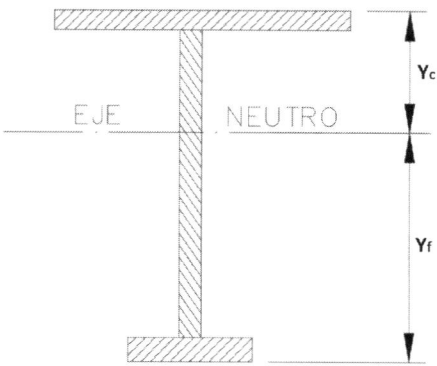

Figura 4.3: Representaciones de las distancias al eje neutro en una sección de viga tipo T.

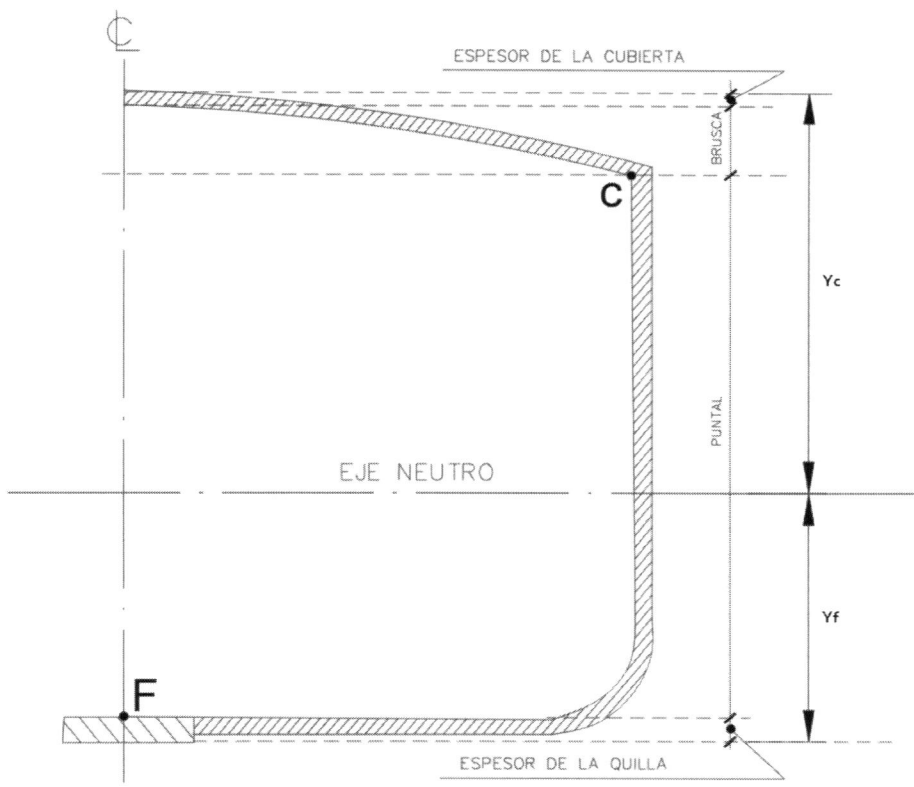

Figura 4.4: Representaciones de las distancias al eje neutro en una sección maestra de un buque.

Aun cuando no es en estos puntos donde se producen los máximos esfuerzos de flexión, pueden considerarse adecuados para definir el módulo resistente mínimo si se tiene en cuenta que precisamente en dichos puntos es donde se darán los máximos esfuerzos combinados (flexión y cizalla), pues en la parte alta de la plancha de cubierta en crujía o en la parte inferior de la quilla plana, puede decirse que el esfuerzo de cizalla es prácticamente nulo. Por otra parte, hay que decir que, a efectos de comparación de las estructuras de dos buques, no tiene excesiva importancia los puntos de cubierta y de fondo que se elijan para calcular los esfuerzos debidos a la flexión del buque-viga, con tal de que se siga el mismo criterio en los dos buques.

4.4   RECTÁNGULOS EQUIVALENTES

Durante el cálculo de las características geométrico-resistentes de la cuaderna maestra es corriente encontrar elementos de plancha curvada en forma más o menos circular (pantoques y trancaniles curvos, por ejemplo) y otros que son planchas inclinadas (tolvas altas o bajas en un *bulkcarrier*, por ejemplo). En los párrafos que siguen se establecen unas expresiones para calcular las dimensiones (espesor y altura) y la posición del centro de gravedad de un rectángulo equivalente a los efectos de estos cálculos.

4.4.1   PLANCHA INCLINADA

La plancha inclinada puede considerarse como un paralelogramo (Figura 4.5).

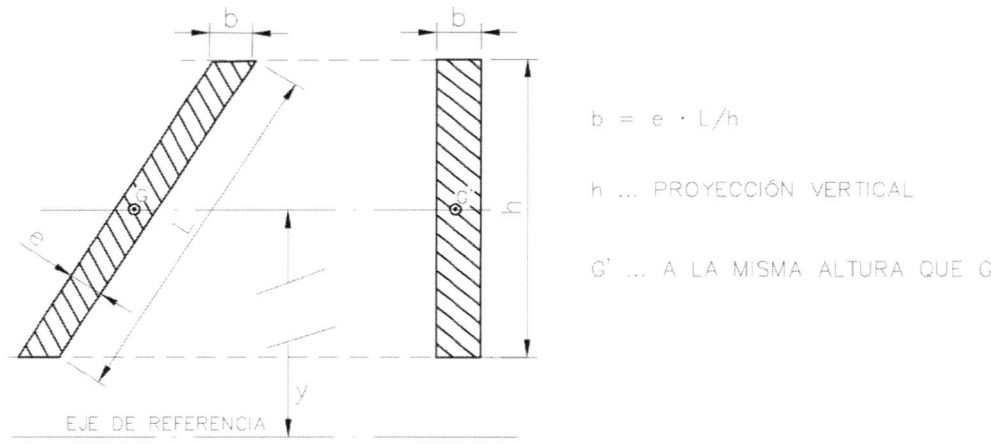

Figura 4.5: Concepto de rectángulo equivalente a una plancha inclinada.

Es evidente que el área, el momento estático y el momento de inercia no se alteran si dicho paralelogramo se sustituye por un rectángulo vertical con la misma área, la misma altura en proyección vertical y la misma posición del centro de gravedad.

4.4.2 CUADRANTE DE CORONA CIRCULAR

En el caso de un cuadrante de corona circular (Figura 4.6), cuyo espesor «e» sea pequeño en relación con el radio «R» de la línea media, se tendrá:

- Área ... $a = \frac{\pi}{2} \cdot R \cdot e$
- Ordenada del centro de gravedad respecto al diámetro horizontal: $d_1 = \frac{2 \cdot R}{\pi}$
- Momento de inercia respecto al diámetro: $i_d = \frac{\pi}{4} \cdot e \cdot R^3$

Al imponer la condición de que el rectángulo equivalente tenga igual área:

$$b \cdot h = \frac{\pi}{2} \cdot R \cdot e \tag{4.11}$$

Por otra parte, la condición de que tenga igual momento de inercia respecto al eje horizontal que pasa por su centro de gravedad, se expresa:

$$\frac{\pi}{4} \cdot e \cdot R^3 - \frac{\pi}{2} \cdot R \cdot e \cdot \left(\frac{2 \cdot R}{\pi}\right)^2 = \frac{1}{12} \cdot b \cdot h^3 \tag{4.12}$$

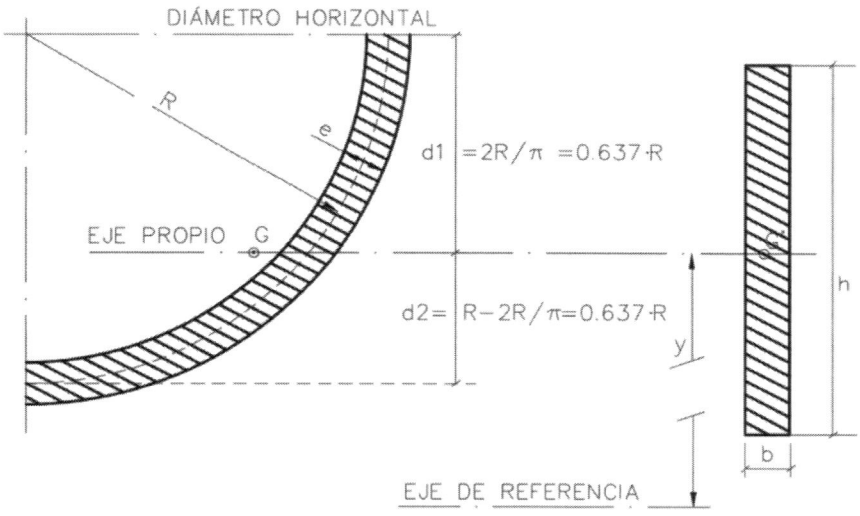

Figura 4.6: Concepto de rectángulo equivalente a una plancha corona circular.

Las expresiones (4.11) y (4.12) constituyen un sistema de dos ecuaciones en las dos incógnitas (b, h) de las que se deducen los valores:

$$b = 1{,}473 \cdot e$$
$$h = 1{,}066 \cdot R$$

En consecuencia, sustituyendo la corona circular antes dicha por un rectángulo de las dimensiones mencionadas y en su centro de gravedad a la misma altura que el de la curva circular (Figura 4.6), no se alterará el resultado de los cálculos de área, posición del eje neutro y momento de inercia.

4.5   AJUSTE DEL MÓDULO REQUERIDO

Una vez que se ha llevado a cabo el cálculo del módulo resistente de una sección transversal, puede resultar escaso siendo necesario incorporar una cierta área «a» en un punto que dista «y» respecto a la línea base. En las líneas que siguen se va a obtener una expresión que permite calcular el valor de la «a» para obtener un valor dado del módulo resistente.

Sean:

A   Área total, antes de la modificación.
Y_n Ordenada del eje neutro, antes de la modificación.
I_n Momento de inercia de la sección, antes de la modificación.
D   Ordenada (respecto a la línea de referencia) del punto donde se requiere el módulo W.
W   módulo resistente requerido.

Una vez que se añada el área «a» a una distancia «y» del eje de referencia, se tendrá:

Nueva área total: A' = A + a

Nueva posición del E.N.: $Y'_n = \frac{A \cdot Y_n + a \cdot y}{A + a}$

Nuevo momento de inercia [1]: $I'_n = I_n + A \cdot Y_n^2 + a \cdot Y^2 - (A+a) \cdot Y_n'^2 =$
$= I_n + \frac{A \cdot a}{A + a}(Y_n - Y)^2$

El módulo resistente: $W = \frac{I'_n}{D - Y'_n}$

Por lo tanto:

$$W \cdot \left(D - \frac{A \cdot Y_n + a \cdot y}{A + a} \right) = I_n + \frac{A \cdot a}{A + a}(Y_n - y)^2 \tag{4.13}$$

Multiplicando por (A+a) ambos miembros de la igualdad (4.13):

$$W \cdot [(A + a) \cdot D - A \cdot Y_n - a \cdot y] = (A + a) \cdot I_n + A \cdot a (Y_n - y)^2 \tag{4.14}$$

$$a \cdot [W \cdot (D - y) - I_n - A \cdot (Y_n - y)^2] = -W \cdot A \cdot (D - Y_n) + A \cdot I_n \tag{4.15}$$

de donde:

$$\boxed{a = \frac{W \cdot (D - Y_n) + I_n}{(Y - Y_n)^2 - \frac{W \cdot (D - Y) - I_n}{A}}} \tag{4.16}$$

---

[1]Se ha considerado que el área «a» se incrementa en una plancha horizontal y, por consiguiente, que el momento de inercia propio de dicho incremento es despreciable.

En caso de que «a» resultase negativo, ello significaría que no es necesario añadir material, sino por lo contrario que se podría quitar la cantidad resultante del cálculo si no fuese que por otros motivos (Resistencia Local) probablemente no pueda aplicarse tal reducción.

4.6 ZONA «MUERTA» EN TORNO AL EJE MUERTO

Sea un buque de puntal D cuya sección maestra tiene una inercia I_n respecto a su eje neutro, que se encuentra situado a una distancia Y_n de la línea base que vamos a considerar como eje de referencia. Si se añade área de elementos longitudinales por debajo del eje neutro, se producen dos efectos:

a) El eje neutro se desplaza hacia abajo $(Y_n' < Y_n)$.
b) La inercia de la sección con respecto al nuevo eje neutro es mayor que la inicial $(I_n' > I_n)$ respecto al antiguo eje neutro.

Como consecuencia, el módulo de la sección en el fondo aumenta, ya que en el cociente

$$W_f' = \frac{I_n'}{Y_n'} \tag{4.17}$$

el numerador es mayor y el denominador es menor que los valores correspondientes antes de la adición del área mencionada

$$W_f = \frac{I_n}{Y_n} \tag{4.18}$$

Sin embargo, el módulo en la cubierta puede disminuir, es decir, puede darse el caso de que

$$\frac{I_n'}{D - Y_n'} < \frac{I_n}{D - Y_n} \tag{4.19}$$

Tiene interés conocer la amplitud «p» (Figura 4.7) de la zona «muerta» en la que situando un área adicional «a» (Figura 4.8) de elementos longitudinales se produce una DISMINUCIÓN del módulo en la cubierta.

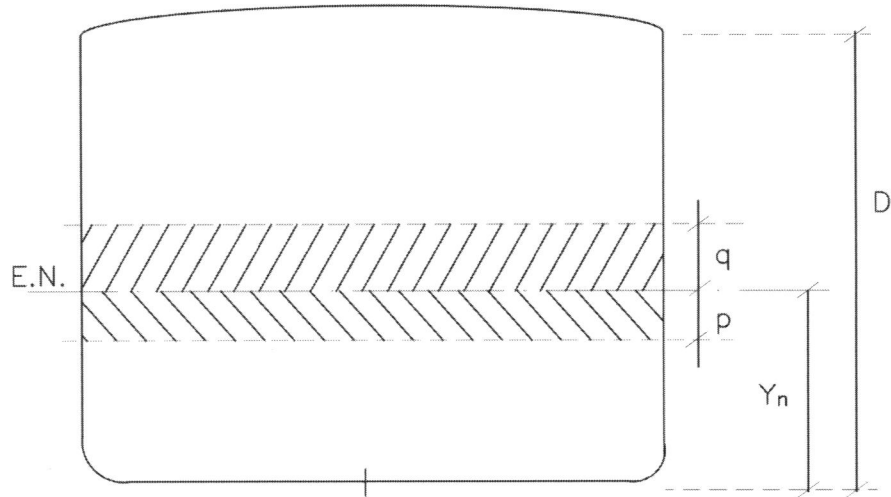

Figura 4.7: Reparto de las áreas de zona muerta por encima y por debajo del eje neutro.

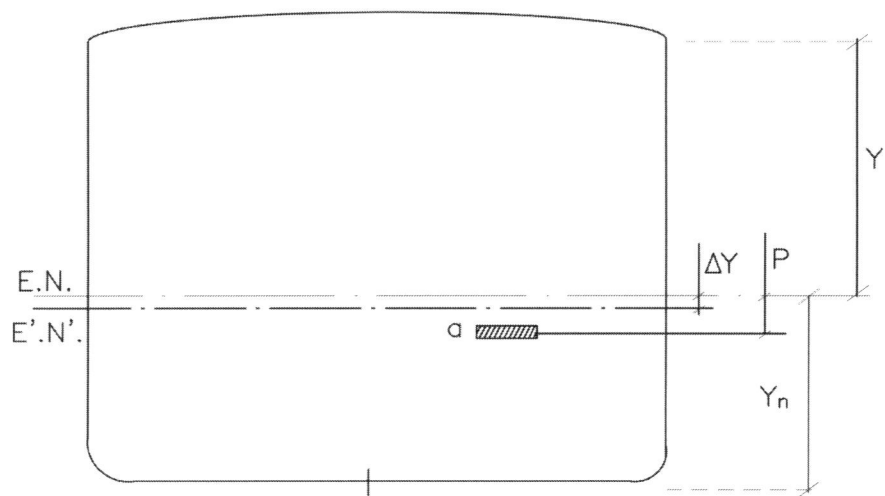

Figura 4.8: Influencia de la adicción de un área en zona muerta cerca del eje neutro.

El desplazamiento (descenso) del eje neutro debido a la adición del área «a» será:

$$\Delta Y = \frac{a}{A + a} \cdot p \tag{4.20}$$

y por lo tanto el momento de inercia de la sección modificada respecto al nuevo eje neutro será:

$$I'_n = I_n + a \cdot p^2 - (A + a) \cdot (\Delta Y)^2 \tag{4.21}$$

de donde se deduce que el nuevo valor del módulo en la cubierta será:

$$W'_c = \frac{I'_n}{Y + \Delta Y} = \frac{I_n + a \cdot p^2 - (A + a) \cdot (\Delta Y)^2}{Y + \Delta Y} \tag{4.22}$$

Si el incremento relativo de inercia es menor que el incremento relativo de «y», el módulo «W'c» será menor que el primitivo «Wc»; es decir, que la condición para buscar el valor «p» que limita la franja de efecto negativo de la adición del área «a» es:

$$\frac{I'_n - I_n}{I_n} = \frac{\Delta Y}{Y} \tag{4.23}$$

Sustituyendo valores se llega a:

$$p = \frac{I_n}{A \cdot Y} = \frac{I_n}{A \cdot (D - Y_n)} \tag{4.24}$$

Análogamente, cuando el incremento de área se lleva a cabo sobre el eje neutro, existe una franja de amplitud «q» en la que las adiciones de área repercuten negativamente sobre el módulo del fondo.

$$q = \frac{I_n}{A \cdot Y_n} \tag{4.25}$$

4.7 EJEMPLO DE CÁLCULO DE LOS MÓDULOS RESISTENTES DE UNA SECCIÓN

La Figura 4.9 representa los elementos continuos en dirección longitudinal en una sección transversal de un buque. Los detalles 1 y 2 de la parte inferior aclaran la situación de las líneas de trazado, al objeto de tener en cuenta la verdadera posición vertical de cada elemento.

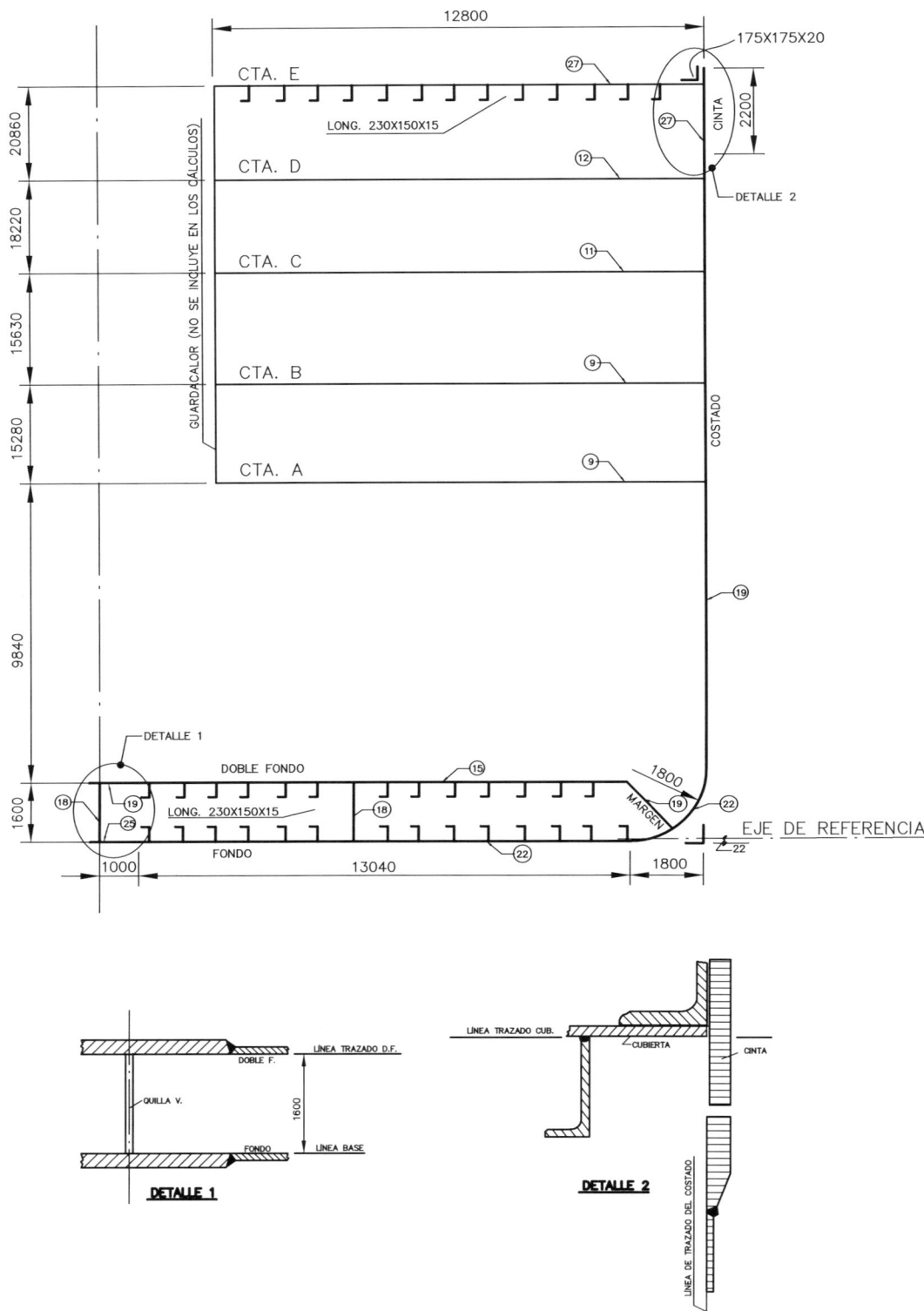

Figura 4.9: cuaderna maestra ejemplo.

Con ello, se ha calculado en el Ejemplo 4.1 el módulo del fondo y de cubierta de la sección y las extensión de zona muerta.

■ **Ejemplo 4.1** Con los datos de la Figura 4.9, se pide:

a) Calcular el módulo de fondo y de cubierta.
b) Calcular la zona muerta.

Características geométricas de la sección maestra completa:

ELEMENTOS	DIMENSIÓN (mm)	ESPESOR (mm)	Nº ELEMENTOS	ÁREA (cm²)	y (m)	a · y (cm²·m)	a · y² (cm² x m²)	ip (cm² x m²)
Planchas cub. E	12800	27	2	6912,00	20,87	144277,63	3011579,15	0,42
Planchas cub. D	12800	12	2	3072,00	18,23	55990,27	1020478,70	0,04
Planchas cub. C	12800	11	2	2816,00	15,64	44029,57	688424,31	0,03
Planchas cub. B	12800	9	2	2304,00	12,58	28994,69	364883,65	0,02
Planchas cub. A	12800	9	2	2304,00	9,84	22681,73	223290,27	0,02
Long cub. E	365	15	26	1423,50	20,71	29480,69	610544,99	7,90
Ángulo trancanil	330	20	2	132,00	20,95	2765,07	57921,30	0,60
Traca de cinta	2200	27	2	1188,00	19,96	23712,48	473301,10	239,58
Costado	17035	19	2	6473,30	10,33	66869,19	690758,72	78270,62
Pantoque	1931	32	2	1251,29	9,65	12078,18	116585,86	194,41
Plancha margen	1100	28	2	607,20	5,50	3339,60	18367,80	30,61
Plancha doble fondo	13040	15	2	3912,00	16,15	63178,80	1020337,62	0,07
Traca central doble fondo	2000	19	1,0	380,00	16,15	6137,00	99112,55	0,01
Traca quilla plana	2000	25	1,0	500,00	-0,01	-6,25	0,08	0,03
Plancha de fondo	13040	22	2	5737,60	-0,01	-71,72	0,90	0,23
Vagra	1600	18	2	576,00	0,80	460,80	368,64	122,88
Long Doble fondo	365	15	26	1423,50	1,45	2064,08	2992,91	7,90
Long Fondo	365	15	28	1533,00	0,16	245,28	39,24	8,51
Quilla vertical	1600	18	1,0	288,0	0,80	230,40	184,32	61,44
				A = 42833,39		S = 506457,48	Σ_1 = 8399172,12	Σ_2 = 78945,31

Con ello, se calcula:

- Área Total: A = $\boxed{42.833,39}$ cm²

- Eje neutro: $\frac{S}{A}$ = Y_n = $\boxed{11,82}$ m

- Inercia: $\Sigma_1 + \Sigma_2 - A \cdot Y_n^2 = I_n = \boxed{2.489.817,40}$ cm² · m²

- Ordenada al fondo ...... $Y_f = Y_n = 11,82$ m (desde eje neutro.)

- Ordenada a la cubierta ...... $Y_c = 20,86 - 11,82 = 9,04$ m (desde eje neutro.)

- Módulo de fondo: $W_f = \frac{I_n}{Y_f} = \boxed{275.541,00}$ cm²·m

- Módulo de cubierta: $W_c = \frac{I_n}{Y_c} = \boxed{210.575,06}$ cm²·m

(*) **Pantoque**:
Se considera $R = 1800 + \frac{e}{2} = 1800 + \frac{22}{2} = 1.811$, con lo que el rectángulo equivalente resulta ser:

$$b = 1473 \cdot 22 = 32,40 \text{ mm}$$
$$h = 1,06 \cdot R = 1,06 \cdot 1,81 = 1,93 \text{ m}$$

(**) **Margen**:

Se considera l = 1,6 m y h = 1,1. En consecuencia, el rectángulo equivalente resulta ser:

$$b = \frac{l}{h} \cdot e$$

$$b = \frac{1,6}{1,1} \cdot 19 = 27,60 \text{ mm}$$

También se calcula la **Zona muerta**:

$$q = \frac{I_n}{A \cdot Y_f} = \frac{2.568.553,21}{21421,82 \cdot 11,82} = 4,92 \text{ m (Sobre Eje Neutro.)}$$

$$p = \frac{I_n}{A \cdot Y_c} = \frac{2.568.553,21}{21421,82 \cdot 9,04} = 6,43 \text{ m (Bajo Eje Neutro.)}$$

Consideraciones que se han tenido en cuenta para realizar los cálculos:

- El pantoque, se trata como un rectángulo equivalente cuyas dimensiones se han calculado de acuerdo con lo indicado en el (Párrafo 4.4.2).

- Análogamente la plancha de margen se trata como un rectángulo equivalente cuyas dimensiones se han calculado de acuerdo con lo indicado en el (Párrafo 4.4.1).

- Como las secciones transversales de los buques suelen ser simétricas respecto al plano de crujía, basta llevar a cabo el cálculo en los elementos de una banda y luego multiplicar por dos los valores de Área, Inercia y Módulos de la sección.

- Cuando se opera con solo la mitad de la sección hay que poner cuidado en tomar la mitad de los elementos dispuestos en el centro del buque (quilla vertical; quilla plana; plancha central del doble fondo; esloras centrales, etc.).

- Al objeto de operar con magnitudes no excesivamente altas ni excesivamente pequeñas es recomendable expresar las áreas en cm^2 y las distancias al eje de referencia en metros. Con esto, los momentos estáticos y los módulos resistentes quedarán expresados en cm^2 x m y los momentos de inercia en cm^2 x m^2.

- Los momentos de inercia propios de las planchas dispuestas longitudinalmente pueden despreciarse.

- La «zona muerta» mencionada en el (Párrafo 4.6).

4.8   DISTRIBUCIÓN DE LOS ESFUERZOS DE FLEXIÓN

De acuerdo con la contextura de la fórmula de Navier:

$$\sigma = \frac{M}{I_n} \cdot Y_p \tag{4.26}$$

resulta evidente que los esfuerzos de tracción o compresión creados por la presencia del momento flector «M» en la sección transversal de momento de inercia «I_n», varían linealmente a partir del eje neutro hacia cubierta y hacia el fondo (Figura 4.1). En el caso de que el momento flector sea de arrufo, las fibras situadas sobre la línea neutra estarán comprimidas, mientras que las situadas debajo estarán sometidas a tracción. En el caso de que el momento flector sea de quebranto sucede lo contrario.

En teoría un análisis completo de la Resistencia Longitudinal incluiría la construcción de una curva de inercias y de posiciones del eje neutro a lo largo de la eslora del buque del tipo indicado en la Figura 4.10. Dividiendo las ordenadas de la curva de momentos flectores envolvente de todo el conjunto de condiciones de carga estudiado por las correspondientes ordenadas de las curvas de módulos resistentes de la sección y usando las dos partes de la curva envolvente de momentos flectores (arrufo y quebranto), pueden obtenerse cuatro curvas de esfuerzos:

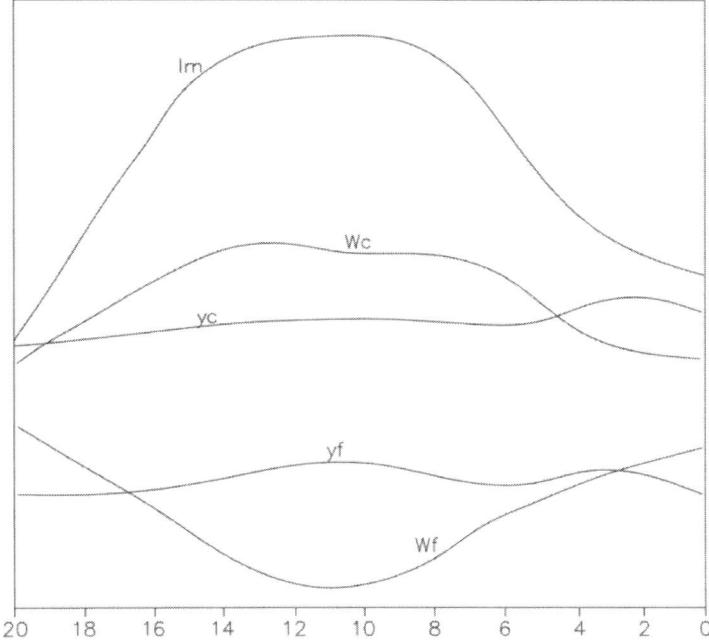

Figura 4.10: Representación de los esfuerzos a los que está sometido el buque.

- Máxima compresión en cubierta.
- Máxima tracción en cubierta.

- Máxima tracción en el fondo.
- Máxima compresión en el fondo.

Sin embargo, habitualmente se supone que los momentos flectores máximos se dan en la zona central de la eslora del buque. De acuerdo con esto, las Sociedades de Clasificación exigen por lo general que se mantengan los escantillones en los cuatro decimos centrales de la eslora (0.4L al centro), aunque el A.B.S, por ejemplo, acepta variaciones del módulo de la sección dentro de esta porción de la eslora si se basan en un estudio extensivo de las condiciones de carga del buque que haya establecido los envolventes de los momentos flectores antes citados.

4.9   NECESIDAD DE CALCULAR LOS ESFUERZOS CORTANTES

Hasta hace relativamente poco tiempo, solo se tenían en cuenta en el estudio de la Resistencia Longitudinal las tensiones producidas por los momentos flectores. En efecto, en los buques de hace algunos años, estas eran las tensiones más altas que se presentaban y aunque se era consciente de que los cálculos que se realizaban no conducían a valores exactos, los valores que se obtenían eran de magnitud suficientemente aproximada, sobre todo si se tiene en cuenta que el cálculo de dichas tensiones es sencillo y que permitía comparar la estructura de unos barcos con las de otros.

Sin embargo, en los grandes buques que han ido apareciendo al final de la década de los 60 y durante la de los 70, las tensiones producidas por las fuerzas cortantes no son en absoluto despreciables frente a las de flexión y pueden incluso llegar a superar a estas. Se ha comprobado que, en general y de una forma aproximada, la fuerza cortante máxima es proporcional al desplazamiento, es decir que, en cierto modo, varía con el cubo de la eslora (L^3), mientras que la sección de los elementos destinados a soportar la cizalla es proporcional a $L^{3/2}$. Este hecho perjudica a los grandes buques. Por otra parte, existen otras circunstancias que hacen que el valor de la fuerza cortante sea mayor en los buques modernos tales como, por ejemplo, el aumento de la longitud de las bodegas, del coeficiente de bloque, del calado y, sobre todo, la posibilidad de navegar con tanques vacíos o con la carga distribuida solo en bodegas impares. En estos casos debe considerarse la tensión compuesta, que tiene en cuenta la combinación de los efectos producidos por las tensiones de flexión y de cizalla. Una forma de calcular la tensión compuesta es la de aplicar la fórmula debida a Von Mises:

$$\sigma_c = \sqrt{\sigma^2 + 3\tau^3} \tag{4.27}$$

En la que σ es el esfuerzo de flexión y τ es el de cizalla. A título de ejemplo se indican en la Tabla 4.1 los valores de las tensiones σ, τ y σ_c (kg/mm^2) en diversos puntos de una sección de un petrolero de 270.000 T.P.M.:

	σ	τ	σ_c
CUBIERTA JUNTO AL MAMPARO	7,568	4,544	10,92
TRACA DE CINTA	6,818	6,238	12,78
COSTADO	0,682	8,960	15,53
PANTOQUE	5,432	6,500	12,50
FONDO JUNTO AL MAMPARO	6,682	4,433	10,18
MAMPARO (PUNTO 1)	3,568	12,175	21,39
MAMPARO (PUNTO 2)	0,818	12,798	22,18

Tabla 4.1: Cálculo de los esfuerzos de flexión, cizalla y combinado de diferentes elementos de un petrolero de 270.000 TPM.

Aunque el momento flector máximo se produce en los puntos donde la fuerza cortante es nula y en una misma sección transversal los esfuerzos máximos de cizalla aparecen en las proximidades de la línea neutra, donde las tensiones de flexión son mínimas, hay zonas intermedias en donde los valores que alcanza la tensión compuesta de flexión y cizalla resultan muy superiores a los de estas cuando se consideran por separado.

El cálculo de las tensiones de flexión es sencillo, pero el de las tensiones de cizalla es penoso, sobre todo en el caso de que la sección transversal contenga varios contornos cerrados. A esto hay que añadir que este cálculo hay que realizarlo a veces para un gran número de condiciones de carga y, dentro de cada condición, en varias secciones transversales.

4.10 CÁLCULO DE LAS TENSIONES DE CIZALLA EN LA ESTRUCTURA DEL BUQUE

El método más simple de determinación de los esfuerzos cortantes en una estructura consiste en dividir la fuerza cortante que actúa en la sección considerada por el área de la sección transversal de la misma. Así se obtendrá, desde luego, el valor medio de las tensiones de cizalla o esfuerzos cortantes que actúan sobre dicha sección, pero no suministrará ninguna indicación sobre la distribución de dichos esfuerzos en ella. Para obtener una idea suficientemente exacta de la distribución de dichas tensiones en la sección transversal de una viga, puede utilizarse la fórmula aproximada siguiente basada en la teoría de la flexión y cuya deducción puede seguirse, por ejemplo, en la (Ref. (6)):

$$\tau = \frac{F \cdot m}{I_n \cdot b} \tag{4.28}$$

Siendo:

- F Fuerza cortante que actúa en la sección.

- I_n Inercia del área de los elementos longitudinales de la sección respecto al eje neutro de la misma.

- b Anchura total (dimensión paralela al eje neutro) de la sección en este punto. En el caso de vigas-cajón, «b» será la suma de los espesores correspondientes (véase Figura 4.11).

- m Momento estático (respecto al eje neutro de la sección) de toda el área de elementos longitudinales comprendida entre el punto estudiado y el borde (alto o bajo) más cercano.

- τ Esfuerzo cortante en el punto P considerado.

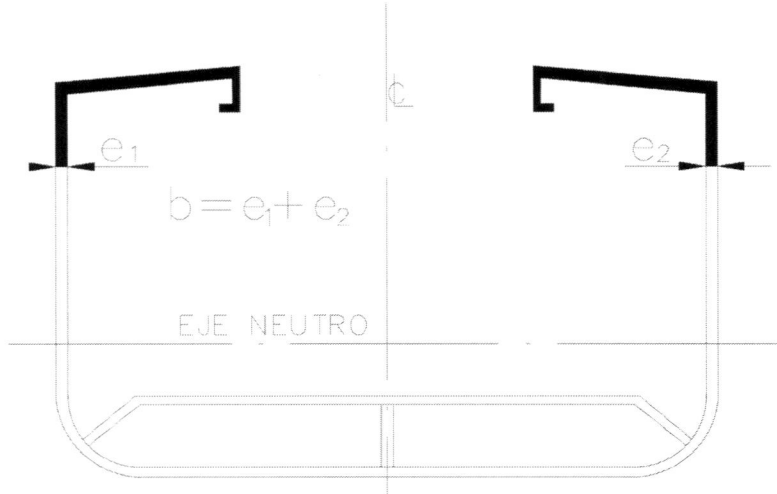

Figura 4.11: Representación de los espesores de una sección maestra.

Hay que hacer notar que esta fórmula solo puede considerarse como una aproximación, puesto que en su deducción se emplea la teoría de la flexión pura en la que, como se sabe, se supone que no se presentan esfuerzos cortantes. Sin embargo, los resultados que se obtienen al aplicarla están bastante de acuerdo con las mediciones de tensiones que se han llevado a cabo en ocasiones.

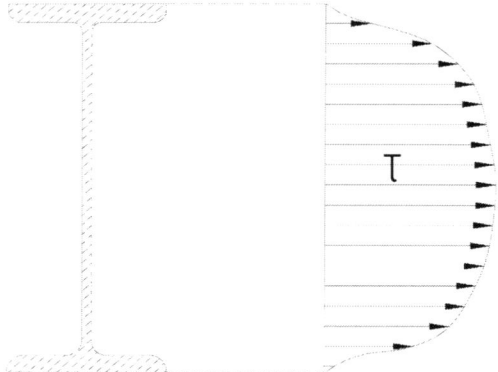

Figura 4.12: Reparto de los esfuerzos cortantes de una viga doble T.

El tipo de distribución de esfuerzos cortantes en la sección de una viga en doble T, obtenida mediante dicha fórmula, queda representado en la Figura 4.12. Este ejemplo es útil para hacer ver que el material dispuesto verticalmente, es decir, el alma de la viga, absorbe la mayoría de la cizalla: en este caso, más del 90 % de la fuerza cortante.

En las secciones transversales de la viga-buque, el alma está constituida por las planchas del costado (véase Figura 4.11) y como «b» es bastante pequeño en comparación con la manga y el puntal, los esfuerzos de cizalla pueden llegar a ser bastante altos. Como el momento estático «m» antes definido alcanza un máximo absoluto cuando se considera el punto P sobre el eje neutro de la sección, está claro que será en esta zona donde se presentará el máximo esfuerzo de cizalla.

En el caso de que la estructura del buque presente uno o más mamparos longitudinales continuos, el cálculo de los esfuerzos cortantes en los costados y en los mamparos longitudinales se complica bastante, pues habría que tener en cuenta los flujos de esfuerzos de cizalla en los distintos contornos cerrados (circuitos) que componen la sección transversal. Aquí no nos extenderemos sobre este asunto, pero el lector interesado puede consultar las referencias ((13) y (18)).

4.11 DEFORMACIONES Y SU CÁLCULO

Consideramos en primer lugar el alargamiento de las fibras del fondo o de la cubierta de un buque sometido a una cierta distribución de momentos flectores entre dos secciones transversales A y B. Supondremos que todos los puntos de la fibra cuya deformación se pretende determinar están a la misma distancia «Y_p» del eje neutro de la sección.

Sea δ el alargamiento buscado. Se tendrá:

$$\delta = \int_A^B \varepsilon \cdot dx = \int_A^B \frac{\sigma}{E} \cdot dx = \int_A^B \frac{M}{E \cdot I_n} \cdot Y_p \cdot dx = \frac{1}{E} \int_A^B \frac{M}{I_n} \cdot Y_p \cdot dx \qquad (4.29)$$

expresión en la que la integral del último miembro representa el área neta (es decir, positiva menos negativa) definida entre la curva de momentos flectores, el eje de abscisas y las dos secciones A y B.

En el Ejemplo 4.2 se presenta el cálculo del alargamiento de una fibra. Como en dicho caso la fibra se extiende a lo largo de una porción importante de la eslora del buque se ha llevado a cabo la integración por el método de *Simpson*, teniendo en cuenta la variación del momento flector y del módulo resistente a lo largo de dicha porción de eslora.

■ **Ejemplo 4.2** Ejemplo del cálculo del alargamiento δ de una fibra de una viga sometida a flexión.

Datos:

PUNTO Nº	ABSCISA X	MÓDULO I/Y	FACTOR *SIMPSON*	MÓDULO/F.S	MOMENTO FLECTOR	MF · F.S/MÓDULO
0	-100,05	49,210	0.5	98,420	223.840	2.370,68
1	-81,55	67,500	2	33,600	365.000	10.863,10
2	-63,05	86,580	1	86,580	480.000	5.544,01
3	-44,55	86,580	2	43,290	480.190	11.092,40
4	-26,05	86,580	1	86,580	396.013	4.573,95
5	-7,55	86,580	2	43,290	430.000	9.933,01
6	10,95	86,580	1	86,580	418.000	4.827,90
7	29,45	86,580	2	43,290	279.693	6.460,91
8	47,95	86,580	1	86,580	160.172	1.849,91
9	66,45	84,375	2	42,186	85.000	2014,79
10	84,95	84,375	0.5	168,750	56.600	335,41
						$\Sigma = 59.866,15$

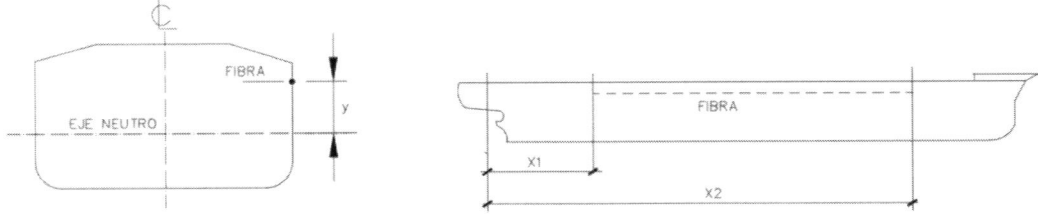

Figura 4.13: Representación de la fibra neutra de un buque.

El alargamiento δ de una fibra de una viga sometida a flexión viene dado por:

$$\delta = \int_{x1}^{x2} \varepsilon \, dx = \int_{x1}^{x2} \frac{M}{E \cdot \frac{I}{y}} \, dx$$

Integrando mediante la primera regla de *Simpson* y denominando $\sigma = \frac{M}{I/y}$

$$\delta = \frac{\Delta x}{3 \cdot E} \{1 \cdot \sigma_0 + 4 \cdot \sigma_1 + 2 \cdot \sigma_2 + 4 \cdot \sigma_3 + \dots + 4 \cdot \sigma_9 + 1 \cdot \sigma_{10}\} =$$

$$= \frac{x2 - x1}{15 \cdot E} \{0,5 \cdot \sigma_0 + 2 \cdot \sigma_1 + 1 \cdot \sigma_2 + 2 \cdot \sigma_3 + \dots + 2 \cdot \sigma_9 + 0,5 \cdot \sigma_{10}\} =$$

$$= \frac{185}{15 \cdot 2,1x10^7} \cdot 59866,15 = 0,035 \,(\text{metros})$$

En otras ocasiones se presenta la necesidad de estimar la magnitud del alargamiento de una fibra a lo largo de una porción pequeña de la eslora y en tal caso basta estimar el momento flector máximo que soportará el buque en esa zona y suponer que el momento de inercia «In» es igual al de la maestra:

$$\delta = \frac{1}{E} \int_0^l \frac{M}{I_n} \cdot Y_p \cdot dx = \frac{M \cdot l \cdot Y_p}{E \cdot I_n} \tag{4.30}$$

Por otra parte, el cálculo de las flechas de la viga-buque bajo la acción de los momentos flectores ha sido ya expuesta en una lección anterior bajo el epígrafe «Cálculo de flechas: elástica del buque-viga». Allí justificamos que la elástica se puede calcular mediante la expresión:

$$y = \int \int \frac{M}{E \cdot I_n} \cdot dx \cdot dx + A \cdot x + B \tag{4.31}$$

El cálculo de las flechas originadas por la flexión de la viga tiene un interés práctico en relación con la explotación del buque. En efecto, todos los buques de carga tienen marcados en la maestra y en ambos costados el disco de franco-bordo que indica el calado máximo admisible. Consideremos el buque flotando sin flecha y con la flotación rozando la marca de francobordo. Si debido a la distribución de la carga se produce una situación de quebranto, para mantener el desplazamiento, se originará un incremento de los calados en los extremos; mientras que disminuirá el calado en el centro, produciéndose una cierta emersión del disco de francobordo. Como legalmente el buque puede ser cargado hasta que el calado en el centro llegue al disco, la situación anterior permite aumentar la carga respecto al máximo valor admisible por el desplazamiento del buque sin flecha.

En el caso de que la situación sea de arrufo se producirá lo contrario: ser necesario cargar menos si no queremos que se sumerja el disco y se incurra en la penalización correspondiente de las Autoridades Portuarias (negociación del permiso de salida de puerto, entre otras acciones).

5. RESISTENCIA LONGITUDINAL IV) PROCESO DE ESTUDIO DURANTE EL PROYECTO, CONSTRUCCIÓN Y EXPLOTACIÓN

5.1 GENERAL

Hasta ahora nos hemos limitado, en las lecciones precedentes, a intentar justificar la necesidad del cálculo de la Resistencia Longitudinal y a exponer o recordar los fundamentos teórico-experimentales en que se basa dicho cálculo. En esta lección, por el contrario, se procurará presentar el esquema del procedimiento que se sigue en un astillero u oficina técnica naval para llevar a cabo el estudio de la Resistencia Longitudinal de un buque concreto.

Si se está proyectando un buque de guerra, cuenta desde luego el valor de la experiencia, pero esta suele estar referida solamente a la que haya podido tener en dicho campo el astillero (o grupo de astilleros militares del país de que se trate) que está trabajando en el proyecto, pues la regla general es que la experiencia en la construcción de buques de guerra forme parte de los secretos militares y, en consecuencia, no es de fácil acceso internacional. Por ello, el diseño de la estructura de un nuevo prototipo militar suele basarse en gran parte en el cálculo directo. [1]

Al contrario de lo que ocurre con los buques y artefactos de tipo naval militar, los buques mercantes se suelen proyectar y construir de acuerdo con criterios y normas aceptadas internacionalmente. Por lo que, respecto a su estructura, los criterios de proyecto y construcción que se siguen suelen ser los de alguna Sociedad de Clasificación. Hay que tener en cuenta que estos organismos se encuentran en condiciones óptimas para formarse y depurar criterios adecuados sobre los diversos aspectos de la resistencia de las estructuras que componen los cascos de los buques. En efecto:

- Por una parte, por sus oficinas pasan gran número de proyectos de buques de muy diversos tipos, lo que les permite contrastar criterios de diversos astilleros de todo el mundo.

- Su red de inspectores observa cómo se construyen los buques que van a ser clasificados en la Sociedad y comunican a la Casa Matriz las novedades que van observando.

- Cuando los buques clasificados varan en dique seco para que se realice la inspección periódica correspondiente, los inspectores de la Sociedad observan los daños y averías que se han producido; investigan las causas y dan cuenta a la casa Matriz de aquello que se aparta de lo corriente.

- Por último, toda Sociedad de Clasificación de cierto prestigio tiene un grupo de técnicos

---

[1] Actualmente los buques de guerra también se rigen por SSCC.

y científicos capaces de evaluar datos experimentales o estudiar problemas de los que se carezca de antecedentes.

Este acervo de experiencia y conocimientos teórico-prácticos va siendo vertido y actualizado en los Reglamentos que edita la Sociedad y en los informes y comunicaciones que redactan sus miembros y son publicados en las revistas más prestigiosas del ámbito de la Industria Naval.

Por todo ello, los Reglamentos de las Sociedades de Clasificación han dejado de ser meras colecciones de tablas y recomendaciones puramente empíricas para convertirse en resúmenes de fórmulas y procedimientos de cálculo originales de la Resistencia de Materiales, de la Termodinámica y de la Mecánica, aplicados al proyecto del buque.

En esta lección se va a exponer un procedimiento de estudio de Resistencia Longitudinal siguiendo los criterios de algunas de las Sociedades de Clasificación de más solera en la industria naval. Se utilizarán las siguientes siglas para referirse a los correspondientes Reglamentos:

L.R. – LLOYD'S REGISTER OF SHIPPING (2022)

A.B.S. – AMERICAN BUREAU OF SHIPPING (2022)

B.V. – BUREAU VERITAS (2021)

D.N.V. – DET NORSKE VERITAS (2022)

En general el cálculo de la Resistencia Longitudinal consta de las tres facetas siguientes:

a) Momentos flectores y esfuerzos de flexión.

b) Fuerzas cortantes y esfuerzos de cizalla.

c) Flechas y deformaciones de la directriz de la viga-buque.

y cada una de ellas debe estudiarse cuando el buque se encuentra sobre el mar agitado por olas. Hoy en día las principales Sociedades de Clasificación poseen programas y medios de cálculo capaces de simular una mar agitada por olas irregulares de acuerdo con el espectro real observado en diversos mares del mundo y puede estudiarse el comportamiento del buque en el seno de un tipo de mar desfavorable con la que podrá encontrarse a lo largo de su vida operativa (de acuerdo con una cierta probabilidad matemáticamente calculada).

Sin embargo, esta forma de tener en cuenta el efecto de las olas no puede considerarse como parte de la rutina normal de cálculo. Por el contrario, la práctica corriente es admitir que las solicitaciones que actúan sobre el buque-viga pueden obtenerse por adición de las dos componentes siguientes:

1) Solicitaciones que actúan sobre el buque cuando este se encuentra en equilibrio estático sobre una mar totalmente plana.

2) Incrementos debidos al oleaje y a los efectos dinámicos.

Las solicitaciones mencionadas en el primer grupo pueden calcularse perfectamente para cada condición de carga del buque que se está proyectando y de ello se tratará en los párrafos siguientes. Por el contrario, la cantidad de variables más o menos aleatorias que intervienen en la magnitud de los incrementos causados por las olas y por los efectos dinámicos, hace que no se apliquen, en general, métodos de cálculo teniendo en cuenta en detalle las formas del buque y el peso y centro de gravedad de este en la condición de carga que se pretende analizar, sino que se utilizan fórmulas empíricas simplificadas para obtener el valor del incremento a considerar en cada caso. Cada Sociedad de Clasificación incluye en su reglamento un conjunto de estas fórmulas para estimar los incrementos de momentos flectores y fuerzas cortantes que pueden ocasionar las olas y los efectos dinámicos antes citados.

Al objeto de distinguir las distintas componentes utilizaremos los siguientes sub-índices:

s (*still*) - Componente obtenida al suponer el buque en equilibrio en una mar llana, sin olas.

w (*wave*) - Incremento debido a las olas y efectos dinámicos.

t (total) - Solicitación total (suma de las dos anteriores).

5.2   MOMENTOS FLECTORES

5.2.1   MOMENTOS FLECTORES EN AGUAS TRANQUILAS (S.W.B.M.)

El cálculo de la distribución de momentos flectores a lo largo de la eslora en una condición de carga determinada en la hipótesis de que la mar está lisa y llana, se calcula como se ha descrito en detalle en el (Capítulo 2), por lo que no nos detendremos aquí en su exposición.

5.2.2   INCREMENTO DE LOS MOMENTOS FLECTORES DEBIDO A LA OLA (W.B.M.)

En líneas generales podemos decir que la mayoría de las Sociedades de Clasificación consideran en sus reglamentos que el incremento de momento flector debido al efecto de las olas es proporcional a la expresión (5.1):

$$L^2 \cdot B \cdot (C_B + 0,7) \tag{5.1}$$

en la que:

L   es la eslora del buque.

B   es su manga.

$\mathbf{C}_B$ es el coeficiente de bloque para el calado de escantillonado, aunque se indica que no debe ser tomado inferior a 0.6.

A título informativo, se recogen a continuación los criterios de varias Sociedades de Clasificación.

5.2.2.1 CRITERIO DEL LLOYD'S REGISTER OF SHIPPING

El cálculo del incremento del momento flector debido al oleaje, tanto en Arrufo como en Quebranto, viene dado por la expresión (5.2):

$$M_w = f_1 \cdot f_2 \cdot M_{wo} \tag{5.2}$$

Donde:

- f_1 = Factor de servicio del buque. A considerar especialmente en función de la restricción del servicio y en cualquier caso no debe ser inferior a 0,5. Para servicio marítimo sin restricciones f_1 = 1,0.

- $f_{2Arrufo}$ = Es un factor de servicio del buque en la condición de arrufo, $f_{2Arrufo}$ = -1,1

- $f_{2Quebranto}$ = Para la condición de quebranto, el valor de dicho factor viene determinado de la siguiente manera:
$$f_{2Quebranto} = \frac{1,9 \cdot CB}{CB + 0,7}$$

- $M_{wo} = 0,1 \cdot C_1 \cdot C_2 \cdot L^2 \cdot B \cdot (CB + 0,7)$ (kN · m)

- C_1 = En función de la Tabla 5.10

Eslora L (m)	Factor C_1
L < 90	$0,0412 \cdot L + 4,0$
$90 \leq L \leq 300$	$10,75 - \left(\frac{300-L}{100}\right)^{1,5}$
$300 < L \leq 350$	10,75
$350 < L \leq 500$	$10,75 - \left(\frac{L-350}{150}\right)^{1,5}$

Tabla 5.1: Valores de C_1 para el cálculo del incremento de momento flector debido al oleaje. Fuente: Lloyd's Register of Shipping (Ref. (17))

- C_2 = Factor de distribución longitudinal:
  - 0 en popa.
  - 1 entre 0,4L y 0,65L desde popa.
  - 0 en proa.

Mencionar también que para la operación en aguas protegidas o de viajes cortos, se puede asignar un momento flector permisible en aguas tranquilas más alto basado en una reducción vertical del momento flector debido a la ola. Estos valores vienen dados por las siguientes expresiones:

a) Operación en aguas protegidas:

$$M_w = 0,5 \cdot f_2 \cdot M_{wo} \tag{5.3}$$

b) Para viajes cortos:

$$M_w = 0,8 \cdot f_2 \cdot M_{wo} \tag{5.4}$$

NOTA:

SECCIONES	FACTOR	
DE TRAZADO	Fn $\leq$ 0,2	Fn = 0,3
0	0,00	0,00
2	0,14	0,14
4	0,30	0,30
6	0,58	0,58
8	0,87	0,87
10	1,00	1,00
12	0,90	0,95
14	0,68	0,80
16	0,41	0,62
18	0,20	0,33
20	0,00	0,00

Tabla 5.2: Valores del factor en función del valor de Fn.

La distribución de este incremento de momento flector debido a la ola presenta un máximo (igual al valor antes indicado) en el centro del buque y decrece hacia los extremos. La ley de variación que considera el L.R. viene definida por los factores que aparecen en la Tabla 5.2. En esta tabla se presentan dos columnas, correspondientes a otros tantos valores del número de Froude:

$$F_n = \frac{0,164 \cdot V}{\sqrt{L}} \text{ (V, en nudos).} \tag{5.5}$$

Para buques rápidos (Fn=0.3) se consideran mayores valores en proa que para buques más lentos. Para valores intermedios de Fn, debe interpolarse entre ambas columnas. Para valores mayores de 0.3 se extrapola linealmente.

5.2.2.2 CRITERIO DEL BUREAU VERITAS

El cálculo del incremento del momento flector debido al oleaje (en kN · m), tendrá en consideración si la situación será en Arrufo (expresión 5.6) o en Quebranto (expresión 5.7):

$$M_{w,Arrufo} = -110 \cdot F_M \cdot n \cdot C \cdot L^2 \cdot B \cdot (C_B + 0,7) \cdot 10^{-3} \tag{5.6}$$

$$M_{w,Quebranto} = 190 \cdot F_M \cdot n \cdot C \cdot L^2 \cdot B \cdot C_B \cdot 10^{-3} \tag{5.7}$$

Donde:

- F_M = Factor de distribución, definido en la Tabla 5.3 y la correspondiente (Figura 5.1).

Sección x (m)	Factor F_M
$0 \leq x < 0,4\,L$	$2,5 \cdot \frac{x}{L}$
$0,4\,x \leq x \leq 0,65\,L$	1
$0,65\,L < x \leq L$	$2,86 \cdot \left(1 - \frac{x}{L}\right)$

Tabla 5.3: Valores de F_M para el cálculo del incremento de momento flector debido al oleaje.
Fuente: Bureau Veritas (Ref. (14))

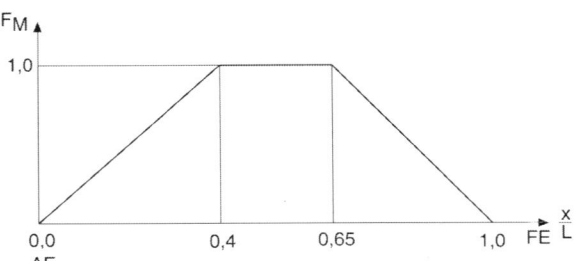

Figura 5.1: Distribución del factor F_M en a lo largo de la eslora.
Fuente: Bureau Veritas (Ref. (14))

- C = Parámetro de la ola:

Eslora L (m)	Factor C
$65 \leq L < 90$	$(118 - 0,36 \cdot L) \cdot \frac{L}{1.000}$
$90 \leq L \leq 300$	$10,75 - \left(\frac{300-L}{100}\right)^{1,5}$
$300 < L \leq 350$	$10,75$
$350 < L \leq 500$	$10,75 - \left(\frac{L-350}{150}\right)^{1,5}$

Tabla 5.4: Valores de C para el cálculo del incremento de momento flector debido al oleaje.
Fuente: Bureau Veritas (Ref. (14))

- n = Coeficiente de navegación.

ZONA DE NAVEGACIÓN	COEFICIENTE NAVEGACIÓN
SIN RESTRICCIÓN	1,00
ZONA DE VERANO	0,90
ZONA TROPICAL	0,80
ÁREA COSTERA	0,80
ÁREA PROTEGIDA	0,65

Tabla 5.5: Valores del coeficiente de navegación.
Fuente: Bureau Veritas (Ref. (14))

5.2.2.3 CRITERIO DEL DET NORSKE VERITAS

$$M_w = \pm 0,19 \cdot \frac{f_R}{0,85} \cdot f_{nl} \cdot f_m \cdot f_p \cdot C_w \cdot L^2 \cdot B \cdot C_B \tag{5.8}$$

Donde:

- C_w = Coeficiente del oleaje:

Eslora **L** (m)	Factor $\mathbf{C}_w$
L < 90	$0,0856 \cdot L$
$90 \leq L \leq 300$	$10,75 - \left(\frac{300-L}{100}\right)^{1,5}$
$300 < L \leq 350$	$10,75$
$350 < L \leq 500$	$10,75 - \left(\frac{L-350}{150}\right)^{1,5}$

Tabla 5.6: Valores de C_w para el cálculo del incremento de momento flector debido al oleaje. Fuente: Det Norske Veritas (Ref. (16))

- f_{nl} = Coeficiente de consideración de los efectos no lineales.
  En condición de arrufo, se considerará f_{nl} = 1,00 tanto para la evaluación de resistencia como para la de fatiga.
  En condición de quebranto, se considerará f_{nl} = 1,00 para la evaluación de fatiga. Siendo en la evaluación de resistencia:

$$f_{nl} = 0,5789 \cdot \left(\frac{C_B + 0,7}{C_B}\right)$$

- f_R = Factor relacionado con el perfil operativo. Con un valor de f_R = 0,85 cuando se evalué la resistencia y f_R = 0,76 al evaluar la fatiga.

- $f_p = f_{ps}$ (para la evaluación de la resistencia).

  $f_p = f_{fa} \cdot f_{vib} \cdot [0,27 - (6 + 4 \cdot f_T) \cdot L \cdot 10^{-5}]$ (para la evaluación de la fatiga).

- f_{ps} = Coeficiente para evaluaciones de resistencia que depende del escenario de carga de diseño aplicable, y se tomará como:

  f_{ps} = 1,0 para el escenario de carga de diseño de cargas marinas extremas.

  $f_{ps} = f_r$ para cargas marinas extremas escenario de carga de diseño para buques con restricción de servicio.

  f_{ps} = 0,8 para el escenario de carga de diseño de intercambio de agua de lastre.

  $f_{ps} = 0,8 \cdot f_r$ para el escenario de carga de diseño de intercambio de agua de lastre para buques con restricción de servicio.

- f_r = Factor de reducción relacionado con las restricciones del servicio.

  f_r = 1,0 para área **R0** (Sin reducción).
  f_r = 0,9 para área **R1** (10 % de reducción).

$f_r = 0,8$ para área **R2** (20 % de reducción).
$f_r = 0,7$ para área **R3** (30 % de reducción).
$f_r = 0,6$ para área **R4** (40 % de reducción).
$f_r = 0,5$ para área **RE** (50 % de reducción).

- f_{vib} = Corrección para la contribución mínima de la vibración del casco.

  $f_{vib} = 1,10$ para $B \leq 28$ m.
  $f_{vib} = 1,20$ para $B > 40$ m.
  $f_{vib} = 1,15$ para $B > 40$ m cuando se especifica el Atlántico Norte para otros buques que no sean buques con grandes aberturas de cubierta.

- $f_{fa} = 0,85$; Coeficiente de fatiga.

- f_m = Factor de distribución para la evaluación de la resistencia (Tabla 5.7) y de fatiga Tabla 5.8 para el momento flector de las olas verticales a lo largo de la eslora del buque.

Sección **x** (m)	Factor $\mathbf{f}_m$
$x \leq 0$	0,00
$0,4\,x \leq x \leq 0,65\,L$	1,00
$x \geq L$	0,00

Tabla 5.7: Valores de f_m para para la evaluación de resistencia.
Fuente: Det Norske Veritas (Ref. (16))

PLENA CARGA		LASTRE	
x/L	$\mathbf{f}_m$	**x/L**	$\mathbf{f}_m$
0,00	0,00	0,00	0,00
0,05	0,05	0,15	0,15
0,10	0,14	0,20	0,25
0,30	0,74	0,40	0,83
0,35	0,86	0,45	0,93
0,40	0,94	0,5	0,98
0,45	0,99	0,55	1,00
0,50	1,00	0,60	0,93
0,55	0,95	0,65	0,83
0,60	0,87	0,70	0,68
0,65	0,75	0,85	0,17
0,85	0,15	0,90	0,07
0,90	0,06	1,00	0,00
1,00	0,00		

Tabla 5.8: Valores de f_m para para la evaluación de fatiga.
Fuente: Det Norske Veritas (Ref. (16))

El criterio del D.N.V. para repartir estos incrementos de momento flector a lo largo de la eslora del buque es el que se desprende de la (Figura 5.2) tomada de sus reglas.

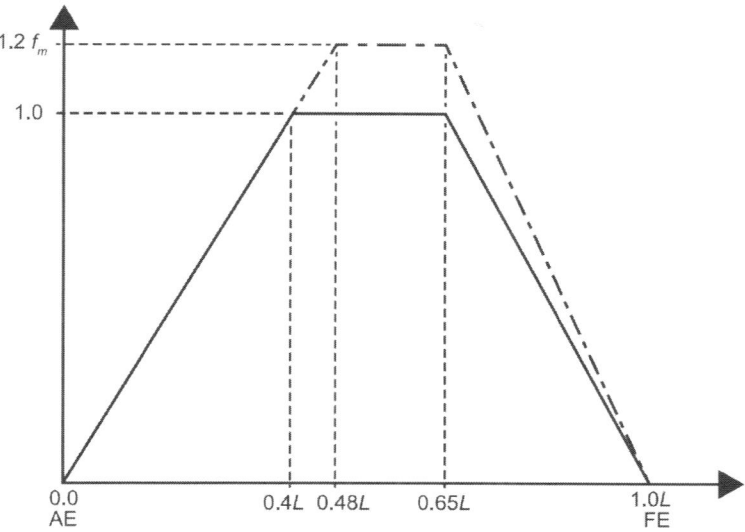

Figura 5.2: Distribución del factor F_m en a lo largo de la eslora.
Fuente: Det Norske Veritas (Ref. (16))

Para buques de alta velocidad y gran abanicamiento (*flare*) de la obra muerta en proa, se consideran unos incrementos de la distribución de momentos flectores de acuerdo con la línea de trazos representada en la citada Figura 5.2. El criterio que se sigue para decidir si se aplican o no tales incrementos consiste en calcular los numerales (C_{AV} y C_{AF}) acorde a lo recogido en la Tabla 5.9:

CONDICIÓN DE CARGA	ARRUFO Y QUEBRANTO		ARRUFO	
C_{AV}	$\leq 0,28$	$\geq 0,32^{1}$		
C_{AF}			$\leq 0,40$	$\geq 0,50$
f_m	No ajuste	$1,20\ (0,48L \leq x \leq 0,64L)$ $0,0\ (x \leq 0, x \geq L)$	No ajuste	$1,20\ (0,48L \leq x \leq 0,64L)$ $0,0\ (x \leq 0, x \geq L)$
[1] Ajuste para C_{AV} no debe ser aplicado cuando $C_{AF} \geq 0,50$.				

Tabla 5.9: Valores críticos para el empleo del factor f_m en las situaciones de Arrufo y Quebranto.
Fuente: Det Norske Veritas (Ref. (16))

$$C_{AV} = \frac{c_v \cdot V}{\sqrt{L}}$$

$$C_{AF} = \frac{c_v \cdot V}{\sqrt{L}} + \frac{A_{DK} - A_{WP}}{L \cdot z_f}$$

$c_v = \frac{\sqrt{L}}{50}$, (pero no tomándose mayor de 0,2).

A_{DK} = Área proyectada sobre el plano horizontal de la cubierta superior (incluyendo la cubierta castillo, si existe) a proa de 0,2 L desde la perpendicular de proa, en m^2.

A_{WP} = Área de la flotación en la línea de carga de verano, a proa de 0,2 L desde la perpendicular de proa, en m^2.

z_f = Distancia vertical, medida en la perpendicular de proa, desde la flotación de verano hasta la línea de cubierta superior, en m.

5.2.2.4   CRITERIO DEL AMERICAN BUREAU OF SHIPPING

La expresión contenida en las Reglas del A.B.S. es la siguiente:

$$M_{w,arrufo} = -K_1 \cdot C_1 \cdot L^2 \cdot B \cdot (C_B + 0,7) \cdot 10^{-3} \qquad (5.9)$$

$$M_{w,quebranto} = +K_2 \cdot C_1 \cdot L^2 \cdot B \cdot C_B \cdot 10^{-3} \qquad (5.10)$$

Donde:

- K_1 = 110 $(kN \cdot m)$

- K_2 = 190 $(kN \cdot m)$

- C_1 = (Tabla 5.10)

Eslora **L** (m)	Factor **C**$_1$
$61 \leq L \leq 90$	$0,044 \cdot L + 3,75$
$90 < L < 300$	$10,75 - \left(\frac{300-L}{100}\right)^{1,5}$
$300 < L < 350$	$10,75$
$350 \leq L \leq 500$	$10,75 - \left(\frac{L-350}{150}\right)^{1,5}$

Tabla 5.10: Valores de C_1 para el cálculo del incremento de momento flector debido al oleaje. Fuente: American Bureau of Shipping (Ref. (15))

- M = Factor de distribución. El momento flector debido a la ola a lo largo de la eslora del buque, L, puede obtenerse multiplicando el valor medio del buque por dicho valor, obtenido de la curva envolvente del momento de flector debido a la ola Figura 5.3.

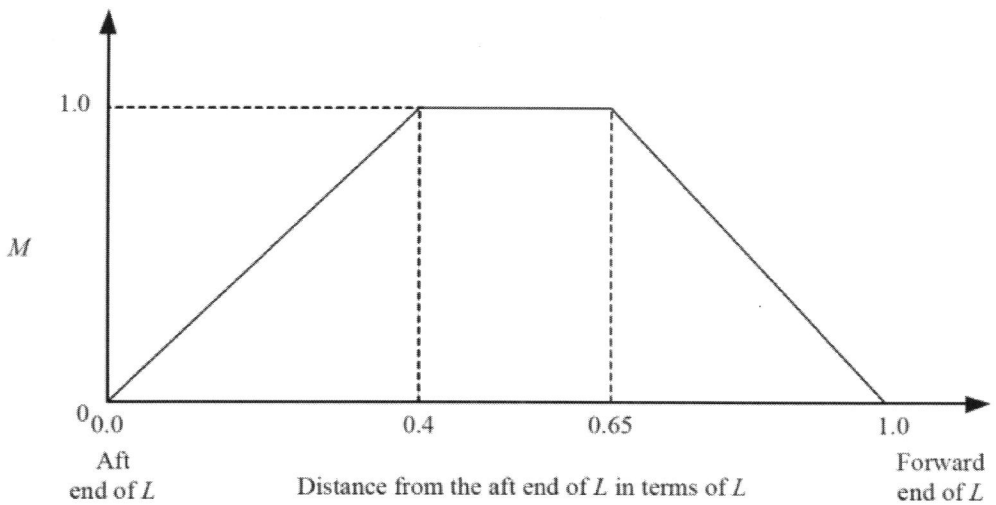

Figura 5.3: Distribución del factor M en a lo largo de la eslora.
Fuente: American Bureau of Shipping (Ref. (15))

5.2.2.5   COMPARACIÓN DE LOS DISTINTOS CRITERIOS

En general, los valores de M_w que se obtienen al aplicar los criterios de varias Sociedades de Clasificación a un mismo buque no difieren entre sí. Al objeto de ver estas semejanzas de una manera práctica se va a exponer a continuación el cálculo de los mismos para dos buques muy diferentes entre sí:

1) Un petrolero de 260.000 TPM.

2) Un *bulkcarrier* de 39.000 TPM.

▪ **Ejemplo 5.1** Petrolero de 260.000 TPM.

Sus características principales son:

L = 315 m
B = 55 m
CB = 0,832

● **Lloyd's Register**:

f_1	1,0
$f_{2\,Arrufo}$	-1,1
$f_{2\,Quebranto}$	1,03
C_1	10,75
C_2	1,0
M_{wo}	8.987.750,88

- $M_{w\,Arrufo}$ = -9.886.525,97 (kN · m) = -1.008.145,08 (t-f · m)

- $M_{w\,Quebranto}$ = 9.257.383,41 (kN · m) = 943.990,39 (t-f · m)

- **Bureau Veritas**:

F_M	1
n	1
C	10,75

- $M_{w\,Arrufo}$ = -9.886.525,97 (kN · m) = -1.008.145,08 (t-f · m)

- $M_{w\,Quebranto}$ = 9.274.044,78 (kN · m) = 945.689,38 (t-f · m)

- **Det Norske Veritas**:

Evaluación de la resistencia:

C_w	10,75
$f_{nl\,(Arrufo)}$	1,0
$f_{nl\,(Quebranto)}$	1,066
f_R	0,85
f_p	1,0
f_m	1,0

- $M_{w\,Arrufo}$ = -9.274.044,78 (kN · m) = -945.689,38 (t-f · m)

- $M_{w\,Quebranto}$ = 9.886.131,73 (kN · m) = 1.008.104,88 (t-f · m)

- **American Bureau Veritas**:

K_1	110
K_2	190
C_1	10,75

- $M_{w\,Arrufo}$ = -9.886.525,97 (kN · m) = -1.008.145,08 (t-f · m)

- $M_{w\,Quebranto}$ = 9.274.044,78 (kN · m) = 945.689,38 (t-f · m)

- **Ejemplo 5.2** *bulkcarrier* de 39.000 TPM.

Sus características principales son:

L = 175 m
B = 29 m
CB = 0,774

- **Lloyd's Register**:

f_1	1,0
$f_{2\,Arrufo}$	-1,1
$f_{2\,Quebranto}$	0,997
C_1	9,35
C_2	1,0
M_{wo}	1.224.004,99

  - $M_{w\,Arrufo} = -1.346.405,49$ (kN · m) $= -137.295,15$ (t-f · m)

  - $M_{w\,Quebranto} = 1.220.332,98$ (kN · m) $= 124.439,33$ (t-f · m)

- **Bureau Veritas**:

F_M	1
n	1
C	9,35

  - $M_{w\,Arrufo} = -1.346.405,49$ (kN · m) $= -137.295,15$ (t-f · m)

  - $M_{w\,Quebranto} = 1.221.181,64$ (kN · m) $= 124.525,87$ (t-f · m)

- **Det Norske Veritas**:

Evaluación de la resistencia:

C_w	9,35
$f_{nl\,(Arrufo)}$	1,0
$f_{nl\,(Quebranto)}$	1,102
f_R	0,85
f_p	1,0
f_m	1,0

  - $M_{w\,Arrufo} = -1.221.181,64$ (kN · m) $= -124.525,87$ (t-f · m)

  - $M_{w\,Quebranto} = 1.345.742,167$ (kN · m) $= 137.227,51$ (t-f · m)

- **American Bureau Veritas**:

K_1	110
K_2	190
C_1	9,35

- $M_{wArrufo} = -1.346.405,49$ (kN · m) = $-137.295,15$ (t-f · m)

- $M_{wQuebranto} = 1.221.181,64$ (kN · m) = $124.525,87$ (t-f · m)

Seguidamente se harán algunas consideraciones en torno a las diferencias de criterios de las distintas Sociedades de Clasificaciones en este asunto.

5.2.3 ESFUERZOS DE FLEXIÓN ADMISIBLES

En líneas generales, las Sociedades de Clasificación utilizan, para exigir unos determinados escantillones, los mismos criterios que se emplean para el proyecto de vigas. Es decir, se exige un módulo resistente que, como mínimo, sea igual al cociente entre el momento flector total y el denominado «esfuerzo de trabajo» o «esfuerzo admisible»:

$$W_{min} = \frac{I}{Y_{max}} \geq \frac{M_t}{\sigma_t}$$ (5.11)

siendo

$$M_t = M_s + M_w$$ (5.12)

$$\sigma_t = \text{Esfuerzo admisible}$$

Aun cuando el cálculo del momento flector en aguas tranquilas (o sea la componente M_s, también denominada S.W.B.M. por ser estas las siglas de la expresión inglesa: *Still Water Bending Moment*) tiene un valor independiente del criterio de la Sociedad de Clasificación de que se trate, no sucede lo mismo con la componente debida a las olas, M_w, también denominada W.B.M.: *Wave Bending Moment*. Tras observar los dos ejemplos en los que se ha puesto de manifiesto una semejanza apreciable de criterio en cuatro de las más importantes de estas entidades: esta aparente similitud puede explicarse considerando que, en definitiva, los efectos de las olas sobre la distribución de momentos flectores solo pueden considerarse bajo el punto de vista probabilístico.

A título de ejemplo citaremos aquí los valores de σ_t que admiten algunas de estas Sociedades de Clasificación:

5.2.3.1 CRITERIO DEL LLOYD'S REGISTER

Para la cuaderna maestra, la cual se encuentra dentro de 0,4L:

$$\sigma = \frac{175}{K_L} \text{ (N/mm}^2\text{)}$$ (5.13)

donde:

Límite elástico mínimo (N/mm²)	K_L
235	1,00
265	0,92
315	0,78
355	0,72
390	0,68

5.2.3.2 CRITERIO DEL BUREAU VERITAS

Para la cuaderna maestra, la cual se encuentra dentro de $[0,3 \leq \frac{X}{L} \leq 0,7]$:

$$\sigma = \frac{175}{K_L} \ (\text{N/mm}^2)$$ (5.14)

Límite elástico mínimo (N/mm²)	K_L
235	1,00
315	0,78
355	0,72
390	0,68

5.2.3.3 CRITERIO DEL DET NORSKE VERITAS

$$\sigma = 0,67 \cdot R_{eH}$$ (5.15)

donde:

R_{eH} = límite elástico mínimo especificado.

Acero dulce naval: R_{eH} = 235 (N/mm^2).

5.2.3.4 CRITERIO DEL AMERICAN BUREAU OF SHIPPING

f_p = Esfuerzo de flexión nominal permisible = 175 N/mm^2

5.2.3.5 ESFUERZOS ADMISIBLES EN EL CASO DE ALTO LÍMITE ELÁSTICO

Los valores que anteceden corresponden a estructuras construidas en acero normal. Sin embargo, no hay que olvidar que en ocasiones se utiliza el acero de alto límite elástico para construir los cascos o partes de los mismos. En tal caso, el esfuerzo que admiten las Sociedades de Clasificación en elementos construidos con aceros de este tipo es mayor que los valores antes indicados, precisamente en la misma proporción que están los límites elásticos de este acero y del acero normal.

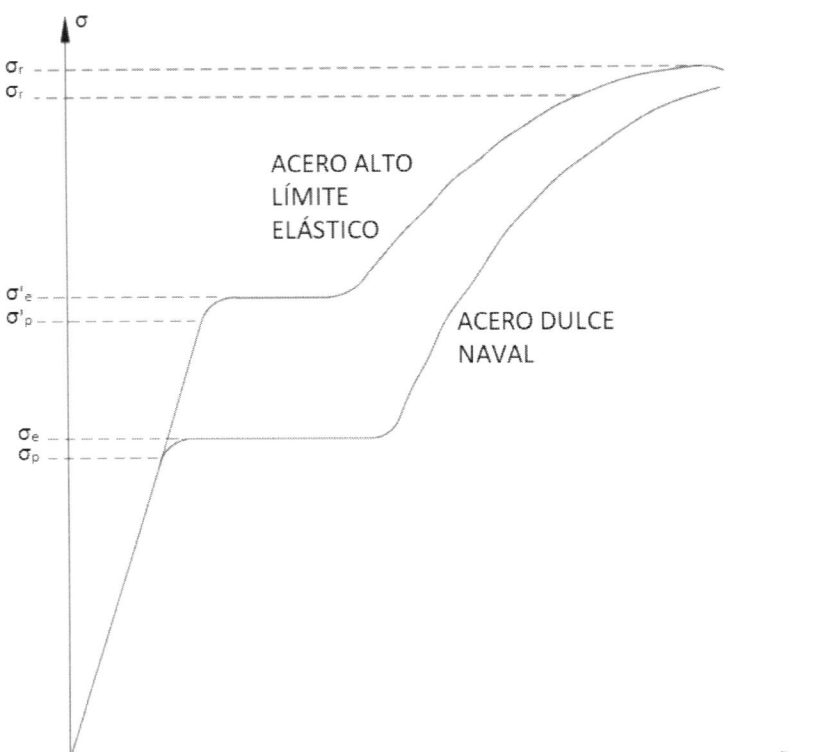

Figura 5.4: Distribución de tensión de la deformación del acero.

En algunos casos se tiene en cuenta también el valor de la carga del acero de alto límite elástico a la hora de fijar los esfuerzos admisibles.

De este asunto hablaremos con mayor detalle más adelante en esta misma lección.

5.2.4 MÓDULO RESISTENTE EXIGIDO. CONCEPTO DEL «MÓDULO MÍNIMO»

Del estudio de los momentos flectores en aguas tranquilas (S.W.B.M, o sea, M_s) en las distintas condiciones de carga, se debe elegir el máximo de todos ellos. Sumando a este el incremento de M_w debido al oleaje (W.B.M.), se obtiene el valor máximo del momento flector total:

$$M_t = M_s + M_w \tag{5.16}$$

Dividiendo este valor por el esfuerzo admisible σ_t, se obtendrá (como se ha indicado anteriormente) el módulo resistente exigido. Sin embargo, para cada buque, el Reglamento de la Sociedad de Clasificación aplicable, exige un módulo mínimo en función de las dimensiones principales del mismo. Es decir, que el módulo resistente de la cuaderna maestra de un buque debe satisfacer un doble requerimiento:

a) El esfuerzo máximo no debe sobrepasar el valor admisible σ_t.

b) Dicho módulo no debe ser inferior a cierto «valor mínimo reglamentario» que se calcula en función de las dimensiones principales del buque.

En muchas ocasiones se ajusta la cuaderna maestra para alcanzar el módulo mínimo reglamentario y se procura encajar las diversas condiciones de carga de manera que los momentos flectores totales no excedan el producto de dicho módulo por el esfuerzo admisible. Por ello hay que decir que, en muchos casos, es este valor del módulo mínimo el que fija los incrementos de escantillones requeridos en concepto de resistencia longitudinal por la Sociedad de Clasificación. Conscientes de la importancia de este hecho dada su repercusión en el peso del acero del casco, las principales sociedades de clasificación a través del I.A.C.S. [2], se han puesto de acuerdo en este asunto y exigen un módulo mínimo que viene dado por la expresión:

$$W_{min} = \left(\frac{I}{y}\right)_{min} = \frac{C_1}{f} \cdot L^2 \cdot B \cdot (CB + 0,7) \text{ cm}^3 \tag{5.17}$$

donde:

C_1 = Coeficiente que viene dado en la Tabla 5.11.

Eslora **L** (m)	Factor C_1
$90 < L < 300$	$10,75 - \left(\frac{300-L}{100}\right)^{1,5}$
$300 < L < 350$	$10,75$
$350 \leq L \leq 500$	$10,75 - \left(\frac{L-350}{150}\right)^{1,5}$

Tabla 5.11: Valores del factor C_1 en función de la eslora del buque.

f = 1 para el caso del acero normal.

$f = \frac{\sigma_{ya}}{\sigma_{yn}}$ en el caso del acero de alto límite elástico.

5.2.5 MÁXIMO MOMENTO FLECTOR ADMISIBLE EN AGUAS TRANQUILAS

Como hemos dicho, en ocasiones se ajusta la cuaderna maestra para alcanzar el módulo mínimo reglamentario. En otras, se incrementan los escantillones hasta alcanzar un módulo superior en un cierto porcentaje al mínimo reglamentario. En cualquier caso, será necesario comprobar que en todas las situaciones de carga se satisface la condición a) indicada en el párrafo 5.2.4, es decir, que no se superan los esfuerzos admisibles. Un procedimiento que podría seguirse para llevar a cabo dicha comprobación sería el siguiente:

1) Calcular para cada condición de carga prevista la distribución de momentos flectores en aguas tranquilas (M_s, o sea, los S.W.B.M.).

2) Calcular los incrementos de M_w debidos al oleaje (W.B.M.) y sumarlos a la distribución anterior, con lo que se obtendrá la distribución de momentos flectores totales en cada

[2] *International Association of Clasification Societies* (Asociación Internacional de Sociedades de Clasificación)

una de las condiciones de carga previstas:

$$M_t = M_s + M_w$$

3) La distribución de momentos flectores totales así obtenida (para cada una de las condiciones de carga previstas) se divide por la distribución de módulos resistentes, con la que se obtendrá la distribución de esfuerzos totales a lo largo de la eslora del buque.

4) Se deberá comprobar que en todas las condiciones de carga y en cada uno de los puntos de la eslora el esfuerzo σ es menor que el admisible σ_t.

Sin embargo, en la práctica resulta más ventajoso proceder de otra manera: en lugar de comprobar la condición

$$\sigma_t \geq \sigma = \frac{M_t}{W} = \frac{M_s + M_w}{W}$$

se chequea la condición equivalente:

$$M_s \leq W \cdot \sigma_t - M_w$$

es decir:

- Se calcula de una vez por todas el valor de la expresión

$$W \cdot \sigma_t - M_w$$

a lo largo de la eslora del buque. Estos valores son independientes de la distribución de pesos y de empujes y reciben el nombre de «Máximos momentos flectores admisibles en aguas tranquilas» o bien M.A.S.W.B.M. (siglas de la expresión inglesa *Maximum allowable still water bending moments*).

- Se calcula para cada condición de carga prevista la distribución de momentos flectores en aguas tranquilas (S.W.B.M.) y se comprueba que en todos los puntos de la eslora dicha distribución queda dentro de los M.A.S.W.B.M.

Si se compara la expresión del módulo mínimo contenida en el párrafo 5.2.4 con las expresiones que se incluyen en los distintos Reglamentos para estimar el incremento de momento flector debido a las olas, se llega a la conclusión de que el módulo mínimo reglamentario suele ser proporcional a dichos incrementos, de manera que se puede escribir:

$$M_w = \sigma_w \cdot W_{min}$$

Si el módulo que realmente tiene la maestra es W (igual o mayor que W_{min} naturalmente) podemos escribirlo en la forma:

$$W = \left(1 + \frac{r}{100}\right) \cdot W_{min}$$

siendo r el exceso (en porcentaje) sobre el módulo mínimo reglamentario. En consecuencia, podemos escribir:

$$M.A.S.W.B.M. = W \cdot \sigma_t - M_w =$$

$$= \left(1 + \tfrac{r}{100}\right) \cdot W_{min} \cdot \sigma_t - \sigma_w \cdot W_{min} =$$

$$= \left(\left(1 + \tfrac{r}{100}\right) \cdot \sigma_t - \sigma_w\right) \cdot W_{min}$$

Cuando el módulo W es igual al reglamentario, el valor de r = 0 y la expresión anterior se convierten en $(\sigma_t - \sigma_w) \cdot W_{min}$. La diferencia que constituye el primer factor suele denominarse (σ_s) y en el caso que el módulo sea igual al mínimo reglamentario tiene un significado físico: se trata del cociente entre el máximo momento flector admisible en aguas tranquilas y el módulo resistente y, en consecuencia, puede interpretarse como «esfuerzo admisible en aguas tranquilas».

Las sociedades de clasificación proporcionan fórmulas para calcular dicho módulo mínimo reglamentario en la cuaderna maestra, en función de las dimensiones y características principales del buque, según recoge la Tabla 5.12:

Sociedad clasificación	Valor W_{min}
Lloyd's Register	$W_{min} = f_1 \cdot k_L \cdot C_1 \cdot L^2 \cdot B \cdot (CB + 0,7) \cdot 10^{-6}$ (m³)
Bureau Veritas	$W_{min} = n_1 \cdot C \cdot L^2 \cdot B \cdot (CB + 0,7) \cdot k \cdot 10^{-6}$ (m³)
Det Norske Veritas	$W_{min} = k \cdot \frac{1+f_r}{2} \cdot C_{w0} \cdot L^2 \cdot B \cdot (CB + 0,7) \cdot 10^{-6}$ (m³)
American Bureau of Shipping	$W_{min} = C_1 \cdot C_2 \cdot L^2 \cdot B \cdot (CB + 0,7) \cdot 10^{-4}$ (m³)

Tabla 5.12: Valores del factor W_{min} Según diferentes Sociedades de Clasificación.

En el caso de que el módulo resistente de la cuaderna maestra sea mayor que el mínimo exigible, también es necesario conocer las máximas de momentos flectores admisibles en aguas tranquilas (M.A.S.W.B.M.) para poder comprobar la resistencia longitudinal en las distintas condiciones de carga. En este caso no puede emplease la fórmula:

$$M_s = \sigma_s \cdot W \tag{5.18}$$

sino que debe usarse:

$$M.A.S.W.B.M = \left(\left(1 + \frac{r}{100} \right) \cdot \sigma_t - \sigma_w \right) \cdot W_{min}$$

Siempre que el módulo W sea superior al mínimo W_{min}, se tendrá:

$$M.A.S.W.B.M \geq \sigma_s \cdot W$$

En efecto:

$$\begin{aligned} M.A.S.W.B.M = & \quad \sigma_t \cdot W - \sigma_w \cdot W_{min} = (\sigma_s + \sigma_w) \cdot W - \sigma_w \cdot W_{min} = \\ = & \quad \sigma_s \cdot W + (W - W_{min}) \cdot \sigma_w \end{aligned}$$

expresión en la que el segundo sumando es positivo siempre que se rectifique la hipótesis hecha de que $(W > W_{min})$.

Hay que advertir, sin embargo, que puede haber algunas restricciones a la forma de proceder que se acaba de comentar cuando el módulo real de la viga-buque es mucho mayor que el mínimo reglamentario.

5.3 FUERZAS CORTANTES

5.3.1 FUERZAS CORTANTES EN AGUAS TRANQUILAS (S.W.S.F.)

El cálculo de la distribución de fuerzas cortantes a lo largo de la eslora en una condición de carga determinada en la hipótesis de que la mar esta lisa y llana, se calcula como se ha indicado en el capítulo 2. Por lo que no nos detendremos aquí en su exposición.

5.3.2 INCREMENTO DE LAS FUERZAS CORTANTES DEBIDO A LAS OLAS (W.S.F.)

En líneas generales puede decirse que los reglamentos de las Sociedades de Clasificación incluyen en sus páginas una expresión para calcular el incremento de fuerza cortante debido a las olas cuya estructura es similar a las usadas para el cálculo del incremento de momento flector debido al oleaje.

A título orientativo se dan a continuación el método seguido por cada una de las cuatro Sociedades de Clasificación nombradas en este capítulo.

5.3.2.1 CRITERIO DEL LLOYD'S REGISTER OF SHIPPING

El diseño del incremento de fuerza cortante debido al oleaje viene dado por la expresión (5.19):

$$Q_w = K_1 \cdot K2 \cdot Q_{wo} \text{ (kN)} \tag{5.19}$$

donde:

$Q_{wo} = 0,3 \cdot C_1 \cdot L \cdot B \cdot (CB + 0,7)$ (kN)

C_1 = Usado para el cálculo del incremento de momento flector debido al oleaje. (Tabla 5.10), no tomar un valor inferior de 0,6.

K_1 = Factor de fuerza cortante; (Tablas 5.13 y 5.14) y (Figura 5.5):

a) Fuerza cortante positiva:

Sección x (m)	Factor K_1
0	0
$0,2L < x < 0,3L$	$\frac{1,589 \cdot CB}{CB+0,7}$
$0,4L < x < 0,6L$	0,7
$0,7L < x < 0,85L$	1,0
L	0

Tabla 5.13: Valores del factor K_1 para fuerzas cortantes positivas.
Fuente: Lloyd's Register of Shipping (Ref.(17))

b) Fuerza cortante negativa:

Sección x (m)	Factor K_1
0	0
$0,2L < x < 0,3L$	-0,92
$0,4L < x < 0,6L$	-0,7
$0,7L < x < 0,85L$	$\frac{1,727 \cdot CB}{CB+0,7}$
L	0

Tabla 5.14: Valores del factor K_1 para fuerzas cortantes negativas.
Fuente: Lloyd's Register of Shipping (Ref.(17))

K_2 1,0 para condiciones de navegación sin restricciones.

0,8 para viajes cortos.

0,5 para viajes en aguas protegidas.

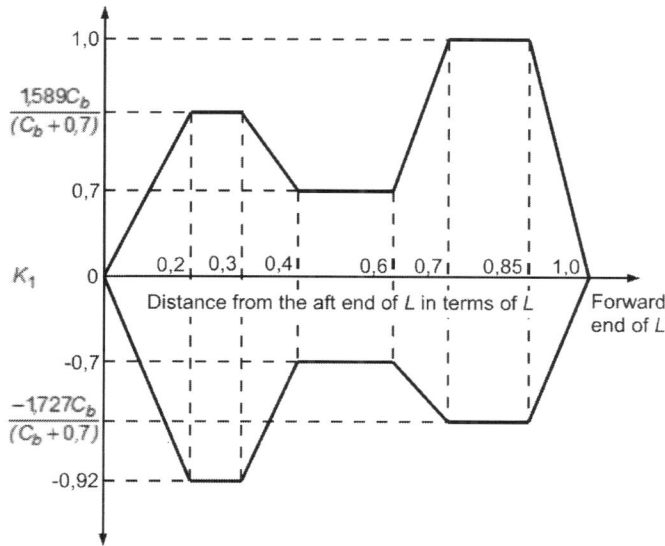

Figura 5.5: Distribución del factor K_1 a lo largo de la eslora.
Fuente: Lloyd's Register of Shipping (Ref. (17))

5.3.2.2   CRITERIO DEL BUREAU VERITAS

El incremento de fuerza cortante vertical debido a la ola viene dado por la siguiente expresión (5.20):

$$Q_w = 30 \cdot F_Q \cdot n \cdot C \cdot L \cdot B \cdot (CB + 0,7) \cdot 10^{-2} \text{ (kN)} \tag{5.20}$$

donde:

n = Coeficiente de navegación (Tabla 5.5).

F_Q = Factor de distribución de fuerzas cortantes, definidos en la Tabla 5.15 y recogidos en la Figura 5.6.

C = Parámetro de la ola (Tabla 5.4).

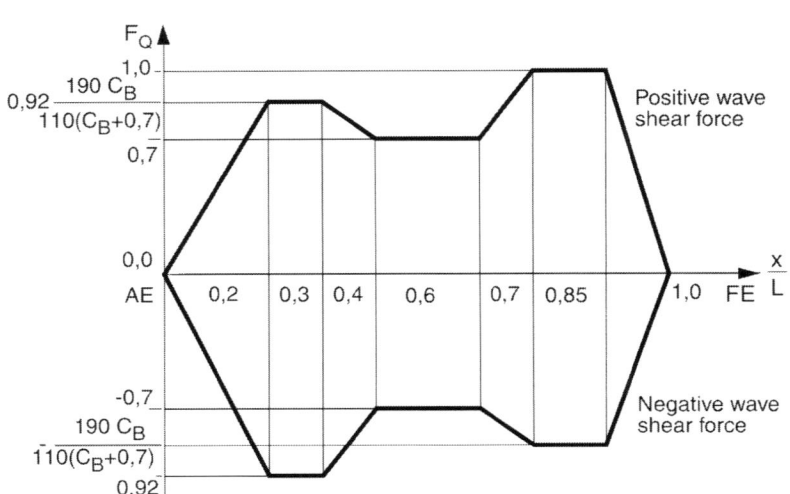

Figura 5.6: Distribución del factor F_Q a lo largo de la eslora.
Fuente: Bureau Veritas (Ref. (14))

Sección **x** (m)	Factor distribución F_Q	
	Fuerza cortante positiva	Fuerza cortante negativa
$0 \leq x \leq 0,2L$	$4,6 \cdot A \cdot \frac{x}{L}$	$4,6 \cdot \frac{x}{L}$
$0,2\,L \leq x \leq 0,3L$	$0,92 \cdot A$	-0,92
$0,3L \leq x \leq 0,4L$	$(9,2 \cdot A - 7) \cdot \left(0,4 - \frac{x}{L}\right) + 0,7$	$-2,2 \cdot \left(0,4 - \frac{x}{L}\right) - 0,7$
$0,4L \leq x \leq 0,6L$	0,7	-0,7
$0,6L \leq x \leq 0,7L$	$3 \cdot \left(\frac{x}{L} + 0,6\right) + 0,7$	$-(10 \cdot A - 7) \cdot \left(\frac{x}{L} - 0,6\right) - 0,7$
$0,7L \leq x \leq 0,85L$	1	-A
$0,85L \leq x \leq L$	$6,67 \cdot \left(1 - \frac{x}{L}\right)$	$-6,67 \cdot A \cdot \left(1 - \frac{x}{L}\right)$
NOTA: $A = \frac{190 \cdot CB}{110 \cdot (CB+0,7)}$		

Tabla 5.15: Valores del factor F_Q para fuerzas cortantes positivas y negativas.
Fuente: Bureau Veritas (Ref. (14))

5.3.2.3 CRITERIO DEL DET NORSKE VERITAS

El incremento de fuerza cortante vertical debido a la ola viene dado por las siguientes expresiones (5.21 y 5.22):

$$Q_w = 0,52 \cdot f_{q+} \cdot f_p \cdot C_w \cdot L \cdot B \cdot CB \qquad (5.21)$$

$$Q_w = -(0,52 \cdot f_{q-} \cdot f_p \cdot C_w \cdot L \cdot B \cdot CB) \qquad (5.22)$$

donde:

C_w = Coeficiente del oleaje. (Tabla 5.6).

$f_p = f_{ps}$ (para la evaluación de la resistencia).

$f_p = f_{fa} \cdot [0,27 - (17 - 8 \cdot f_T) \cdot L \cdot 10^{-5}]$ (para la evaluación de la fatiga).

f_{ps}, f_{fa} mismos valores que para el cálculo del incremento del momento flector debido al oleaje.

f_{q+}, f_{q-} Factor de distribución de fuerzas cortantes definidos en la Tabla 5.16

$f_{nl-arrufo}$, $f_{nl-quebranto}$ vienen dados en el apartado (5.2.2.3).

Sección x (m)	Factor distribución f_q	
	f_{q+}	f_{q-}
0	0	0
$0,2\,L \leq x \leq 0,3L$	$0,92 \cdot f_{nl-quebranto}$	$0,92 \cdot f_{nl-arrufo}$
$0,4\,L \leq x \leq 0,6L$	$0,7 \cdot f_{nl-arrufo}$	$0,7 \cdot f_{nl-arrufo}$
$0,7\,L \leq x \leq 0,85L$	$1 \cdot f_{nl-arrufo}$	$1 \cdot f_{nl-quebranto}$
L	0	0

Tabla 5.16: Valores de los factores f_{q+} y f_{q-} para fuerzas cortantes positivas y negativas. Fuente: Det Norske Veritas (Ref. (16))

Para barcos con alta velocidad y/o gran ensanchamiento en la proa, los ajustes a f_{q+} y f_{q-} como se indica en la Tabla 5.17 se aplican para la comprobación de la resistencia al pandeo de la viga-casco.

CONDICIÓN DE CARGA	EN RELACIÓN CON EL MOMENTO FLECTOR EN ARRUFO Y QUEBRANTO		EN RELACIÓN CON EL MOMENTO FLECTOR EN ARRUFO	
C_{AV}	$\leq 0,28$	$\geq 0,32^{1}$		
C_{AF}			$\leq 0,40$	$\geq 0,50$
Multiplicar f_{q+} y f_{q-} por	1,0	$1,20\ (0,70L \leq x \leq 0,85L)$	1,0	$1,20\ (0,70L \leq x \leq 0,85L)$
[1] Ajuste para C_{AV} no debe ser aplicado cuando $C_{AF} \geq 0,50$.				

Tabla 5.17: Ajustes de valores para el empleo de los factores f_{q+} y f_{q-}. Fuente: Det Norske Veritas (Ref. (16))

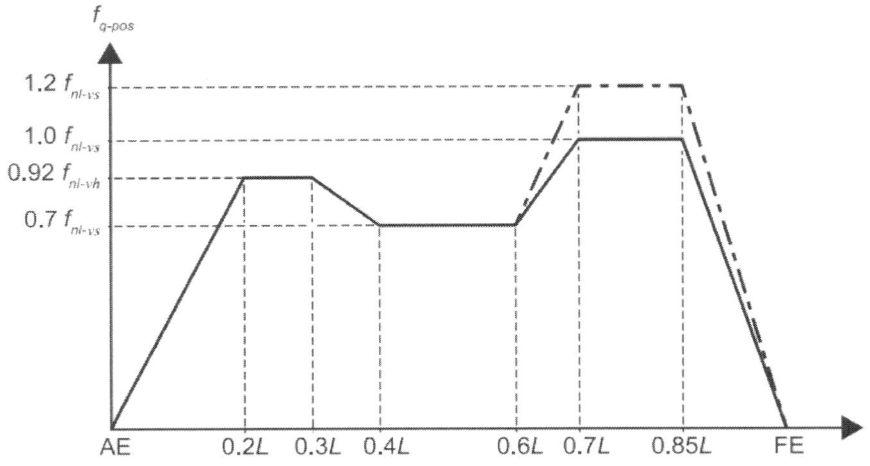

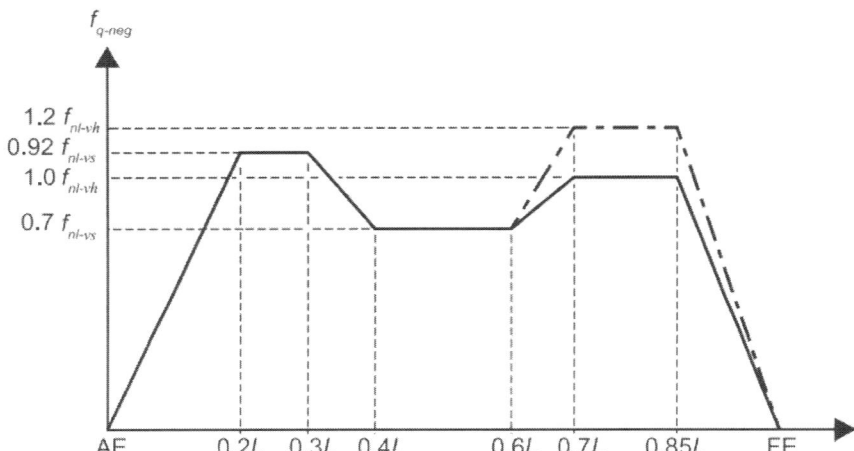

Figura 5.7: Distribución del factor f_{q+} con y sin ajuste a lo largo de la eslora.
Fuente: Det Norske Veritas (Ref. (16))

Figura 5.8: Distribución del factor f_{q-} con y sin ajuste a lo largo de la eslora.
Fuente: Det Norske Veritas (Ref. (16))

5.3.2.4 CRITERIO DEL AMERICAN BUREAU OF SHIPPING

Los valores utilizados para el incremento de fuerzas cortantes debido al oleaje vienen expresados por las expresiones (5.23) y (5.24):

$$Q_w = +30 \cdot F_1 \cdot C_1 \cdot L \cdot B \cdot (CB + 0,7) \cdot 10^{-2} \ (\text{kN}) \tag{5.23}$$

$$Q_w = -30 \cdot F_2 \cdot C_1 \cdot L \cdot B \cdot (CB + 0,7) \cdot 10^{-2} \ (\text{kN}) \tag{5.24}$$

donde:

C_1 = (Tabla 5.10)

F_1 = (Figura 5.9)

F_2 = (Figura 5.10)

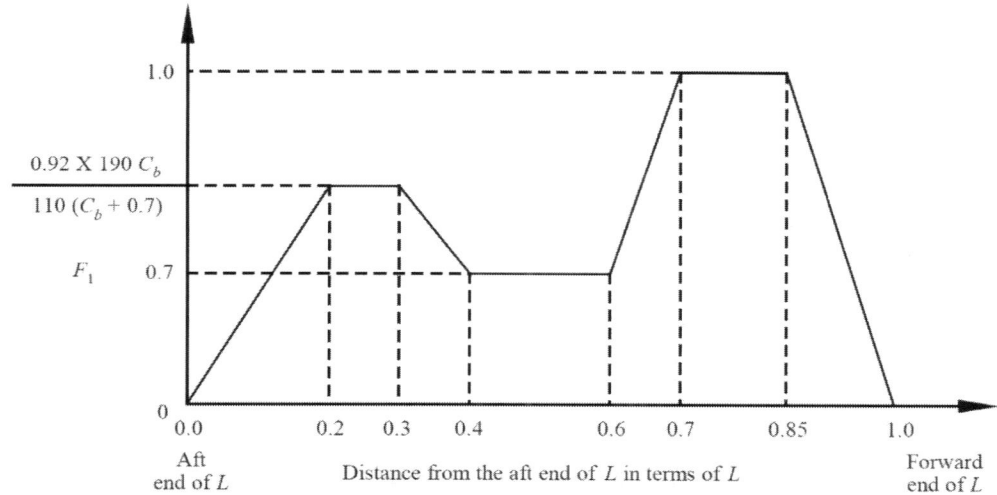

Figura 5.9: Distribución del factor F_1 a lo largo de la eslora.
Fuente: American Bureau Veritas (Ref. (15))

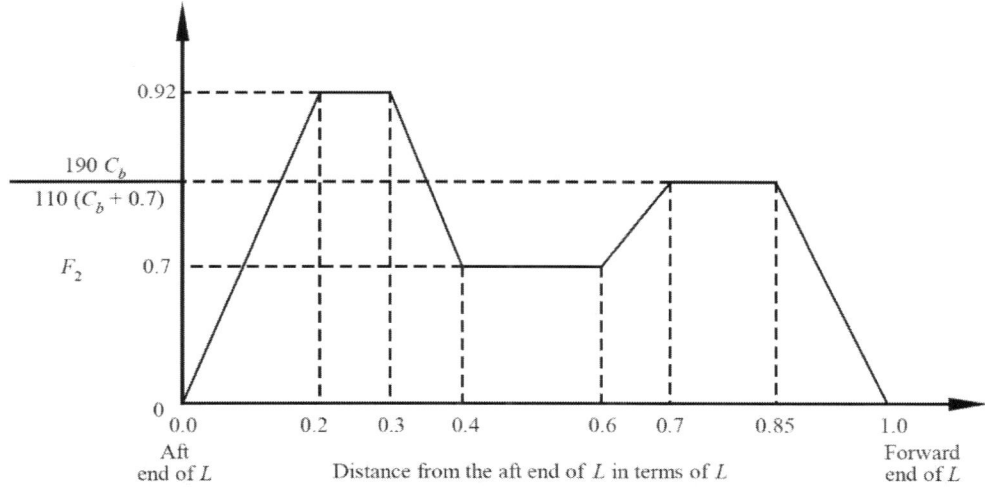

Figura 5.10: Distribución del factor F_2 a lo largo de la eslora.
Fuente: American Bureau Veritas (Ref. (15))

5.3.2.5   COMPARACIÓN DE LOS DISTINTOS CRITERIOS

Al objeto de comparar entre si los criterios de las cuatro Sociedades de Clasificación que acabamos de exponer, vamos a estudiar la distribución del incremento de fuerza cortante debido a las olas que habría que considerar en el caso de un petrolero de 260.000 T.P.M. según lo indicado en los Reglamentos de dichas Sociedades:

■ **Ejemplo 5.3** Petrolero de 260.000 TPM.

Sus características principales son:

$L = 315$ m
$B = 55$ m
$CB = 0,832$

- **Lloyd's Register**:

$K_{1\,Positivo}$	0,7
$K_{1\,Negativo}$	-0,7
K_2	1,0
C_1	10,75
Q_{wo}	85.597,63

    ■ $Q_{w\,Positivo} = 59.918,34$ (kN)

    ■ $Q_{w\,Negativo} = -59.918,34$ (kN)

- **Bureau Veritas**:

$F_{Q\,Positivo}$	0,7
$F_{Q\,Negativo}$	-0,7
n	1,0
C	10,75

    ■ $Q_{w\,Positivo} = 59.918,34$ (kN)

    ■ $Q_{w\,Negativo} = -59.918,34$ (kN)

- **Det Norske Veritas**:

Evaluación de la resistencia:

C_w	10,75
f_{q+}	0,7
f_{q-}	0,7
f_p	1,0
$f_{nl-arrufo}$	1,0

- $Q_{w\,Positivo}$ = 56.403,54 (kN)

- $Q_{w\,Negativo}$ = -56.403,54 (kN)

- **AMERICAN BUREAU OF SHIPPING:**

C_1	10,75
f_1	0,7
f_2	0,7

- $Q_{w\,Positivo}$ = 59.918,34 (kN)

- $Q_{w\,Negativo}$ = -59.918,34 (kN)

A modo visual se muestra a continuación una gráfica con los valores obtenidos en el ejemplo anterior.

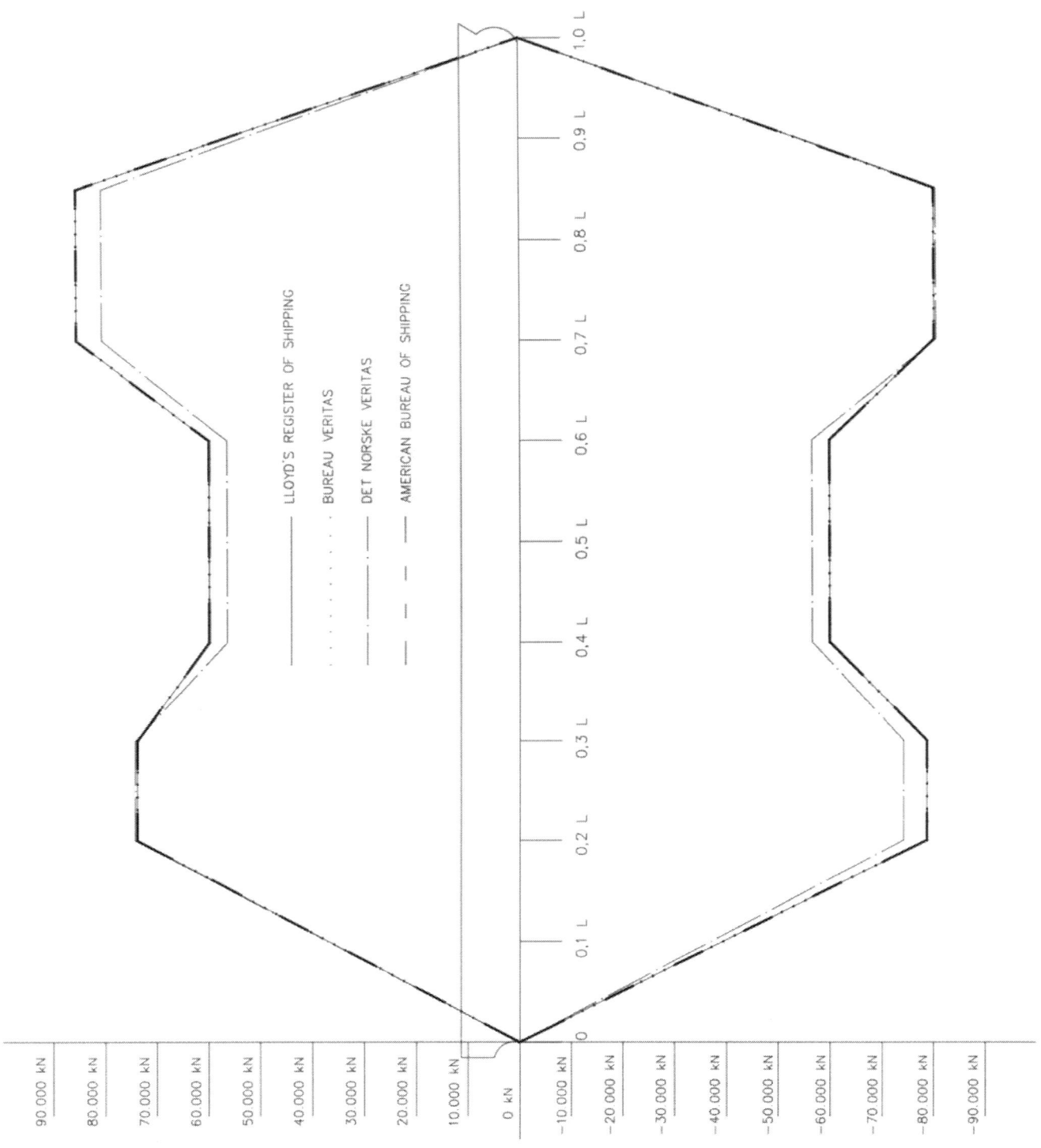

Figura 5.11: Comparación de los valores de fuerzas cortantes de distintas sociedades de clasificación.

5.3.3 CORRECCIÓN DE «PICOS» DE LA DISTRIBUCIÓN DE FUERZAS CORTANTES

En los casos en que se llena una de las bodegas y se dejan vacías las situadas a popa y a proa, (por ejemplo, en los casos de carga en bodegas alternas o de lastre pesado en un *bulkcarrier*) se producen unos «picos» de la distribución de fuerzas cortantes en coincidencia con los mamparos transversales que limitan la bodega cargada. Por otra parte, dichos mamparos transversales ligan de una forma efectiva la estructura longitudinal del doble fondo (vagras, principalmente) al conjunto de la viga-buque, haciendo que (al menos en las cercanías de dichos mamparos transversales) dicha estructura del doble fondo contribuya a soportar parte de la fuerza cortante que actúa sobre la viga-buque.

Por ello, las fuerzas cortantes que deben resistir los costados en las cercanías de los mamparos transversales son algo menores que las calculadas directamente mediante la teoría del buque-viga. En general, las Sociedades de Clasificación permiten hacer una reducción de los valores calculados de fuerza cortante en los casos antedichos por considerar que parte de dichas fuerzas cortantes es soportada por las vagras, a las que se transmite a través de los mamparos transversales.

Cuando se ha realizado un cálculo del emparrillado de doble fondo, dicha reducción puede tomarse igual a la suma de las fuerzas cortantes que actúan sobre los extremos de las vagras en su intersección con los mamparos transversales; pero frecuentemente no se dispone del dato adecuado, ya que aunque se realice un estudio del emparrillado de doble fondo en condiciones de carga en bodegas alternas , dicho análisis se lleva a cabo solo en una condición de carga muy concreta con la idea de verificar la mencionada estructura de doble fondo bajo las condiciones de trabajo más adversas (dentro de las posibles). En otras condiciones de carga, que tal vez sean más críticas desde el punto de vista de la Resistencia Longitudinal, no se dispone de los valores de la fuerza cortante soportada por las vagras. Por ello, los reglamentos de las Sociedades de Clasificación contienen fórmulas que permiten estimar de una manera aproximada tales valores. En general, el valor de la fuerza cortante soportada por la estructura longitudinal de doble fondo en su intersección con el mamparo transversal de bodega puede estimarse por medio de una expresión del tipo:

$$C = \varphi \cdot q \tag{5.25}$$

donde:

φ = Factor dependiente de la geometría del doble fondo.

q = carga neta sobre la bodega de que se trate. (diferencia entre los pesos que actúan sobre ella, incluido el peso propio de la estructura y los empujes hidrostáticos que recibe a través del fondo).

En cuanto al valor de «q» que puede calcularse muy fácilmente una vez que se ha llevado a cabo el cálculo de la distribución de fuerzas cortantes a lo largo de la viga-buque. Si denominamos:

- F_1 = Fuerza cortante en el mamparo de popa de la bodega.

- F_2 = Fuerza cortante en el mamparo de proa de la bodega.

El valor de q vendría dado por la siguiente expresión:

$$q = F_1 - F_2 \tag{5.26}$$

Realmente lo que interesa es el valor absoluto de «q», ya que siempre la corrección «C» se sustrae del valor absoluto de la fuerza cortante en el mamparo.

Hasta ahora venimos hablando de corrección del «pico» de la fuerza cortante, pero ¿cómo contribuye la estructura longitudinal del doble fondo a la resistencia a la cizalla del buque-viga? Recordemos que hemos justificado dicha corrección aludiendo al arriostramiento que el mamparo transversal supone entre los costados y, eventualmente, los mamparos longitudinales y la estructura longitudinal del doble fondo. Obviamente el efecto de dicho arriostramiento decrece a medida que nos alejamos del mamparo para acercarnos al centro de la bodega. Por ello se suele admitir que la contribución de la estructura longitudinal del doble fondo es máxima en coincidencia con los mamparos transversales y nula en el centro de la bodega, variando linealmente a lo largo de la mitad de la eslora de dicho compartimento.

En las (Figuras 5.13, 5.14 y 5.15) se recogen esquemáticamente casos de carga en bodegas alternas y la distribución de fuerzas cortantes a lo largo de esa porción de eslora de la viga-buque (en línea continua). En cada uno de los mamparos transversales aparecen «picos» de fuerza cortante, unos positivos y otros negativos, en función de la distribución de la carga. También en dichas figuras se han representado las correcciones de estos picos tanto en la bodega vacía como en la bodega cargada; así como las distribuciones ya corregidas de la fuerza cortante a lo largo de cada una de las dos bodegas (línea de trazos y puntos), siendo (Q_A, Q_B) en el caso del *Lloyd's Register* (ΔQ) en el caso del *Bureau Veritas* y (F_{BA}, F_{BF}) en el caso del *American Bureau*.

En un punto «P» cualquiera de la eslora de la bodega, la corrección «C_ξ» que le corresponde viene dada por la expresión:

$$C_\xi = \varphi \cdot q \cdot \frac{\xi}{l/2} = \varphi \cdot q \cdot \left(\frac{XH_2 - XH_1}{2} - X \right) \cdot \frac{2}{(XH_2 - XH_1)} = \varphi \cdot q \cdot \frac{XH_2 + XH_1 - 2 \cdot X}{XH_2 - XH_1} \tag{5.27}$$

en la que el significado de las variables que aparecen puede deducirse de la Figura 5.12.

La corrección por picos en un mamparo transversal se debe calcular considerando que pertenece a cada una de las dos bodegas que separa, tomándose el valor que resulte menor como corrección a considerar.

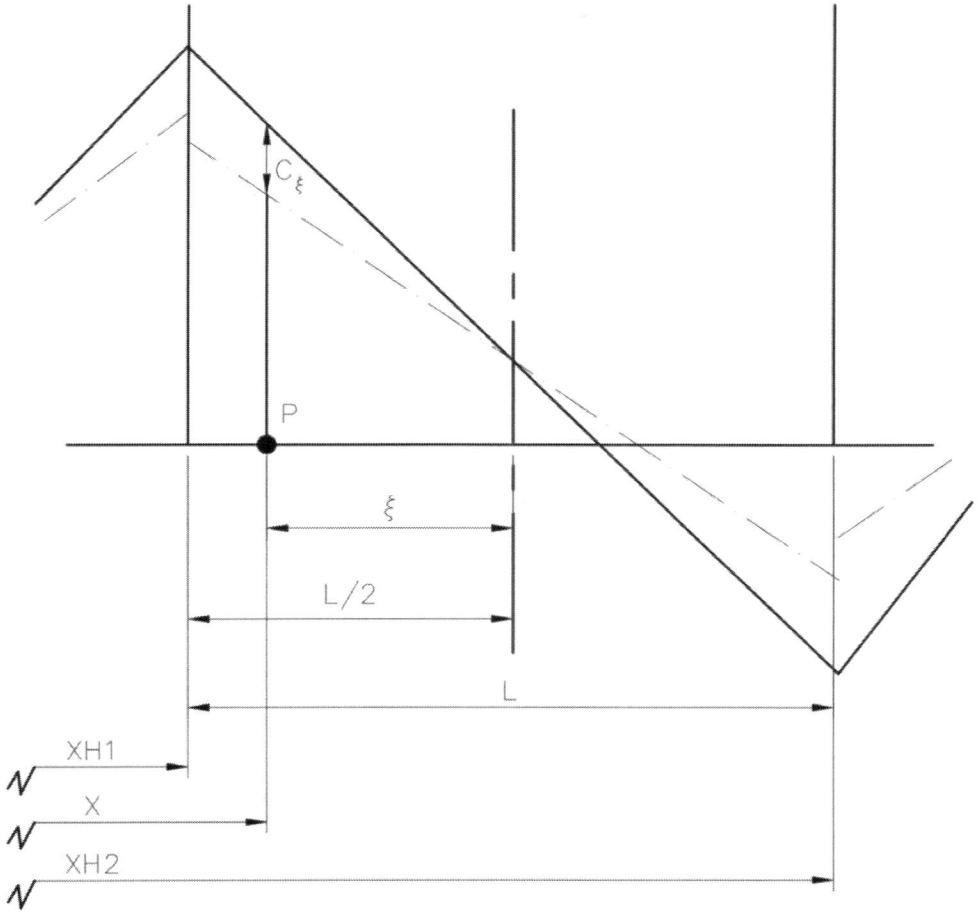

Figura 5.12: Distribución de la fuerza cortante debido a la corrección de picos.

Cada Sociedad de Clasificación tiene una expresión más o menos diferente para calcular el factor φ.

5.3.3.1 LLOYD'S REGISTER

$$\varphi = \frac{1}{1 + 1,5 \cdot \alpha^{1,65}} \qquad (5.28)$$

donde:

$\alpha = \frac{S_H}{L_F}$

L_F = Separación del fondo medido hasta la intersección de la tolva o del costado del barco y el fondo interior, en metros.

S_H = Longitud de bodega medido entre apoyos del mamparo, donde esté instalado, al nivel del fondo interior en la línea central, en metros.

$$C = 0,5 \cdot \varphi \cdot (Q_B - Q_A) \ (\text{kN}) \tag{5.29}$$

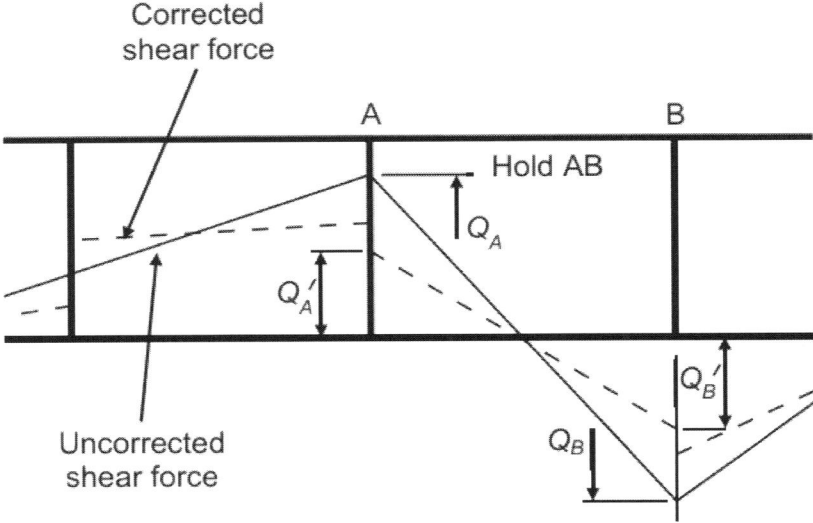

Figura 5.13: Distribución de la fuerza cortante debido a la corrección de picos. Fuente: Ref. (17)

siendo Q_A' y Q_B' las fuerzas cortantes corregidas:

- $Q_A' = Q_A + 0,5 \cdot F \cdot (Q_B - Q_A) \ (\text{kN})$

- $Q_B' = Q_B + 0,5 \cdot F \cdot (Q_B - Q_A) \ (\text{kN})$

5.3.3.2 BUREAU VERITAS

$$C = \Delta Q_C = \alpha \cdot \left| \frac{P}{B_H \cdot l_C} - \rho \cdot T_1 \right| \tag{5.30}$$

donde:

$\alpha = g \cdot \dfrac{l_0 \cdot b_0}{2 + \varphi \cdot \frac{l_0}{b_0}}$

$\phi = 1,38 + 1,55 \cdot \frac{l_0}{b_0} \leq 3,7$

l_0 = Eslora, en m, de la parte plana del doble fondo a la altura de bodega considerada.

b_0 = Manga, en m, medido en la sección transversal del casco a la altura del centro de la bodega.

P = Peso total de la carga en la bodega, en toneladas.

T_1 = Calado en la vertical del casco para la bodega considerada y la condición de carga considerada.

B_H = Manga del buque, en m, desde el centro de la bodega considerada.

l_C = Eslora de la bodega considerada, en m, entre mamparos transversales.

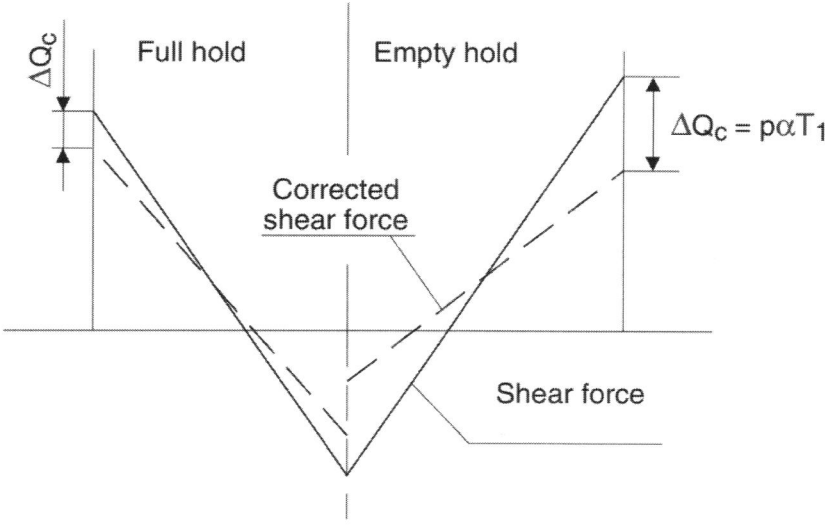

Figura 5.14: Distribución de la fuerza cortante debido a la corrección de picos. Fuente: Ref. (14)

5.3.3.3 AMERICAN BUREAU OF SHIPPING

$$\varphi_i = \left(0,45 - 0,2 \cdot \frac{l_i}{b_i}\right) \cdot \frac{b_i}{B} \tag{5.31}$$

donde:

i = Elemento situado a popa (A) o a proa (F) del mamparo.

l_i = Longitud de la bodega situada a popa (l_A) o a proa (l_F) del mamparo, en metros.

b_i = Manga del doble fondo de los tanques situados a popa (l_A) o a proa (l_F) del mamparo, en metros.

B = Manga del buque, en metros.

$$C = F_s = F_{sw} - MIN[F_{BA}; F_{BF}] \text{ (kN)} \tag{5.32}$$

donde:

F_{sw} = Fuerza cortante del buque-viga en aguas tranquilas, en kN.

$$F_{Bi} = \varphi_i \cdot W_i \; (\text{kN}) \tag{5.33}$$

donde:

W_i = Peso en la bodega situada a popa (W_A) o a proa (W_F) del mamparo, en kN.

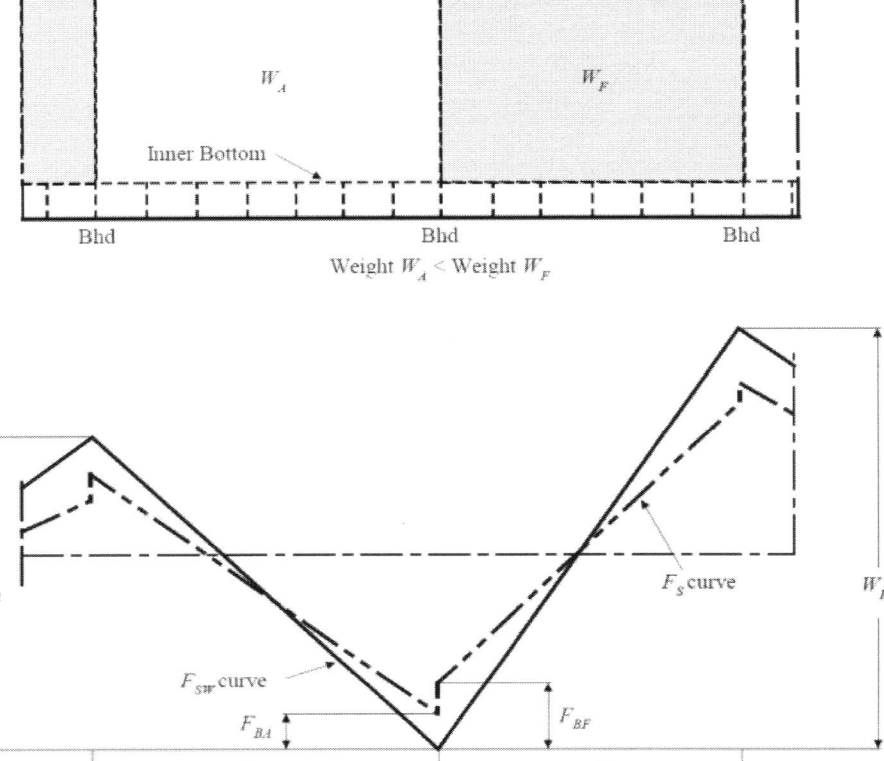

Figura 5.15: Distribución de la fuerza cortante debido a la corrección de picos.
Fuente: Ref. (15)

5.3.4 ESFUERZOS DE CIZALLA ADMISIBLES

Lo mismo que ocurre en el momento flector, los incrementos de fuerza cortante que consideran las distintas Sociedades de Clasificación en concepto de acción del oleaje, son semejantes, como hemos tenido ocasión de ver en el apartado (5.3.2). Por ello tampoco debe resultar extraño que los esfuerzos de cizalla máximos admisibles sean muy parecidos o iguales. La Tabla 5.18 recoge los valores admisibles por varias de estas Sociedades para tensiones totales de cizalla (es decir, en la mar, teniendo en cuenta el oleaje) causadas por la distribución de fuerza cortante a lo largo del buque-viga (resistencia longitudinal).

Sociedad Clasificación	Valor τ_t
Lloyd's Register	$\tau_t = \frac{110}{K_L}$ (N/mm^2)
Bureau Veritas	$\tau_t = \frac{110}{k}$ (N/mm^2)
Det Norske Veritas	$\tau_t = \frac{110}{k}$ (N/mm^2)
American Bureau of Shipping	$\tau_t = 11,0$ (kN/cm^2)
* Siendo K_L y k función del límite elástico del acero.	

Tabla 5.18: *Valores de los esfuerzos de cizalla τ_t admisibles por las diferentes Sociedades de Clasificación.*

5.3.5 MÁXIMAS FUERZAS CORTANTES TOTALES ADMISIBLES

La fuerza cortante total admisible en una sección transversal de un buque dado es el valor máximo de dicha solicitación (incluido el correspondiente incremento debido al oleaje) puede alcanzar sin que se sobrepase en ninguno de sus puntos el esfuerzo de cizalla máximo admisible.

Distinguiremos dos casos que trataremos por separado:

1) Buque sin mamparos longitudinales continuos.

2) Buques con mamparos longitudinales continuos.

5.3.5.1 BUQUE SIN MAMPAROS LONGITUDINALES CONTINUOS

Puede afirmarse que, en este caso, son los costados los encargados de soportar la fuerza cortante que actúa sobre la viga-buque, por lo que se consigue suficiente aproximación al calcular el esfuerzo mediante la fórmula:

$$\tau = \frac{F \cdot m}{I_n \cdot b} \tag{5.34}$$

comentado en el Apartado (4.10). En estos buques, el esfuerzo de cizalla máximo se da a la altura del eje neutro de la sección, por lo que puede considerarse que la máxima fuerza cortante que es capaz de soportar dicha sección sin sobrepasar el esfuerzo máximo admisible viene dada por:

$$F_t = \frac{I_n}{m} \cdot 2 \cdot e \cdot \tau_t \tag{5.35}$$

siendo:

τ_t = Esfuerzo de cizalla total admisible (ver tabla 5.18).

e = Espesor del forro a la altura del eje neutro de la sección.

I_n = Momento de inercia de la sección respecto a su eje neutro.

m = Momento estático de la porción de sección situada sobre el eje neutro, con respecto a dicho eje.

En líneas generales puede considerarse que se comete un error pequeño al considerar para la sección en estudio la misma relación (I_n/m) que la calculada en la cuaderna maestra (salvo para buques especiales: ro-ro/s, por ejemplo).

5.3.5.2 BUQUES CON MAMPAROS LONGITUDINALES

Cuando un buque tiene mamparos longitudinales continuos a lo largo de la eslora, estos contribuyen eficazmente a soportar la fuerza cortante que actúa sobre la sección. Como ya indicamos en el Apartado (4.10), el cálculo de la distribución de esfuerzos de cizalla en la misma es bastante complejo, pues se trata de un recinto múltiplemente conexo y es necesario acudir al estudio de los flujos de cizalla que se producen en los distintos anillos en que queda dividida la sección transversal.

Como esto es bastante laborioso, (de echo solo puede considerarse aplicable en la práctica utilizando un adecuado *software*), la mayoría de las Sociedades de Clasificación incluyen en sus reglas procedimientos aproximados para determinar las porciones de fuerza cortante que soportan los forros y los mamparos longitudinales, respectivamente.

A título de ejemplo, se indican a continuación los criterios que aparecen en las reglas de las Sociedades de Clasificación.

LLOYD'S REGISTER

La fuerza cortante en aguas tranquilas admisible del casco viene dada por el valor mínimo obtenido de:

$$|\bar{Q}_s| = \tau \cdot m \cdot \frac{t x 10^{-3}}{q_v} - |Q_w| \text{ (kN)} \tag{5.36}$$

donde:

t = Espesor de la plancha del elemento vertical estructural.

m = Esfuerzo cortante admisible en aguas tranquilas:
(m=0,9), para condiciones de carga en las que la zona de la carga se encuentra entre dos mamparos consecutivos.
m=1,0) en el resto de los casos.

q_v = Flujo cortante en el elemento estructural en el nivel vertical y la sección en consideración.

Por tanto, la fuerza máxima cortante admisible:

$$|Q_t| = |Q_s| + |Q_w| = \tau \cdot m \cdot t \cdot l \cdot q_v \text{ (kN)} \tag{5.37}$$

BUREAU VERITAS

El esfuerzo cortante positivo o negativo admisible en aguas tranquilas en cualquier sección transversal del casco se obtiene mediante la expresión:

$$Q_p = \frac{1}{\delta} \left(\varepsilon \cdot \frac{110}{k} \cdot \frac{I_\gamma \cdot t}{S} - \varepsilon_Q \cdot \Delta Q \right) - Q_w \tag{5.38}$$

donde:

δ = Coeficiente de distribución cortante.

ε = Función signo de (Q_{sw}) -1 0 1

t = Espesor mínimo, en mm, del costado exterior, interior y planchas de los mamparos longitudinales.

ε_Q = Función signo de $\left(\frac{Q_F - Q_A}{l_c} \right)$

l_c = Longitud, en m, de la bodega a estudiar entre mamparos transversales.

ΔQ = Corrección de fuerza cortante.(Apartado 5.3.3.2)

Por tanto, la fuerza máxima cortante admisible:

$$Q_t = \varepsilon \cdot Q_s + 0,7 \cdot Q_w \tag{5.39}$$

DET NORSKE VERITAS

La capacidad total de fuerza cortante vertical del casco como buque viga, es el valor mínimo de los valores calculados para todas las planchas (i) que contribuye a soportar el esfuerzo cortante del buque-viga en la sección transversal considerada y se obtendrá mediante la expresión:

$$Q_t = \min_i \left(\frac{\tau_{i-t} \cdot t_i}{q_{v-i}} \right) x 10^{-3} \text{ (kN)} \tag{5.40}$$

donde:

τ_{i-t} = Esfuerzo cortante permisible de cada plancha, en N/mm^2.

t_i = Espesor de cada plancha, en mm.

q_{v-i} = Flujo cortante unitario para la fuerza de cortante vertical del buque-viga, en mm^{-1}, para cada plancha.

5.3.6 CHEQUEO DE LAS FUERZAS CORTANTES

En cada condición de carga es necesario comprobar que la distribución de fuerzas cortantes totales (suma de las calculadas en la hipótesis de aguas tranquilas y del incremento debido a la presencia de olas: $F_t = F_s + F_w$) a lo largo de la eslora, no sobrepasa los valores máximos admisibles calculados como se ha indicado en el párrafo precedente. La fórmula para llevar a cabo esta comprobación en las Oficinas Técnicas Navales es:

a) Calcular los denominados «valores máximos admisibles de las fuerzas cortantes en aguas tranquilas» (M.A.S.W.S.F.) restando a las fuerzas totales admisibles el valor correspondiente a los incrementos que causarán las olas.

b) Calcular para cada condición de carga la distribución de fuerzas cortantes en aguas tranquilas.

c) Aplicar a dicha distribución de fuerzas cortantes en aguas tranquilas la corrección de picos, si procede (casos de carga en bodegas alterna o lastres pesados).

d) Comparar dicha distribución, ya corregida por picos, con la de los valores máximos admisibles en aguas tranquilas, comprobando que no se sobrepasan dichos valores.

5.4 CONTROL DE FLECHAS Y DEFORMACIONES DE LA VIGA-BUQUE

Al objeto de evitar grandes flechas en la viga-buque las Sociedades de Clasificación exigen que se satisfaga un valor mínimo del momento de inercia de la cuaderna maestra. El valor mínimo adoptado por las mencionadas Sociedades de Clasificación tiene la siguiente estructura:

$$I_{min} = 3 \cdot L \cdot Z_{min} \tag{5.41}$$

A título de ejemplo, se indican a continuación los criterios que aparecen en las reglas de dos Sociedades de Clasificación.

LLOYD'S REGISTER OF SHIPPING

El momento de inercia de la sección maestra del casco sobre el eje neutro transversal no debe ser menor que el valor mayor resultante de las siguientes expresiones:

$$I_{min} = \frac{3 \cdot L \cdot |\bar{M}_s + M_w|}{k_L \cdot \sigma} \cdot 10^{-5} \ (\text{m}^4) \tag{5.42}$$

$$I_{min} = 3 \cdot C_1 \cdot L^3 \cdot B \cdot (CB + 0,7) \cdot 10^{-8} \ (\text{m}^4) \tag{5.43}$$

donde:

σ = Esfuerzo admisible de flexión.

$|\bar{M}_s + M_w|$ = Máximo momento flector en arrufo o quebranto.

C_1 = Coeficiente de la ola en función de la eslora del buque.

BUREAU VERITAS

El momento de inercia en la sección maestra sobre la horizontal del eje neutro no debe ser menor que el valor obtenido de la siguiente expresión:

$$I_{min} = 3 \cdot \frac{n}{n1} \cdot W_{min} \cdot L \cdot 10^{-2} \ (\text{m}^4) \tag{5.44}$$

donde:

n, n_1 = Coeficientes de navegación.

W_{min} = Módulo de la cuaderna maestra requerido.

DET NORSKE VERITAS

El momento de inercia sobre el eje horizontal en la cuaderna maestra no debe ser menor que el valor obtenido en la siguiente expresión:

$$I_{min} = 3 \cdot f_r \cdot C_w \cdot L^3 \cdot B \cdot (CB + 0,7) \cdot 10^{-8} \ (\text{m}^4) \tag{5.45}$$

donde:

C_w = Coeficientes del oleaje.

f_r = Factor de reducción de la restricción de servicios.

AMERICAN BUREAU OF SHIPPING

El momento de inercia del buque-viga, en la cuaderna maestra, no debe ser inferior a:

$$I_{min} = L \cdot \frac{W_{min}}{33,3} \ (\text{cm}^2 \cdot \text{m}^2) \tag{5.46}$$

W_{min} = Módulo de la cuaderna maestra requerido.

5.5   EMPLEO DEL ACERO DE ALTA RESISTENCIA

En los casos en que se dan alguna o varias de las circunstancias siguientes:

- Gran tamaño del buque (grandes petroleros o *bulkcarriers*, por ejemplo).

- Buque con grandes oberturas en cubierta (portacontenedores, por ejemplo).

- Gran relación eslora-puntal (buques de calado reducido).

- Condiciones de carga que provoquen altos momentos flectores en relación con el tamaño del buque.

se requieren grandes espesores en la cubierta o/y en el fondo para alcanzar los valores del módulo resistentes exigidos para no sobrepasar el nivel de tensiones admisibles.

Una solución que se suele adoptar en tales casos para evitar espesores excesivamente altos en cubierta (con el consiguiente perjuicio para la estabilidad y para el peso muerto del buque) y/o en el fondo, es utilizar acero de alta resistencia, es decir un material capaz de soportar mayores tensiones unitarias que el acero normal de construcción naval. Como se indicó en el Apartado (1.6), los aceros de alta resistencia que se emplean en los cascos de los buques se caracterizan por tener un límite elástico o tensión de fluencia comprendido entre 31 y 36 Kg/mm² , mientras que el esfuerzo de rotura está en el entorno de las 41 y 50 Kg/mm² (en los aceros normales estas cifras son respectivamente 25 Kg/mm² para el límite de fluencia y de 41 a 50 Kg/mm² para la carga de rotura).

Cuando se emplean aceros de «alta resistencia» (también llamados «alta tensión» o de «alto límite elástico»), las Sociedades de Clasificación permiten reducir el módulo resistente exigido para la viga-buque en proporción a un coeficiente «k» que se calcula en función de las tensiones de fluencia y de rotura de tal acero. Este concepto ya viene incluido en la Tabla 5.12, y donde el valor de «k» es:

Límite elástico mínimo (N/mm²)	k
235	1,00
265	0,92
315	0,78
355	0,72
390	0,68

Salvo para el caso del **American Bureau of Shipping**, el cual ofrece una expresión para la reducción del módulo mínimo de la sección cuando se usa acero de alto límite elástico:

$$W_{min-HTS} = k \cdot (W_{min}) \tag{5.47}$$

donde:

W_{min} = Sacado de la tabla 5.12.

$$k = \begin{cases} 0,78 \text{ para HTS 32} \\ 0,72 \text{ para HTS 36} \\ 0,68 \text{ para HTS 40} \end{cases}$$

Cuando el costado y los mamparos longitudinales (si existen) se construyen con acero de alta resistencia, el esfuerzo cortante admisible (véase tabla 5.18) puede incrementarse en proporción al inverso de «k». Sin embargo, no es habitual que todo el casco se construya de acero de alto límite elástico. Los problemas de fuerza cortante, cuando los hay, suelen ser muy localizados y se resuelven bien disponiendo planchas de mayor espesor en la zona del costado o del mamparo longitudinal en que se presentan. La extensión vertical de la zona en que debe disponerse acero de alta resistencia se define en función de la posición final del eje neutro y de la distribución de los esfuerzos causados por el momento flector que actúa sobre la viga-buque.

En la (Figura 5.16) se han representado esquemáticamente tres casos de aplicación de los aceros de alto límite elástico:

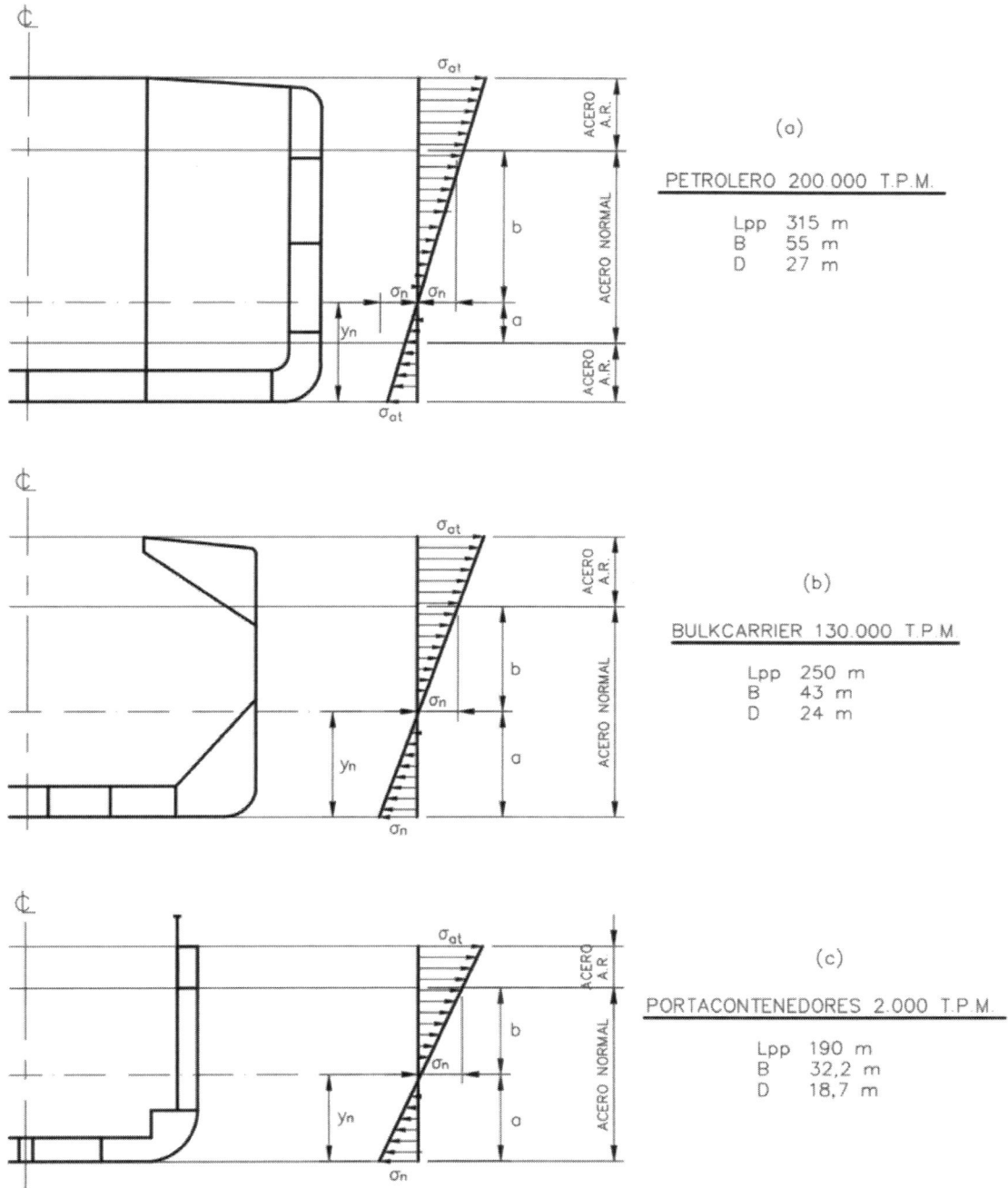

Figura 5.16: Aplicación del acero de alto límite elástico.

En primer lugar (fig.5.16-a), se muestra la sección transversal de un gran petrolero. En estos buques, como la cubierta superior no presenta aberturas apreciables y disponen de doble fondo, el eje neutro está más cercano al fondo que a la cubierta. Por ello, cuando se decida emplear parcialmente acero de alta resistencia, debe hacerse en cubierta principalmente no siendo necesario, en la mayoría de las ocasiones, disponerlo en la estructura del doble fondo.

Por supuesto también deben ser de este tipo de acero las partes bajas y alta de los mamparos longitudinales y las esloras y longitudinales de la zona en que las planchas se disponen de acero de alta resistencia.

Si denominamos σ_n al valor admisible del esfuerzo normal en el caso de acero dulce, el correspondiente valor en el caso del acero de alta resistencia será:

$$\sigma_{at} = \frac{\sigma_n}{k}$$

Las zonas a y b dónde se permite el empleo del acero normal se definen por la condición de que en ellas el esfuerzo no supere el valor σ_n (véase figura 5.16-a).

El peso de acero de este buque construido en acero normal es del orden de las 30.000 toneladas. Cuando se emplea acero de alto límite elástico en cubierta y fondo y zonas asociadas (fuera de las zonas «a» y «b»), se consigue que el peso total de la estructura de acero no sea superior a las 27.500 toneladas. En general en estos casos de grandes petroleros pueden conseguirse disminuciones del peso de acero entre un 10 y un 12 %.

En la figura 5.16-b se muestra el esquema de la sección transversal de un gran *bulkcarrier*. De la misma manera que sucede con los petroleros, el eje neutro de la sección maestra de los *bulkcarriers* se encuentra sensiblemente más próximo al fondo que a la cubierta. Esto se debe a la presencia del doble fondo y a las grandes aberturas practicadas en cubierta para acceso a las bodegas (escotillas) cuya manga suele ser del orden del 48 % de la manga del buque. Debido a esta separación del eje neutro de la medianía del puntal, los esfuerzos que causan los momentos flectores actuantes sobre la viga-buque son siempre sensiblemente más altos que los que aparecen en el fondo. Por ello, en *bulkcarriers* de cierto porte (de más de 70.000 T.P.M en adelante) puede ser recomendable construir de acero de alto límite elástico la zona alta (cubierta incluida) mientras que se emplea acero normal en el resto de la estructura del casco, incluyendo el fondo. Haciendo esto puede conseguirse un ahorro del peso total del acero del orden del 4 %.

En *bulkcarriers* de gran tamaño puede llegar a ser interesante emplear acero de alta resistencia en el fondo, consiguiéndose reducir el peso de la estructura del casco en un 6 a 8 % respecto a la solución de emplear solo acero normal.

Otro tipo de buques (fig.5.16-c) en las que puede ser aconsejable el empleo de acero de alta tensión en parte de su estructura son los portacontenedores celulares. El tipo de tráfico a que se dedican les exige disponer de grandes aberturas en cubierta que a veces superan el 85 % de la manga del buque. Por otro lado, la estiba de los contenedores se hace teniendo muy en cuenta la secuencia de carga y descarga fundamentalmente, por lo que la distribución de los pesos a lo largo y lo ancho de la viga-buque puede estar ejerciendo un momento torsor sobre la misma (CARGO- TORQUE) que se verá ocasionalmente aumentado por la desigual distribución de empujes cuando el buque navegue enfrentando trenes de ola por la aleta o por la amura, es decir cuando su rumbo forme un ángulo apreciable con el de propagación de las olas (HIDRO-TORQUE). Así pues, la zona alta de la viga-buque se encontrará sometida a fuertes solicitaciones de torsión combinada con altos esfuerzos de flexión (el eje neutro de la maestra estará situado sensiblemente por debajo de la mitad del puntal). Por todo ello resultara necesario disponer de una «caja de torsión» en la parte alta de los costados de fuertes escantillones que, por una parte, le den la necesaria rigidez a la torsión, mientras que, por otro lado, contribuyan a aumentar el módulo resistente a flexión de la cubierta. Generalmente los espesores de la caja de torsión de un portacontenedores de 1.500 a 2.000 T.E.U. en adelante superan los 40 mm. Si se construye de acero normal, por lo que suele preferirse la solución de utilizar acero de alta tensión en dicha zona. Así se consigue no perjudicar tanto la estabilidad ni el peso muerto del buque.

Algunas Sociedades de Clasificación especifican en sus reglas cual es la extensión vertical mínima del acero de alto límite elástico cuando se emplea este material en parte de la estructura del casco. Así, por ejemplo, el *LLOYDS REGISTER* especifica que dicho material debe emplearse (véase fig.5.17) en todos los elementos longitudinales continuos situados sobre una línea horizontal trazados a una distancia $y_c \cdot (1-k)$ de la línea teórica de cubierta (intersección de cubierta y costado) donde

$$k = \frac{k_L}{F_c}$$

o bien que estén por debajo de una línea horizontal trazada a una distancia $y_f \cdot (1-k)$ por encima de la línea base (caso de que se emplee también acero de alto límite elástico en la zona del fondo) donde

$$k = \frac{k_L}{F_f}$$

donde:

k_L = Coeficiente en función de las tensiones de fluencia y de rotura del acero.

F_c y F_f = Factores de reducción de la cubierta y Fondo. No deben ser menor del valor de k_L.

y_c e y_f = Distancias verticales desde el eje neutro de la sección transversal hasta la línea teórica de cubierta y de la línea base.

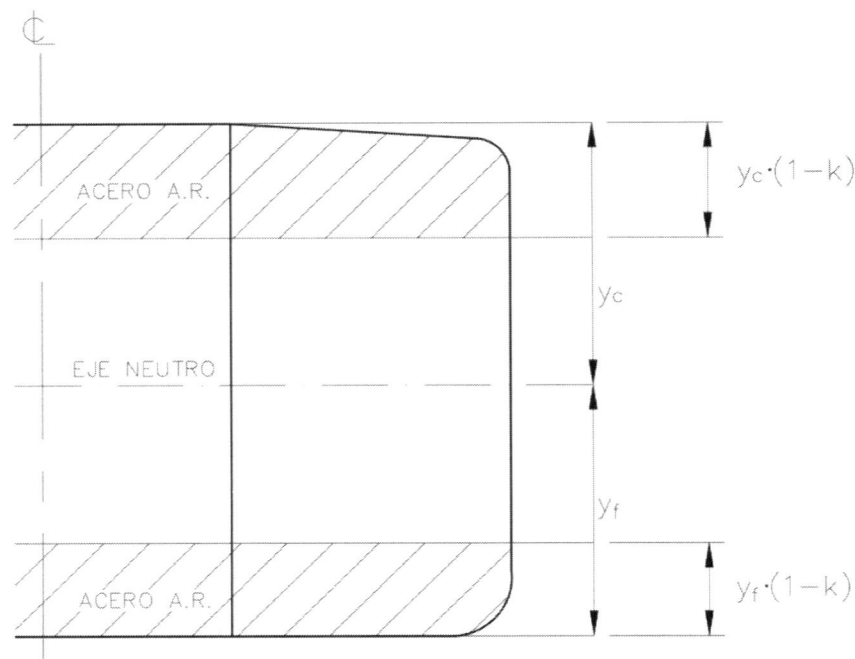

Figura 5.17: Extensión vertical del acero de alto límite elástico.

Hay que advertir que dicha extensión especificada en las Reglas es un valor mínimo que habrá que ampliar si la distribución de esfuerzos lo exigiera.

Antes de terminar con este párrafo dedicado al empleo del acero de alta resistencia, quizás convenga mencionar algunas cuestiones que deben tenerse presentes cuando se está ponderando la conveniencia de su utilización en la estructura de un buque concreto:

a) RIGIDEZ DEL BUQUE-VIGA

Si en la estructura del buque se ha empleado acero de alto límite elástico, la inercia de la viga-buque será menor que si se hubiese construido totalmente de acero normal. Esto conducirá a mayores flechas por flexión que, en el caso de que el buque cargado esté en arrufo, puede suponer una cierta pérdida de peso muerto, ya que se alcanzará antes la marca de francobordo.

Esta menor rigidez del buque-viga suele estar limitada por las exigencias de las Sociedades de Clasificación, las cuales incluyen en sus reglas valores mínimos de la inercia de la maestra, o bien, indican alguna limitación al valor del coeficiente «k» reductor del módulo exigido.

b) PANDEO

Cuando se emplea acero de alto límite elástico se lleva a cabo una sustanciosa reducción en los espesores de plancha que pueden llegar a soportar esfuerzos de compresión muy altos. Como el esfuerzo de compresión admisible en caso de planchas que puedan colapsar por pandeo es proporcional al cuadrado del espesor y solo proporcional al límite elástico, se comprende la necesidad de llevar a cabo un cuidadoso chequeo de del punto de vista de la estabilidad elástica (resistencia al pandeo) de las zonas de acero de alto límite elástico. (zonas que, por lo general, están sometidas a elevados esfuerzos).

c) DIFICULTADES DE ACOPIO

Por lo general el acero de alto límite elástico no forma parte del stock habitual de los parques de aceros de astilleros. Por ello, se debe pedir especialmente para cada obra a realizar. En el caso de nuevas construcciones esto conduce a dificultades de acopio y en el de reparaciones puede representar considerables retrasos y dificultades. [3]

d) DIFICULTADES DE CONSTRUCCIÓN

No hay dificultades especiales en el corte o conformado de este tipo de acero, pero los procesos de unión por soldadura deben ser ejecutados más cuidadosamente que en el caso de aceros de calidad normal. No cabe hablar de «dificultades» de construcción sino más bien de «precauciones especiales que deben adoptarse». [3]

5.6   DISMINUCIÓN DE LOS ESCANTILLONES HACIA LOS EXTREMOS

Como se ha comentado en una lección anterior, los momentos flectores máximos suelen presentarse en las cercanías de la sección maestra. Por ello las reglas de las Sociedades de Clasificación indican que los escantillones deben mantenerse dentro del 0,4L central de la viga-buque, mientras que permiten que disminuyan gradualmente hacia los exigidos en los extremos de proa y popa.

En general, los escantillones de los elementos longitudinales comprendidos entre 0,4L central y el 0,075L en cada extremo, pueden obtenerse por interpolación lineal directa (*tapering*) entre los correspondientes a la maestra y a los extremos (véase figura 5.18). El espesor finalmente adoptado no debe ser menor que el que correspondería a los extremos, si en estos el espaciado entre esfuerzos fuese igual que en la zona maestra.

Cuando se usa acero de alto límite elástico (HTS) en la zona central y Acero Dulce (MS) en los extremos, el espesor nominal de las planchas al objeto de realizar el *tapering* se determina por:

$$e_{AN} = e_{HTS} \cdot \frac{(\sigma_y)_{HTS}}{(\sigma_y)_{AN}}$$

(5.48)

Los espesores de las planchas de HTS fuera del 0,4L central pueden obtenerse por interpolación lineal entre los de la zona maestra y los correspondientes a los extremos.

La transición de HTS a AN debe hacerse siguiendo la filosofía descrita en la Figura 5.19 (similar para la zona de popa).

---

[3] Hoy las dificultades de acopio y precauciones a tomar en el proceso productivo son menores debido a la frecuencia de uso de estos aceros de alto límite elástico.

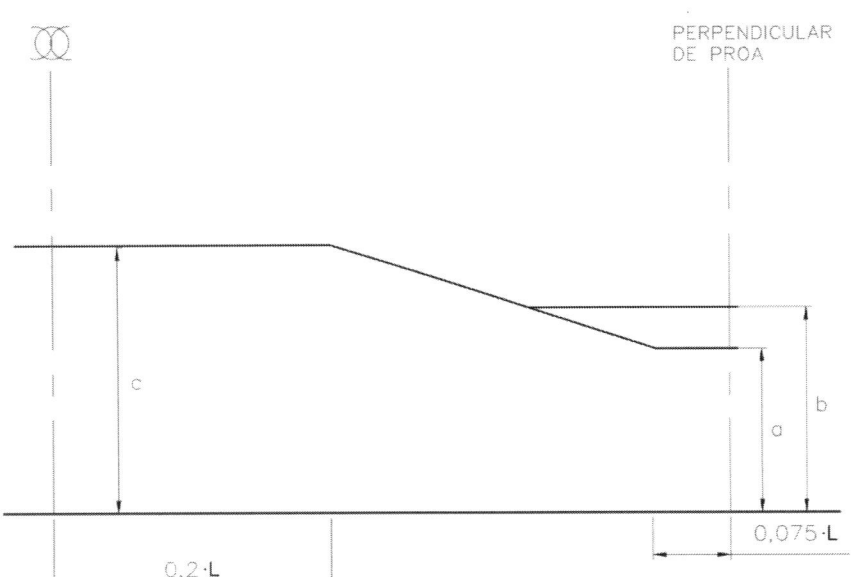

a   ESPESOR EN LOS EXTREMOS, ANTES DE LA CORRECION POR ESPACIADO

b   ESPESOR EN LOS EXTREMOS, CORREGIDO POR ESPACIADO

c   ESPESOR EN LA ZONA CENTRAL

Figura 5.18: Escantillones de los elementos longitudinales comprendidos entre 0,4L central y el 0,075L.

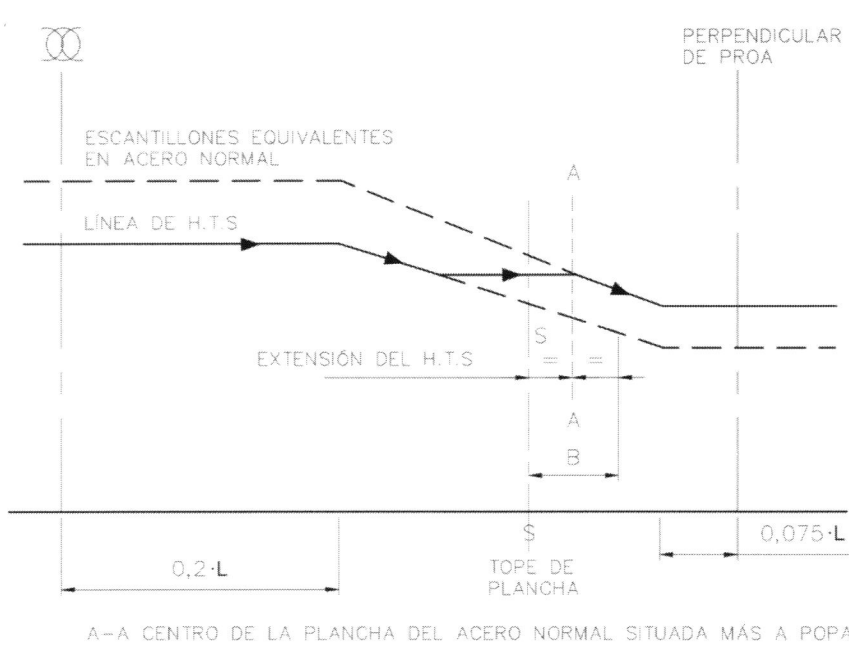

A–A CENTRO DE LA PLANCHA DEL ACERO NORMAL SITUADA MÁS A POPA

B = LONGITUD DE DICHA PLANCHA

Figura 5.19: Transición longitudinal del acero de alto límite elástico al acero normal.

5.7 RELACIÓN DE CONDICIONES DE CARGA PARA LAS QUE DEBE REALIZARSE EL ESTUDIO DE RESISTENCIA LONGITUDINAL

Las diferentes Sociedades de Clasificación exigen que, como mínimo, se realice el estudio de Resistencia Longitudinal para una serie de condiciones de carga que, en función del tipo de buque, relacionan en sus reglas.

Por otra parte, en la Especificación para la construcción de cada buque se estipula también, normalmente, una relación de condiciones de carga que deben estudiarse y presentarse, formando parte de la documentación de entrega del buque, debidamente aprobadas por la Sociedad de Clasificación correspondiente.

En general, durante la etapa inicial del proyecto deben analizarse con cuidado aquellas condiciones de carga o de lastre que puedan provocar altos momentos flectores o elevados valores de fuerza cortante, al objeto de tener en cuenta estas solicitaciones en el proyecto de la estructura del buque.

En las líneas siguientes vamos a dar una relación de condiciones de carga que deben estudiarse, bajo el punto de vista de la Resistencia Longitudinal, cuando se esté proyectando un buque.

- BUQUES DE CARGA GENERAL
    - Plena carga homogénea.
    - Lastres (pesado y ligero).
    - Si se prevé algún caso de carga no homogénea, debe estudiarse también.

- PETROLEROS
    - Carga homogénea con pesos específicos pesado, ligero y medio, teniendo vacíos únicamente los tanques de lastre segregado.
    - Lastres (pesado y ligero).
    - Situaciones de limpieza de tanques.
    - Cualquier condición de carga en la que se prevean algunos tanques vacíos o solo parcialmente llenos.
    - Situaciones de puerto (proceso de carga y descarga).

- *BULKCARRIERS* Y MINERALEROS
    - Plena carga homogénea.
    - Lastres (pesado y ligero).
    - Plena carga en bodegas alternas (si se prevé este tipo de carga).

- OBO/s Y ORE-OIL/s
    - Plena carga homogénea de crudo (incluso en los tanques *slops*).
    - Plena carga homogénea de grano solo en bodegas.
    - Lastres (pesado y ligero).
    - Situación de limpieza de bodegas o tanques destinados al transporte de petróleo.
    - Plena carga en bodegas alternas (si se prevé este tipo de carga).
    - Situaciones de puerto (procesos de carga y descarga).

- TRANSPORTE DE GASES LICUADOS
    - Plena carga homogénea.
    - Lastres.
    - Buque en carga con uno o varios tanques vacíos.
    - Situaciones de puerto (procesos de carga y descarga).

- PORTACONTENEDORES Y RO-RO/s
    - Plena carga homogénea.
    - Lastres, sin contenedores.

Estas situaciones deben estudiarse en general (solo aquellas que correspondan a momentos concretos del viaje como la situación de limpieza de tanques de un petrolero) a la salida (con 100 % de consumos) y a la llegada (con 10 % de consumos). Además, deben analizarse aquellas situaciones intermedias en que se produzcan un cambio de lastres.

6. RESISTENCIA TRANSVERSAL

6.1 INTRODUCCIÓN

En lecciones anteriores hemos analizado la Resistencia Longitudinal del buque considerando este como una viga sobre la que incidirán fuerzas gravitatorias (pesos) y antigravitatorias (empujes) y, en ocasiones, fuerzas verticales debidas a las acciones dinámicas. En estos cálculos hemos considerado que los componentes transversales de las presiones exteriores o de las cargas interiores actuaban simétricamente en ambas bandas y, por lo tanto, tenían resultante nula. Pero el hecho real es que esta viga-buque no es maciza, por lo que tales cargas transversales tenderán a cambiar la forma de las secciones transversales y a introducir esfuerzos transversales; por ello, es necesario que se compruebe que el conjunto tiene rigidez y resistencia suficientes para no colapsar transversalmente o sufrir unas modificaciones de forma que afecten a la operación normal del buque.

El estudio de la Resistencia Transversal del buque tiene por objeto el análisis de la respuesta de la estructura del mismo a acciones que actúan primordialmente en planos perpendiculares a la eslora. Tales acciones se deben a los efectos siguientes:

a) Presiones hidrostáticas, tanto exteriores como interiores.

b) Acciones ejercidas por los pesos de la propia estructura, de la carga, del lastre o de los consumos.

c) Fuerzas de inercia debidas a los movimientos del buque (por ejemplo, variaciones de las acciones transmitidas a los fundamentos de apoyo de contenedores cuando el buque se está balanceando o cabeceando).

d) Impactos de la mar: Por ejemplo, efecto de *slamming* en el fondo de la zona de proa.

Por otra parte, hay que tener en cuenta que las estructuras transversales sirven de soporte a los miembros longitudinales y por ello durante la flexión longitudinal del buque-viga los miembros transversales tienden a deformarse, por lo que dicha flexión longitudinal introduce, indirectamente, esfuerzos en los miembros transversales.

El estudio de la Resistencia Transversal se refiere en primer lugar a los anillos transversales que forman lo que antiguamente se llamaba «el costillaje»: cuadernas, baos y varengas en los buques en que los refuerzos primarios de las planchas se disponen en sentido transversal; anillos de bulárcamas de apoyos de los refuerzos longitudinales en los buques de estructura longitudinal.

Cuando un buque se está balanceando, la cubierta tiende a desplazarse lateralmente respecto a la estructura del fondo, y el costado de una banda tiende a moverse verticalmente respecto al de la banda contraria. Este tipo de deformación recibe el nombre de «romborización» o de *racking*. A este tipo de deformación se oponen los mamparos transversales en mayor medida que cualquier otro miembro de la estructura. Es esencial, para el mantenimiento de tal resistencia, que en buques que tienen una cubierta sobre la cubierta de compartimentado, los mamparos estancos se prolonguen sobre esta hasta la cubierta superior en forma de mamparos aligerados o de bulárcamas. Estos planos de rigidez transversal no solo resisten la presión del agua, sino que también soportan gran parte de las fuerzas dinámicas generadas por el balance o por una distribución disimétrica del empuje cuando el buque navega encontrando las olas por la amura o la aleta.

El espaciado entre mamparos transversales estancos está limitado, por una parte, por las exigencias de las características de estabilidad después de averías (cálculos de inundación) en el caso de buques de pasaje (Convenio SEVIMAR - 74 -) buques con francobordo A o B-reducido (Regla 27 del Convenio Internacional de Líneas de Carga - 1966 -) o en el caso de buques para el transporte de petróleo (MARPOL -73 y 78 -) y químicos (Código IMCO para buques químicos), de gases licuados (Código IMCO para el transporte de gases licuados) o mercancías peligrosas (según exige el correspondiente código IMCO). Por otra parte, las sociedades de clasificación exigen un número mínimo de mamparos transversales estancos en función de la eslora del buque. En algunos casos, sin embargo, según el servicio al que se dedica, se exige un espaciado entre mamparos transversales fuera de lo común: es lo que sucede con los *RO-RO*, en los que unas cubiertas libres de obstrucciones transversales son esenciales para un tráfico fluido de la carga rodada. En tales casos se exige disponer mamparos transversales parciales o fuertes bulárcamas y llevar a cabo un detallado estudio de Resistencia Transversal.

El estudio de la Resistencia Transversal y rigidez de los anillos transversales puede hacerse con diferentes grados de aproximación:

a) Estudio de los elementos aislados del anillo: Una cuaderna, una varenga, un bao. En este tipo de análisis se tropieza con una dificultad esencial: el desconocimiento de las condiciones de contorno, es decir, qué grado de soporte cabe considerar en los extremos o qué fuerzas y momentos recibe en dichos puntos provenientes del resto de la estructura (interacción de los diferentes elementos entre sí).
A pesar de ello, es el que más se adopta, por su sencillez, en la etapa inicial de escantillonado.

b) Estudio del anillo considerado como pórtico plano: Para este tipo de estudio se requiere tener definidos unos escantillones preliminares, ya que el reparto de las solicitaciones entre los diferentes elementos que lo componen depende de las rigideces relativas entre ellos.

c) Estudio del anillo transversal mediante el Método de los Elementos Finitos: Es un proceso de análisis más refinado (y más laborioso) para cuya aplicación se deben tener definidos los escantillones de la estructura.

En la fase de cálculo a), se eligen unos escantillones y en la fase siguiente (la b) o la c), según los casos) se obtiene la distribución de tensiones y deformaciones que hay que esperar cuando la estructura se someta a unas cargas dadas. En función de los resultados de dicho análisis, se modifican los escantillones y se repite el estudio hasta que se obtienen niveles admisibles de esfuerzos y de deformaciones.

Además del estudio del anillo propiamente dicho, dentro del capítulo destinado a la Resistencia Transversal suele estudiarse el comportamiento de estructuras importantes que integran el casco, como, por ejemplo: estructuras de doble fondo de *bulkcarriers*; una rebanada del casco entre puntales en el caso de buques *RO-RO*; mamparos transversales, etc.

6.2 CARGAS ACTUANTES

6.2.1 CARGAS ESTÁTICAS

Como ya hemos dicho antes, el anillo resistente de los buques de estructura transversal está constituido por una varenga, una cuaderna y uno o más baos, según el número de cubiertas.

Los **baos** están sometidos directamente a la carga que gravita sobre las cubiertas de carga y a la acción de los golpes de mar, los de la cubierta de intemperie. Además, los baos de esta cubierta pueden estar sometidos a las cargas que se transportan sobre ella en el caso de que se admita cubertada: buques madereros, portacontenedores, *RO-RO*, etc.

Las **cuadernas** están sometidas por su carga exterior a las cargas originadas por la presión hidrostática debida al calado y por su cara interior están sometidas a la acción de los líquidos que transporte el buque (cuadernas dentro de tanques de carga, lastre o consumo) o de la carga en el caso de que se utilicen las cuadernas para afianzar los elementos de trincaje. Además de estas cargas directas, reciben las acciones que les transmiten los extremos de los baos que en ellas se insertan.

Las **varengas** soportan por su parte inferior las cargas debidas a la presión hidrostática correspondiente al calado, y por su cara superior están sometidas a la acción de las cargas que descansan directamente sobre la tapa del doble fondo. En el caso de varengas estancas soportan, además, presión hidrostática lateral.

El calado que se considera en los cálculos es un valor que se declara en el plano de la cuaderna maestra y que condiciona todo el proceso de escantillonado. Dicha cifra recibe el nombre de «Calado de escantillonado». El llamado «calado de verano» que se deduce del Certificado de Francobordo no puede ser nunca superior a dicho calado de escantillonado.

Un criterio práctico de un proyecto para considerar las cargas hidrostáticas exteriores en el escantillonado del anillo transversal y del forro exterior, cuando no se emplean las reglas de alguna Sociedad de Clasificación, es suponer una altura de agua igual al calado de escantillonado más la mitad de la altura de la ola [1] o más la altura correspondiente a una escora de $30°$ del buque en aguas tranquilas (la que sea mayor). Es decir:

---

[1] Para estos efectos, se puede tomar:

$$h = \begin{cases} h = 1,1 \cdot \sqrt{L} & \text{h y L en pies} \\ \text{o bien }, \\ h = 0,607 \cdot \sqrt{L} & \text{h y L en metros} \end{cases}$$

$$\left.\begin{array}{l} h_1 = d_s + 0,304 \cdot \sqrt{L} \\ h_2 = d_s + 0,289 \cdot B \end{array}\right\} \quad h_{esc} = MAX\{h_1; h_2\} \qquad (6.1)$$

Siendo:

- d_s = Calado de escantillonado (m).
- L = Eslora (m).
- B = Manga (m)

En la zona de proa, la altura hidrostática a considerar debe ser de unos 2,5 metros sobre la cubierta de intemperie en la perpendicular de proa, decreciendo linealmente hasta el calado de escantillonado en la maestra (si por este procedimiento se alcanza en algún punto una altura hidrostática mayor que la deducida por las fórmulas anteriormente indicadas). En la zona de popa habrá que tener en cuenta el posible asiento del buque.

Las alturas hidrostáticas de diseño para las cuadernas y varengas no deben ser nunca inferiores a las correspondientes a la línea de margen o flotación más elevada después de avería.

En las zonas de tanques de lastre, carga o consumo, habrá que considerar la altura hidrostática correspondiente al punto más alto del respiro. En algunos casos (estructura de diques flotantes, por ejemplo) se considera la diferencia máxima de alturas hidrostáticas entre el exterior y el interior.

6.2.2 FUERZAS ROMBOIZANTES: *RACKING*

Ya en el Apartado 6.1 se ha comentado el efecto de romborización o *racking*. Los mamparos transversales impiden este tipo de deformación debida a la acción de impactos transversales de la mar o a las fuerzas dinámicas debidas al balance, siempre que la separación entre ellos sea lo suficientemente pequeña para impedir la deformación de la cubierta de los costados o del fondo en sus propios planos. Las fuerzas de romborización generan esfuerzos de compresión y de cizalla en el plano de las planchas de dichos mamparos transversales.

Cuando la separación entre mamparos transversales es normal, la contribución de los anillos transversales a la resistencia del esfuerzo de romborización es despreciable. Sin embargo, cuando los mamparos transversales están muy separados o cuando la anchura de la parte continua de la cubierta es pequeña (lo que sucede en el caso de los portacontenedores celulares, por ejemplo), las cuadernas de costado, junto con sus cartabones de unión al doble fondo y la parte alta del cajón de torsión (si existe) contribuyen de una manera apreciable a soportar este tipo de solicitación.

Las fuerzas de romborización debidas al movimiento de balance del buque alcanzan sus valores máximos cuando el buque recibe la mar de costado, cada vez que se completa una oscilación hacia una banda u otra.

6.2.3 FUERZAS DEBIDAS A LOS MOVIMIENTOS DEL BUQUE EN LA MAR

Los movimientos de balance, cabeceo y oscilación vertical originan apreciables fuerzas de inercia que deben tenerse en cuenta en el proyecto de la estructura.

6.2.3.1 BALANCE

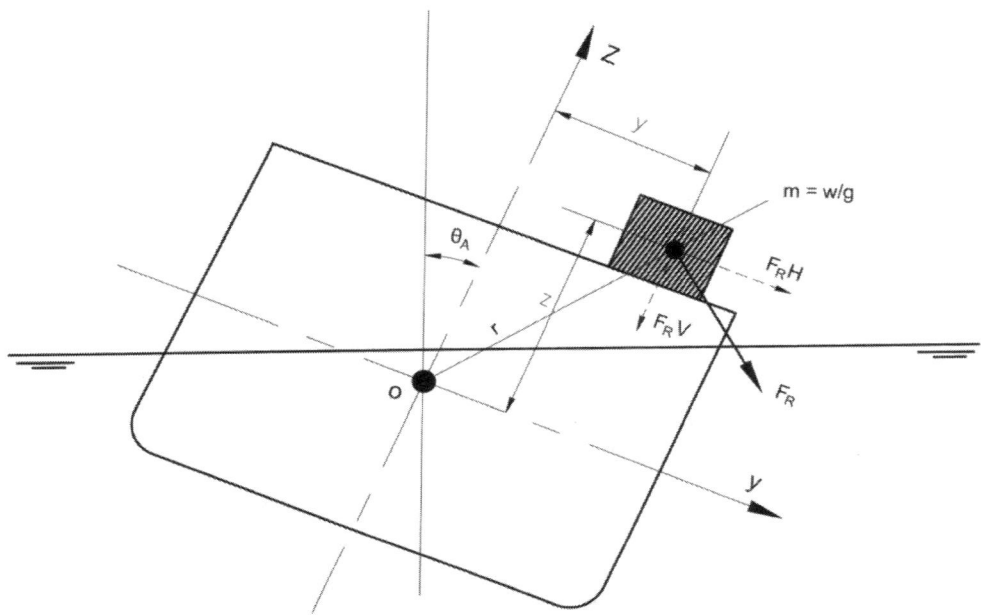

Figura 6.1: Componentes para el estudio de balance.

Si denominamos:

θ = Ángulo de balance.

θ_A = Amplitud de balance: máxima inclinación (en radianes) a un costado.

T_θ = Periodo de balance, en segundos. (Tiempo que tarda el buque en dar una oscilación completa).

r = Distancia desde el centro de gravedad del peso o masa sometida a la fuerza de inercia, al eje de inclinación transversal que se considera que pasa por el centro de gravedad del buque.

t = Tiempo en segundos.

w = Peso sometido a la acción de las fuerzas de inercias.

g = Aceleración de la gravedad en m/s^2.

la ecuación del movimiento será:

$$\theta = \theta_A \cdot sen\left(\frac{2\pi}{T_\theta}\right) \cdot t \tag{6.2}$$

y la variación de la aceleración en el tiempo será:

$$\ddot{\theta} = \frac{d\dot{\theta}}{dt} = \frac{d^2\theta}{dt^2} = -\theta_A \cdot \frac{4\pi^2}{T_\theta^2} \cdot sen\left(\frac{2\pi}{T_\theta}\right) \cdot t = -\frac{4\pi^2}{T_\theta^2} \cdot \theta \tag{6.3}$$

Por lo tanto, la aceleración máxima tendrá lugar cuando el buque alcance la máxima escora θ_A y su valor es:

$$\ddot{\theta} = -\frac{4\pi^2}{T_\theta^2} \cdot \theta_A$$

por lo que la fuerza de inercia máxima a la que se encuentra sometida una masa como la que se representa en la Figura 6.1 es:

$$F_R = \frac{w}{g} \cdot r \cdot \frac{4\pi^2}{T_\theta^2} \cdot \theta_A \tag{6.4}$$

Esta fuerza puede descomponerse según la manga y según el eje vertical de simetría como puede verse en la Figura 6.1.

Si la amplitud de balance se introduce en grados se tendrá:

$$F_{RH} = 0,0689 \cdot \frac{w}{g} \cdot \frac{\theta_A}{T_\theta^2} \cdot z$$

$$F_{RV} = 0,0689 \cdot \frac{w}{g} \cdot \frac{\theta_A}{T_\theta^2} \cdot y$$

donde «z» e «y» son las coordenadas del centro de gravedad del peso sujeto a las fuerzas de inercia respecto a un sistema de ejes coordenados ortogonales que pase por el centro de rotación (véase Figura 6.1).

La componente transversal F_{RH} es aditiva (para elementos situados sobre el centro de gravedad del buque) a la componente gravitatoria correspondiente ($w \cdot sen\theta$) que resulta de la inclinación del buque y contribuye al efecto de romborización (*racking*).

6.2.3.2 CABECEO

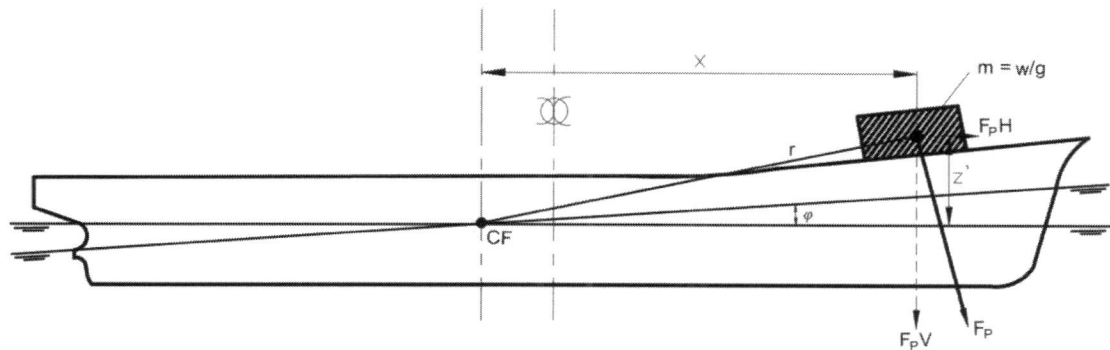

Figura 6.2: Componentes para el estudio de cabeceo.

Análogamente, si denominamos

φ = Ángulo de cabeceo.

φ_A = Amplitud de cabeceo = máxima inclinación respecto a la situación de buque en equilibrio.

T_φ = Periodo de cabeceo.

r = Distancia desde el centro de gravedad del peso o masa sometida a la fuerza de inercia, al eje transversal de cabeceo, que se supone que pasa por el centro de gravedad de la flotación.

las componentes paralelas a la quilla y perpendicular a esta serán respectivamente (véase Figura 6.2):

$$F_{PH} = 0,689 \cdot \frac{w}{g} \cdot \frac{\varphi_A}{T_\varphi^2} \cdot z'$$

$$F_{PV} = 0,689 \cdot \frac{w}{g} \cdot \frac{\varphi_A}{T_\varphi^2} \cdot x$$

6.2.3.3 OSCILACIÓN VERTICAL

El movimiento de oscilación vertical está muy influenciado por el periodo de encuentro con las olas y por el posible acoplamiento con los movimientos de balance o cabeceo. Por esta razón no tiene un periodo o amplitud bien definido, por lo que las fuerzas de inercia que se consideran en el proyecto ocasionadas por este movimiento suelen asignarse de forma bastante arbitraria. Según la (Ref.(1)), un valor del 30 % del peso se especificó para un buque de 8.000 t de desplazamiento.

Por lo general, la fuerza total de inercia debida a los movimientos del buque será menor que el peso de cada componente. Cuando no se especifique otra cosa, una fuerza de inercia correspondiente a $1 \cdot g$ puede usarse para análisis de fundaciones, polines, etc.

6.2.4   OTRAS FUERZAS DE ORIGEN DINÁMICO

Dos clases de impacto inciden sobre el casco: uno de ellos es el golpe que recibe el fondo de la zona de proa cuando cae sobre el agua en la fase de descenso de un fuerte cabeceo; el otro es el impacto del mar sobre algunas partes del costado tales como, por ejemplo, el de una mar diagonal sobre la amura o el de una mar de costado sobre la zona maestra del costado.

La palabra *SLAMMING* suele utilizarse para denominar el impacto de la proa en el agua en la fase de descenso durante un fuerte movimiento de cabeceo. Muchos buques han resultado dañados por este fenómeno, sufriendo fuertes deformaciones o fracturas de las planchas del fondo de proa, por lo que se han llevado a cabo extensivas investigaciones de las presiones contra el fondo durante la producción de este fenómeno: así que la proa entra en el agua, la presión máxima se da en el eje de la superficie de contacto y se mueve hacia fuera, decreciendo en magnitud, a medida que se va sumergiendo la sección. El pico de presiones es máximo en la quilla, pero son las tracas adyacentes a esta las que por lo general sufren los peores daños, ya que estas planchas suelen ser más delgadas y la distancia entre refuerzos más grandes que en la quilla.

Los diferentes Reglamentos de las Sociedades de Clasificación exigen reforzar el fondo en la zona de proa disponiendo mayor número de varengas, etc. El reforzado exigido depende del calado mínimo en proa en relación con la eslora del buque.

Además de estas, otras fuerzas de origen dinámico inciden sobre la estructura del buque. Citaremos:

- *SLOSHING*: Cuando un tanque está parcialmente lleno, el movimiento del buque genera un «bailoteo» del líquido en su interior que origina presión de origen dinámico y golpes sobre las paredes del tanque.

- **LIBRE CAÍDA DE LA CARGA:** A veces la carga se deja caer libremente desde la escotilla tal como sucede, por ejemplo, en graneleros, mineraleros, etc. En otras ocasiones, aunque la carga se introduzca mediante *pallets* o redes hasta el fondo de la bodega, no es posible impedir que algunas porciones de la misma se salgan de la red o del *pallet* y caigan libremente sobre el plan de bodegas; piénsese en el impacto que puede originar un atún (o medio buey) congelado al caer libremente desde una altura de 12 m, por ejemplo.

- **CORRIMIENTO DE LA CARGA:** Los movimientos del buque en la mar no solamente producen *sloshing* en el caso tanques llenos parcialmente de líquido, sino que pueden originar corrimiento de cargas como grano o mineral e incluso, en el caso de que las eslingas no hayan sido adecuadamente fijadas, pueden provocar el corrimiento de la carga general o de vehículos; en más de un buque ro-ro, esto último ha provocado un desastre.

6.2.5 OTRAS CARGAS

Además de las ya citadas, otras cargas pueden incidir sobre la estructura causando esfuerzos y deformaciones. Citaremos:

- Diferencias de temperatura.
- Fuerzas causadas durante la botadura o la varada en dique.
- Efectos de las líneas de amarre o de las cadenas de fondo.
- Fuerzas que aparecen durante una colisión o una varada accidental.
- Etc.

Estas fuerzas varían de un caso a otro y deben ser consideradas individualmente.

6.3 ESCANTILLONADO DE LOS ELEMENTOS DEL ANILLO TRANSVERSAL

Como ya se indicó anteriormente, cuando se considera aisladamente uno de los componentes del anillo transversal se tropieza con una dificultad al intentar analizarlo desde el punto de vista estructural: el desconocimiento de las condiciones de contorno o de soporte de los extremos. Sin embargo, en la etapa de elección de las dimensiones de las secciones resistentes de la estructura (proceso de escantillonado) es necesario aplicar expresiones sencillas que no precisen como dato de partida dichos escantillones. Por ello, en dicha etapa se emplean modelos simplificados que permiten despejar el módulo resistente y/o el área de la sección mínima necesaria. Si se opera con coeficientes de seguridad adecuados, el proceso de definición de la estructura puede terminar aquí, pero cuando se considera conveniente optimizar el proyecto de la misma, es necesario llevar a cabo un análisis posterior del conjunto del anillo, considerándolo como un pórtico plano o como una estructura compuesta por elementos finitos. Pero de este proceso de análisis se hablará más adelante.

6.3.1 ESCANTILLONADO DE BAOS

A efectos de su escantillonado, el bao puede considerarse como una viga biapoyada en sus extremos; en los cartabones de unión con las cuadernas (Figura 6.3), o en uno de estos y en la eslora soporte de la brazola de escotilla (Figura 6.4).

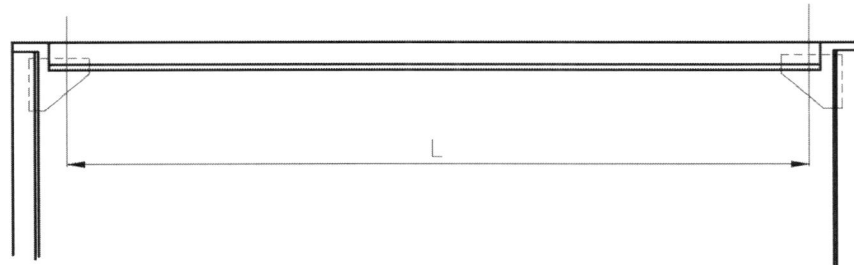

Figura 6.3: Viga biapoyada en cartabones.

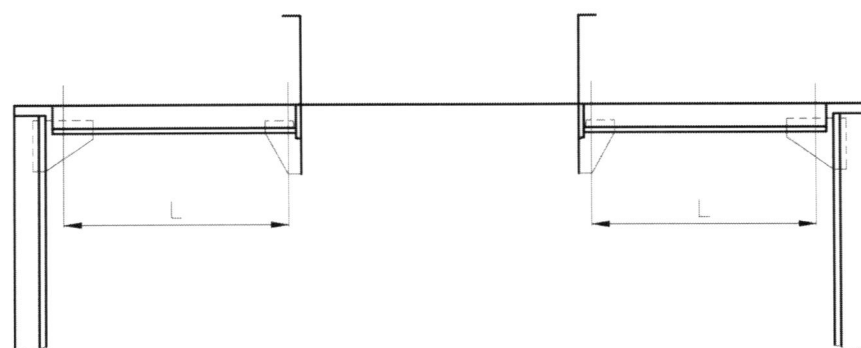

Figura 6.4: Viga biapoyada en cartabón y en la eslora de la brazola de escotilla.

Las cargas que habitualmente se consideran son:

a) Cubertada.
b) Una altura de agua alrededor de 2,5 m en el caso de cubiertas de intemperie.

En caso de baos de buques de gran manga con esloras soporte de los baos, estos pueden estudiarse como vigas continuas apoyadas en las cuadernas y en las esloras.

Llamando:

s = Separación entre cuadernas (y entre baos, en consecuencia).
R = Reacción en cada uno de los extremos.
h = Altura hidrostática a considerar sobre cubierta.
q = Carga unitaria sobre cubierta (t/m^2, por ejemplo)
M = Momento flector máximo.
W = Módulo resistente necesario.
σ_t = Esfuerzo admisible a flexión.
τ_t = Esfuerzo admisible a cizalla.
γ = Peso específico del agua de mar (1,026 t/m^3)
A_z = Área efectiva a cizalla necesaria.

Se tendrá:

$$R = \frac{1}{2} \cdot (\gamma \cdot h + q) \cdot s \cdot l$$

$$A_z = \frac{R}{\tau_t} = \frac{(\gamma \cdot h + q) \cdot s \cdot l}{2 \cdot \tau_t}$$

$$M = (\gamma \cdot h + q) \cdot s \cdot \frac{l^2}{8}$$

$$W = \frac{M}{\sigma_t} = \frac{(\gamma \cdot h + q) \cdot s \cdot l^2}{8 \cdot \sigma_t}$$

En caso de que esté previsto cargar en puntos concentrados (como en el caso de los portacontenedores o ro-ro, hay que tener en cuenta estas cargas en el proyecto de los refuerzos de la cubierta.

6.3.2   ESCANTILLONADO DE CUADERNAS

El cálculo de los escantillones de una cuaderna puede hacerse considerando diferentes condiciones de apoyo, según sea el tipo de buque que se está proyectando. En el caso de que se trate de un buque mercante convencional, habrá que seguir la normativa indicada en el Reglamento de la Sociedad de Clasificación que se está siguiendo. No obstante, conviene apuntar algunos criterios de cálculo. Comenzaremos por considerar dos casos diferentes de condiciones de contorno:

a) Extremos apoyados.
b) Extremos empotrados.

6.3.2.1   CUADERNA APOYADA EN SUS EXTREMOS

En el caso de que la línea de flotación en máxima carga quede entre los dos extremos de la cuaderna, esta se encontrará sometida a una carga triangular tal como la indicada en la Figura 6.5.

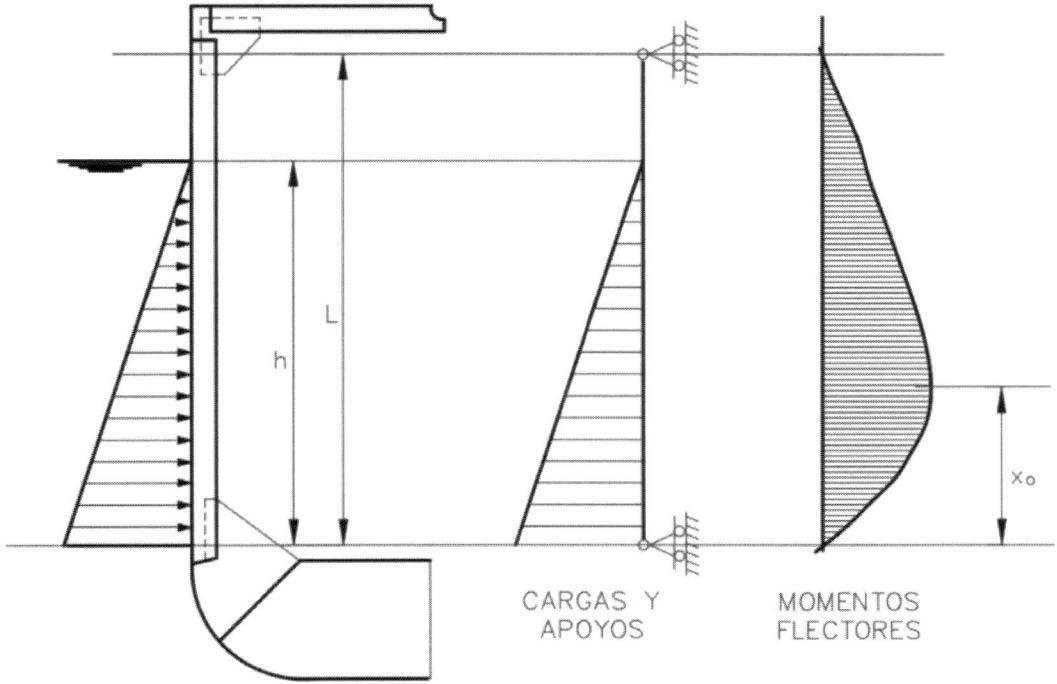

Figura 6.5: Cuaderna apoyada en sus extremos.

La carga unitaria en el extremo inferior es:

$$q = \gamma \cdot s \cdot h$$

La reacción en la parte baja:

$$R_A = \frac{q \cdot h}{6 \cdot l} \cdot (3 \cdot l - h)$$

El Momento flector máximo es:

$$M_{max} = \frac{q \cdot h^2}{6} \cdot \left(1 - \frac{h}{3 \cdot l}\right) - \frac{q \cdot h^3}{q \cdot l} \cdot \left(1 - \sqrt{\frac{h}{3 \cdot l}}\right)$$

y se produce a una altura:

$$x_0 = h \cdot \left(1 - \sqrt{\frac{h}{3 \cdot l}}\right)$$

En caso de que el buque tenga más de una cubierta es posible que la flotación en plena carga quede por encima de la parte alta de la cuaderna de la bodega inferior, pero en este caso, dicho punto no se debe tratar como una articulación pura, siendo recomendable en dicho caso (buques con varias cubiertas) el estudio del conjunto de todos los tramos de la cuaderna considerando esta como una viga continua apoyada en las cubiertas intermedias. Pero de esto se hablará más adelante.

6.3.2.2   CUADERNA EMPOTRADA EN SUS EXTREMOS

En el caso de que la línea de flotación en máxima carga quede entre los dos extremos de la cuaderna en estudio (es decir, como en la Figura 6.6), pero se suponga que ambos extremos están empotrados, se tendrá:

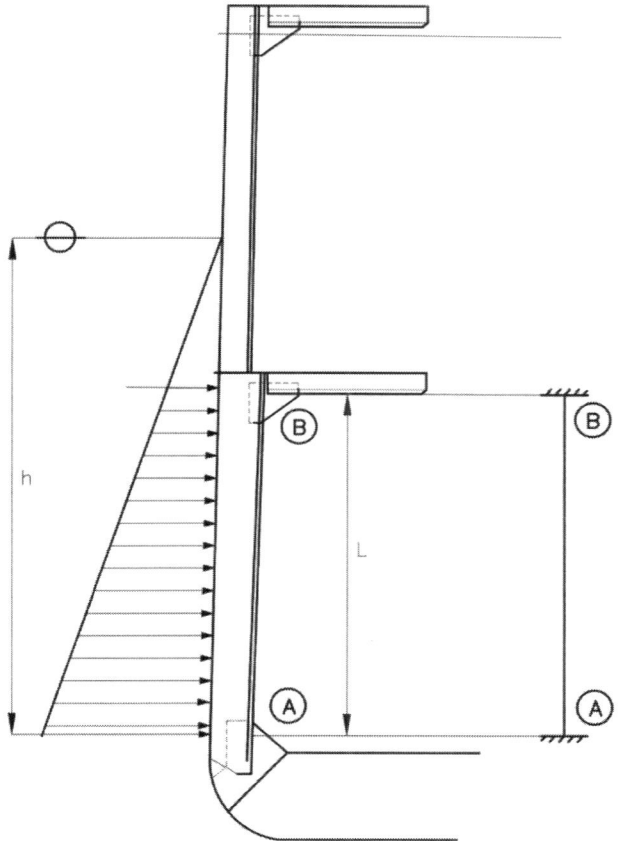

Figura 6.6: Cuaderna empotrada en sus extremos.

Los momentos en los empotramientos son:

$$M_A = -\frac{q \cdot h^2}{60 \cdot l^2} \cdot (10 \cdot l^2 - 10 \cdot h \cdot l + 3 \cdot h^2)$$

$$M_B = -\frac{q \cdot h^3}{12 \cdot l} \cdot \left(1 - \frac{3 \cdot h}{5 \cdot l}\right)$$

y la reacción en la parte inferior:

$$R_A = \frac{q \cdot h}{6 \cdot l} \cdot (3 \cdot l - h) - \frac{M_A - M_B}{l}$$

En el caso de que la flotación en máxima carga quedase por encima de la parte alta de la cuaderna (Punto B de la Figura 6.6) tendremos:

- Carga unitaria en la parte baja:
$$q_1 = \gamma \cdot s \cdot h$$

- Carga unitaria en la parte alta:
$$q_2 = \gamma \cdot s \cdot (h - l)$$

- Momentos en los empotramientos:
$$M_A = -\frac{l^2}{60} \cdot (3 \cdot q_1 + 2 \cdot q_2)$$

$$M_B = -\frac{l^2}{60} \cdot (2 \cdot q_1 + 3 \cdot q_2)$$

• Reacción en la parte inferior:

$$R_A = \frac{l}{6} \cdot (2 \cdot q_1 + q_2) - \frac{M_A - M_B}{l}$$

6.3.2.3 CUADERNAS EN BUQUES DE VARIAS CUBIERTAS

En el caso de que el buque tenga varias cubiertas (Figura 6.7), lo más acertado es considerar una viga continua apoyada en las cubiertas, empotrada en el cartabón pie de cuaderna. El cálculo de la distribución de momentos flectores puede realizarse teniendo en cuenta el Teorema de los Tres Momentos (que puede verse, por ejemplo, en la (Ref. (6)) o empleando el método de Cross.

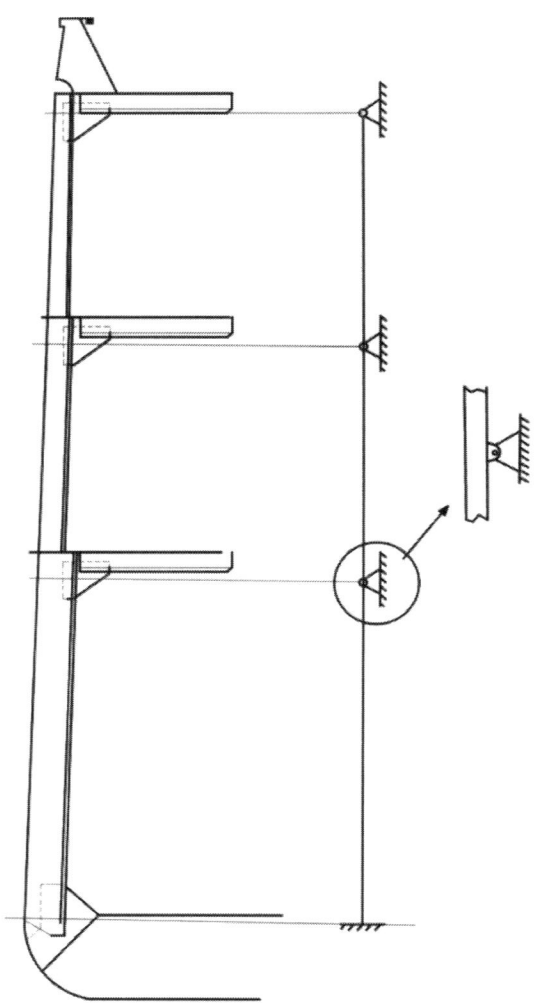

Figura 6.7: Cuaderna en buques de varias cubiertas.

Naturalmente, al tratarse de un sistema en el que intervienen las rigideces de sus componentes en la distribución de las solicitaciones, será necesario antes de abordar el cálculo, tener un escantillonado previo o al menos una idea relativa de los momentos de inercia de los diferentes tramos. Para estimar dichos valores previos pueden emplearse criterios de soportado más simples (extremos apoyados, empotrados o en una situación intermedia) en línea con lo que hemos expuesto en los apartados 6.3.2.1 y 6.3.2.2. El cálculo de la viga continua permitirá obtener una distribución más acertada de la distribución de momentos flectores y de fuerzas cortantes, con las que se podrá verificar si los perfiles adoptados tienen la rigidez y resistencia necesarias.

En caso contrario, se elegirán nuevos perfiles con las características adecuadas a la distribución de momentos flectores y de fuerzas cortantes calculadas por el método de Cross. Si la proporción entre las inercias de los perfiles adoptados en esta segunda fase difieren apreciablemente de la considerada al aplicar el método de Cross, habrá que rehacer los cálculos considerando el nuevo juego de rigideces: se trata de un proceso iterativo que converge muy rápidamente: solo será necesario realizar los cálculos por el método de Cross una o dos veces.

Para ilustrar lo que se acaba de decir, se presenta a continuación un ejemplo numérico, donde la Figura 6.15 recoge los principales datos geométricos de la cuaderna del buque de tres cubiertas representado en la Figura 6.7.

■ **Ejemplo 6.1** Cuaderna en buque con varias cubiertas.

Datos:

Separación entre cuadernas ... $s = 0{,}600$ m
Peso específico del agua ... ... $\gamma = 1{,}026$ t/m^3
Tensiones admisibles ... ... $\sigma_t = 1{,}600$ t/cm^2, $\tau_t = 1{,}200$ t/cm^2
Espesor del costado ... ... $e = 13$ mm

Cálculos:

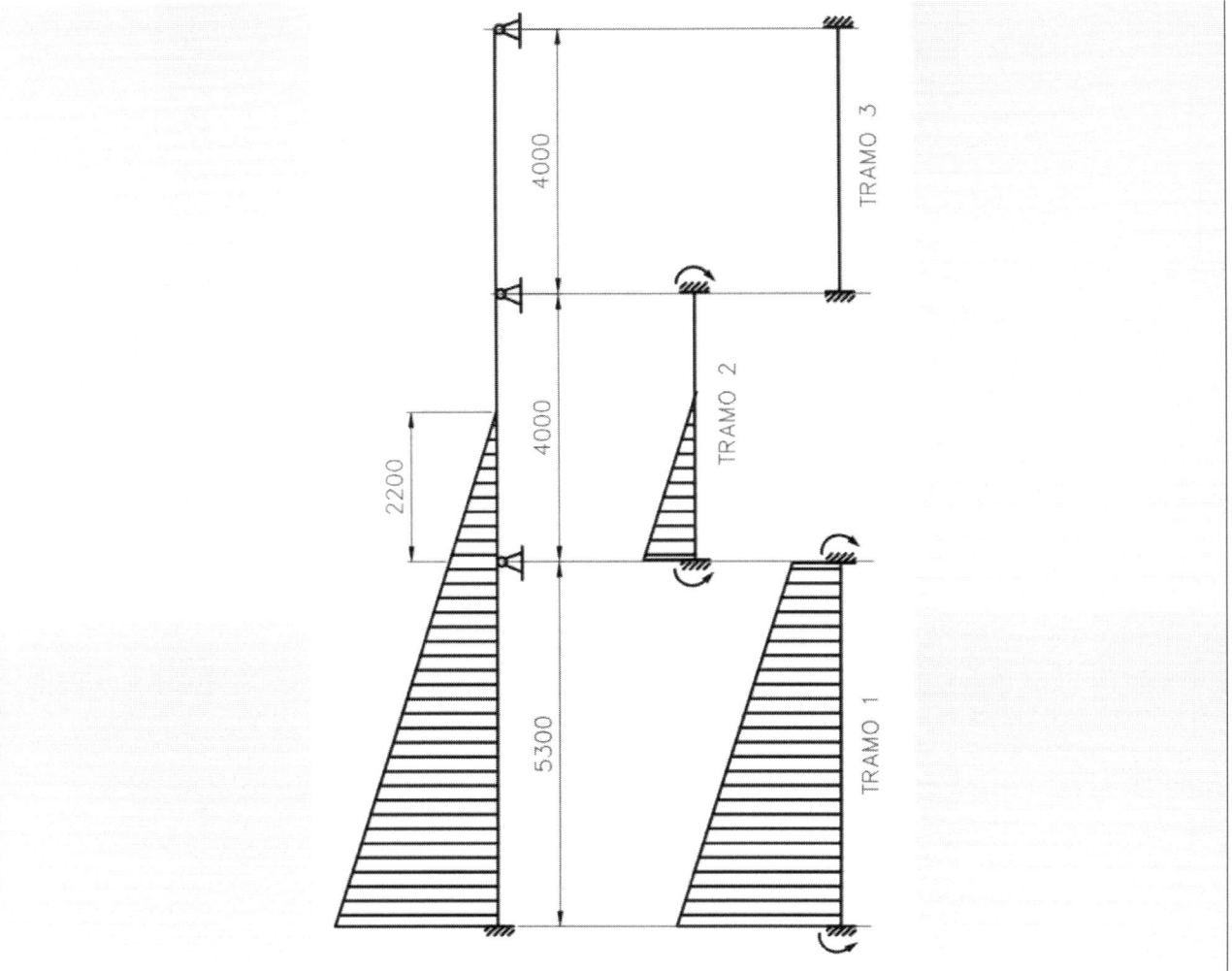

Figura 6.8: Datos geométricos de la cuaderna del buque de tres cubiertas.

1) CARGAS UNITARIAS

$$q_A = \gamma \cdot h_A \cdot s = 1,026 \cdot (5,3+2,2) \cdot 0,600 = 4,617 \ (t/m) = 45,247 \ (N/mm)$$

$$q_B = \gamma \cdot h_B \cdot s = 1,026 \cdot 2,2 \cdot 0,600 = 1,354 \ (t/m) = 13,270 \ (N/mm)$$

2) MOMENTOS DE EMPOTRAMIENTOS, TRAMO 1

$$M_A = \frac{l^2}{60} \cdot (3 \cdot q_1 + 2 \cdot q_2) = \frac{5,3^2}{60} \cdot (3 \cdot 4,167 + 2 \cdot 1,354) = +7,752 \ (t \cdot m)$$

$$M_B = -\frac{l^2}{60} \cdot (2 \cdot q_1 + 3 \cdot q_2) = -\frac{5,3^2}{60} \cdot (2 \cdot 4,167 + 3 \cdot 1,354) = -6,225 \ (t \cdot m)$$

3) MOMENTOS DE EMPOTRAMIENTOS, TRAMO 2

$$h = 2,2 \ m \qquad l = 4,0 \ m \qquad q = q_B = 1,354 \ t/m$$

$$M_B = \frac{q \cdot h^2}{60 \cdot l^2} \cdot (10 \cdot l^2 - 10 \cdot h \cdot l + 3 \cdot h^2) = \frac{1,354 \cdot 2,2^2}{60 \cdot 4^2} \cdot (10 \cdot 4^2 - 10 \cdot 2 \cdot 2 \cdot 4 + 3 \cdot 2,2^2) =$$

$$= 0,591 \ (t \cdot m)$$

$$M_C = -\frac{q \cdot h^3}{12 \cdot l} \cdot \left(1 - \frac{3}{5} \cdot \frac{h}{l}\right) = -\frac{1,354 \cdot 2,2^3}{12 \cdot 4} \cdot \left(1 - \frac{3}{5} \cdot \frac{2,2}{4}\right) = -0,201 \ (t \cdot m)$$

4) MOMENTOS DE EMPOTRAMIENTOS, TRAMO 3

Son nulos (no hay cargas)

5) ELECCIÓN PREVIA DE ESCANTILLONES

En general, cuando se requiera elegir un perfil o una viga compuesta que en unión de la plancha asociada (de espesor E) alcance un módulo resistente W, es recomendable usar el criterio que exponemos a continuación:

a) Peralte:

Perfil resultante simétrico, aprox $\Big\}$ $D = \sqrt{W}$ $\nearrow$ D, Peralte en cm
(Ejemplo: Viga doble T) $\searrow$ W, Módulo en cm^3

Perfil Disimétrico $\Big\}$ $D = 3 \cdot W^{0,35}$ $\nearrow$ D, Peralte en cm
(Ejemplo: Llanta con bulbo) $\searrow$ W, Módulo en cm^3

b) Inercia:

En general se puede estimar multiplicando el módulo requerido por la distancia «y» desde el eje neutro al punto más alejado de la sección.

$y/D = 0,5 \Rightarrow I = 0,5 \cdot W^{1,5}$

$y/D = 1,59 \cdot \left(\frac{E}{D}\right)^{0,23} \Rightarrow I = 3,7 \cdot E^{0,23} \cdot W^{1,27}$

Nota: A pesar de lo dicho anteriormente, en este ejemplo se han usado otras expresiones menos aproximadas, aunque más simples, para estimar el peralte y la inercia de una llanta con bulbo soldada a una plancha asociada:

Peralte: $D = h = 1,12 \cdot \sqrt{W}$

y/D: $y/h = 0,825$

Tramo 1°)

$$W_1 = \frac{M_A}{\sigma_t} = \frac{7,752 \cdot 100}{1,6} = 484,5 \; cm^3$$
$$h = 1,12 \cdot \sqrt{484,5} = 24,65 \; cm$$
$$y = 0,825 \cdot 24,65 = 20,34 \; cm$$
$$I_1 = W \cdot y = 484,5 \cdot 20,34 = 9854 \; cm^4$$

(Si hubiésemos considerado el criterio $I = 3,7 \cdot E^{0,23} \cdot W^{1,27}$ con una plancha asociada de 13 mm de espesor, hubiese resultado: $I = 3,7 \cdot 1,3^{0,23} \cdot 485,5^{1,27} = 10110 \; cm^4$)

Tramo 2º)

Lo escantillonaremos para la semisuma de los momentos que se ha calculado para el extremo B considerado como perteneciente a los Tramos 1º y 2º, es decir:

$$\frac{6,225 + 0,591}{2} = 3,408$$

$$W_2 = \frac{3,408 \cdot 100}{1,6} = 213 \; cm^3$$
$$h = 1,12 \cdot \sqrt{213} = 16,346 \; cm$$
$$y = 0,825 \cdot 16,346 = 13,485 \; cm$$
$$I_2 = 213 \cdot 13,485 = 2872 \; cm^4$$

Tramo 3º)

Lo escantillonaremos para el momento flector que se produce en el punto C, considerado perteneciente al 2º Tramo:

$$W_3 = \frac{0,201 \cdot 100}{1,6} = 12,563 \; cm^3$$
$$h = 1,12 \cdot \sqrt{12,563} = 3,97 \; cm$$
Como es un peralte muy pequeño, adoptaremos uno de h = 10 cm
$$W = \left(\frac{h}{1,12} \right)^2 = 79,72 \; cm$$
$$y = 0,825 \cdot h = 8,25 \; cm$$
$$I = W \cdot I = 657,7 \; cm^4$$

(Sin embargo, pensando en que todavía será necesario un perfil mayor, los cálculos que siguen se han hecho con $I_3 = 924 \; cm^4 = 1,4 \cdot I$)

6) <u>COEFICIENTES DE REPARTO O DISTRIBUCIÓN DE MOMENTOS</u>

El coeficiente de reparto de cada una de las barras que llegan a un nodo es proporcional a su rigidez

$$\frac{4 \cdot E \cdot I}{l}$$

Nudo (A)

Tramo 1   0 (empotramiento)

Nudo (B)

Tramo 1 $\dfrac{I_1/l_1}{I_1/l_1+I_2/l_2} = \dfrac{9854/530}{9854/530+2872/400} = 0,721$

Tramo 2 $\dfrac{I_2/l_2}{I_1/l_1+I_2/l_2} = \dfrac{2872/400}{9854/400+924/400} = 0,279$

Comprobación $0,721 + 0,279 = 1,00$

Nudo (C)

Tramo 2 $\dfrac{I_2/l_2}{I_2/l_2+I_3/l_3} = \dfrac{2872/400}{2872/400+924/400} = 0,757$

Tramo 3 $\dfrac{I_3/l_3}{I_2/l_2+I_3/l_3} = \dfrac{924/400}{2872/400+924/400} = 0,243$

Comprobación $0,757 + 0,243 = 1,00$

Nudo (D)

Tramo 3   1 (apoyo simple)

7) Relajación de momentos

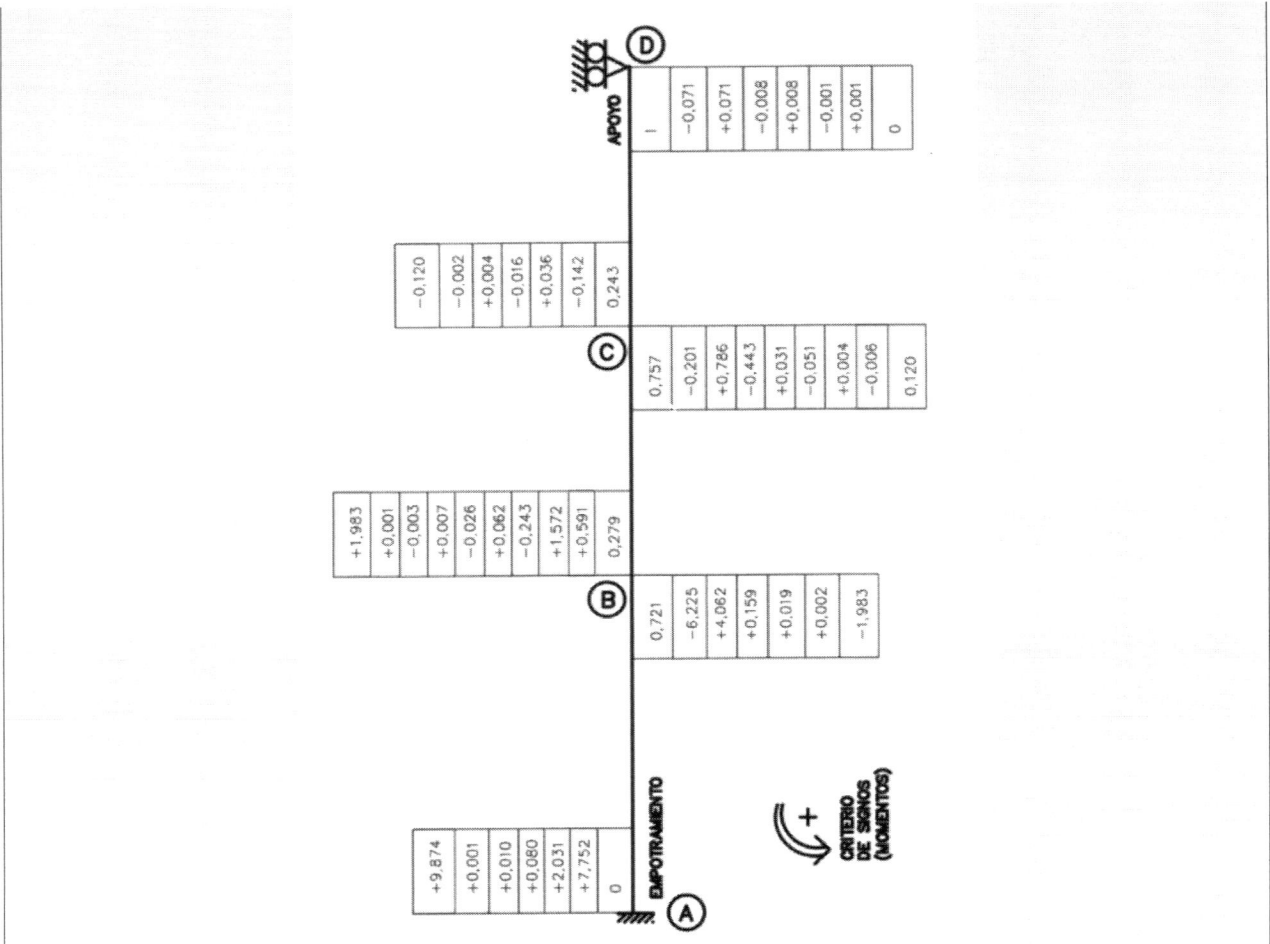

Figura 6.9: Método de relajación de momentos.

8) <u>DIAGRAMA MOMENTOS FLECTORES, TRAMO 1°.</u>

El diagrama de momentos flectores se calcula por superposición de tres estados básicos:

a) El debido a una carga triangular $q = q_A - q_B = 4,617 - 1,354 = 3,263 t/m$

b) El debido a una carga uniforme $q = q_B = 1,354 t/m$

c) El debido a los momentos de reacción en los extremos y calculados por el método de Cross:

$$M_A = 9,874$$
$$M_B = 1,983$$

x/l	
0	-9,874 $(t \cdot m)$
0,25	$3,2635,3^2 \cdot 0,0547 + 1,354 \cdot 5,3^2 \cdot 0,0938 - (0,75 \cdot 9,874 + 0,25 \cdot 1,983) = 0,680$ $(t \cdot m)$
0,50	$3,2635,3^2 \cdot 0,0625 + 1,354 \cdot 5,3^2 \cdot 0,125 - (0,5 \cdot (9,874 + 1,983)) = 4,554$ $(t \cdot m)$
0,75	$3,2635,3^2 \cdot 0,0391 + 1,354 \cdot 5,3^2 \cdot 0,0938 - (0,25 \cdot 9,874 + 0,75 \cdot 1,983) = 3,196$ $(t \cdot m)$
1	-1,983 $(t \cdot m)$

9) <u>DIAGRAMA MOMENTOS FLECTORES, TRAMO 2°.</u>

Análogamente se calcula superponiendo tres estados básicos:

a) Carga triangular $q' = q_B \cdot \frac{l}{h} = 1,354 \cdot \frac{4}{2,2} = 2,462 t/m$
b) Carga uniforme $q' - q_B = 2,462 - 1,354 = 1,108 t/m$
c) El debido a los momentos de reacción en los extremos y calculados por el método de Cross:

$$M_B = 1,983$$
$$M_C = 0,120$$

x/l	
0	-1,983 $(t \cdot m)$
0,25	$2,4624^2 \cdot 0,0547 - 1,108 \cdot 4^2 \cdot 0,0938 - (0,75 \cdot 1,983 - 0,25 \cdot 0,120) =$ **(-)**1,517 $(t \cdot m)$
0,50	$2,4624^2 \cdot 0,0625 - 1,108 \cdot 4^2 \cdot 0,125 - 0,50 \cdot (1,983 - 0,120) =$ -0,686 $(t \cdot m)$
0,75	$2,4624^2 \cdot 0,0391 - 1,108 \cdot 4^2 \cdot 0,0938 - (0,25 \cdot 1,983 - 0,75 \cdot 0,120) =$ -0,528 $(t \cdot m)$
1	-0,120 $(t \cdot m)$

10) <u>DIAGRAMA MOMENTOS FLECTORES, TRAMO 3°.</u>

Es una ley lineal:

$$M_C = -0,120$$

11) <u>REPRESENTACIÓN GRÁFICA</u>

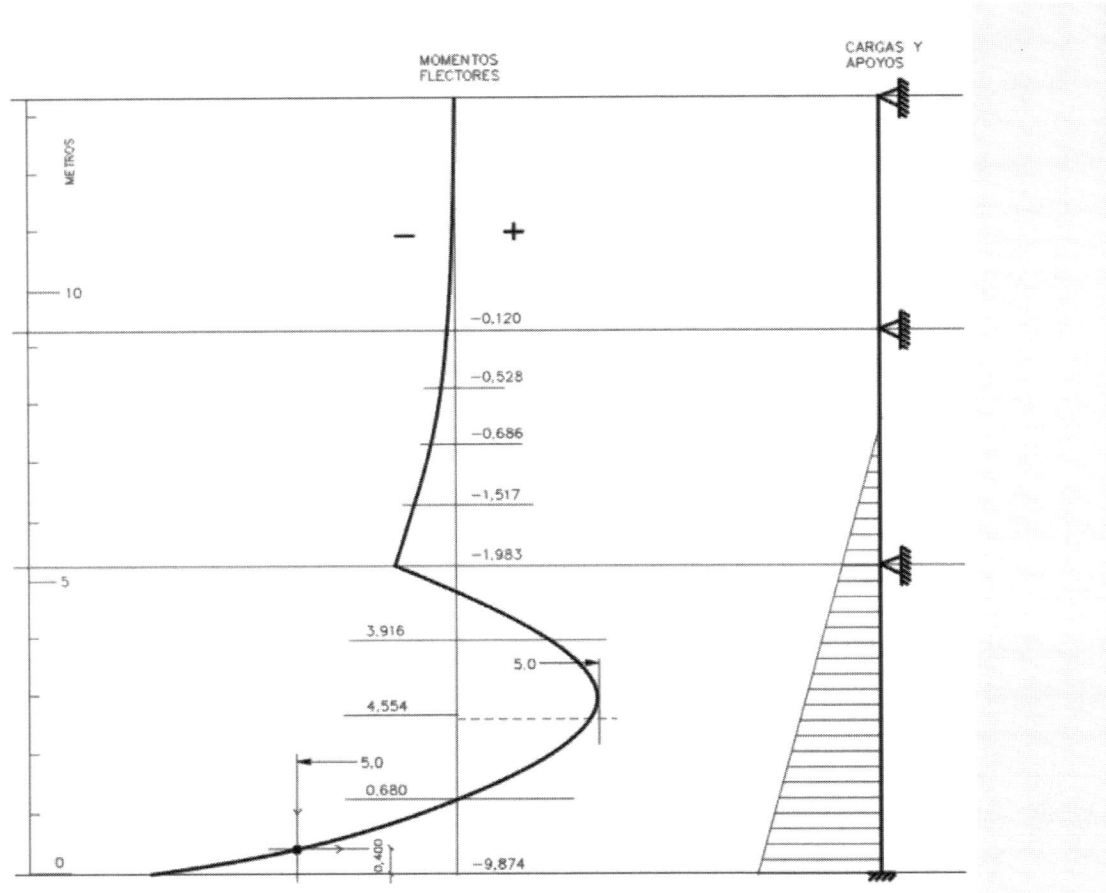

Figura 6.10: Representación gráfica diagrama momentos flectores.

12) ESCANTILLONADO

A la vista del diagrama de Momentos Flectores recogidos en la Figura 6.10 puede llevarse a cabo un escantillonado ajustado de las cuadernas, aunque para ello también hay que contar con las cargas verticales que les transmiten los baos de las diferentes cubiertas. A estos efectos vamos a considerar los siguientes:

Datos adicionales

Manga del buque	20 m
Manga de escotillas	10 m
Carga sobre Cta. superior	2,5 t/m²
Carga sobre Cta. intermedia	3,5 t/m²
Carga sobre Cta. inferior	3,5 t/m²

Teniendo en cuenta que los baos se apoyaran en las cuadernas y en las esloras que corren bajo las brazolas de escotilla, para el escantillonado de las cuadernas consideraremos que cada bajo le trasmite la mitad de la carga, es decir:

$$0,5 \cdot \frac{B - B_E}{2} \cdot s \cdot p \text{ Toneladas}$$

siendo «p» la carga por metro cuadrado que gravita en cada cubierta:

Bodega de Cta. superior	3,75 tons
Bodega de Cta. intermedia	5,25 tons
Bodega de Cta. inferior	5,25 tons

y por lo tanto las fuerzas de compresión vertical que hay que considerar son:

Tramo 1º	5,25 + 5,25 + 3,75	= 14,25 tons
Tramo 2º	5,25 + 3,75	= 9,00 tons
Tramo 3º	3,75	= 3,75 tons

12-1) ESCANTILLONADO TRAMO 1º

Aunque en el pie de la cuaderna el momento flector es de casi 10 $t \cdot m$ puede verse que, a una distancia de aproximadamente 0,420 m del punto considerado como empotramiento, y el momento flector es de 5 $t \cdot m$, aproximadamente igual al valor del máximo relativo que tiene lugar aproximadamente al cuarto de la luz de ese tramo. El pico del momento flector que se da en el empotramiento puede ser bien absorbido por el cartabón de pie de cuaderna (véanse Figuras 6.11, 6.13, 6.12).

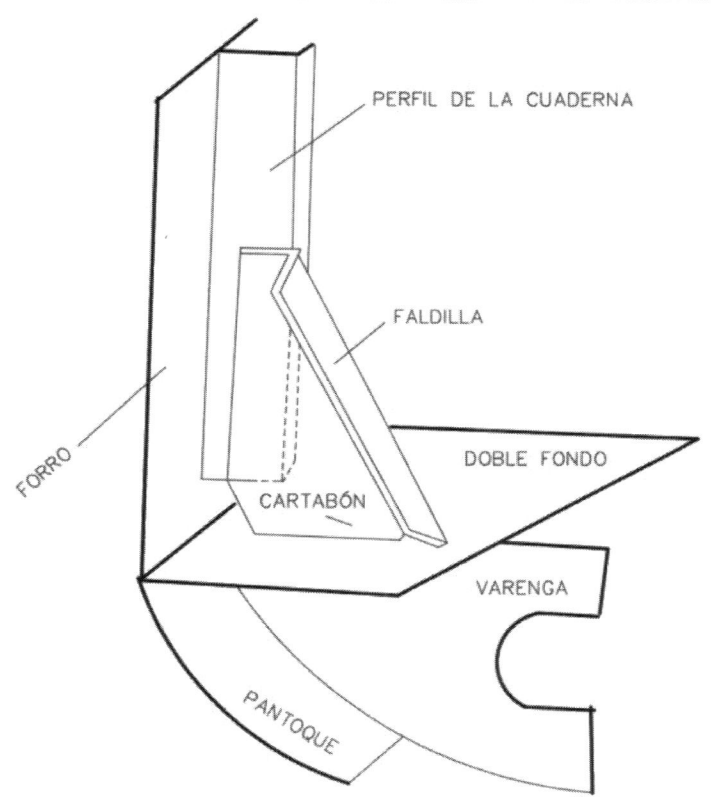

Figura 6.11: Empotramiento.

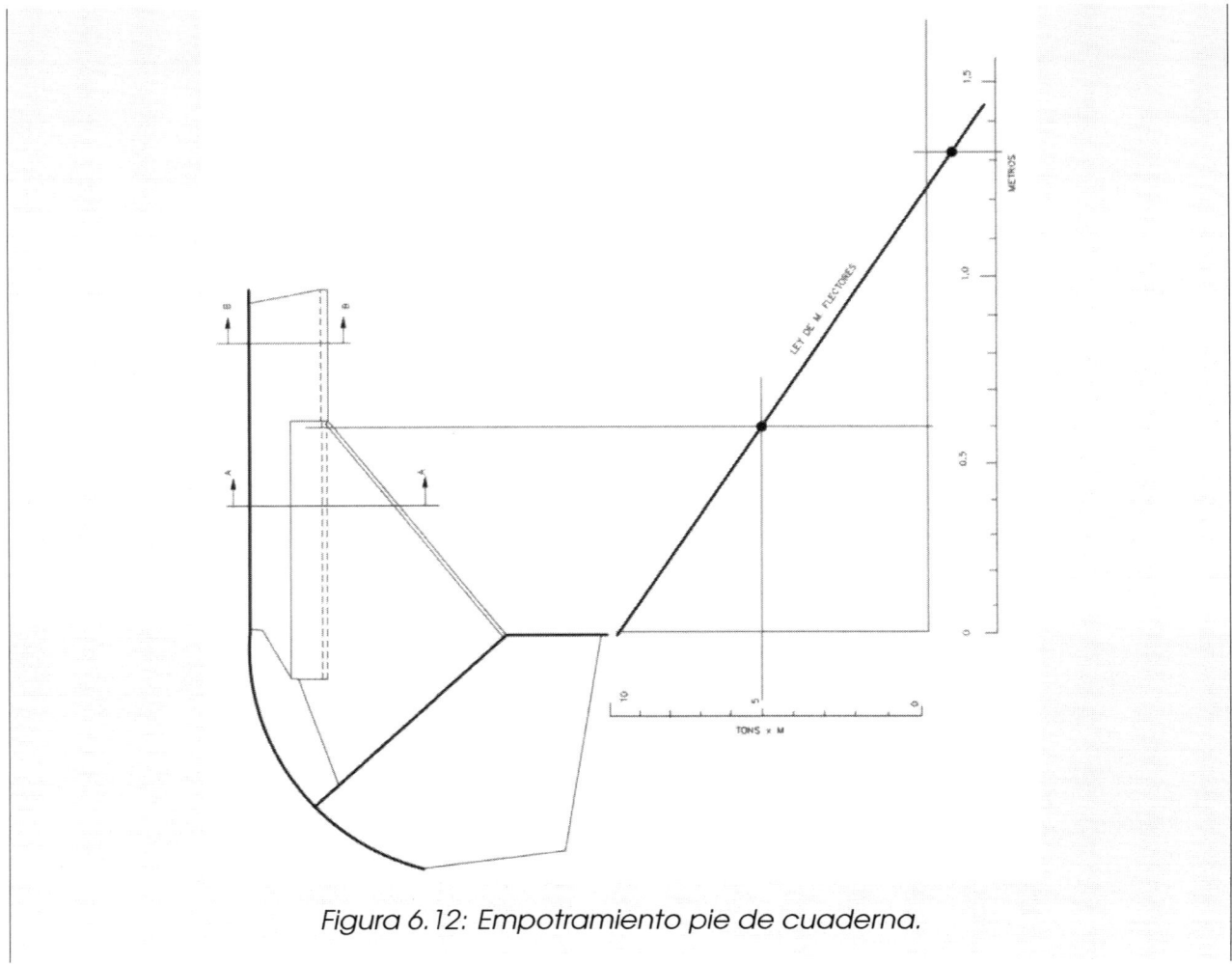

Figura 6.12: Empotramiento pie de cuaderna.

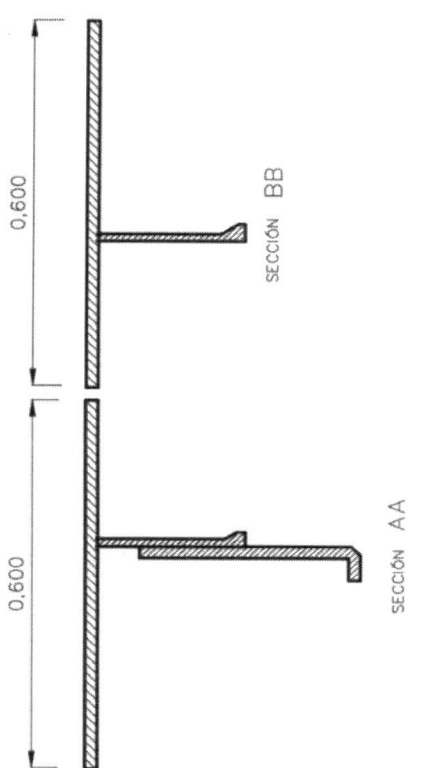

Figura 6.13: Secciones de los empotramientos de pie de cuaderna.

Estimamos que las fuerzas que transmiten los baos producirán aproximadamente unas 0,2 t/cm^2 de esfuerzo de compresión. Por eso en lugar de considerar un esfuerzo admisible a flexión de 1,6 t/cm^2 consideramos solo 1,6 - 0,2 = 1,4 t/cm^2.- Por ello el módulo necesario para el primer tramo será:

$$W_1 = \frac{5 \cdot 100}{1,4} = 357,17 \ cm^3$$

Elegiremos un perfil de bulbo de 220x14, cuyas características geométrico resistentes, considerando una plancha asociada de 0,600 m de ancho y 13 mm de espesor son las siguientes:

ÁREA $A_x =$ 115,80 cm²
INERCIA $I_n =$ 6.409 cm²
MÓDULO $W =$ 351 cm³

Por lo tanto el esfuerzo de compresión máximo será:

$$\sigma = \frac{5 \cdot 100}{351} + \frac{14,25}{115,8} = 1,547 \ t/cm^2$$

(algo menor del σ_t permitido (1,6 t/cm^2)).

12-2) ESCANTILLONADO TRAMO 2°

Escantillonaremos para un momento flector de $1,983\ t \cdot m$ y consideraremos que el esfuerzo de compresión será del orden de $0,2\ t/cm^2$ también, por lo que el módulo necesario será:

$$W_2 = \frac{1,983 \cdot 100}{1,4} = 141,64\ cm^3$$

Consideremos un perfil en bulbo de 140x12 cuyas características geométricas en asociación con una plancha de 0,600x0,013, son:

ÁREA $A_x =$ 97,43 cm^2
INERCIA $I_n =$ 1.496 cm^2
MÓDULO $W =$ 115,5 cm^3

Por lo tanto, el esfuerzo de compresión máximo será:

$$\sigma = \frac{1,983 \cdot 100}{115,5} + \frac{9,0}{97,43} = 1,8\ t/cm^2$$

(algo **mayor** del σ_t permitido ($1,6\ t/cm^2$)).

12-3) ESCANTILLONADO TRAMO 3°

Dejaremos un perfil de 100x8 cuyas características geométricas resistentes, considerando una plancha asociada de 0,600 m y 13 mm de espesor son las siguientes:

ÁREA $A_x =$ 87,75 cm^2
INERCIA $I_n =$ 464 cm^2
MÓDULO $W =$ 46,4 cm^3

13) VERIFICACIÓN

Como vemos, los momentos de inercia de los dos primeros tramos son algo menores de los que inicialmente se habían considerado, por lo que vamos a calcular los nuevos coeficientes de reparto y, en ellos, repetiremos el cálculo de la distribución de momentos por el método de Cross:

Nudo (B)

Tramo 1 $\frac{6576/530}{6576/530+1701/400} = 0,745$

Tramo 2 $\frac{1701/400}{6576/530+1701/400} = 0,255$

Comprobación $0,745 + 0,255 = 1,00$

Nudo (C)

Tramo 2 $\qquad \dfrac{1701/400}{1701/400+900/400} = 0,654$

Tramo 3 $\qquad \dfrac{900/400}{1701/400+900/400} = 0,346$

Comprobación $\quad 0,654+0,346 = 1,00$

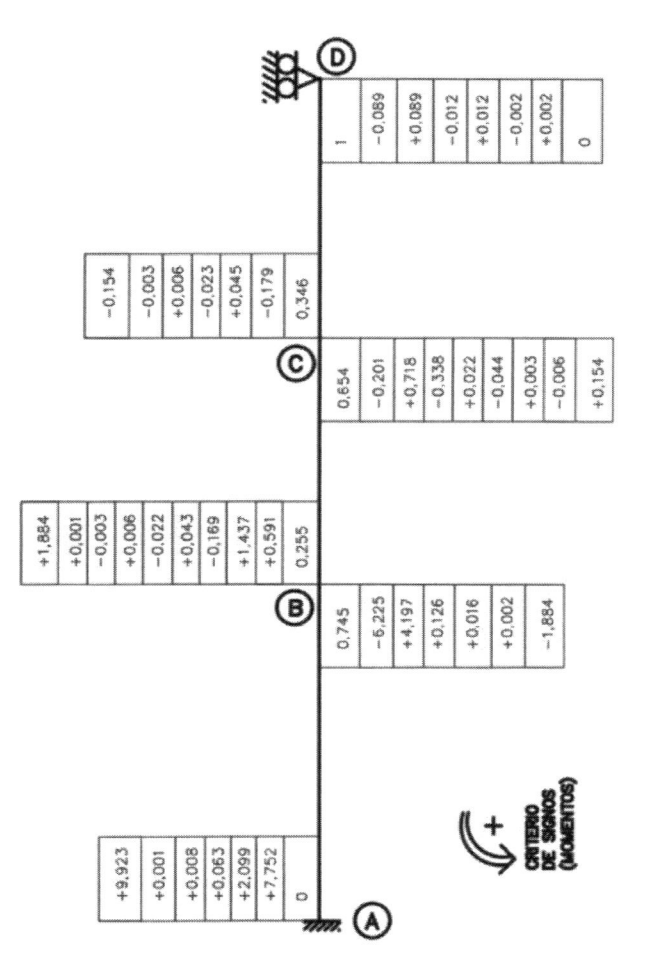

Figura 6.14: Verificación de los nuevos escantillonados.

Como se ve, no hay unas diferencias notables con el cálculo que se hizo anteriormente.- Por otra parte, vamos a ver a continuación que influencia tiene en el cálculo prescindir del tramo superior (tercer tramo) que no está sometido a cargas de presión hidrostática. Supondremos en este cálculo aproximado que el punto C está simplemente apoyado en la cubierta intermedia:

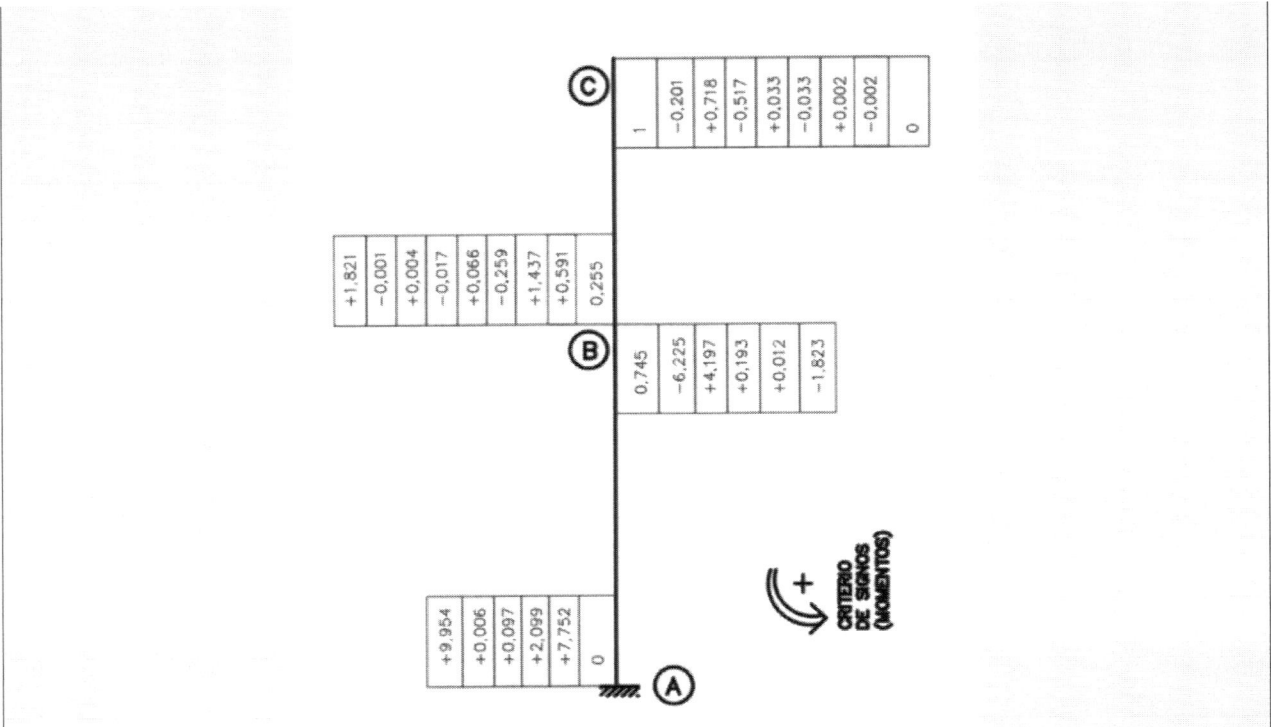

Figura 6.15: Influencia de prescindir del tramo superior.

Introduciendo los siguientes datos calculados en el *software* 3D BEAM del *Det Norske Veritas*, el modelado resultaría ser el siguiente mostrado en la Figura 6.16, para el cual, los escantillonados son los establecidos en el enumerado 12) del presente ejercicio.

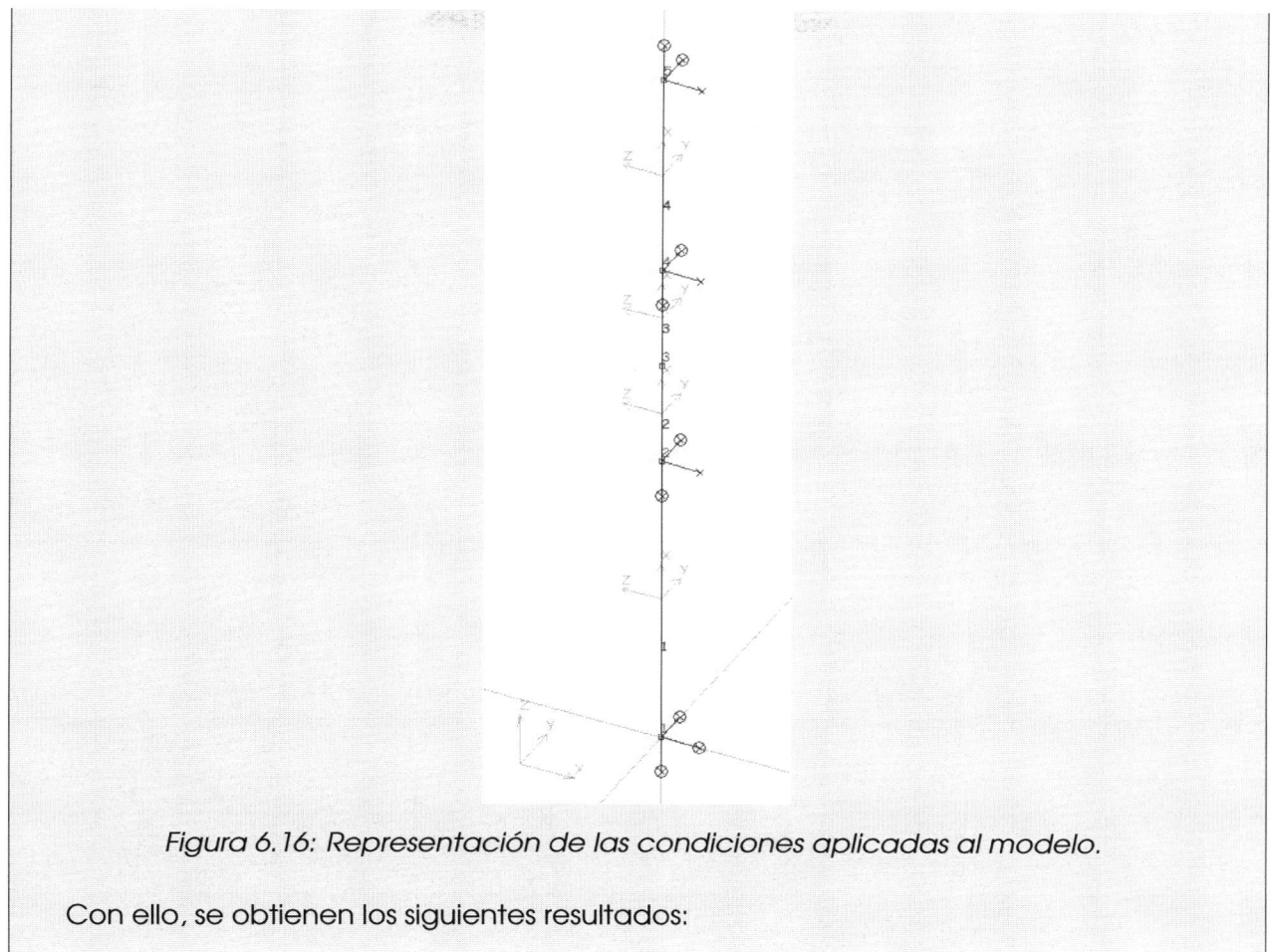

Figura 6.16: Representación de las condiciones aplicadas al modelo.

Con ello, se obtienen los siguientes resultados:

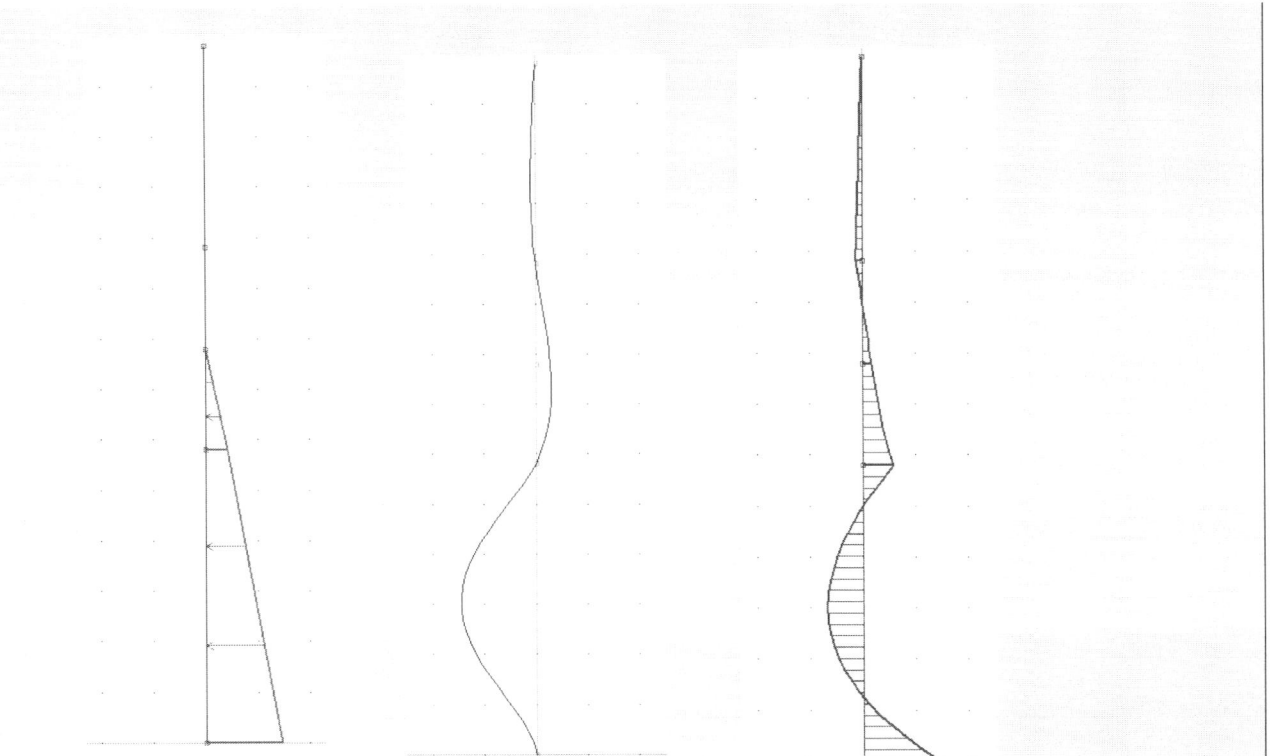

Figura 6.17:
Representación de las
fuerzas aplicadas.

Figura 6.18:
Desplazamientos.

Figura 6.19:
Momentos flectores.

Beam	Nx (N)	Qy (N)	Qz (N)	Mx (Nmm)	My (Nmm)	Mz (Nmm)	d (mm)	dx (mm)	dy (mm)	dz (mm)
1	0	111079	0	0	0	105402714	2,7249	0	-2,7249	0
2	0	23796	0	0	0	42916808	0,57318	0	0,57318	0
3	0	10526	0	0	0	13017414	0,5371	0	0,5371	0
4	0	-2009	0	0	0	-8035313	0,16781	0	-0,16781	0

Tabla 6.1: Beam responses.

Node	dX (mm)	dY (mm)	dZ (mm)	rX (deg)	rY (deg)	rZ (deg)	Px (N)	Py (N)	Pz (N)	Mx (Nmm)	My (Nmm)	Mz (Nmm)
1	0	0	0	0	0	0	0	111079	0	-105402714	0	-4816769
2	0	0	0	-0,05308	0	0	0	82417	0	0	0	-2943409
3	0	0,5371	0	0,006957	0	0	0	0	0	0	0	0
4	0	0	0	0,01276	0	0	0	-12535	0	0	0	191890
5	0	0	0	-0,005971	0	0	0	2009	0	0	0	-14327

Tabla 6.2: Node responses.

Beam	Sig-Nx (N/mm2)	Tau-Qy (N/mm2)	Tau-Qz (N/mm2)	Tau-Mx (N/mm2)	Sig-My (N/mm2)	Sig-Mz (N/mm2)	Min Sig-Ny (N/mm2)	Max Sig-Ny (N/mm2)	Min Sig-Nz (N/mm2)	Max Sig-Nz (N/mm2)
1	0	21	0	0	0	135	0	0	-135	134
2	0	5	0	0	0	55	0	0	-55	55
3	0	2	0	0	0	17	0	0	-17	17
4	0	-0	0	0	0	10	0	0	-10	10

Tabla 6.3: Stresses.

6.3.2.4 FÓRMULA DE HOLT

El ingeniero F. Holt dedujo unas fórmulas para determinar el momento de flexión máximo a que están sometidas las cuadernas de buques construidos de acuerdo en las Reglas de las Sociedades de Clasificación:

$$M = s \cdot [A \cdot (d - t) \cdot l^n + B]$$

donde:

M ... Momento flector máximo, (T · m)
s ... Espaciado entre cuadernas, (m)
d ... Calado máximo, (m)
t ... Altura del doble fondo en el costado, (m)
l ... Luz de la cuaderna, (m)

	A	B	n
BUQUE DE 1 CUBIERTA, EN LASTRE	0,0393	0	2
BUQUE DE VARIAS CUBIERTAS, EN LASTRE	0,1184	0	1,7
BUQUE DE 1 CUBIERTA, CON CUBERTADA	0,0393	1,09	2
BUQUE DE VARIAS CUBIERTAS, CON CUBERTADA	0,11	1,09	1,7

Esta fórmula es aplicable a buques que cumplan las relaciones siguientes:

$$\frac{L}{D} \leq 12$$

$$\frac{L}{B} < B < \frac{L}{10} + 3$$

siendo:

L ... Eslora entre perpendiculares, (m)
B ... Manga de trazado, (m)
D ... Puntal de trazado, (m)

6.3.3 CÁLCULO DE VARENGAS

La varenga puede considerarse como una viga doble T cuya alma es la plancha de varenga propiamente dicha y cuyas patabandas son las porciones asociadas de fondo y doble fondo.

En el caso de un carguero convencional puede considerarse la varenga como una viga apoyada en los centros de los cartabones de pie de cuaderna y sometidas a dos condiciones de carga distintas:

a) Máxima carga en bodegas, en calado mínimo.

b) Bodega vacía, en máximo calado.

Las varengas sobre las que descansan los puntales hay que tratarlos especialmente, pues dichos elementos transmiten cargas que hay que considerar.

Por otro lado, hay que considerar la influencia de los elementos longitudinales, tales como las vagras y, en el caso de *bulkcarriers*, las tolvas laterales bajas. Realmente la mejor manera de considerar la estructura de un doble fondo es considerarlo un emparrillado de vigas (*plane grid*) constituido por vagras, varengas y tolvas laterales bajas que se conectan entre sí y trabajan conjuntamente. Más adelante tendremos ocasión de extendernos algo más sobre este asunto.

6.4 ANÁLISIS DEL ANILLO TRANSVERSAL COMO PÓRTICO PLANO

Acabamos de exponer métodos de cálculo para determinar la distribución de momentos flectores sobre cada uno de los miembros del anillo considerados individualmente, y en primera aproximación pueden considerarse válidos tales métodos. Sin embargo, la falta de rigor en ellos se pone de manifiesto cuando se intenta establecer el grado de fijación de los extremos de cada uno de los miembros. Generalmente, dicho grado de fijación no es completo (100 %), ni cero y depende de la estructura en la que se inserta dicho miembro: no solo de la rigidez de esta sino también de la carga que actúe sobre los restantes miembros de dicha estructura. Por ejemplo, al analizar la distribución de momentos flectores de una cuaderna, el grado de rigidez al giro de su extremo superior dependerá de la carga que gravite sobre el bao que forma parte del mismo anillo transversal y en general tendrá diferentes valores según que el bao esté cargado o no.

La forma lógica de estudiar la resistencia transversal podría ser la de considerar el conjunto de la estructura de este tipo como un anillo completo. En este método de análisis, el anillo formado por baos, varengas y cuadernas de costado en un buque de estructura transversal se considera como un «pórtico plano» (*plane frame*). En otras palabras, una rebanada de la estructura de longitud igual a un espacio entre cuadernas se supone que está sometida a las siguientes fuerzas:

- Peso de la estructura y del equipo del buque.
- Pesos de la carga sólida.
- Pesos o fuerzas de presión debidas al contenido de tanques llenos de líquidos (carga, lastre o consumos).
- Fuerzas debidas a la presión hidrostática exterior.

Por lo general tales fuerzas no tienen por qué equilibrarse entre sí, ya que esto supondría que la curva de cargas que actúan a lo largo de la viga-buque fuese totalmente nula en toda su longitud, lo que no sucede en la realidad. En una sección transversal dada no suele existir equilibrio entre pesos y empujes, sino que el equilibrio se alcanza al tener en cuenta la fuerza cortante que actúa sobre la misma y que generalmente se concentra en los costados y mamparos verticales.

Otra hipótesis de cálculo que se hace al aplicar esta forma de análisis es que los nudos son rígidos, esto es que el punto en que se unen dos o más barras puede girar, pero manteniendo constantes los ángulos entre las tangentes de las elásticas de cada pareja de barras (véase la Figura 6.20)

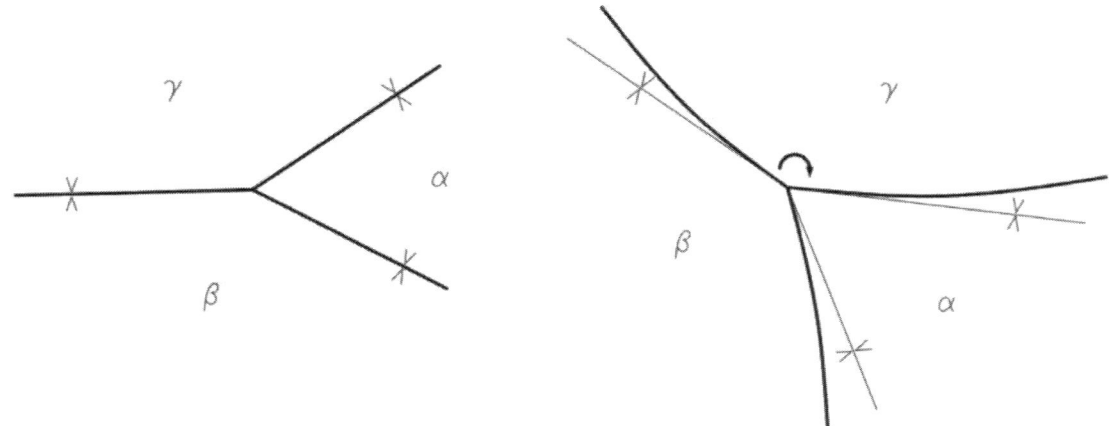

Figura 6.20: Giro de barras con nodos rígidos.

Aunque esta hipótesis de trabajo podría considerarse dudosa cuando las conexiones entre los diferentes miembros estructurales se hacían por medio de remaches, la verdad es que hoy en día, en el que la soldadura es el medio de unión que se usa en todas las uniones estructurales, es muy cercana a la realidad. Sin embargo, los nudos de conexión de unos miembros con otro se suelen llevar a cabo en la práctica por medio de cartabones, por lo que el «nudo» de unión dista mucho de ser un punto. El problema de las conexiones entre diferentes miembros merece un estudio algo detallado que encontraremos más adelante.

6.4.1 MÉTODOS DE CÁLCULO

El modelo de pórtico plano aplicado al anillo transversal puede ser abordado por diferentes métodos de cálculo entre los que citaremos los siguientes:

- MÉTODO DE LA ENERGÍA DE DEFORMACIÓN

  Este método, debido a BRUHN, se basa en el conocido principio de Elasticidad que se enuncia así:

  > «Una estructura sometida a la acción de unas cargas cambia de forma de manera que la energía de deformación sea un mínimo».

  El método, en esencia, se reduce a plantear una expresión de la energía de deformación en la que intervendrán como variables diferentes incógnitas que se deben determinar (Reacciones, Momentos de reacción, etc.). La condición matemática de mínimo se expresa obligando a que las derivadas parciales de dicha función respecto a cada una de las variables sean nulas. De esta forma, es posible obtener un sistema de tantas ecuaciones como incógnitas que, una vez resuelto, nos proporciona suficientes resultados para tener la distribución de momentos flectores, fuerzas cortantes, etc. a lo largo del anillo.

Realmente el número de incógnitas a determinar en el caso de un buque con varias cubiertas es muy elevado y, por otra parte, en el planteamiento de las ecuaciones que forman el sistema que lo determinan aparecen integraciones que hay que llevar a cabo por medios gráficos o numéricos. En conjunto pues, se trata de un método laborioso de cálculo.

- MÉTODO DE LA DISTRIBUCIÓN DE MOMENTOS

Este método de la distribución de momentos también llamado Método de Cross se basa, como se sabe, en la distribución de los momentos que inciden sobre las barras que se unen en un nudo proporcionalmente a sus respectivas rigideces. Ya hemos tenido ocasión de hablar de su aplicación al análisis de momentos flectores en una cuaderna de varios tramos.

En la aplicación de este método se supone que las cubiertas, doble fondo y costados tienen suficiente rigidez en su propio plano entre mamparos transversales para evitar la traslación de los nudos; que los nudos pueden girar, que las brazolas de escotilla pueden flexar bajo cargas, que los mamparos transversales son rígidos y que la sección transversal de cada miembro se mantiene constante a lo largo de toda la longitud del miembro.

Al calcular la distribución de momentos sobre los miembros del pórtico se tienen en cuenta el espaciado de los mamparos transversales, la manga del buque y la estructura del doble fondo.

Se analizan tres casos de carga para obtener los momentos de reacción en los extremos de las barras:

SITUACIÓN A)

El anillo transversal se considera en la mitad del vano de una escotilla. Se suponen los baos de cubierta simplemente apoyados en las vigas-brazolas de escotillas y que estas no flexan. No se considera acción restrictiva del doble fondo, salvo la correspondiente a la varenga.

SITUACIÓN B)

Se calculan las flechas que originan en las brazolas las reacciones de los baos y se tienen en cuenta los momentos causados por estas deflexiones en el anillo.

SITUACIÓN C)

Se calcula la flecha que se produce en el centro de la bodega al considerar la estructura del doble fondo (emparrillado de vigas: vagras y varengas) sometida a la diferencia entre la carga que soporta directamente y la presión hidrostática correspondiente al calado. Llamemos δ_2 a esta flecha. Dicho valor puede calcularse, por ejemplo, por el método de la (Ref.(19)).

Por otro lado, de la situación A) pueden obtenerse datos para calcular la flecha δ_1 que resulta en el centro de la varenga en el modelo de pórtico plano debida a la carga aplicada directamente sobre las barras de dicho anillo.

Aplicando sobre la varenga (solamente) del pórtico transversal una varga unitaria hacia abajo, se calcula la flecha δ_u que se produciría en el centro del vano de la varenga y los momentos que se producen en los extremos de las barras.

La diferencia de flechas $\delta_1 - \delta_2$ se debe a la acción soporte de la estructura del doble fondo. La carga que produce dicha diferencia de flechas será:

$$q_{d\delta} = \frac{\delta_1 - \delta_2}{\delta_u} \cdot q_1$$

siendo q_1 la carga unitaria considerada al calcular δ_1.

Los momentos totales que actúan en los extremos de las barras se obtienen por adición de los que resultan de las situaciones A), B) y de la carga $q_{d\delta}$

- MÉTODOS MATRICIALES

Los procedimientos de cálculo de estructuras requieren, por lo general, llevar a cabo un importante volumen de operaciones. En las pasadas décadas, los especialistas en cálculo de estructuras desarrollaron numerosos métodos aplicables en cada caso a diferentes tipos de estructuras. Los esquemas de cálculo que utilizan dichos métodos son sensiblemente diferentes, según los tipos de estructura, por lo que cuando se pensó en utilizar el ordenador para llevar a cabo las operaciones, se revitalizaron los métodos matriciales. Estos procedimientos permitían expresar de una forma concisa las principales relaciones entre características geométrico-resistentes, solicitaciones, esfuerzos y deformaciones, aunque nunca se habían utilizado en la práctica porque requerían un volumen de operaciones totalmente imposible de llevar a cabo. Sin embargo, cuando la realización de las operaciones pasa a ser encomendada al ordenador, queda patente la gran ventaja de los métodos matriciales que permiten tratar todos los tipos de estructuras con un mismo esquema de cálculo.

Numerosos son los programas que han aparecido en las últimas décadas para analizar las estructuras reticulares, es decir las estructuras constituidas por barras. Podemos citar, entre otras, los siguientes: STRESS, STRUDL, SAPP, etc.

El proceso de cálculo que puede seguirse para analizar el anillo transversal es esencialmente análogo al descrito en el párrafo anterior en que hemos comentado la aplicación del método de Cross. Obviamente es posible obtener más información (deformaciones, esfuerzos, etc.) en mucho menos tiempo.

6.4.2   EJEMPLO DE CÁLCULO DE ANILLO TRANSVERSAL

Con el fin de ilustrar los procesos de cálculo que hemos descrito, se presenta a continuación un ejemplo de cálculo del anillo transversal.

La Figura 6.21 recoge una sección transversal de un carguero, sobre la que se han indicado las cargas aplicadas y las características geométrico-resistentes de las barras (Cuadernas, baos, varengas) que la constituyen, así como de esloras y vagras.

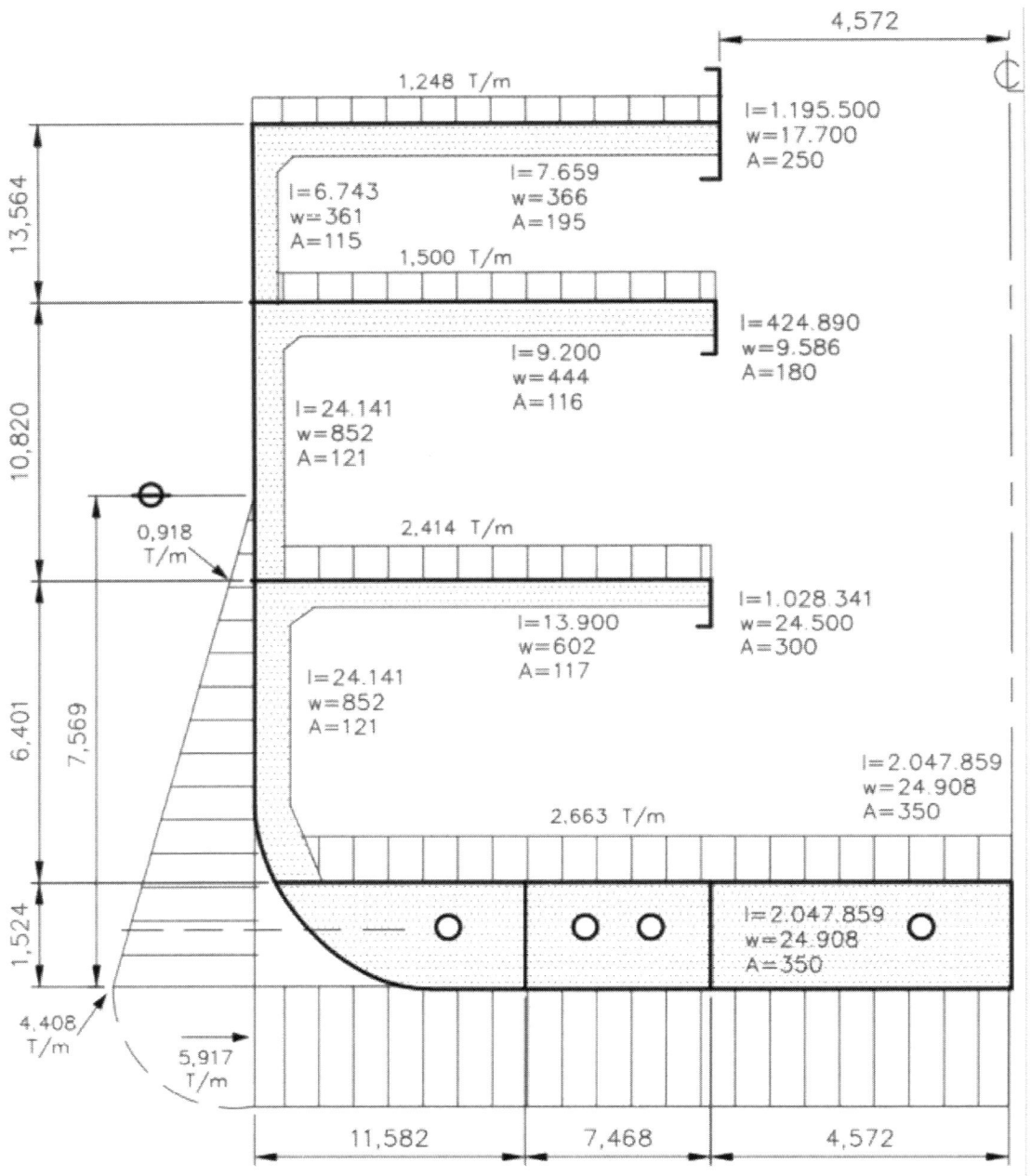

Figura 6.21: Sección transversal de un carguero.

Otras características no indicadas en dicha figura son:

Separación entre anillos transversales (clara de cuadernas) ... s = 762 mm
Longitud de la bodega ... 20.574 mm
Longitud de cada escotilla ... 11.430 mm

La Figura 6.22 recoge la modelización adoptada para su estudio por ordenador. Se ha empleado el programa 3D BEAM de la Sociedad de Clasificación *Det Norske Veritas* y se ha seguido el proceso que a continuación se describe:

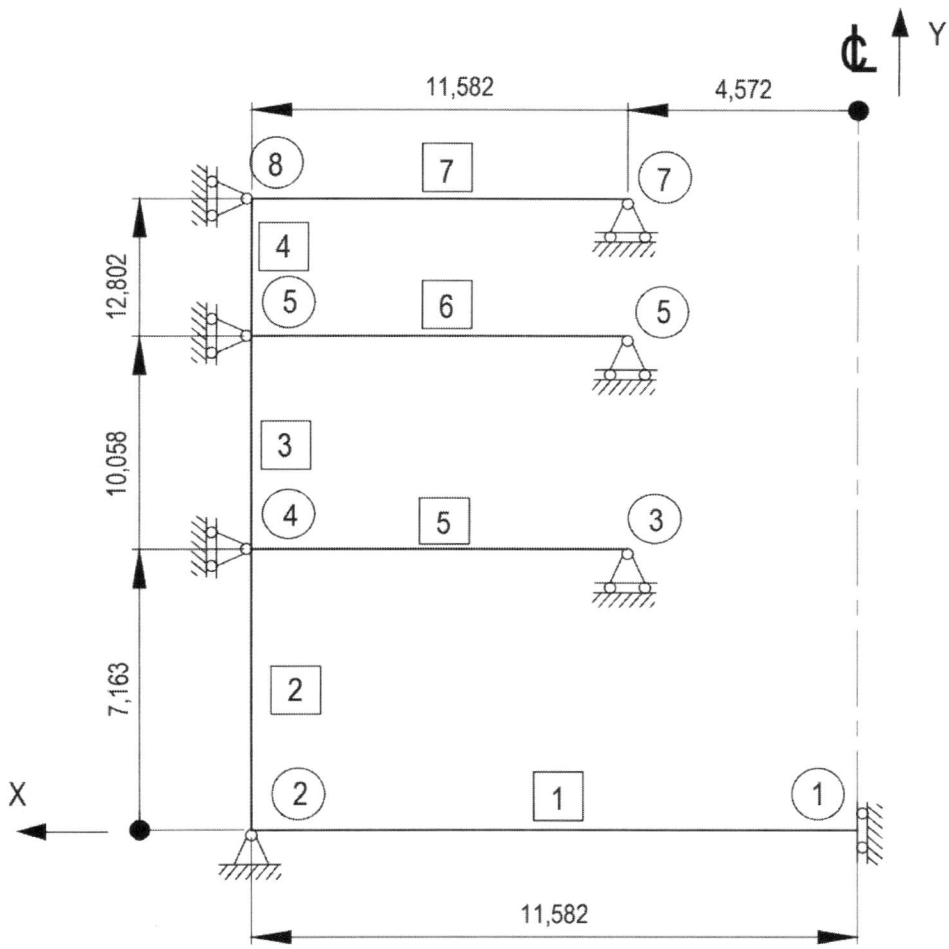

Figura 6.22: Modelización de la sección transversal de un carguero.

EXPLICACIÓN CONDICIÓN DE CONTORNO.
NODOS 3,5 Y 7

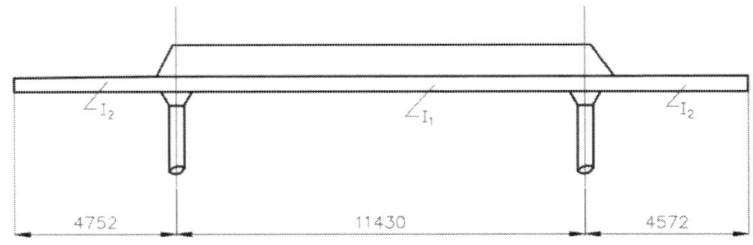

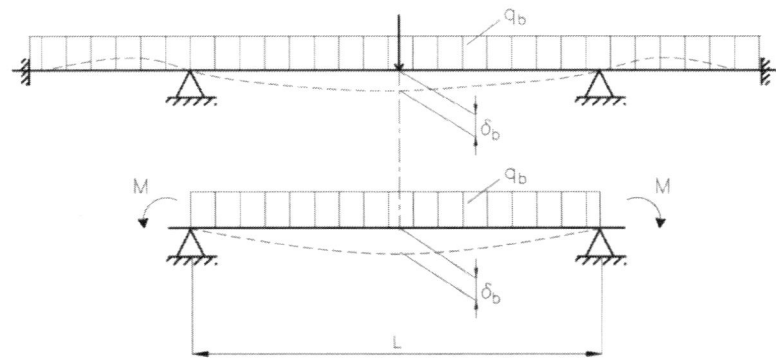

Figura 6.23: Cálculo de la flecha en el centro del vano.

$$\delta_b = \frac{5 \cdot q_b \cdot L^4}{384 \cdot E \cdot I_1} - \frac{M \cdot L^2}{8 \cdot E \cdot I_1}$$

q_{bao} = Carga unitaria sobre el bao (t/m)
R_{bao} = Reacción del extremo del bao sobre eslora de escotilla (t)
b = Semimanga de la escotilla (m)
S = Separación entre cuadernas (m)
q_b = Carga unitaria sobre la viga brazola de escotilla (t/m)

$$q_b = \frac{q_{bao}}{S} \cdot b + \frac{R_{bao}}{S} = \frac{4,572 \cdot q_{bao} \cdot R_b}{0,762}$$

CUBIERTA	$I_1\,(cm^4)$	$I_2\,(cm^4)$	$q_{bao}\,(t/m)$	$R_{bao}\,(cm^4)$	$q_b\,(t/m)$	$\delta_b\,(cm)$
SUPERIOR	1.195.500	101.685	1,248	6,518	0,163	0,959
INTERMEDIA	424.890	257.814	1,500	4,025	0,143	1,306
BAJA	1.028.341	395.300	2,414	3,564	0,192	0,850

Tabla 6.4: Resultados de las condiciones de los Nodos 3,5 y 7.

CÁLCULO DE LA FLECHA EN EL CENTRO DE LA BODEGA (PROC. DE SHADE).

$p_0 = 1$ (t/cm^2) Carga unitaria supuesta.

$S_b = 76,2$ (cm) Esp. varengas: Ref. largos.

$S_a = 386,1$ (cm) Esp. vagras: Ref. cortos.

$I_{ma} = 2.047.859$ (cm^4) M. inercia vagras.

$I_{mb} = 2.047.859$ (cm^4) M. inercia varengas.

$I_a = 2.047.859$ (cm^4) M. inercia quilla vert.

$I_b = 2.047.859$ (cm^4) M. inercia varenga cent.

$A_a = A_b = 228,6$ (cm^2) Área alma (1,5x152,4)

$I_{pa} = I_{pb} = 1.605.408$ (cm^4) M. inercia pl. asoc.

$y_a = y_b = 76,2$ (cm) (1/2x152,4) Ordenada pto. esfuerzo máx.

NOTA. - La relación de aspecto virtual «ζ» es la relación entre los lados del panel modificado por la relación entre las rigideces unitarias en ambas direcciones. Los lados «a» y «b» se eligen siempre de forma que «ζ» sea mayor o igual que 1.

$$i_a = \frac{I_{ma}}{S_a} + 2\left(\frac{I_a - I_{ma}}{b}\right) = \frac{2.047.859}{386,1} + 2\left(\frac{2.047.859 - 2.047.859}{2.316,5}\right) = 5.304 \ cm^3$$

$$i_b = \frac{I_{mb}}{S_b} + 2\left(\frac{I_b - I_{mb}}{a}\right) = \frac{2.047.859}{76,2} + 2\left(\frac{2.047.859 - 2.047.859}{2.057,4}\right) = 26.875 \ cm^3$$

$$\eta = \left(\frac{I_{pa} \cdot I_{pb}}{I_{ma} \cdot I_{mb}}\right)^{1/2} = \left(\frac{1.605.408 \cdot 1.605.408}{2.047.859 \cdot 2.047.859}\right)^{1/2} = 0,784 \ \text{(Coeficiente de torsión)}$$

$$\zeta = \frac{a}{b} \cdot \left(\frac{i_b}{i_a}\right)^{1/4} = \frac{2.057,4}{2.316,5} \cdot \left(\frac{26.875}{5.304}\right)^{1/4} = 1,333$$

De la Figura 1 del trabajo de *SHADE* (Ref. (19)) y Recogida en la Figura 4.7.C del libro de *R. MARTÍN DOMÍNGUEZ* (Ref. (4)) se obtiene:

Entrando con los valores de ζ y η antes calculados en el Caso -2- de la citada figura se obtiene $K = 0,0046$ y, por tanto:

$$\delta_{unitaria} = K \cdot \frac{p_0 \cdot b^4}{E \cdot i_b} = 0,0046 \cdot \frac{1 \cdot 2.316,5^4}{2.100 \cdot 26.875} = 2.347 \ cm$$

Cargas s/varengas = (5,917 - 2,663) = 3,254 t/m

$$p = \frac{3,254}{76,2 \cdot 100} = 427,0341 \cdot 10^{-6} \ t/cm^2 \Longrightarrow \delta_2 = p \cdot \delta_{unitaria} = 1,002 \ cm$$

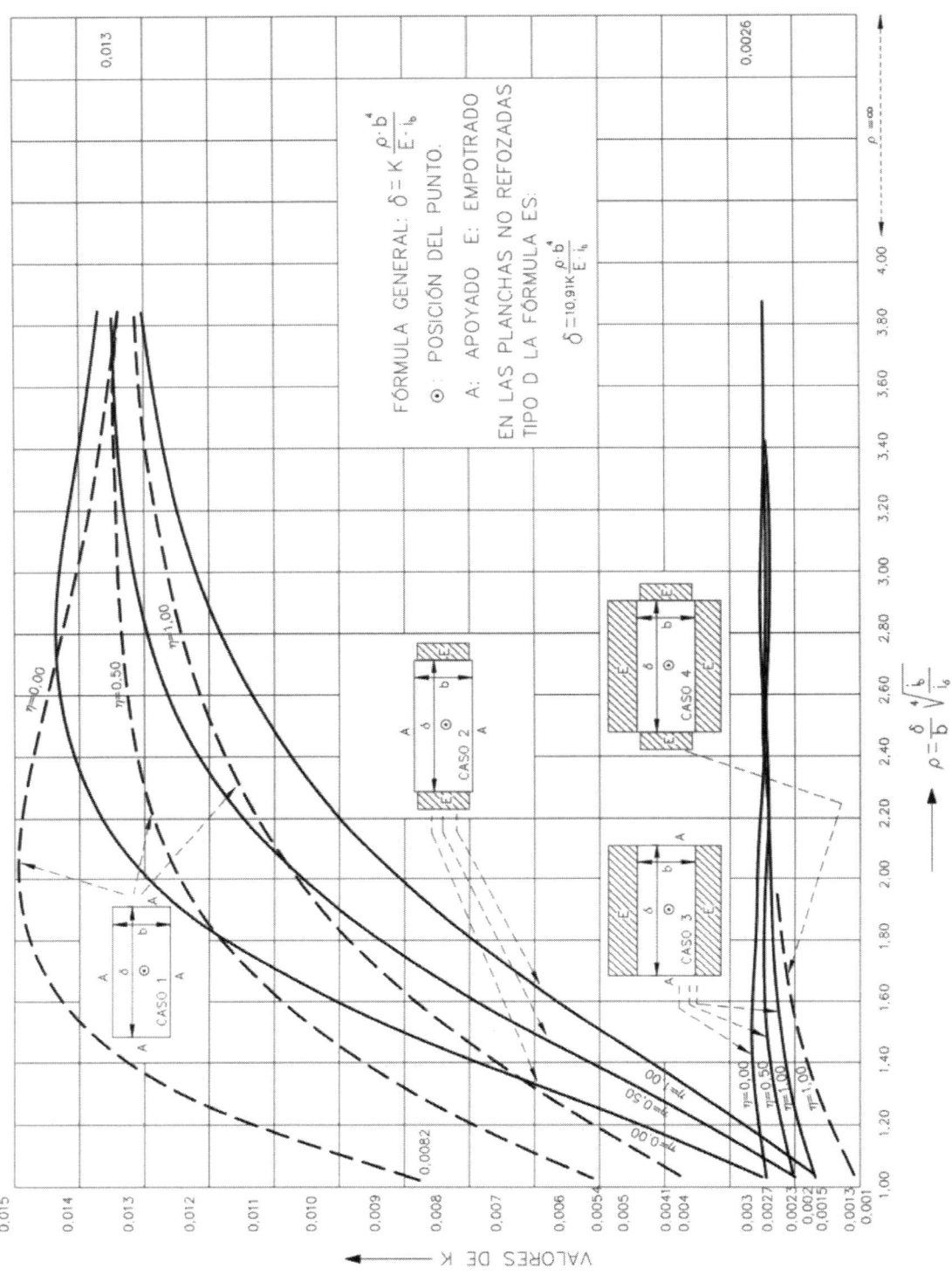

FLECHA EN EL CENTRO

Figura 6.24: Diagrama de flechas en el centro.

Una vez sabemos el modelado que tendrá nuestra cuaderna (Figura 6.22), se procede a modelarla en el programa de cálculo utilizado, cuyo resultado sería el mostrado en las Figuras 6.25a, 6.25b y 6.26, el cual se han introducido las dimensiones y las condiciones de contorno.

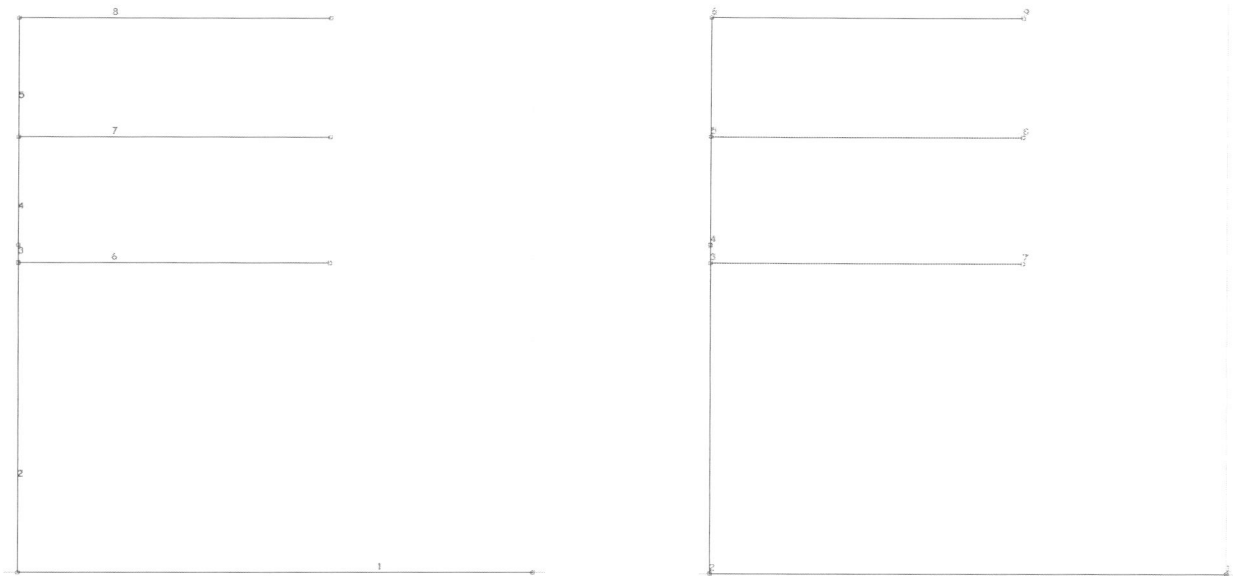

(a) Numeración vigas en el software 3D BEAM.   (b) Numeración vigas en el software 3D BEAM.

Figura 6.25: Numeración de los elementos del modelo en el software 3D BEAM.

Una vez se ha modelado la forma de la cuaderna, se procede a la introducción de las cargas actuantes en cada una de las planchas obtenidas de la Figura 6.21 en el modelado de barras con la orientación correcta, cuyo resultado se muestra en la Figura 6.27.

Para poder ejecutar el programa, se ha de escantillonar la geometría, para ello, se ha buscado aquellas vigas cuya forma tuvieran las características que en la (Figura 6.21) se muestran. Las geometrías de cada una de las vigas implantadas junto con su plancha asociada son las siguientes que se muestra en la (Tabla 6.5):

Tramo	Pl. Asociada (mm)	Flange (mm)	Web (mm)	Área (cm^2)	Módulo (cm^3)	Inercia (cm^4)
1	762x18	762x20	1.524x10	193	24.977	2.015.464
2	762x22	250x12	250x20	166	1.147	24.453
3	762x22	250x12	250x20	166	1.147	24.453
4	762x22	250x12	250x20	166	1.147	24.453
5	762x16	100x10	200x12	130	358	6.733
6	762x20	150x12	220x20	159	706	13.955
7	762x22	150x10	200x15	140	500	9.167
8	762x16	100x10	200x15	131	394	7.282

Tabla 6.5: Características geométricas del conjunto viga-plancha asociada que componen el modelado del anillo transversal.

Los resultados obtenidos son los siguientes (Figuras 6.28, 6.29 y 6.30) además de las Tablas 6.6, 6.7 y 6.8.

DATOS DE ENTRADA DEL PROGRAMA:

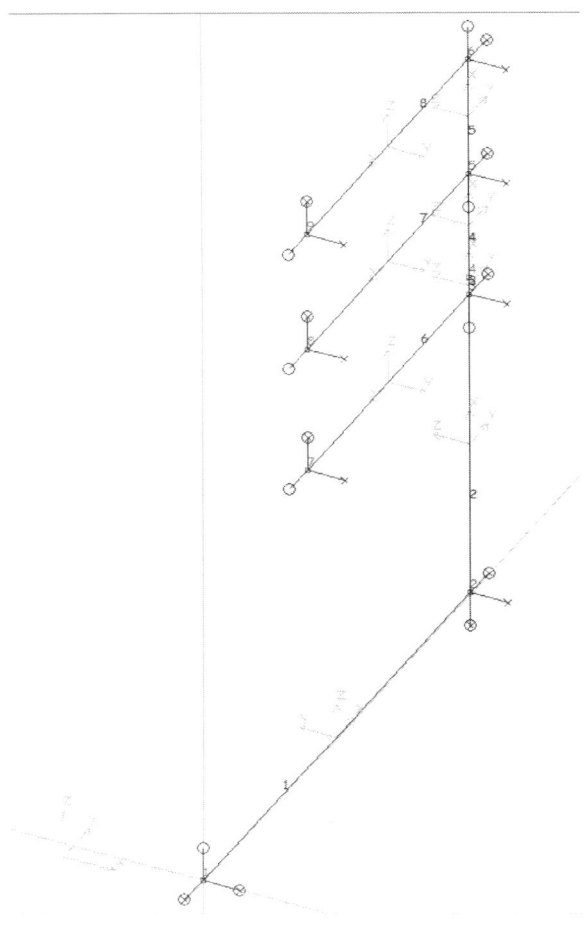

Figura 6.26: Modelización anillo transversal vista isométrica en el software 3D BEAM.

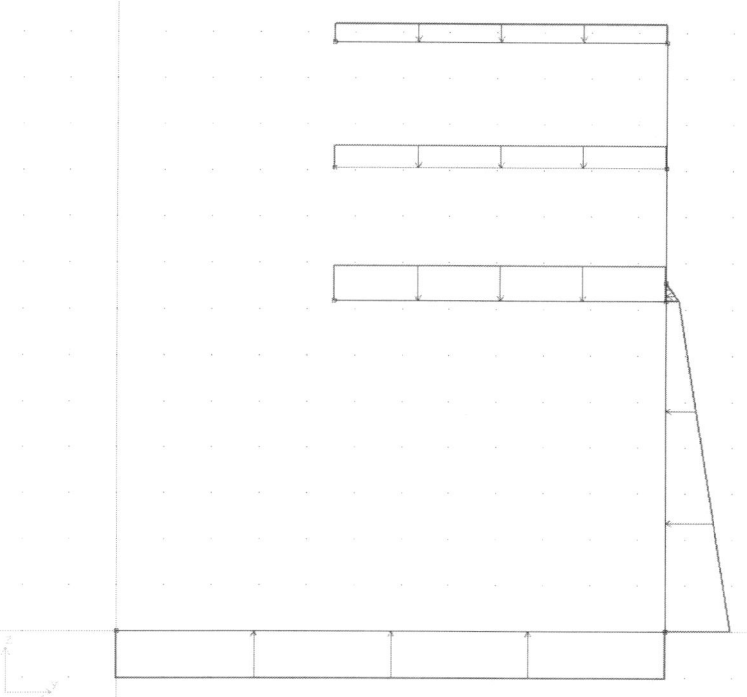

Figura 6.27: Modelización de las cargas transversales en el anillo transversal.

SALIDAS DEL PROGRAMA:

Figura 6.28: Deformaciones.

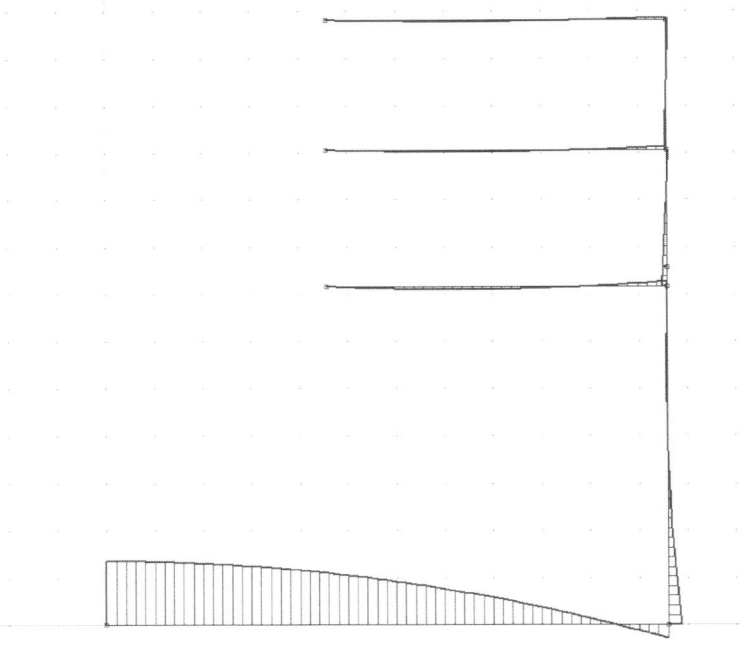

Figura 6.29: Momentos flectores.

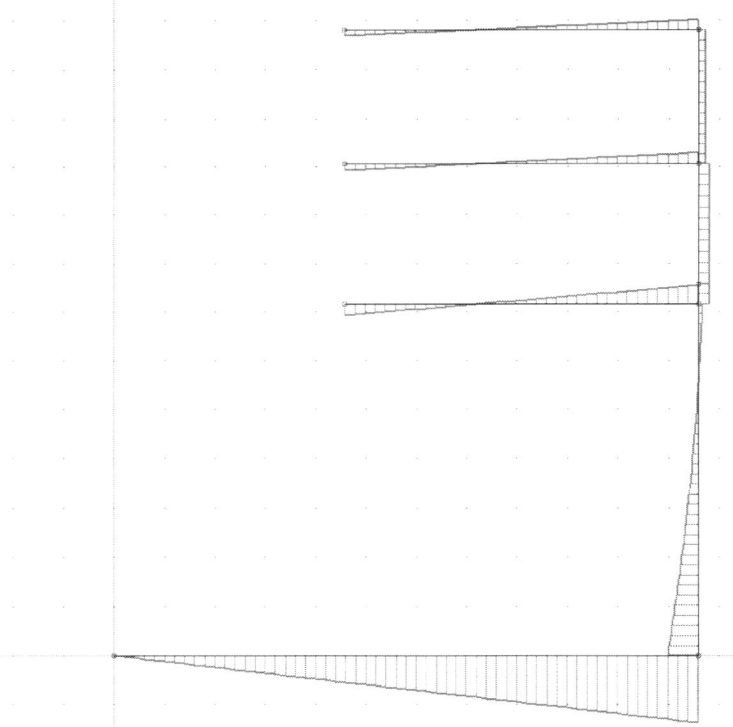

Figura 6.30: Fuerzas axiales.

Beam	Nx (N)	Qy (N)	Qz (N)	Mx (Nmm)	My (Nmm)	Mz (Nmm)	d (mm)	dx (mm)	dy (mm)	dz (mm)
1	0	0	369341	0	1765749893	0	24,179	0	0	24,179
2	-219671	163617	0	0	0	373102184	2,3864	0	2,3846	-0,30257
3	-117202	-60889	0	0	0	-120159095	0,34837	0	-0,15554	-0,31172
4	-117202	-60889	0	0	0	-95685134	0,39648	0	-0,22567	-0,36782
5	-52951	-37918	0	0	0	70693250	0,43096	0	0,1648	-0,41219
6	0	0	-102468	0	137021701	0	11,929	0	0	-11,929
7	0	0	-64251	0	89222489	0	10,694	0	0	-10,694
8	0	0	-52951	0	70693250	0	9,4659	0	0	-9,4659

Tabla 6.6: Beam responses.

Node	dX (mm)	dY (mm)	dZ (mm)	rX (deg)	rY (deg)	rZ (deg)	Px (N)	Py (N)	Pz (N)	Mx (Nmm)	My (Nmm)	Mz (Nmm)
1	0	0	24,179	0	0	0	0	0	0	1765749893	0	0
2	0	0	0	-0,1651	0	0	0	163617	-149670	0	0	-8959440
3	0	0	-0,30257	0,03203	0	0	0	-35744	0	0	0	1957314
4	0	-0,15554	-0,31172	0,01756	0	0	0	0	0	0	0	0
5	0	0	-0,36782	0,001214	0	0	0	22971	0	0	0	-2197279
6	0	0	-0,41219	0,02487	0	0	0	37918	0	0	0	-1136945
7	0	0	0	-0,3568	0	0	0	0	63378	0	0	0
8	0	0	0	-0,324	0	0	0	0	38796	0	0	0
9	0	0	0	-0,2826	0	0	0	0	32782	0	0	0

Tabla 6.7: Node responses.

Beam	Sig-Nx (N/mm2)	Tau-Qy (N/mm2)	Tau-Qz (N/mm2)	Tau-Mx (N/mm2)	Sig-My (N/mm2)	Sig-Mz (N/mm2)	Min Sig-Ny (N/mm2)	Max Sig-Ny (N/mm2)	Min Sig-Nz (N/mm2)	Max Sig-Nz (N/mm2)
1	0	0	26	0	71	0	-66	71	0	0
2	-9	10	0	0	0	172	-9	-9	-181	163
3	-5	-4	0	0	0	55	-5	-5	-60	51
4	-5	-4	0	0	0	44	-5	-5	-49	39
5	-3	-3	0	0	0	46	-3	-3	-49	42
6	0	0	-25	0	-194	0	-194	120	0	0
7	0	0	-23	0	-179	0	-179	102	0	0
8	0	0	-19	0	-141	0	-141	88	0	0

Tabla 6.8: Stresses.

6.5   ANÁLISIS DE LOS ANILLOS TRANSVERSALES POR EL MÉTODO DE LOS ELEMENTOS FINITOS

Cuando el buque es de estructura transversal, las cuadernas y baos que forman parte de los anillos transversales son relativamente esbeltas, es decir, las relaciones entre sus peraltes y longitudes son pequeñas. Por ello no se comete un error importante cuando el anillo transversal se modeliza como una estructura reticular (es decir, constituida por barras). Sin embargo, en buques de estructura longitudinal, los refuerzos secundarios, es decir los que rigidizan directamente los paneles de planchas, corren en el sentido de la eslora y se apoyan en fuertes anillos trasversales (anillos de bulárcamas) espaciados entre 3 y 5 metros. Este espaciamiento entre anillos transversales, mucho mayor que en los buques de estructura transversal, exige que dichos anillos sean mucho más robustos, llegándose a soluciones como la que muestra la Figura 6.32. Los peraltes de las vigas son muy grandes en comparación con sus longitudes o luces y, además, es normal disponer grandes cartabones, con lo que la localización del «nudo» (punto de intersección de dos o más barras) llega a ser imposible, ya que en muchas ocasiones abarca un área mayor que la de la luz libre de las vigas que inciden en él.

En estos casos se impone el análisis por otros medios.

La teoría y aplicaciones de los Elementos Finitos ha venido usándose extensivamente en el proyecto y análisis de estructuras navales desde que en 1952 *Turner* y *Arguris* iniciaron su aplicación.

El Método de Elementos Finitos es una técnica muy útil para el análisis de esfuerzos y desplazamientos de un medio estructural continuo. El método se fundamenta en la formulación matricial del análisis de estructuras introducido como resultado del aumento creciente de los ordenadores. Puede decirse que ha existido una correlación entre el rápido desarrollo de los ordenadores, los métodos matriciales y las técnicas de Elementos Finitos.

En este método, el medio continuo se divide en un conjunto de elementos de tamaño pequeño, pero no infinitesimal, es decir, en un cierto número finito de elementos «finitos» (de ahí el nombre del método) interconectados entre sí solamente a través de sus vértices o «nodos» (Figura 6.31). Esta técnica tiene una sólida base teórica dentro del marco de la teoría de estructuras:

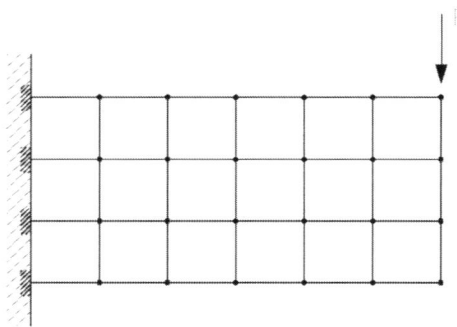

Figura 6.31: Malla de elementos finitos.

es ya clásica la obra de *Zienkiewicz* (Ref.(23)) que trata este tema. Muchos otros libros y artículos se han escrito sobre este tema en las últimas décadas. En cierta medida puede considerarse como una cierta variante del método de Ritz, en el que el campo de los desplazamientos del medio continuo se describe usualmente como una combinación lineal de funciones de deformación seleccionadas previamente.

Las constantes o parámetros de la combinación lineal se determinan estableciendo la condición de que la energía de deformación (energía necesaria para alcanzar la deformación supuesta) o que el trabajo virtual (trabajo de las fuerzas exteriores) sea un mínimo.

A diferencia de lo que se considera en el método de Ritz, en el que un solo conjunto de funciones describe el campo de los desplazamientos, en el método de los Elementos Finitos se supone un campo de desplazamientos diferente en cada uno de los elementos. Este campo de desplazamientos se considera una función que depende solamente de los movimientos de los nodos del elemento en cuestión y el campo total de los desplazamientos del medio continuo se considera formado por un gran número de pequeños campos donde cada uno de los cuales se extiende por la superficie de un elemento (o del volumen, si se trata de elementos tridimensionales). Puede demostrarse que la condición de equilibrio de los nodos corresponde a un mínimo de la energía de deformación que es una función de los desplazamientos del medio y, por lo tanto, en el modelo adoptado, de los desplazamientos de los nodos.

En el método de Ritz se opera iterativamente mediante una secuencia de aproximaciones sucesivas. Se trata de un método aproximado que suele ser rápidamente convergente. En el caso del método de los Elementos Finitos, la solución que se obtiene es también aproximada, pero convergería hacia la solución exacta si se adoptase una secuencia de modelización haciendo cada vez más pequeños, y más numerosos los elementos, es decir, haciendo la «malla» cada vez más fina.

Constantemente están apareciendo nuevos desarrollos de esta técnica de Elementos Finitos. Una de las más prometedoras, tremendamente útil en el análisis de estructuras complejas, es la posibilidad de manejar «subestructuras». Las subestructuras son ensamblajes de elementos básicos (placas y barras) que se emplean como «macroelementos» o «bloques» en la modelización de estructuras más grandes y complejas. Los programas para cálculo por ordenador que tienen la posibilidad de manejar subestructuras requieren una entrada de datos mucho más concisa y también reducen el número de incógnitas independientes a manejar en los cálculos, lo que representa una sustanciosa reducción de los tiempos de ordenador y en la necesidad de memoria de este.

Una parte esencial del análisis de estructuras mediante el método de Elementos Finitos es la modelización o discretización del medio continuo. En general, la discretización produce una cierta falta de exactitud en los resultados del análisis: por ejemplo, una modelización en Elementos Finitos conduce a una aproximación tanto en la forma de la estructura como en el campo de los desplazamientos. El tamaño de la malla que se utilice debe basarse en las exigencias del análisis: en aquellas zonas donde se esperan concentraciones de tensiones debe emplearse una malla más fina. Por otra parte, la malla debe ser más fina si el objetivo del análisis es la obtención de la distribución de los esfuerzos que si se trata de encontrar la distribución de desplazamientos, ya que los esfuerzos son las derivadas del campo de los desplazamientos (que se obtienen directamente en el llamado «método de los desplazamientos» que es el que se emplea ordinariamente) y al derivar numéricamente una solución aproximada aumentan los errores relativos.

El método de Elementos Finitos se ha aplicado ampliamente a todos los tipos de estructuras navales. Comenzó su uso por la aplicación a los superpetroleros, como consecuencia de su rápido aumento de tamaño y cambio de configuración. La Figura 6.33 muestra una posible modelización del anillo transversal que recoge la Figura 6.32. Las Reglas de las Sociedades de Clasificación, basadas en anteriores diseños ya experimentados, no eran adecuadas para estos nuevos buques y en las estructuras de los primeros supertanques se produjeron averías de consideración. El análisis de estructuras por ordenador ha permitido salvar las limitaciones de las Reglas alcanzando un buen nivel de seguridad y de eficacia en el diseño.

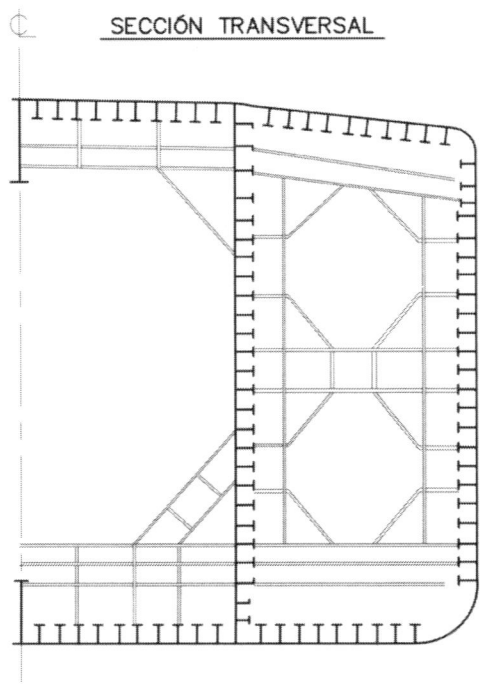

Figura 6.32: Modelización del anillo transversal con elementos estructurales.

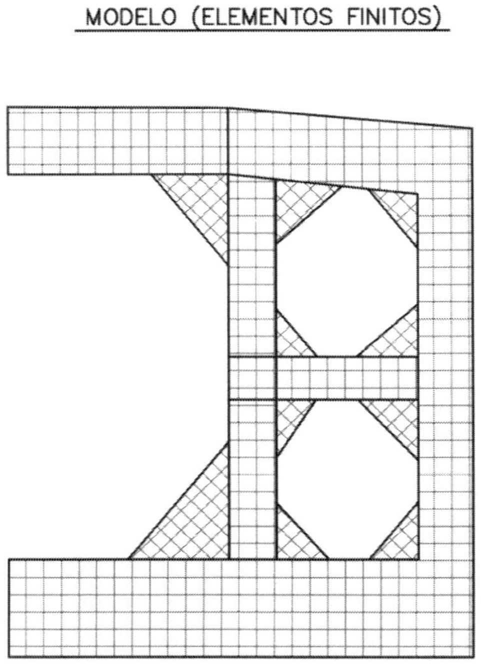

Figura 6.33: Modelización del anillo transversal mediante elementos finitos.

Otras estructuras navales tales como portacontenedores, mineraleros, *bulkcarriers*, L.N.G, L.P.G, submarinos, *hydrofoils*, rompehielos, plataformas petrolíferas, etc. han sido ampliamente analizadas por este método.

La necesidad de hacer ciertas hipótesis simplificativas al formular las teorías y al aplicar los métodos de cálculo implica cierto grado de incertidumbre en la exactitud y precisión de los resultados y los límites del área de aplicación. Una manera de cuantificar o de despejar estas incertidumbres, es llevar a cabo experimentos para probar, desmentir o enmendar los resultados teóricos.

6.6 EMPARRILLADOS PLANOS

Muchas estructuras están constituidas por una malla de barras o refuerzos dispuestos en dos direcciones diferentes, usualmente perpendiculares. Los cascos de los buques abundan en estructuras de este tipo: cubiertas reforzadas por baos y esloras o longitudinales y baos-bulárcamas; costados y fondos de petroleros; dobles fondos de *bulkcarriers*, etc. Como primera aproximación, estas estructuras pueden analizarse considerando que la carga se aplica directamente sobre las vigas dispuestas en una de las dos direcciones, mientras que las otras actúan meramente como soportes del primero de los dos conjuntos, pero no flexan bajo las acciones de las barras de este. Así, cuando se adopta el sistema transversal de construcción, puede suponerse que los baos se apoyan en los costados y en las esloras, mientras que si se adopta el sistema longitudinal se pueden escantillonar los longitudinales considerándolos como vigas continuas apoyadas en las bulárcamas.

Un tratamiento más correcto del problema es reconocer que el siguiente conjunto de refuerzos es también elástico y, por lo tanto, las acciones debidas a la sustentación del primer conjunto provocarán deflexiones en este segundo conjunto de vigas. El estudio de los «emparrillados» considera este aspecto del problema. Un «emparrillado plano» puede definirse como una estructura constituida por refuerzos dispuestos en dos direcciones, cargada perpendicularmente al plano definido por los dos conjuntos de refuerzos, y en la que hay que tener en cuenta la flecha de la malla conjunta de vigas bajo la acción de la carga aplicada.

En las estructuras navales el problema se complica por el hecho de que los refuerzos están unidos a las planchas del costado, fondo, cubiertas, mamparos, etc. La dificultad está en que la plancha forma parte integrante de los dos conjuntos de vigas que la refuerzan (plancha asociada). Otro problema a tener en cuenta es qué ancho efectivo de plancha asociada debe usarse para cada refuerzo. Esto puede ser simplemente resuelto para refuerzos relativamente pequeños y poco espaciados, pero puede ser más difícil de decidir adecuadamente para refuerzos grandes muy espaciados.

La literatura relativa a emparrillados llegó a ser bastante extensa allá por los años 60/s, mereciendo citarse el trabajo de *Shade* (Ref. (19)). Modernamente el cálculo matricial de estructuras permite un tratamiento muy adecuado de estas estructuras por medio de ordenador.

6.6.1 EMPARRILLADO SIMPLE

Una primera introducción al cálculo de emparrillados puede hacerse considerando dos refuerzos dispuestos perpendicularmente unidos en sus puntos medios. La Figura 6.34 muestra una estructura constituida por una viga apoyada en sus extremos (con longitud L_1 y momento de inercia I_1) unida en su punto central a otra viga también apoyada en sus extremos siendo L_2 e I_2 la longitud e inercia de esta segunda viga.

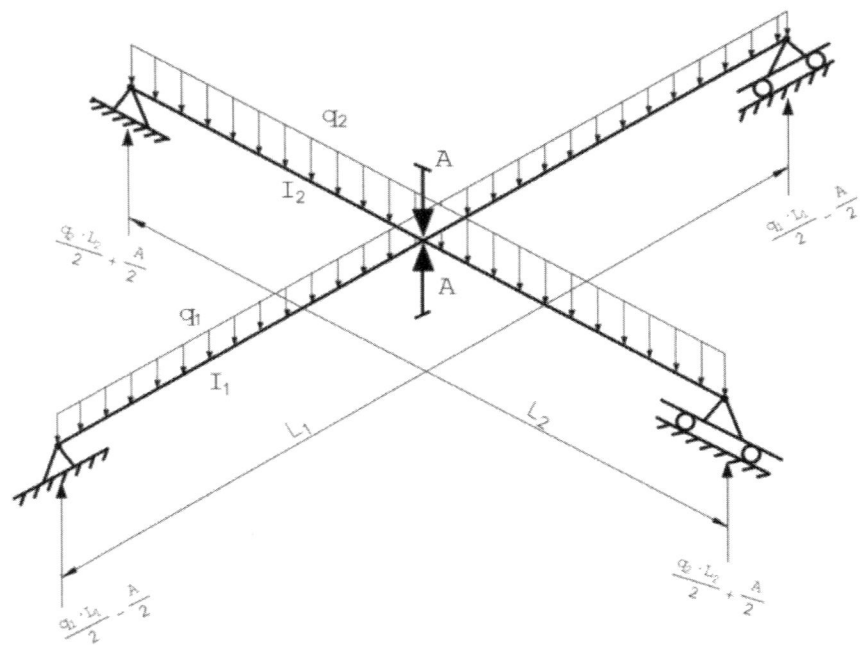

Figura 6.34: Esquema emparrillado simple de dos vigas.

Supongamos que sobre las vigas actúan directamente unas cargas uniformemente distribuidas q_1 y q_2 por unidad de longitud.

El efecto de ligadura de una viga con otra genera una acción A en el punto de intersección que actuará hacia abajo en una viga y hacia arriba en la otra. Supongamos que es la primera viga la que recibe la acción hacia arriba, con lo que las reacciones en sus extremos serán:

$$\frac{q_1 \cdot L_1}{2} - \frac{A}{2} \tag{6.5}$$

mientras que en la segunda viga la acción será hacia abajo por lo que las reacciones en los apoyos correspondientes serán

$$\frac{q_1 \cdot L_1}{2} + \frac{A}{2} \tag{6.6}$$

Nota: al hacer esta hipótesis sobre el sentido de la acción «A» sobre ambas vigas no se pierde la generalidad, ya que si realmente hubiésemos elegido un sentido equivocado nos resultará un signo negativo para el valor que calculemos para «A».

Cada una de las vigas puede ser estudiada independientemente considerándolas apoyadas en sus extremos y sometidas a la combinación de dos cargas

    a) La carga q_1 (o q_2) uniformemente distribuida a lo largo de su longitud.
    b) Una carga concentrada en su centro igual a «A».

El valor de «A» es desconocido, pero puede calcularse mediante el siguiente proceso:

Las flechas en el centro de cada una de las dos vigas vienen dadas por las expresiones:

$$\delta_1 = \frac{5}{384} \cdot \frac{q_1 \cdot L_1^4}{E \cdot I_1} - \frac{A \cdot L_1^3}{48 \cdot E \cdot I_1} \tag{6.7}$$

$$\delta_2 = \frac{5}{384} \cdot \frac{q_2 \cdot L_2^4}{E \cdot I_2} + \frac{A \cdot L_2^3}{48 \cdot E \cdot I_2} \tag{6.8}$$

como ambas vigas están unidas por sus puntos medios, ambas flechas deben ser iguales, por lo que igualando los segundos miembros de las expresiones anteriores

$$\frac{5}{384} \cdot \frac{q_1 \cdot L_1^4}{E \cdot I_1} - \frac{A \cdot L_1^3}{48 \cdot E \cdot I_1} = \frac{5}{384} \cdot \frac{q_2 \cdot L_2^4}{E \cdot I_2} + \frac{A \cdot L_2^3}{48 \cdot E \cdot I_2} \tag{6.9}$$

Se obtiene una ecuación de la que se deduce el valor de la acción «A»:

$$\boxed{A = \frac{5}{8} \cdot \frac{q_1 \cdot L_1 - k \cdot q_2 \cdot L_2}{1 + k}} \tag{6.10}$$

siendo:

$$k = \frac{I_1}{I_2} \cdot \left(\frac{L_2}{L_1} \right)^3$$

Conocido «A», se deducen los valores de los momentos flectores, que obedecen respectivamente a las leyes:

$$P \cdot x - q \cdot \frac{x^2}{2}$$

por lo tanto:

$$M_1 = \left(\frac{q_1 \cdot L_1}{2} - \frac{A}{2} \right) \cdot x - \frac{q_1 \cdot x^2}{2} \tag{6.11}$$

$$M_2 = \left(\frac{q_2 \cdot L_2}{2} - \frac{A}{2} \right) \cdot x - \frac{q_2 \cdot x^2}{2} \tag{6.12}$$

Esta distribución de momentos flectores para cada una de las vigas se refleja de manera gráfica en la Figura 6.35.

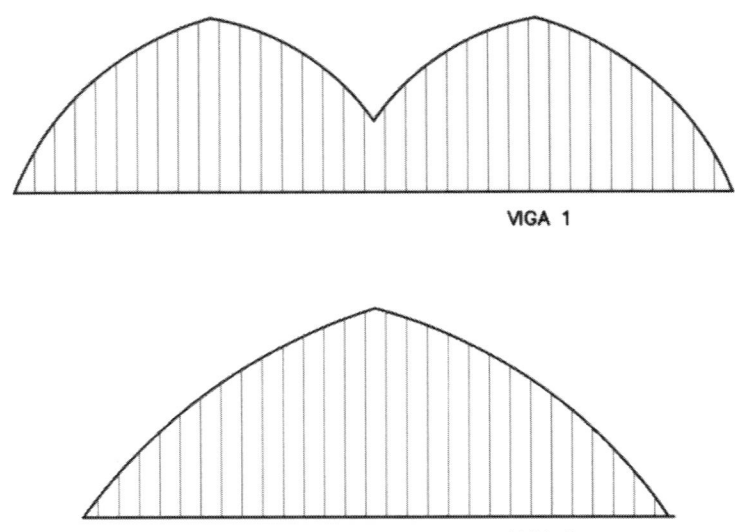

Figura 6.35: Diagrama de momentos flectores de las vigas de un emparrillado simple.

Es interesante observar que el valor del parámetro k es el cociente o relación entre las rigideces de las vigas 1 y 2. (Recordemos que una viga es tanto más rígida cuanto mayor es su inercia y menor es su longitud). Cuando la viga 2 sea muy rígida en comparación con la 1, el parámetro k toma un valor pequeño y, en el límite, cuando tiende a cero, el valor de «A» tiende hacia $\frac{5}{8} \cdot q_1 \cdot L_1$ que es reacción central en una viga continua con tres apoyos igualmente espaciados sometidos a una carga uniforme q_1. Por otra parte, si la segunda viga fuera muy flexible en relación con la primera y además $q_2 = 0$, la acción A sería nula, por lo que la viga 1 se comportaría como una viga simple apoyada en los extremos.

6.6.2 INFLUENCIA DE LA RIGIDEZ A LA TORSIÓN DE LAS VIGAS DE UN EMPARRILLADO

Un factor que puede alcanzar gran importancia en algunos emparrillados planos es la rigidez torsional de las barras o vigas que lo constituyen. Un ejemplo esquemático se muestra en la Figura 6.36.

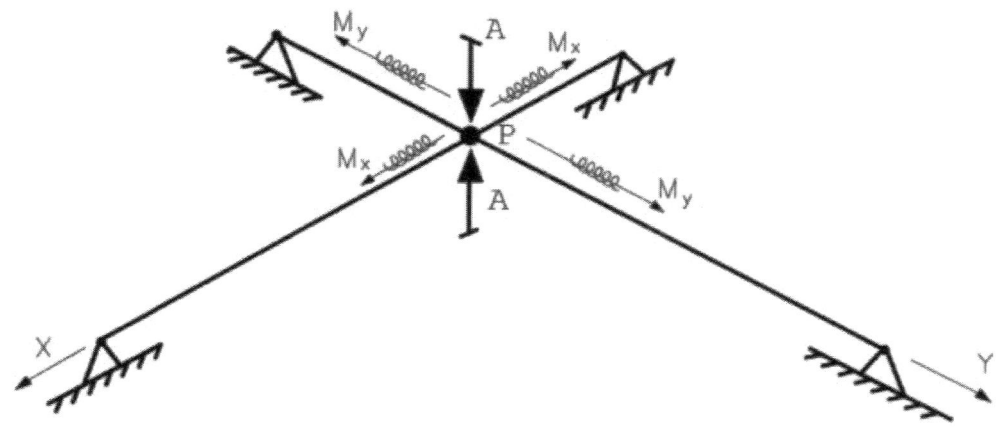

Figura 6.36: Esquema de emparrillado simple sometido a torsión.

En efecto, incluso en un emparrillado simple constituido por dos vigas que se cruzan y se unen en alguno de sus puntos, cuando no hay simetría total (de estructura y de cargas) respecto al punto de unión, además de la fuerza A, aparecen otras acciones en forma de momentos (M_x; M_y), que actúan sobre ambas barras: el momento M_x somete a flexión a la barra dispuesta en la dirección Y, mientras que origina torsión en la barra dispuesta en la dirección X; por otra parte, el momento M_y somete a torsión a la barra dispuesta según Y, mientras que hace flexar la barra dispuesta según X.

El cálculo de los tres valores (A; M_x; M_y) puede hacerse resolviendo el sistema de tres ecuaciones en dichas incógnitas que se obtiene al expresar analíticamente las tres condiciones (de compatibilidad de desplazamientos) siguientes relativas al punto P de ligadura de ambas vigas:

a) La flecha es la misma en ambas vigas.
b) El giro debido a la flexión en la viga (x) coincide con la rotación por torsión de la viga (y).
c) El giro debido a la flexión en la viga (y) coincide con la rotación por torsión de la viga (x).

Al objeto de tomar conciencia de este efecto vamos a exponer a continuación un caso concreto:

En la Figura 6.37 se muestra una pareja de tubos de longitud «L», radio «R» y espesor «e» empotrados en sus extremos y conectados en su parte media por una viga de longitud «b» sometida a la acción de una carga uniformemente distribuida «q».

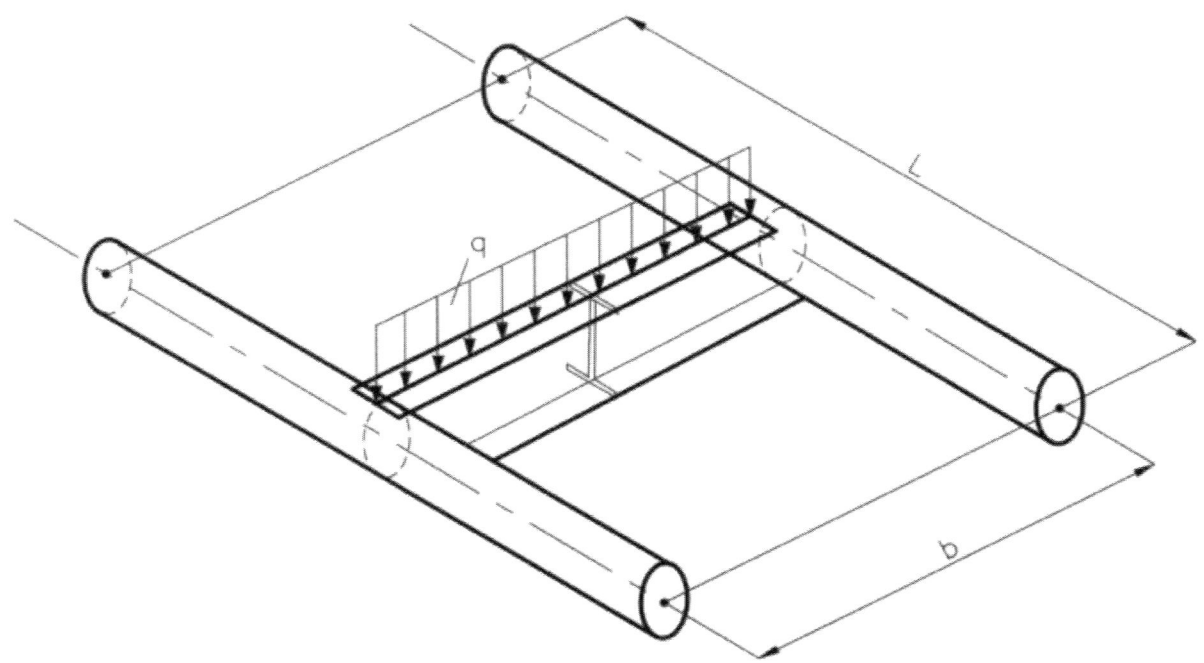

Figura 6.37: Emparrillado formado por dos tubos y una viga.

Debido a la configuración de este sistema, la viga central ejercerá sobre el tubo de la izquierda una fuerza vertical hacia abajo de valor

$$A = \frac{q \cdot b}{2}$$

y un momento «M» (véase Figura 6.39; SISTEMA 1)

El giro «ω» por unidad de longitud de un tubo empotrado en un extremo y sometido por el otro a un momento torsor «M_t» (Figura 6.38) es según la (Ref. (6)):

$$\omega = \frac{M_t}{G \cdot I_p} \tag{6.13}$$

siendo:

I_p = Momento polar de inercia de la sección transversal del tubo.
G = Módulo de cizalla: $G = \frac{E}{2 \cdot (1+v)}$

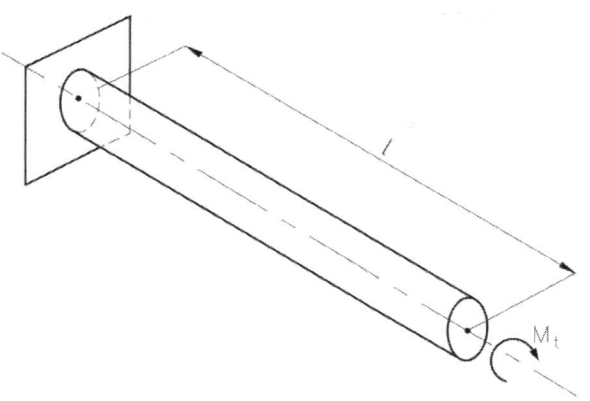

Figura 6.38

Por lo tanto, la rigidez torsional (relación entre el momento aplicado y el giro producido) del extremo libre será:

$$
\left.
\begin{array}{l}
\text{- Ángulo girado } \ldots\; \theta = \omega \cdot l \\
\text{- Momento aplicado } \ldots\; M_t
\end{array}
\right\}
KMZ = \frac{M_t}{\theta} = \frac{M_t}{\frac{M_t}{G \cdot I_p} \cdot l} = \frac{G \cdot I_p}{l}
\tag{6.14}
$$

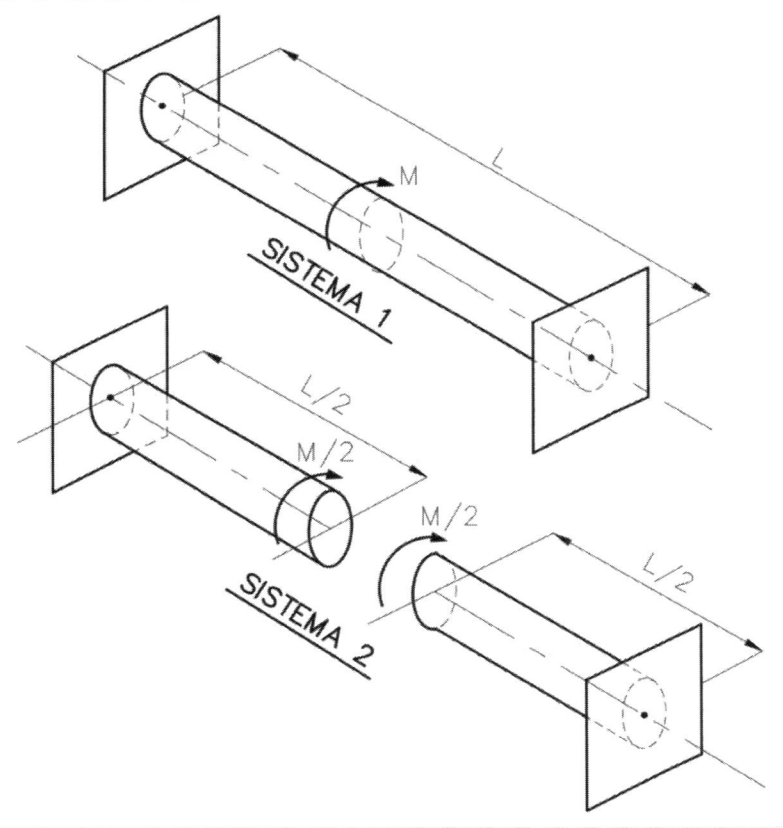

Figura 6.39

Si ahora consideramos el SISTEMA 1 de la Figura 6.39, el giro de la sección central se puede calcular fácilmente si consideramos que dicho sistema es equivalente al SISTEMA 2 que aparece en la misma (Figura 6.39). Es decir:

$$KMZ = \frac{M}{\frac{M/2}{G \cdot I_p} \cdot \frac{L}{2}} = \frac{4 \cdot G \cdot I_p}{L} \tag{6.15}$$

y, por lo tanto, podemos decir que el ángulo de torsión que provocará el momento «M»viene dado por:

$$\theta = \frac{M}{KMZ} = \frac{M \cdot L}{4 \cdot G \cdot I_p} \tag{6.16}$$

Por otra parte, el ángulo θ también debe ser igual al que gire la viga central que une ambos tubos sometida al sistema de cargas representado esquemáticamente en al (Figura 6.40), es decir:

$$\theta = \frac{q \cdot b^3}{24 \cdot E \cdot I} - \frac{M \cdot b}{2 \cdot E \cdot I} \tag{6.17}$$

siendo «I» el momento de inercia de la sección transversal de dicha viga.

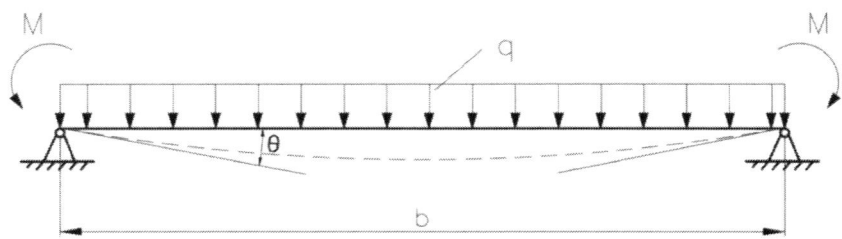

Figura 6.40

Igualando los segundos miembros de ambas expresiones de θ se llega a

$$\frac{M \cdot L}{4 \cdot G \cdot I_p} = \frac{q \cdot b^3}{24 \cdot E \cdot I} - \frac{M \cdot b}{2 \cdot E \cdot I} \tag{6.18}$$

de donde se deduce el siguiente valor de «M»:

$$\boxed{M = \frac{q \cdot b^3}{6 \cdot L \cdot \frac{E \cdot I}{G \cdot I_p} + 12 \cdot b}} \tag{6.19}$$

Conocidos «M» y «A» queda determinado el estado tensional de los tubos y de la viga que los une.

En el caso de que las vigas no sean tubos, en lugar del momento polar de Inercia «I_p», debe manejarse el llamado «Modulo de *Saint-Venant*» o «Módulo de Torsión». En la (Página 189) se indica cómo se puede calcular esta característica para varios tipos de secciones.

TORSIÓN DE VIGAS

MÓDULO DE SAINT VENANT IX Y ESFUERZOS

1) SECCIÓN RECTANGULAR

b/c	1	1,5	1,75	2	2,5	3	4	6	8	10	∞
β	0,141	0,196	0,214	0,229	0,249	0,263	0,281	0,299	0,307	0,313	0,333

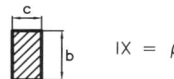

$$IX = \beta \cdot b \cdot c^3$$

2) VIGAS DE PAREDES DELGADAS DE SECCIÓN ABIERTA

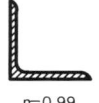    

$\eta=0,99$ $1<\eta<1,30$ $\eta=1,31$ $\eta=1,12$ $\eta=1,17$

$$IX = \eta/3 \cdot \sum I_j \cdot e_j^3$$

I_j .... LONGITUD DE CADA RAMAL DE LA SECC. TRANSV.

e_j .... ESPESOR MEDIO DE CADA RAMAL

3) VIGAS DE PAREDES DELGADAS DE SECCIÓN CERRADA

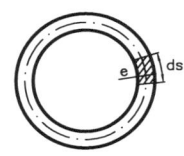

EN GENERAL: $IX = \dfrac{4\Omega^2}{\oint \frac{ds}{e}}$

Ω = ÁREA ENCERRADA POR LA LÍNEA MEDIA

LA INTEGRAL CIRCULAR SE EXTIENDE A TODO LO LARGO DE LA LINEA MEDIA

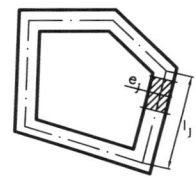

$$IX = \frac{4\Omega^2}{\sum \frac{I_j}{e_j}}$$

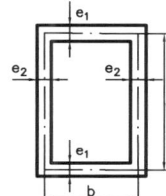

$$IX = \frac{2 \cdot (a \cdot b)^2}{\frac{b}{e_1} + \frac{a}{e_2}}$$

4) VIGAS DE UN EMPARRILLADO DE DOBLE FONDO

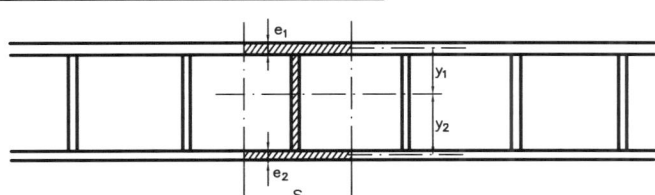

$$IX = S \cdot \{e_1 \cdot y_1^2 + e_2 \cdot y_2^2\}$$

ESFUERZOS MÁXIMOS:

1) SECCIÓN RECTANGULAR:

$$\tau_{max} = \frac{M_t}{b \cdot c^2} \cdot (3 + 1,8 \; c/b)$$

2) PERFILES ABIERTOS:

$$\tau_{max} = \frac{M_t}{IX} \cdot e_{max}$$

3) PERFILES CERRADOS:

$$\tau_{max} = \frac{M_t}{2 \cdot \Omega \cdot e} \qquad \text{(PARA ESPESOR CONSTANTE)}$$

6.6.3 EMPARRILLADOS MÚLTIPLES

Cuando hay más de una viga en cada conjunto, la solución del emparrillado es más complicada, ya que, en lugar de buscar una única acción concentrada en el punto de intersección de dos vigas, es necesario encontrar todo un conjunto de incógnitas. El planteamiento de la solución conduce a un sistema de ecuaciones lineales simultáneas en lugar de a una sola ecuación con una incógnita. Esto ya impone nuevas limitaciones en el tamaño del emparrillado (medido en número de nudos de cruce) que puede resolverse por este medio.

El uso de ordenadores para tratar matricialmente este problema es el medio que más se emplea hoy día.

Otro problema que aparece al estudiar los emparrillados múltiples que por lo general constituyen el sistema de refuerzo de un panel de planchas, es la forma en que se distribuye la carga aplicada sobre las planchas entre las vigas que componen el emparrillado.

Cuando las rigideces de ambos conjuntos de vigas son comparables puede recurrirse a una de las siguientes formas de distribución:

a) Se distribuye el 50 % sobre ambos conjuntos de rigidizadores, como carga uniformemente repartida a lo largo de su longitud.
b) Se distribuye en forma triangular tal como se indica en la Figura 6.41. (Este procedimiento conduce a resultados más pesimistas).

Cuando los refuerzos de uno de los dos conjuntos son sensiblemente más flexibles que los del otro conjunto (los longitudinales, en el caso de estructura longitudinal, o los baos y cuadernas en el caso de estructura transversal), debe distribuirse la carga precisamente sobre dichos refuerzos más flexibles (véase la Figura 6.42).

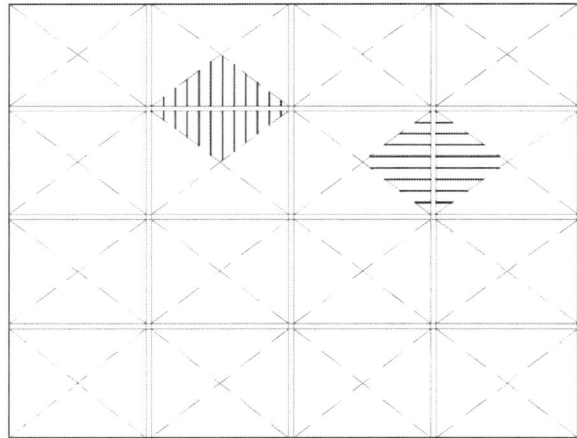

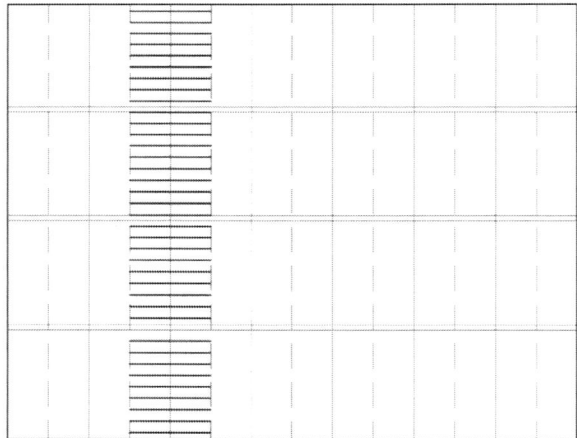

Figura 6.41: Distribución triangular de la carga aplicada a las vigas del emparrillado.

Figura 6.42: Distribución de la carga sobre emparrillados con refuerzos de flexibilidad diferente.

6.7 PLANCHA ASOCIADA. ANCHO EFECTIVO.

Como ya se indicó en el apartado dedicado a los emparrillados, cuando el entramado de vigas que componen este se dispone como refuerzo soporte de un panel de plancha, hay que tener en cuenta que dicha plancha es parte integrante de los dos conjuntos de vigas del emparrillado. Cuando se dispone un panel reforzado en una sola dirección (véase Figura (6.44), el perfil que habría que considerar en el cálculo de las características geométrico-resistentes es el constituido por el refuerzo propiamente dicho más una porción de plancha (plancha asociada) de anchura igual a la separación entre refuerzos. Sin embargo, los estudios teóricos y experimentos realizados por las (Ref. (19), (11) y (17)) indican que cuando el espaciado entre refuerzos es grande en comparación con el espesor de la plancha, el «ancho efectivo» de la plancha asociada debe tomarse igual a $k \cdot s$, siendo «k» un coeficiente menor que la unidad:

1) REFUERZOS PRIMARIOS

Bulárcamas o Baos Fuertes que soportan longitudinales; Esloras que soportan baos; palmejares que soportan cuadernas, etc. Atendiendo a la Figura 6.43:

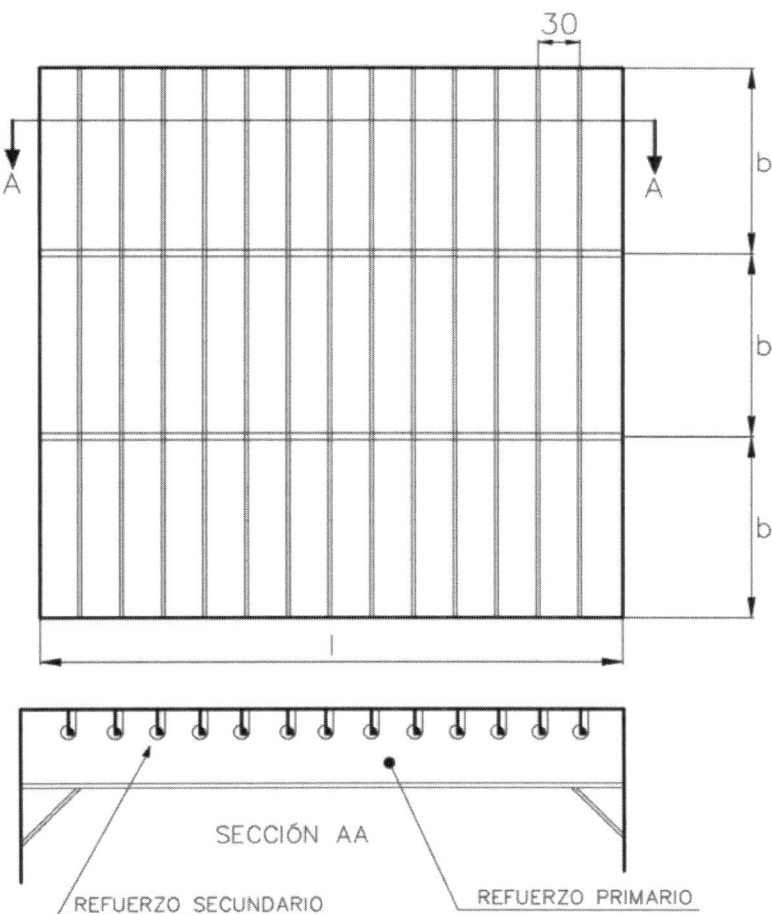

Figura 6.43: Distribución de refuerzos primarios y secundarios de un panel.

$$\text{ancho efectivo} = k \cdot b \tag{6.20}$$

Siendo:

$k = \frac{1}{3} \cdot \left(\frac{l}{b}\right)^{2/3}$ pero tomando siempre $k \leq 1$.
$b =$ Separación entre refuerzos.
$l =$ Anchura del panel o longitud del refuerzo primario.

2) <u>REFUERZOS SECUNDARIOS</u>

Llantas con o sin bulbo; longitudinales de cubierta, de costado, de fondo o de doble fondo; baos y cuadernas en buques de estructura transversal y, en general, refuerzos que se apoyan en los refuerzos primarios.

Se considerará una porción de plancha asociada cuyo ancho efectivo será 600 mm o $40 \cdot e$ (lo que sea mayor), pero sin tomar nunca un valor mayor que la separación «s» entre refuerzos. A modo de representación gráfico, se muestra la Figura 6.44.

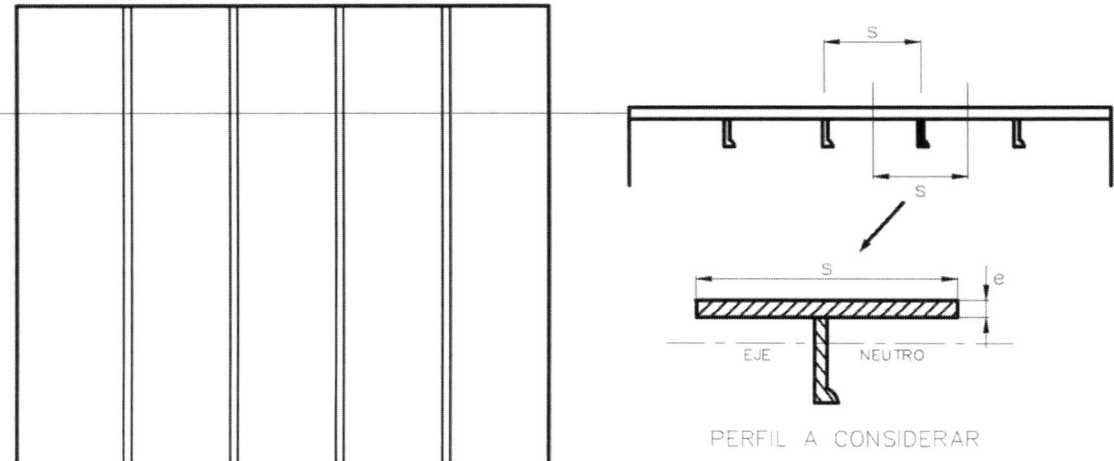

Figura 6.44: Distribución de refuerzos primarios y secundarios de un panel.

6.8 INFLUENCIA DE LOS ELEMENTOS LONGITUDINALES EN LA RESISTENCIA TRANSVERSAL: ESTUDIO TRIDIMENSIONAL.

El estudio de un pórtico plano es un método que puede considerarse bastante adecuado para comparar la resistencia transversal de dos estructuras navales semejantes. En este tipo de análisis se supone que en aquellos sitios en que se disponen miembros longitudinales, éstos no existen (por ejemplo, los longitudinales de cubierta, fondo, etc.) o bien, por el contrario, son infinitamente rígidos (costados, mamparos longitudinales, cubiertas, para deformaciones en su plano). Sin embargo, ha podido verse a través de lo expuesto sobre emparrillados planos que estas hipótesis no son correctas y que es necesario considerar simultáneamente la elasticidad de los miembros longitudinales y transversales si se quiere obtener una visión verdadera de la distribución de fuerzas cortantes y momentos flectores en las distintas barras o elementos que componen la estructura. Esto también es así cuando se está estudiando la resistencia transversal y puede comprenderse mejor observando la parte de estructura comprendida entre dos mamparos transversales consecutivos. La Figura 6.45 muestra la estructura entre dos mamparos transversales que pueden considerarse como diafragmas rígidos que no sufren distorsión en direcciones perpendiculares a la eslora del buque. Consideremos ahora una eslora de cubierta que corre a lo largo del buque: dicha eslora tendrá deflexión nula en su intersección con los mamparos transversales, mientras que la flecha irá creciendo hasta alcanzar un máximo en algún punto comprendido entre ambos mamparos transversales. Por lo tanto, si consideramos un anillo transversal situado en (1) y otro en (2), como las flechas δ_1 y δ_2 de la eslora que les sirve de apoyo son diferentes, se obtendrán distribuciones de momentos flectores diferentes para las barras que componen los dos anillos citados. Mientras que para las secciones próximas a un mamparo transversal puede considerarse el anillo como un pórtico plano con apoyos en las esloras, para secciones distantes del mamparo transversal la distribución de momentos flectores a lo largo de los elementos del anillo transversal se verá afectada por las flexiones de las esloras. El problema de resistencia transversal ya no puede tratarse como un pórtico plano, sino como una estructura tridimensional: es necesario considerar toda la estructura entre dos mamparos transversales como un conjunto. Pero no basta, en teoría, ni siquiera con esta ampliación del campo de estudio para poder afirmar que se está abordando el problema estructural en toda su extensión pues para estudiar dicha porción comprendida entre dos mamparos transversales se hace necesario suponer algún grado de fijación más o menos arbitrario de los elementos longitudinales en su intersección con los mamparos transversales. La necesidad de hacer esta hipótesis solo puede evitarse considerando la influencia real de la estructura adyacente a ambos extremos mediante una simplificación del modelo en estudio. Pero por este camino llegamos a la necesidad de estudiar todo el conjunto de la estructura del buque. Aunque hoy en día este problema es abordable con auxilio de potentes ordenadores, el coste del análisis (preparación de los datos; tiempo de cálculo en ordenador; análisis de resultados) es muy grande y solo está justificado cuando se está estudiando un prototipo nuevo o se trata de un buque de tamaño fuera de lo común.

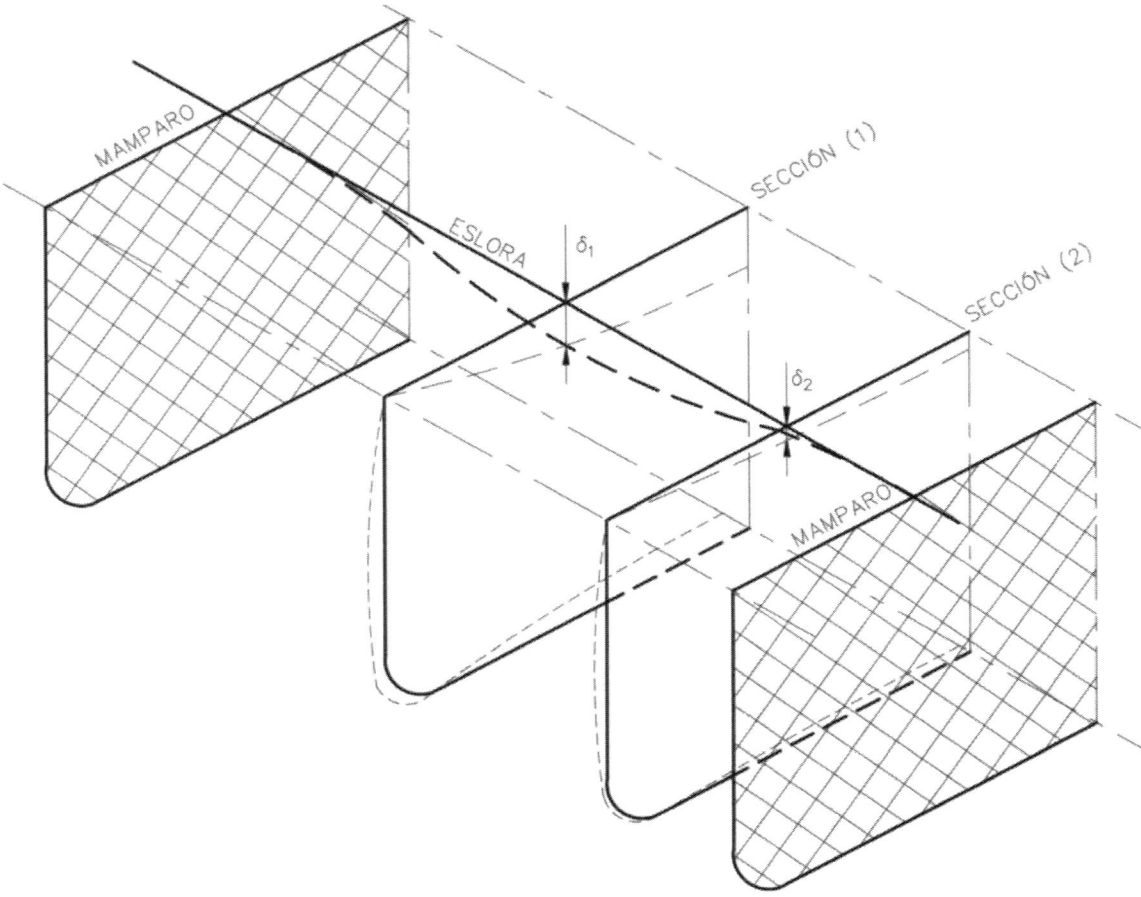

Figura 6.45: Esquema de una distribución de deformación entre dos mamparos.

Para problemas normales, se puede confinar nuestra atención en una porción de la estructura del buque de longitud igual a la separación entre mamparos: si los miembros longitudinales son continuos, pasando a través de dichos mamparos, puede suponerse que hay empotramiento en los mismos si la distribución de cargas es uniforme a lo largo de la eslora del buque. En caso de que se presenten cargas alternas en los diferentes vanos entre mamparos tal como sucede en los casos de carga de mineral en *bulkcarriers*, se estudiará un modelo constituido por dos mitades de bodegas o espacios entre mamparos, es decir, que los extremos de dicho modelo serán los planos transversales medios de dos bodegas consecutivas. Se considera, como condición de contorno, que las pendientes de los elementos longitudinales son nulas en los puntos medios de las bodegas.

En el caso de grandes buques *roll on - roll off* de la tercera generación, con una hilera de puntales en crujía, se estudia un modelo constituido por un puntal y dos mitades de espacio entre puntales (proa y popa). La Figura 6.46, tomada de la (Ref. (12)), muestra un modelo de elementos finitos que abarca dos mitades de espaciado entre puntales.

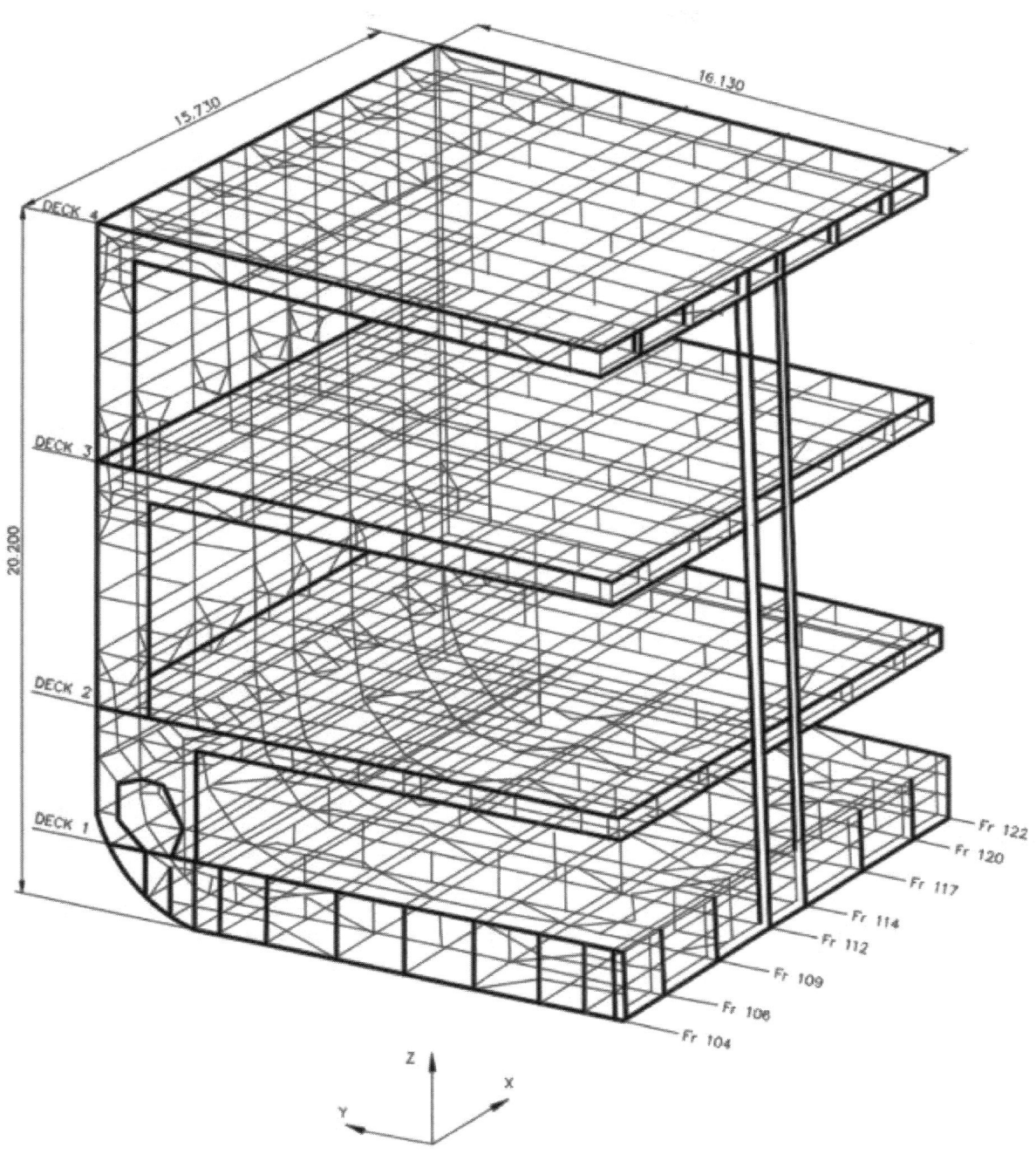

Figura 6.46: Modelo de elementos Finitos de la sección de un Ro-Ro.

Ref. (12).

6.9   PROBLEMAS ESPECIALES DE RESISTENCIA TRANSVERSAL

6.9.1   BOTADURAS

Cuando el buque se lanza al agua por el procedimiento de botadura con simple o doble imada, tiene apoyado todo su peso en una o en dos hileras de soportes, por lo que los anillos transversales descansan solo en uno o en dos apoyos.

Por lo general, se hacen coincidir las imadas con elementos estructurales longitudinalmente resistentes (mamparos longitudinales, por ejemplo).

Las cargas a considerar en el cálculo de resistencia transversal en botaduras son:

a) Peso propio de la estructura.
b) Peso de maquinaria y equipo embarcado en la grada.
c) Lastres.

6.9.2   VARADAS EN DIQUE. PUESTAS A FLOTE.

Los buques pequeños y medianos suelen varar sobre una cama construida fundamentalmente por una hilera de picaderos centrales, aunque en ocasiones se dispongan unos laterales (almohadas de pantoque) que sirven más bien para evitar el vuelco a una u otra banda en la última fase de la varada que como apoyos efectivos durante la estancia en dique.

En estos casos, los anillos transversales se encuentran apoyados solo en el centro y sometidos a:

• Peso de la estructura del casco.
• Peso del equipo y maquinaria.
• Carga, si lleva (no es normal, al entrar en dique).
• Consumos (Fuel, agua, aceite, diésel).
• Lastres.

En el caso de buques muy grandes suelen disponerse, además de la hilera central, otras laterales, en cuyo caso el anillo transversal tiene más puntos de apoyo.

Hay que hacer notar aquí que en el estudio de la resistencia transversal en dique seco debe tenerse en cuenta la flexibilidad de los picaderos, es decir, que estos deben ser considerados como apoyos elásticos, especialmente si tienen una parte de goma o caucho.

6.9.3   SOPORTADO DE GRÚAS SOBRE CUBIERTA

Algunos buques llevan grúas sobre cubierta. En el caso de algunos *bulkcarriers* y cementeros que montan una o dos grúas-pórtico, además de calcular el polín sobre el que se fijarán los carriles como una viga continua apoyada en las bulárcamas, hay que estudiar los esfuerzos inducidos en el anillo transversal por las cargas transmitidas por la grúa en los casos más desfavorables.

Debe considerarse la siguiente situación de cargas sobre el anillo:

- Calado máximo.
- Bodega vacía o con mineral que no sobrepase el nivel de la tolva baja.
- Tanque lateral alto, lleno.
- Reacción máxima «F» debida a la grúa (véase Figura 6.47).

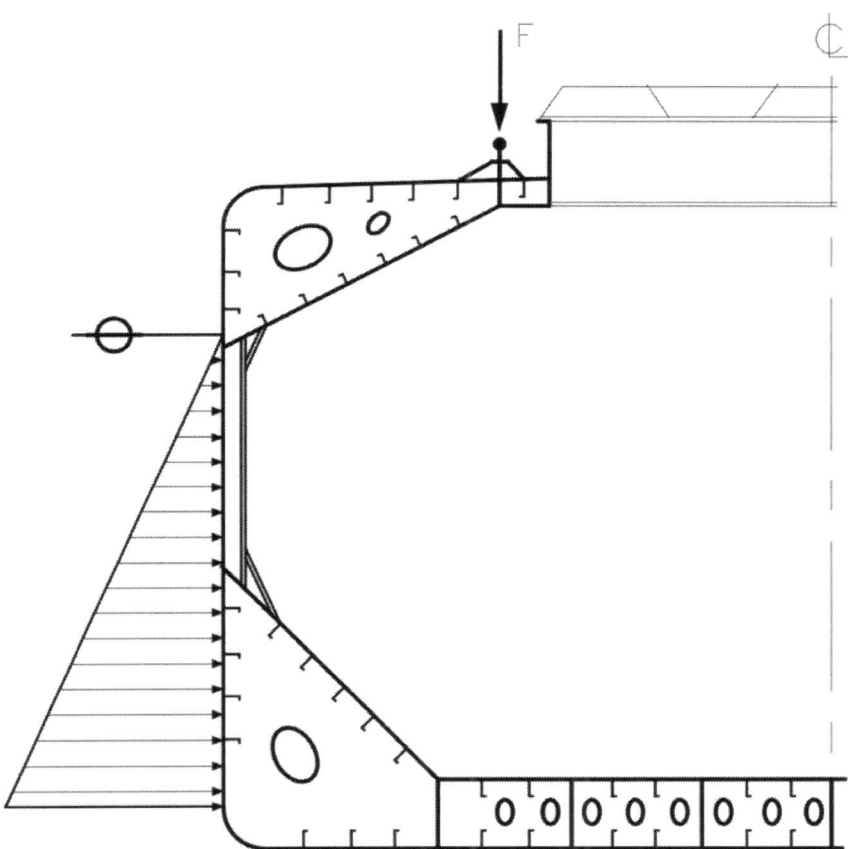

Figura 6.47: Esquema de una distribución de deformación entre dos mamparos.

7. DOS FORMAS DE CONSTRUCCIÓN: ESTRUCTURAS DE TIPO TRANSVERSAL Y ESTRUCTURAS DE TIPO LONGITUDINAL

7.1 FUNCIONES DE LOS COMPONENTES DE LA ESTRUCTURA DEL BUQUE

La cubierta resistente, el fondo y los costados del buque actúan como una viga-cajón al resistir los momentos flectores y otras cargas impuestas a la estructura. La cubierta de intemperie, el fondo y los costados constituyen también una envolvente estanca que resiste localmente la acción del mar y soporta el empuje que soporta el buque a flote. Los restantes componentes de la estructura o bien contribuyen directamente a estas funciones, o bien indirectamente a mantener los miembros principales en posición adecuada para que puedan actuar eficientemente.

El planchado del **fondo** es uno de los principales miembros longitudinales y constituye la platabanda inferior de la viga-buque. Es también parte de la envuelta estanca, estando sometida a carga hidrostática local. En el extremo de proa, además, debe ser capaz de resistir la presión dinámica adicional causada por el fenómeno de *SLAMING*, por lo que los espesores del fondo de dicha área se incrementan para conseguir la resistencia necesaria.

El **doble fondo** contribuye de una manera apreciable en el módulo resistente del fondo de la viga-buque. El doble fondo y el forro del fondo junto con las vagras y varengas trabajan como un panel doble de planchas (emparrillado en platabandas continuas) soportando los efectos de segundo orden causados por las cargas actuantes sobre el plan del doble fondo y las presiones hidrostáticas actuantes sobre el fondo, y transmitiéndolas a los elementos principales de la estructura que le sirven de contorno: mamparos transversales y costados. El doble fondo también es límite de tanque en algunas ocasiones y, en caso de avería del fondo soporta la presión exterior.

Una o varias **cubiertas** resistentes forman los miembros principales de la platabanda o platabandas superiores de la viga-buque. Estas cubiertas constituyen la parte alta del contorno estanco y están sometidas localmente a las acciones hidrostáticas, hidrodinámicas (golpes de mar), gravitatorias (carga) y de los equipos instalados en ellas. Las restantes cubiertas, contribuyen en mayor o menor medida a la resistencia longitudinal, dependiendo de su extensión en la dirección longitudinal, su distancia al eje neutro del casco y su unión efectiva a la estructura de este. Localmente las cubiertas intermedias están sujetas a las solicitaciones ocasionadas por la carga, los equipos, efectos en pañoles, espacios de acomodación y, donde forman parte del contorno de un tanque o constituyen límite de subdivisión, a presión hidrostática.

Los **costados** constituyen las «almas» de la viga-buque y son parte muy importante de la envolvente estanca. Están sometidos a presiones hidrostáticas, a los efectos dinámicos originados por los movimientos de balance y cabeceo y a los golpes del mar; en particular en la zona de proa, el planchado debe ser capaz de resistir el impacto de las olas. En popa, es aconsejable disponer planchas gruesas en la zona del timón, arbotantes y tubo de bocina. Para aquellos buques que deban navegar en zona de hielo, se exigen mayores espesores en la zona del casco comprendida entre las líneas de flotación en lastre y la correspondiente al calado de francobordo. Otras zonas de los costados sujetas a condiciones de trabajo duro y las que es recomendable disponer mayores espesores son las áreas previstas para el empuje de los remolcadores, zona de trabajo de las defensas.

Los **mamparos** son unos de los mayores componentes de la estructura interna. Su función en la viga-buque depende de su orientación (transversal, longitudinal, inclinado) y de su extensión. Los mamparos transversales principales actúan como diafragmas rigidizadores internos de la viga-buque, resistiendo las cargas de romborización (*racking*), pero no contribuyen directamente a la resistencia longitudinal. Los mamparos longitudinales, por otro lado, si se extienden suficientemente a lo largo de la eslora (más de L/10, por ejemplo) sí que contribuyen a la resistencia longitudinal, y en algunos buques son casi tan efectivos como los costados. Hay que decir, además, que los mamparos, en general, tienen otras funciones estructurales tales como: formar parte del contorno de tanques, soportar cubiertas y cargas producidas por ciertos equipos, y aumentar la rigidez de la viga-buque para reducir las vibraciones. Además de todo esto, los mamparos transversales estancos subdividen o compartimentan el buque, impidiendo su inundación progresiva en caso de avería. Lógicamente, durante el proyecto de este tipo de estructuras, habrá que tener en cuenta todas las cargas que puedan aplicarse.

Los elementos estructurales que acabamos de comentar, cubiertas, fondo, doble fondo, costados y mamparos, están constituidos básicamente por grandes hojas o láminas de plancha cuyos espesores son muy pequeños en comparación con sus otras dimensiones, sometidas a cargas en su plano y perpendiculares al mismo. Estas laminas o placas pueden presentar superficie plana o curva, pero en cualquier caso deben reforzarse para poder llevar a cabo su misión estructural de una manera eficiente. En algunos casos se emplean mamparos corrugados en los que la rigidez del panel se ha encomendado a las corrugas.

Los elementos rigidizadores tienen funciones diferentes: los baos refuerzan el planchado de cubierta; las esloras, a su vez, soportan los baos, transfiriendo la carga a los puntales o a los mamparos transversales. En estructuras de tipo transversal, los costados están reforzados por cuadernas, que, además, soportan los extremos de los baos y, a su vez, se apoyan en los palmejares y en las cubiertas. En las estructuras de tipo longitudinal, los refuerzos primarios de las planchas se disponen en dirección proa-popa y se soportan sobre anillos transversales.

Cuando el buque tiene doble fondo, se disponen planchas verticales que conectan y unen el fondo con el doble fondo: las que corren en el sentido de la manga del buque reciben el nombre de «varengas», mientras que las que corren en dirección proa-popa reciben el nombre de «vagras» o «carlingas».

7.2 INTERACCIÓN DE LOS COMPONENTES DE LA ESTRUCTURA

Los refuerzos no actúan, por supuesto, independientemente del panel de planchas al que están unidos. Una cierta porción de plancha se comporta como platabanda del refuerzo y en el cálculo de las propiedades geométrico—resistentes (modulo resistente, inercia) de la sección transversal del refuerzo debe tenerse en cuenta la porción de «plancha asociada».

Los rigidizadores o refuerzos de un panel tienen varias funciones dependiendo del tipo de carga que actúe sobre el panel. En el caso de cargas normales a la plancha (tal como, por ejemplo, la debida a la presión hidrostática actuante sobre un mamparo), el refuerzo sirve de apoyo o restricción al movimiento de los bordes de cada panel. En el caso de cargas actuantes en el plano de la plancha, los refuerzos impiden la deformación por alabeo o pandeo de los paneles. Si dichos refuerzos se disponen en dirección longitudinal, contribuyen sustancialmente a la resistencia longitudinal de la viga-buque.

Las cubiertas, costados, doble fondo, fondo y mamparos actúan interactivamente, comportándose unos como bordes restrictivos de los otros. Así por ejemplo, los bordes de un mamparo transversal están soportados por los costados, la cubierta y el fondo o doble fondo. Al mismo tiempo, el mamparo actúa como soporte de los grandes paneles reforzados de las cubiertas, costados y fondo. Esta interacción origina una distribución compleja de tensiones en las intersecciones de dichos paneles reforzados.

Las esloras y baos de cubierta se soportan, además, en pilares o puntales. Estos elementos no solo soportan fuerzas locales procedentes de los pesos de la carga, equipos y propio de la estructura, sino que **también** sirven para mantener las distancias entre las diferentes cubiertas, el fondo y doble fondo, a pesar de que la flexión de la viga-buque tendería a aproximarlos.

En general, la idea de concretar qué miembros son los que actúan como soporte de otros, tiene su origen en el deseo de descubrir de una manera simplificada la situación real de interacción entre los diferentes componentes. En un buque o en cualquier otra estructura, todos los elementos tienden a actuar de una forma conjunta. Esta interacción estructural, que en general puede ser muy compleja, puede representarse bien por un modelo tridimensional de elementos finitos que englobe el conjunto de la estructura y puede analizarse mediante ordenador con la ayuda de adecuados programas de cálculo.

7.3 TIPOS DE ESTRUCTURAS NAVALES

Después de todo lo dicho hasta ahora puede resultar reiterativo decir que la estructura del buque se compone principalmente de paños de plancha reforzados. Sin embargo, debemos recordar esto para comprender qué se entiende por «tipo de estructura». Los refuerzos en cuestión se suelen disponer distribuidos en dos grupos o familias ortogonales, formando un emparrillado. Así pues, en general, nos encontraremos con refuerzos longitudinales y transversales, salvo en el caso de los mamparos transversales en los que por su propia disposición nunca pueden reforzarse mediante elementos longitudinales. De dicha pareja de familias o grupos de refuerzos, suelen ser unos más pequeños y poco espaciados y otros más rígidos y con espaciado mayor. En primera aproximación cabe decir que los primeros refuerzan directamente el panel de plancha, mientras que los segundos les sirven de apoyo o soporte a los del primer grupo. Pues bien, se dice que, la estructura es del tipo TRANSVERSAL cuando los esfuerzos secundarios que rigidizan directamente los paneles de plancha se disponen transversalmente, mientras que cuando dichos refuerzos secundarios se disponen en dirección proa-popa, se dice que la estructura es del tipo LONGITUDINAL.

7.4   ESTRUCTURA TRANSVERSAL

Este tipo de estructura fue el primero en desarrollarse a causa de la utilidad de las cuadernas para ir concretando la superficie exterior del casco cuando este se construía pieza a pieza, es decir, cuando no se aplicaba la idea de la prefabricación.

El elemento básico de este tipo de estructura es el anillo transversal constituido por las cuadernas de costado, los baos y la varenga. Obviamente, además de estos refuerzos se disponen otros más rígidos, en este caso, en dirección proa-popa que disminuyen las luces de los refuerzos secundarios: esloras en las cubiertas, palmejares de costado y vagras en el fondo. Y, naturalmente, el plancheado que, además de cumplir una misión estructural, tiene la más importante constituir diafragmas estancos que forman la envolvente exterior del casco o los límites de su compartimentación.

7.5   ESTRUCTURA LONGITUDINAL

Este tipo de estructura fue empleada por primera vez el 1906 en la construcción del petrolero «PAUL PAIX», primero del tipo *ISHERWOOD* y es el más adecuado para el moderno sistema de prefabricación que se usa en las factorías navales.

Los refuerzos secundarios de los paneles de plancha se disponen en dirección proa-popa y se disponen fuertes anillos transversales denominados «bulárcamas» en los que se apoyan los longitudinales. Dichos anillos transversales suelen estar sensiblemente espaciados (entre 3 y 5 metros) del orden de 5 a 7 veces la separación entre longitudinales.

7.6   VENTAJAS E INCONVENIENTES DE AMBOS TIPOS DE ESTRUCTURA

Al comparar ambos tipos de estructura, se observan las siguientes particularidades, que representan ventajas para una e inconvenientes para la otra:

1) La estructura transversal no requiere el empleo de la prefabricación, mientras que la de tipo longitudinal solo puede utilizarse cuando se emplea dicha técnica. Por otra parte, teniendo en cuenta que en las modernas factorías navales se dispone de potentes medios de elevación y transporte, puede decirse que la prefabricación es la técnica que naturalmente debe emplease, por lo que las estructuras longitudinales pueden construirse, incluso con ventaja sobre las de tipo transversal.

2) Las estructuras de tipo transversal son menos eficientes para dar resistencia longitudinal a la viga-buque, por lo que en buques sujetos a fuertes momentos flectores conducen indefectiblemente a cascos más pesados que aquellos en que se emplea estructura longitudinal.

3) Las planchas de fondo y cubierta alta sometidas en ciertas ocasiones a altos esfuerzos de compresión en la dirección de la eslora del buque, tienen menos resistencia al pandeo cuando están reforzadas transversalmente que cuando lo están longitudinalmente. Por

ello el sistema longitudinal está especialmente indicado cuando se emplea acero de alta tensión en cubierta y/o en fondo.

4) Las estructuras de tipo transversal presentan unas superficies límites de bodegas más adecuadas para el escurrido o estiba de cargas a granel o en balas.

5) La conservación de la continuidad de los longitudinales a su paso a través de mamparos transversales estancos, es un problema típico de la estructura longitudinal.

En líneas generales, puede decirse que, si bien la estructura transversal sigue siendo adecuada para los buques pequeños, para los buques de cierto porte es recomendable acudir al sistema longitudinal.

7.7 SISTEMA MIXTO

El sistema mixto intenta conjugar las ventajas de ambos tipos, si bien se presentan algunos problemas, de los cuales el mayor es el de cómo conseguir la continuidad local de la estructura en el límite de separación del reforzado longitudinal con el transversal.

Es típica de los *bulkcarriers* la siguiente disposición:

- Costados entre tolvas altas y bajas reforzados por cuadernas.

- Cubierta, partes superiores de los costados y tolvas altas, reforzadas por longitudinales que se apoyan en bulárcamas espaciadas entre 4 y 6 claras de cuadernas.

- Tolvas bajas, fondo y doble fondo reforzados por longitudinales apoyados en bulárcamas dispuestas cara tres o cuatro caras de cuadernas.

En buques de carga general con grandes alturas de entrepuente, se puede colocar a media altura entre dos cubiertas consecutivas, un palmejar para servir de apoyo a las cuadernas. Con ello se podrá disminuir el escantillón de dichos refuerzos primarios (las cuadernas) al quedar reducido a la mitad de su vano.

En general puede decirse que es conveniente usar estructura transversal en el costado que (por estar cerca del eje neutro de la sección) no contribuye sensiblemente en el módulo resistente de la viga-buque, y es la zona donde la disposición de longitudinales podrá representar molestias para la estiba o el manejo de la carga. Por el contrario, en cubierta, fondo y doble fondo, la estructura de tipo longitudinal se presenta como la más adecuada.

8. RESISTENCIA LOCAL: CRITERIOS DE CÁLCULO

8.1 GENERALIDADES

Como ha quedado dicho en una lección anterior, no basta con que la viga-buque considerada como un conjunto sea capaz de soportar los momentos flectores y las fuerzas cortantes que actúan sobre ella, o con que los anillos transversales tengan suficiente rigidez, sino que es necesario además que los elementos primarios (planchas y refuerzos) considerados individualmente, tengan escantillones adecuados para soportar las acciones ejercidas directamente sobre ellos, en combinación con las que resultan de su contribución a la resistencia de conjunto (longitudinal o transversal).

En los párrafos siguientes se da una visión de este aspecto de la Resistencia Local y se exponen algunos criterios de cálculo relacionados con él.

8.2 ESPACIADO ENTRE REFUERZOS

En el escantillonado de los elementos de la estructura del buque, interviene de una manera importante la separación entre refuerzos y la luz o distancia entre apoyos de los mismos. Cabe hablar de:

- Espaciado entre cuadernas.
- Espaciado entre longitudinales.
- Espaciado entre varengas o entre anillos transversales.
- Espaciado entre refuerzos de mamparos.
- Distribución de puntales.

En general, los criterios que se siguen para elegirlos son:

8.2.1 FUNCIONALIDAD

Es decir, procurar distribuir adecuadamente los vanos a subdividir, de acuerdo con la disposición de bodegas, geometría de la cuaderna maestra, etc.

8.2.2 EXIGENCIAS DE LAS REGLAS

En el caso de buques mercantes que van a ser clasificados en alguna Sociedad de Clasificación, hay que tener en cuenta la necesidad de no exceder los vanos máximos indicados en los reglamentos correspondientes. En el caso de que resulte interesante para el proyectista o el astillero sobrepasar dichos límites, será necesario negociar esta posibilidad con el departamento de aprobación de planos de dicha entidad, aportando los cálculos justificativos que pudiera exigir.

8.2.3 APROVECHAMIENTO DE LAS PLANCHAS

Para planchas de 10 m de longitud, por ejemplo, los espaciados entre cuadernas más adecuados son los indicados en la Tabla 8.1 adjunta:

Espaciado (mm)	Número de claras	Sobrante (mm)
620	16	80
665	15	25
660	15	100
710	14	60
765	13	55
830	12	40
905	11	45
955	10	50

Tabla 8.1: Espaciados recomendados para planchas de 10 m.

8.2.4 TIPO Y TAMAÑO DEL BUQUE

Cuanto mayor sea el buque y más importancia tenga la resistencia longitudinal, como sucede por ejemplo en petroleros y *bulkcarriers*, interesan espaciados mayores entre refuerzos primarios, de manera que se obtengan espesores mayores de plancha, que contribuyan más a dicho tipo de resistencia.

8.3 CÁLCULO DE PLANCHAS

Las planchas que forman parte de la estructura del buque pueden estar sometidas a uno o varios de los tipos de solicitación siguientes:

- Presión hidrostática o neumática.
- Esfuerzos de tracción o compresión actuando en su propio plano.
- Esfuerzos de cizalla en su plano.
- Cargas puntuales o muy localizadas (huellas de neumáticos).
- Cargas debidas al mineral (tapas de doble fondo, principalmente).
- Roces e impactos (roce de la cadena; descarga con cuchara; *sloshing*; machetazos; etc.).

Los paneles de plancha sometidos a carga de compresión y/o cizalla en su plano deben ser comprobados desde el punto de vista del pandeo.

Hay numerosos métodos de cálculo de planchas: en los párrafos siguientes se comentan algunos de ellos.

8.3.1 FÓRMULAS DE *PIETZKER* Y *HORGAARD*

Se pueden utilizar para escantillonar planchas sometidas a presión hidrostática (tanques, fondo, costado) o que eventualmente deben ser capaces de soportar una cierta carga hidrostática, aunque se admita hasta un 20 % de deformación permanente (planchas de mamparos estancos que no sean límites de tanques).

La fórmula de *PIETZKER* es:

$$e = 4,57 \cdot s \cdot \sqrt{h} \qquad (8.1)$$

Siendo:

e ..... Espesor en mm.
s ..... Espaciado entre refuerzos en m.
h ..... Altura de agua en m.

(Esta fórmula solo es aplicable cuando el vano de los refuerzos es superior al triple de su espaciado).

Por otra parte, de acuerdo con las experiencias de *HOVGAARD*, es recomendable incrementar los espesores en un 20 % sobre los que resultan de la fórmula anterior, con lo que quedará:

$$e = 5,5 \cdot s \cdot \sqrt{h} \qquad (8.2)$$

Este investigador, en su libro *STRUCTURAL DESIGN OF WARSHIPS* (Ref. (8)), da dos curvas para el cálculo de planchas sometidas a presión hidrostática: la primera de ellas (Curva «A») es aplicable a límites de compartimentos y tanques que puedan estar sometidos habitualmente a presión hidrostática, mientras que la segunda (curva «B») es aplicable a mamparos estancos que no sean límites de tanques y que solo se verán sometidos a presión hidrostática en caso de inundación (mamparos de subdivisión).

En la (Ref. (4)) se incluyen cuatro familias de curvas preparadas para la elección del espesor de planchas en los siguientes casos:

Fig-8.1   Planchas de acero dulce que no deben alcanzar el límite elástico en su trabajo.
Fig-8.2   Planchas de acero dulce que pueden alcanzar una deformación de hasta un 20 % en su trabajo (mamparos de subdivisión).
Fig-8.3   Planchas de acero de alta resistencia que no deben alcanzar el límite elástico en su trabajo.
Fig.8.4   Planchas de acero de A.R que pueden alcanzar una deformación de hasta un 20 % en su trabajo (mamparos de subdivisión).

Los límites de fluencia de los aceros considerados al trazar dichas curvas son:

Acero dulce .... 2.460 kg/cm^2
Acero alta resistencia .... 3.410 kg/cm^2

La forma de usar estas gráficas es la siguiente:

1) Calcular el cociente «r» entre las longitudinales de los lados mayor y menor del panel de la plancha.
2) Entrar en la gráfica correspondiente en función del tipo de acero y de la forma de trabajo (curvas «A» o «B») y teniendo en cuenta la relación «r», se obtiene el coeficiente k en la curva incluida en cada una de las gráficas antes citadas.
3) Siendo «h» la altura de agua al centro del panel y «a» el lado menor del mismo, se entra en la gráfica correspondiente con la pareja de valores ($k \cdot h$; a), representando el punto figurativo. Debe elegirse como espesor de la plancha el correspondiente a la curva situada inmediatamente a la derecha de dicho punto.

■ **Ejemplo 8.1** La separación entre varengas de un carguero convencional es de 800 mm, mientras que el espaciado entre vagras es de 2.000 mm. El calado de escantillonado es de 6,50 m. Calcúlese el espesor mínimo de las planchas de fondo (que serán de acero dulce) por consideraciones de Resistencia Local.

Solución:

$$r = \frac{2.000}{800} = 2,50$$

Entrando en Fig- 8.1: $K \simeq 0,99$; $h \cdot k = 6,44$

Se requiere un espesor de 11 mm.

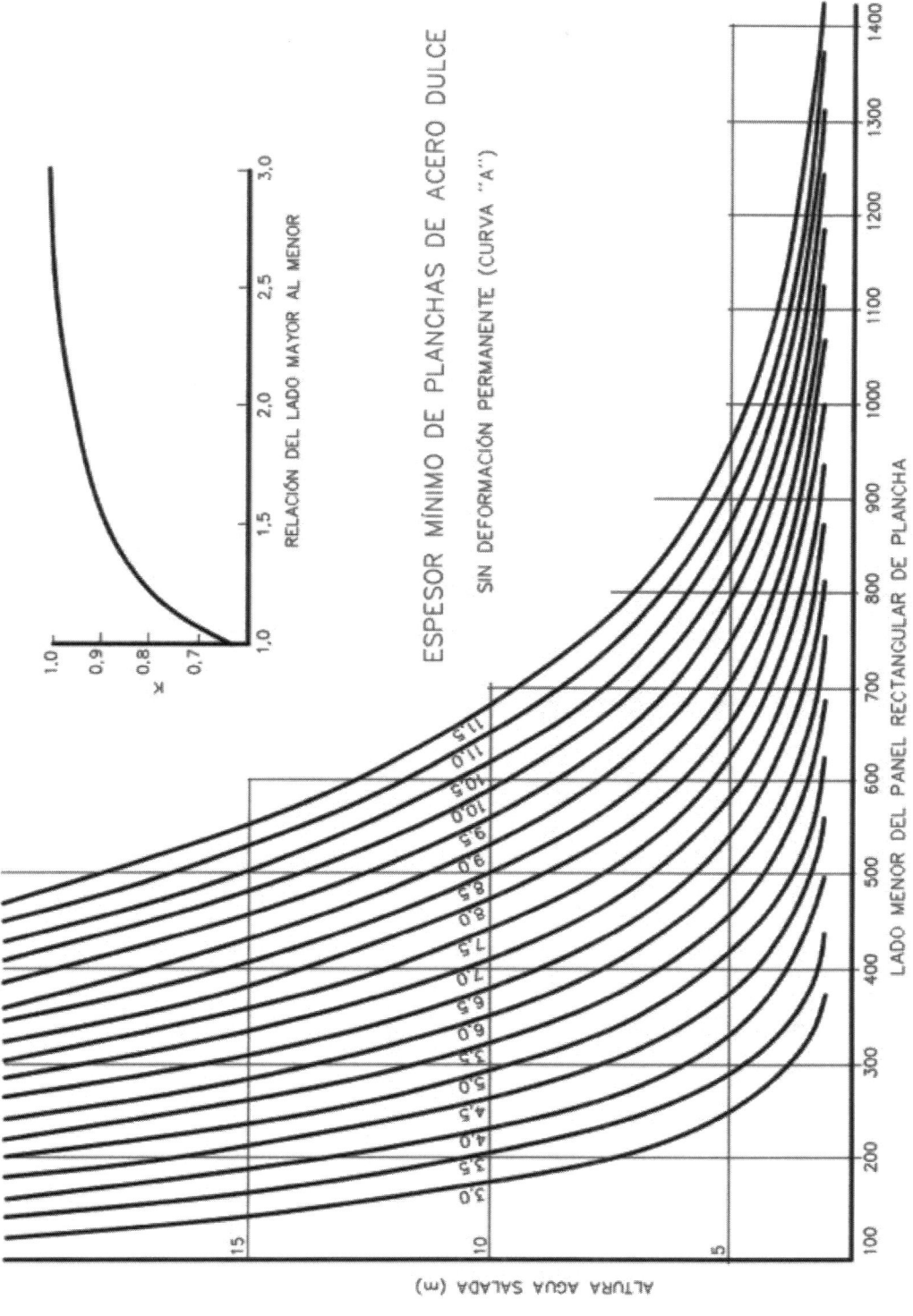

Figura 8.1: Espesor mínimo de planchas de acero dulce sin deformación permanente.

Fuente: R.Martín Domínguez (Ref. (4))

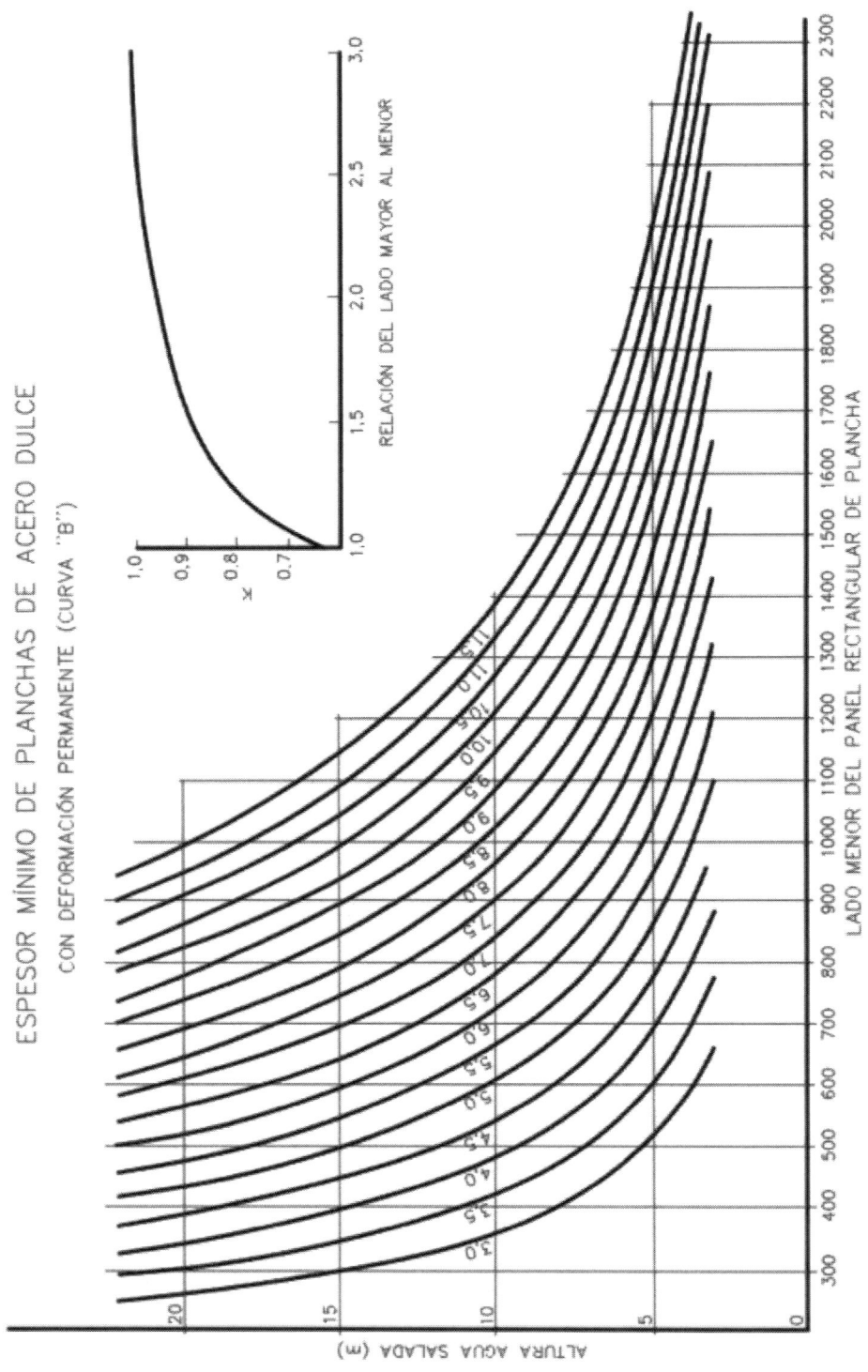

Figura 8.2: Espesor mínimo de planchas de acero dulce con deformación permanente.

Fuente: R.Martín Domínguez (Ref. (4))

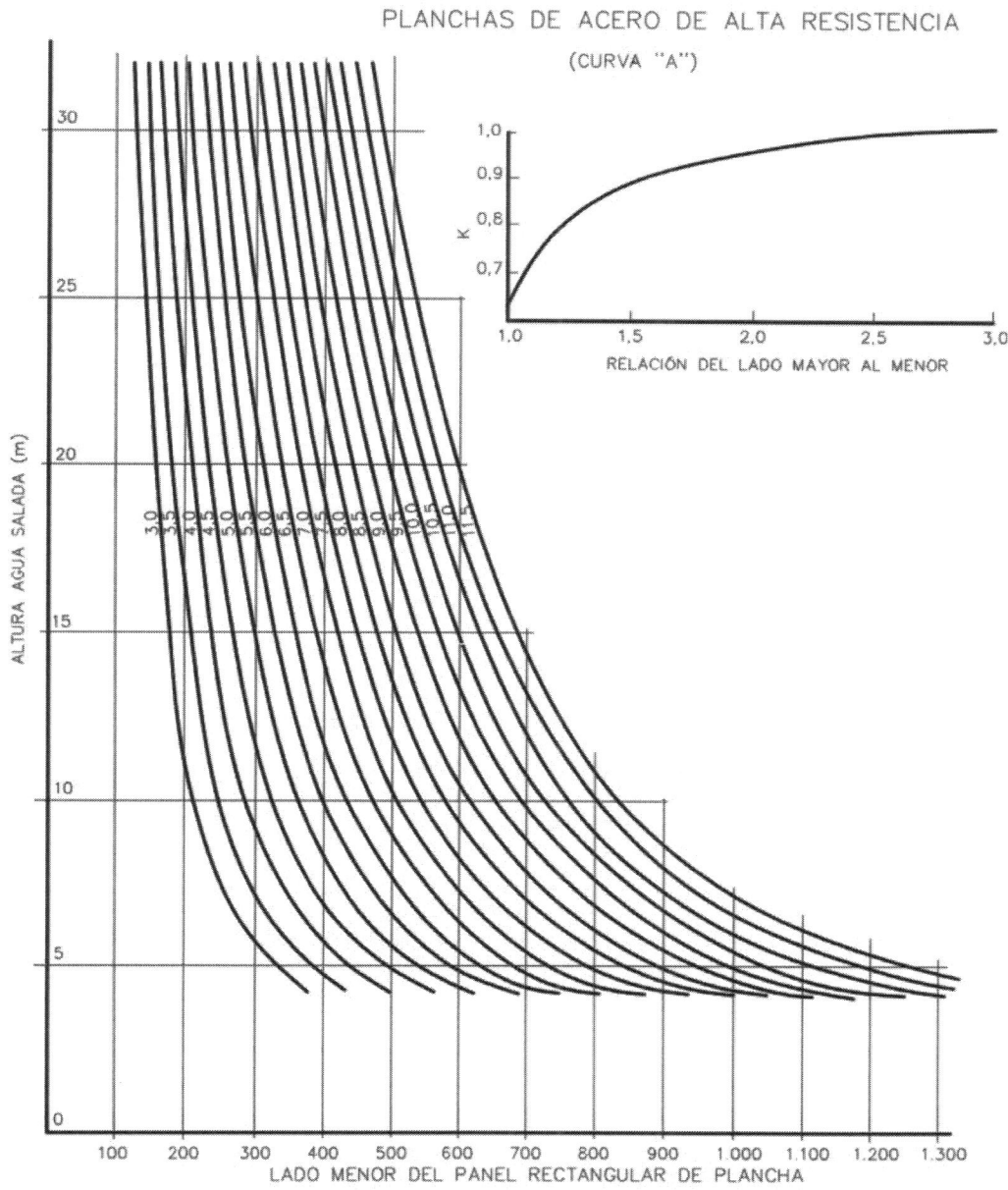

Figura 8.3: Espesor mínimo de planchas de acero de alta resistencia sin deformación permanente.

Fuente: R.Martín Domínguez (Ref. (4))

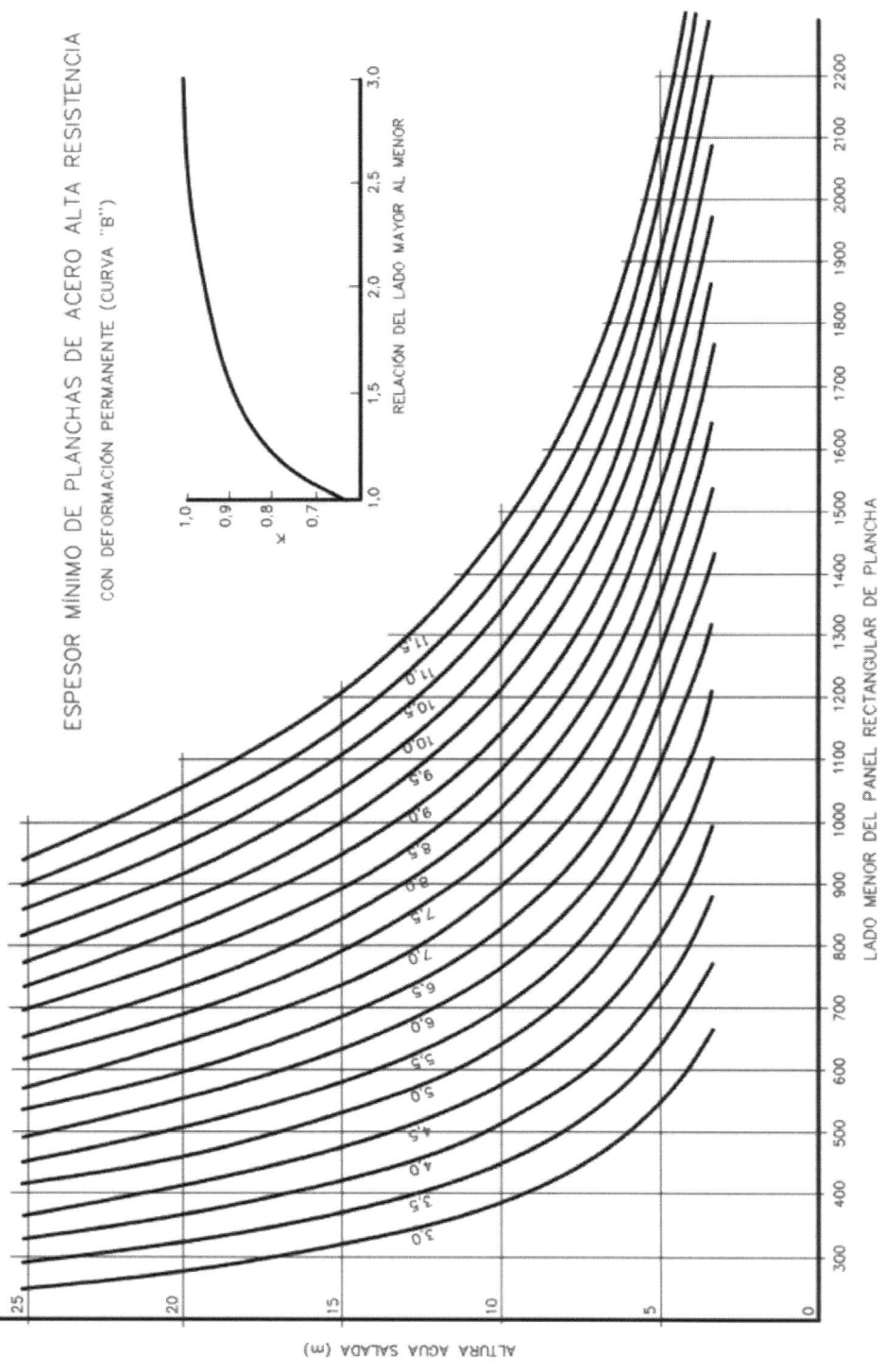

Figura 8.4: Espesor mínimo de planchas de acero de alta resistencia con deformación permanente.

Fuente: R.Martín Domínguez (Ref. (4))

ESFUERZOS EN UNA PLANCHA SOMETIDA A PRESIÓN HIDROSTÁTICA

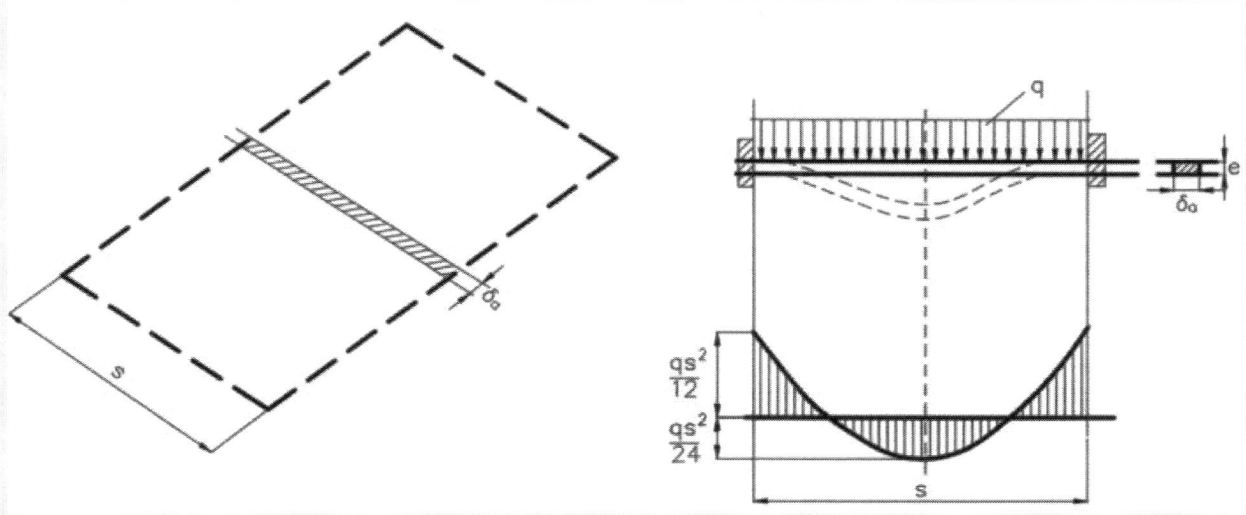

Figura 8.5: Fuerza sobre una tira infinitesimal de un panel.

Se considera una estrecha tira de anchura «δ_a» empotrada en los extremos (borde del panel).

$$MF_{empot} = \frac{q \cdot s^2}{12}$$

$$W = \frac{\frac{1}{12} \cdot \delta_a \cdot e^3}{\frac{e}{2}} = \frac{\delta_a \cdot e^2}{6}$$

$$q = \gamma \cdot h \cdot \delta_a$$

$$\left.\rule{0pt}{3.5em}\right\}$$

$$\sigma = \frac{MF}{W} = \frac{\frac{1}{12} \cdot \gamma \cdot h \cdot \delta_a \cdot s^2}{\frac{\delta_a \cdot e^2}{6}} =$$

$$= \frac{\gamma}{2} \cdot \frac{h \cdot s^2}{e^2} = k \cdot \frac{h \cdot s^2}{e^2}$$

siendo:

k ...... Coeficiente de proporcionalidad
h ...... Calado o altura hidrostática
s ...... Espaciado (anchura del panel)
e ...... Espesor de la plancha

8.3.2 OTROS MÉTODOS DE CÁLCULO DE PLANCHAS SOMETIDAS A PRESIÓN HIDROSTÁTICA

Las fórmulas que incluyen los Reglamentos de las Sociedades de Clasificación para escantillonar planchas sometidas a presión hidrostática tienen una estructura similar a la siguiente:

$$e \geq \frac{k}{C} \cdot s \cdot \sqrt{h} \tag{8.3}$$

La Tabla 8.2 da algunos valores de C y la Gráfica 8.6 adjunta los valores de k.

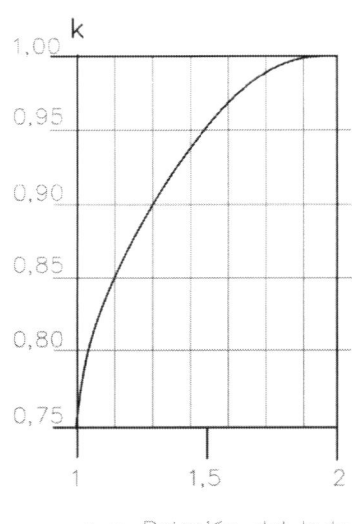

ZONA DE APLICACIÓN	VALORES DE C	
	ACERO DULCE	ACERO ALT. RES.
Planchas expuestas a la acción de la mar o donde sea muy importante evitar deformaciones	193	221
Contornos de tanques	304	348
Mamparos de subdivisión	386	442

Tabla 8.2: Valores de C en función del lugar de aplicación y del tipo de acero.

r = Relación del lado mayor al menor

Figura 8.6: Valores de k en función de la relación r.

El coeficiente k es adimensional.

Los valores del coeficiente C que aparecen en la Tabla 8.2 corresponden a la utilización de las siguientes unidades:

h (m) ... Altura de agua al centro de la plancha
s (mm) ... Espaciado entre refuerzos (dimensión menor del panel)
e (mm) ... Espesor mínimo requerido

■ **Ejemplo 8.2** Vamos a rehacer el cálculo del espesor de la plancha descrita en el Ejemplo 8.1, por este método:

$$r = \frac{2000}{800} = 2,50 > 2 \Longrightarrow k = 1$$

Entrando en la Tabla 8.2 $\Longrightarrow C = 193$

$$e \geq \frac{1}{193} \cdot 800 \cdot \sqrt{6,50} = 10,57 \simeq 11 \; mm$$

Cuando las planchas tienen una relación flecha/espesor mayor de 0,5, debe tenerse en cuenta el «efecto membrana». El libro del profesor R. Martín Domínguez (Ref. (4)) incluye en sus páginas 166 a 169 unas gráficas que permiten calcular las flechas y los esfuerzos máximos en planchas (considerando flexión cilíndrica, esto es, para paneles en los que la «relación de aspecto», es decir, el cociente entre las longitudes de sus dos lados, es mayor de 3) teniendo en cuenta dicho efecto.

Para el caso de que la relación de aspecto esté comprendida entre 1 y 3, la (Ref. (20)) incluye una tabla (pág 141, Tabla 8) que permite calcular:

- La flecha máxima
- Momentos flectores, por unidad de longitud
- Fuerzas cortantes, por unidad de longitud
- Reacciones en los bordes, por unidad de longitud
- Reacciones en las esquinas

para el caso de las placas rectangulares simplemente apoyadas en sus bordes y uniformemente cargadas.   Esta misma obra incluye otra tabla (pág 226, Tabla 36) para el caso de placas rectangulares empotradas en sus bordes.

8.3.3 OTROS ASPECTOS DEL CÁLCULO O COMPROBACIÓN DE ESPESORES DE PLANCHAS

Ya al comienzo de este Capítulo indicamos que las planchas que forman parte de la estructura del buque pueden estar sometidas a uno o varios tipos de solicitación actuando de una manera más o menos simultánea. Por ello, es necesario en cada caso considerar la suma vectorial de las distintas solicitaciones y estudiar el comportamiento o «respuesta» de las planchas a la misma, calculando esfuerzos combinados y haciendo las oportunas comprobaciones de que los coeficientes de seguridad en relación con los fenómenos de fluencia o pandeo no son menores de lo admisible.

Si una plancha puede estar sometida a dos formas de trabajo no simultáneas, se determina el espesor mínimo requerido en cada caso y se adopta el mayor de ellos. En el caso de paneles sometidos a compresión y/o cizalla en su plano, será necesario comprobar que el coeficiente de seguridad respecto al fenómeno de pandeo es suficiente o, en caso contrario, será necesario aumentar el espesor de la plancha o bien, disminuir los vanos libres colocando refuerzos adicionales en las zonas sometidas a mayores esfuerzos. Pero del pandeo de paneles hablaremos más adelante.

8.4   CÁLCULO DE REFUERZOS

Además de las planchas, las estructuras navales están construidas por refuerzos. Estos pueden ser perfiles laminados (en L, o llantas con bulbo) o bien de tipo prefabricado: generalmente refuerzos en T obtenidos soldando a una llanta (alma) una platabanda de mayor espesor. En general, se distinguen dos tipos de refuerzos: unos, que llamaremos secundarios, se disponen poco espaciados entre si (por lo general entre 500 y 1.000 mm) y otros, que llamaremos primarios, se disponen perpendicularmente a los anteriores y más espaciados. Los refuerzos secundarios se «apoyan» en los primarios y ambos conjuntos forman un enrejado o «emparrillado» que refuerza las planchas, dejando solo pequeños paneles rectangulares sin reforzar. Los lados de estos paneles son, respectivamente, la separación «s» entre refuerzos secundarios y la «luz» de estos, o separación entre refuerzos primarios, «l», de manera que la relación de aspecto del panel de planchas antes mencionado es r=l/s.

8.4.1 CÁLCULO DE LAS CARACTERÍSTICAS GEOMÉTRICO-RESISTENTES

Al calcular las características geométrico-resistentes de un refuerzo, hay que contar siempre con el efecto de la correspondiente PLANCHA ASOCIADA, cuyo ANCHO EFECTIVO puede estimarse como se ha indicado en el Capítulo 7.

Aunque, en general, el cálculo de las características geométrico-resistentes de la sección transversal de un refuerzo puede hacerse por medio de la tabla-guía que presentamos en el Capítulo 3, algunos casos particulares admiten un tratamiento que puede facilitar dicho cálculo.

A título de ejemplo, se presenta el cálculo de las características geométrico-resistentes de un perfil laminado con plancha asociada:

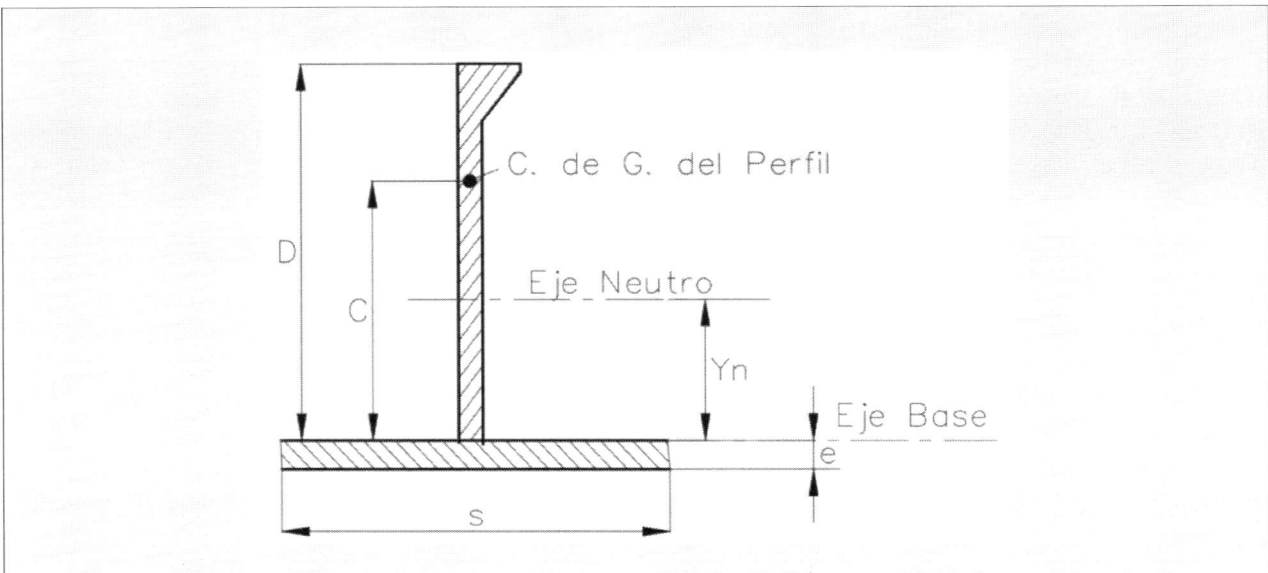

Figura 8.7: Reparto de los esfuerzos normales de flexión modificados por la cizalla.

Denominando:

A ... Área de la sección transversal del perfil
i_p ... Inercia propia del perfil

El área del conjunto será:

$$AREA = A + s \cdot e$$

El momento estático respecto el eje base:

$$MSTAT = A \cdot C - 0{,}5 \cdot s \cdot e^2$$

por lo que la posición del eje neutro vendrá dada por:

$$Y_n = \frac{MSTAT}{AREA}$$

y el momento de inercia respecto a la base:

$$I_{BASE} = i_p + A \cdot C^2 + \frac{1}{3} \cdot s \cdot e^3$$

por lo que el momento de inercia respecto al eje neutro será:

$$I_n = I_{BASE} - AREA \cdot Y_n^2$$

y el módulo resistente:

$$W = \frac{I_n}{D - Y_n}$$

Estas expresiones son fácilmente programables en una hoja de cálculos, por lo que el cálculo habitual puede llevarse a cabo de una manera muy rápida.

8.4.2 COMPONENTES DE LA TENSIÓN A CONSIDERAR EN UN REFUERZO

Cuando se trate de un refuerzo de una estructura local, tal como, por ejemplo un mamparo transversal, será suficiente con considerar las cargas o solicitaciones que le transmite la plancha al refuerzo si este es de tipo secundario, o, en el caso de refuerzo primario, las acciones que ejercen sobre él los refuerzos secundarios que soporta. En estos casos, bastará con considerar una viga (apoyada o empotrada en sus extremos según sea el tipo de soportado de estos) sometida a la acción de tales cargas y calcular las distribuciones de momentos flectores y de fuerzas cortantes a lo largo de los mismos y, a continuación las tensiones generadas por estas solicitaciones en los puntos más críticos.

Pero cuando el refuerzo contribuye a la rigidez del buque-viga, tal como sucede por ejemplo en los longitudinales de fondo, será necesario añadir a las tensiones generadas por las cargas locales antes mencionadas las correspondientes a la flexión de la viga-buque y, ocasionalmente, las debidas al comportamiento de estructuras parciales tales como por ejemplo un doble fondo.

BULB FLATS

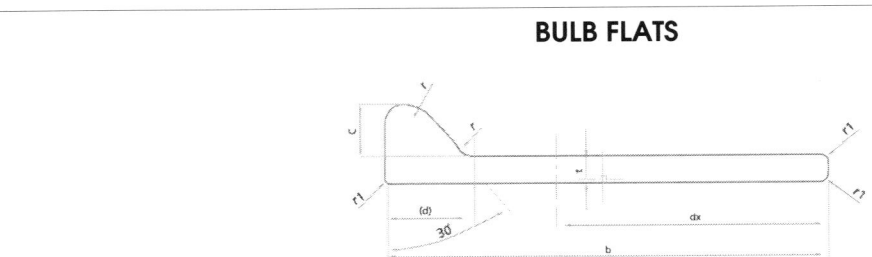

Size	b (mm)	t (mm)	c (mm)	r (mm)	Section (cm²)	Metric Weight (kg/m)	Surface Area (m²/m)	dx (cm)	Ixx (cm⁴)	Wxx (cm³)
60 x 4	60 1,5	4 +0,7 / -0,3	13	3,5	3,58	2,81	0,146	3,82	12,2	3,20
60 x 5	60 1,5	5 +0,7 / -0,3	13	3,5	4,18	3,28	0,148	3,70	14,4	3,89
60 x 6	60 1,5	6 +0,7 / -0,3	13	3,5	4,78	3,75	0,150	3,62	16,4	4,55
80 x 5	80 1,5	5 +0,7 / -0,3	14	4	5,41	4,25	0,189	4,90	33,87	6,91
80 x 6	80 1,5	6 +0,7 / -0,3	14	4	6,21	4,88	0,191	4,78	38,7	8,15
80 x 7	80 1,5	7 +0,7 / -0,3	14	4	7,00	5,50	0,194	4,69	43,3	9,24
80 x 8	80 1,5	8 +0,7 / -0,3	14	4	7,80	6,12	0,196	4,62	48,0	10,39
100 x 6	100 1,5	6 +0,7 / -0,3	15,5	4,5	7,74	6,08	0,234	5,98	76,1	12,7
100 x 7	100 1,5	7 +0,7 / -0,3	15,5	4,5	8,74	6,86	0,236	5,87	85,3	14,5
100 x 8	100 1,5	8 +0,7 / -0,3	15,5	4,5	9,74	7,65	0,238	5,78	94,3	16,3
120 x 6	120 1,5	6 +0,7 / -0,3	17	5	9,32	7,32	0,276	7,21	133	18,5
120 x 7	120 1,5	7 +0,7 / -0,3	17	5	10,52	8,26	0,278	7,07	149	21,0
120 x 8	120 1,5	8 +0,7 / -0,3	17	5	11,72	9,2	0,280	6,96	165	23,6
140 x 7	140 2	7 +1 / -0,3	19	5,5	12,43	9,75	0,320	8,32	241	29,0
140 x 8	140 2	8 +1 / -0,3	19	5,5	13,83	10,85	0,322	8,18	266	32,5
140 x 9	140 2	9 +1 / -0,3	19	5,5	15,2	11,9	0,324	8,07	291	36,0
160 x 7	160 2	7 +1 / -0,3	22	6	14,6	11,46	0,365	9,55	373	38,6
160 x 8	160 2	8 +1 / -0,3	22	6	16,2	12,72	0,367	9,50	411	43,9
160 x 9	160 2	9 +1 / -0,3	22	6	17,8	13,97	0,369	9,37	449	47,9
180 x 8	180 2	8 +1 / -0,3	25	7	18,86	14,8	0,411	10,89	609	55,9
180 x 9	180 2	9 +1 / -0,3	25	7	20,86	16,22	0,413	10,73	664	61,8
180 x 10	180 2	10 +1 / -0,3	25	7	22,46	17,63	0,415	10,59	717	67,7
180 x 11	180 2	11 +1 / -0,3	25	7	24,26	19,04	0,417	10,47	770	73,5
200 x 9	200 3	9 +1 / -0,4	28	8	23,66	18,57	0,457	12,12	942	77,7
200 x 10	200 3	10 +1 / -0,4	28	8	25,66	20,14	0,459	11,96	1017	85,1
200 x 11	200 3	11 +1 / -0,4	28	8	27,66	21,71	0,461	11,82	1091	92,3
200 x 12	200 3	12 +1 / -0,4	28	8	29,66	23,28	0,463	11,69	1164	99,5
220 x 10	220 3	10 +1 / -0,4	31	9	29	22,77	0,503	13,35	1396	105
220 x 11	220 3	11 +1 / -0,4	31	9	31,2	24,5	0,506	13,19	1496	114
220 x 12	220 3	12 +1 / -0,4	31	9	33,4	26,22	0,507	13,04	1595	122
240 x 10	240 3	10 +1 / -0,4	34	10	32,49	25,5	0,547	14,77	1865	126
240 x 11	240 3	11 +1 / -0,4	34	10	34,89	27,39	0,549	14,58	1997	137
240 x 12	240 3	12 +1 / -0,4	34	10	37,29	29,27	0,551	14,42	2127	148
260 x 10	260 3	10 +1 / -0,4	37	11	36,11	28,35	0,591	16,22	2434	150
260 x 11	260 3	11 +1 / -0,4	37	11	38,71	30,39	0,593	16	2605	163
260 x 12	260 3	12 +1 / -0,4	37	11	41,31	32,43	0,595	15,81	2774	175
280 x 11	280 3	11 +1 / -0,4	40	12	42,68	33,5	0,637	17,44	3333	191
280 x 12	280 3	12 +1 / -0,4	40	12	45,48	35,7	0,639	17,23	3647	206
280 x 13	280 3	13 +1 / -0,4	40	12	48,28	37,9	0,641	17,04	3757	221
300 x 11	300 3	11 +1,2 / -0,4	43	13	46,78	36,7	0,681	18,9	4192	222
300 x 12	300 3	12 +1,2 / -0,4	43	13	49,79	39,09	0,683	18,7	4459	239
300 x 13	300 3	13 +1,2 / -0,4	43	13	52,79	41,44	0,685	18,45	4722	256
320 x 12	320 4	12 +1,2 / -0,4	46	14	54,25	42,6	0,728	20,12	5525	275
320 x 13	320 4	13 +1,2 / -0,4	46	14	57,45	45,09	0,73	19,89	5849	294
320 x 14	320 4	14 +1,2 / -0,4	46	14	60,85	47,6	0,732	19,68	6168	313
340 x 12	340 4	12 +1,2 / -0,4	49	15	58,84	46,20	0,772	21,69	6.757	313
340 x 13	340 4	13 +1,2 / -0,4	49	15	62,24	48,86	0,774	21,34	7.152	335
340 x 14	340 4	14 +1,2 / -0,4	49	15	65,54	51,50	0,776	21,10	7.540	357
370 x 13	370 4	13 +1,2 / -0,4	53,5	16,5	69,70	54,70	0,840	23,54	9.469	402
370 x 14	370 4	14 +1,2 / -0,4	53,5	16,5	73,40	57,60	0,842	23,29	9.980	429
370 x 15	370 4	15 +1,2 / -0,4	53,5	16,5	77,10	60,50	0,844	23,06	10.483	456
400 x 14	400 4	14 +1,2 / -0,4	58	18	81,48	63,96	0,908	25,49	12.924	507
400 x 15	400 4	15 +1,2 / -0,4	58	18	85,48	67,10	0,910	25,24	13.573	538
400 x 16	400 4	16 +1,2 / -0,4	58	18	89,48	70,20	0,912	25,00	14.211	568
430 x 14	430 4	14 +1,2 / -0,4	62,5	19,5	89,70	70,60	0,975	27,70	16.460	594
430 x 15	430 4	15 +1,2 / -0,4	62,5	19,5	94,19	73,90	0,976	27,46	17.249	629
430 x 17	430 4	17 +1,2 / -0,4	62,5	19,5	102,79	80,70	0,980	26,95	18.853	700
430 x 19	430 4	19 +1,2 / -0,4	62,5	19,5	111,39	87,40	0,984	26,53	20.413	770
430 x 20	430 4	20 +1,2 / -0,4	62,5	19,5	115,00	90,80	0,986	26,30	21.180	804

SELECCIÓN DE PERFILES ($\perp$)

En general nos enfrentamos con la cuestión de elegir una llanta con bulbo (perfil) $\perp$) que satisfaga un cierto módulo resistente «W» cuando actúe conjuntamente con la «plancha asociada» a la que estará soldado. Al objeto de no hacer excesivo número de «tanteos» conviene elegir un perfil tal que su peralte «D» sea del orden de:

$$D = k \cdot W^{0,35} \quad \text{siendo} \quad \begin{cases} D = & \text{Peralte en mm} \\ k = & \text{Factor} \simeq 30 \\ W = & \text{Módulo requerido en cm}^3 \end{cases}$$

A continuación, la Tabla 8.3 en la que se recoge el factor «k» resultante de hacer la operación $k = D/W^{0,35}$ para varios perfiles y varios espesores de plancha asociada (El ancho asociado se ha considerado siempre igual a 700 mm): (obsérvese que el «k» calculado es muy cercano a 30).

También se presenta la Tabla 8.4 la cual recoge el factor «η» resultante de hacer la operación $\eta = \frac{D - Y_n}{D}$ en relación a la posición del eje neutro.

PERFIL		$k = D/W^{0,35}$		
D mm	e mm	Espesor «E» 5	pl. asociada 15	(mm) 25
120	6	30,37	29,50	27,59
	8	28,73	27,46	26,11
180	8	31,24	30,13	31,24
	11,5	29,32	28,10	27,33
240	9,5	31,78	30,57	29,96
	12	30,59	29,29	28,66
340	13	31,97	30,45	29,86
	15	31,37	29,80	29,18
430	14	32,79	31,10	30,48
	20	31,50	29,70	29,00

Tabla 8.3: Peralte necesario.

PERFIL		$\eta = \frac{D-Y_n}{D}$		
D mm	e mm	Espesor «E» pl. asociada (mm) 5	15	25
120	6	0,890	1,009	1,069
	8	0,870	0,998	1,061
	($*$)	(0,776)	(0,986)	(1,108)
240	9,5	0,715	0,883	0,951
	12	0,695	0,866	0,938
	($*$)	(0,652)	(0,840)	(0,945)
430	14	0,538	0,713	0,801
	20	0,532	0,689	0,775
	($*$)	(0,570)	(0,735)	(0,826)

($*$) Los valores entre paréntesis son aproximaciones calculadas por la expresión:

$$\eta = \frac{Y_{max}}{D} \simeq 1,59 \cdot \left(\frac{E}{D}\right)^{0,23}$$

Tabla 8.4: Posición eje neutro.

ELECCIÓN DEL PERFIL ADECUADO:

Iniciar los tanteos con un perfil cuyo peralte D (en mm) sea $D \simeq 30 \cdot W^{0,35}$ donde W es el módulo resistente requerido, en cm^3.

■ **Ejemplo 8.3** Elegir un Perfil con bulbo que alcance $W = 70 \; cm^3$ con una pl. asociada: $650 \times 9 \; mm$

Solución:

Se comienza calculando el peralte aproximado del perfil: $D \simeq 30 \cdot 70^{0,35} \simeq 133 \, mm$

El perfil cuyo peralte es el más próximo a 133 mm es el perfil 140 x 7 mm, haciendo uso del catálogo de bulbos que se encuentra en la Página 218, cuyas características son:

Dimensiones	140 x 7	mm
Área	12,43	cm^3
Altura E.N.	8,32	cm
Inercia propia	241	cm^4

Haciendo uso de las expresiones vistas en el Apartado 8.4.1, se obtiene:

$$AREA = A + s \cdot e = 12,43 + 65 \cdot 0,9 = 70,93 \; cm^2$$

$$MSTAT = A \cdot C - 0,5 \cdot s \cdot e^2 = 12,43 \cdot 8,32 - 0,5 \cdot 65 \cdot 0,9^2 = 77,09 \ cm^3$$

$$Y_n = \frac{MSTAT}{AREA} = \frac{77,09}{70,93} = 1,09 \ cm$$

$$I_{BASE} = i_p + A \cdot C^2 + \frac{1}{3} \cdot s \cdot e^3 = 241 + 12,43 \cdot 8,32^2 + \frac{1}{3} \cdot 65 \cdot 0,9^3 = 1.117,23 \ cm^4$$

$$I_n = I_{BASE} - AREA \cdot Y_n^2 = 1.117,23 - 70,93 \cdot 1,09^2 = 1.032,96 \ cm^4$$

$$W = \frac{I_n}{D - Y_n} = \frac{1.032,96}{14 - 1,09} = 80,01 \ cm^3$$

Debido a que el módulo requerido debe ser de 70 cm^3 y el conjunto de plancha asociada + perfil (140 x 7) tienen un módulo resistente de 80,01 cm^3, se puede dar por válido el perfil seleccionado.

■ **Ejemplo 8.4** Elegir un Perfil con bulbo que alcance $W = 1.500 \ cm^3$ con una pl. asociada: $1.100 \times 25 \ mm$

<u>Solución:</u>

Se comienza calculando el peralte aproximado del perfil: $D \simeq 30 \cdot 1.500^{0,35} \simeq 387 \ mm$

Los perfiles cuyo peralte son los más próximos a 387 mm son, haciendo uso del catálogo de bulbos que se encuentra en la Página 218, (370 x 15 mm) y (400 x 14 mm), cuyas características son:

Dimensiones	370 x 15	mm	400 x 14	mm
Área	77,10	cm^3	81,48	cm^3
Altura E.N.	23,06	cm	25,49	cm
Inercia propia	456	cm^4	507	cm^4

Tal y como se ha calculado el módulo resistente del conjunto plancha asociada y perfil con bulbo en el ejemplo anterior, se vuelve a seguir los mismos pasos obteniéndose como resultados los siguientes:

CONJUNTO			
Pl. Asociada	Perfil	MÓDULO RESISTENTE	(W)
1.100 x 25 mm	370 x 15 mm	1.396	cm^3
1.100 x 25 mm	400 x 14 mm	1.648	cm^3

Por tanto, el perfil válido para cumplir con los requisitos impuestos de W = 1.500 cm^3 es (400 x 14 mm).

■ **Ejemplo 8.5** Las características principales de un *bulkcarrier* de 61.000 T.P.M son las siguientes:

Eslora ... L ... ... 213,00 m
Manga ... B ... ... 32,20 m
Puntal ... D ... ... 17,60 m
Calado ... d_s ... ... 12,80 m

La Figura 8.8 muestra una sección transversal por el doble fondo. El espaciado entre longitudinales de fondo o de doble fondo es de 800 mm, y la separación entre varengas es de 2,49 m. El plan del doble fondo ha sido proyectado para soportar una carga, debido al mineral, de 25 toneladas por m². A causa de dicha carga, en la condición de bodegas alternas la viga compuesta por una vagra, una porción de fondo y refuerzos correspondientes y otra porción de doble fondo con sus refuerzos (véase figura 8.8), el momento flector es de 1.000 t · m (centro de bodega).

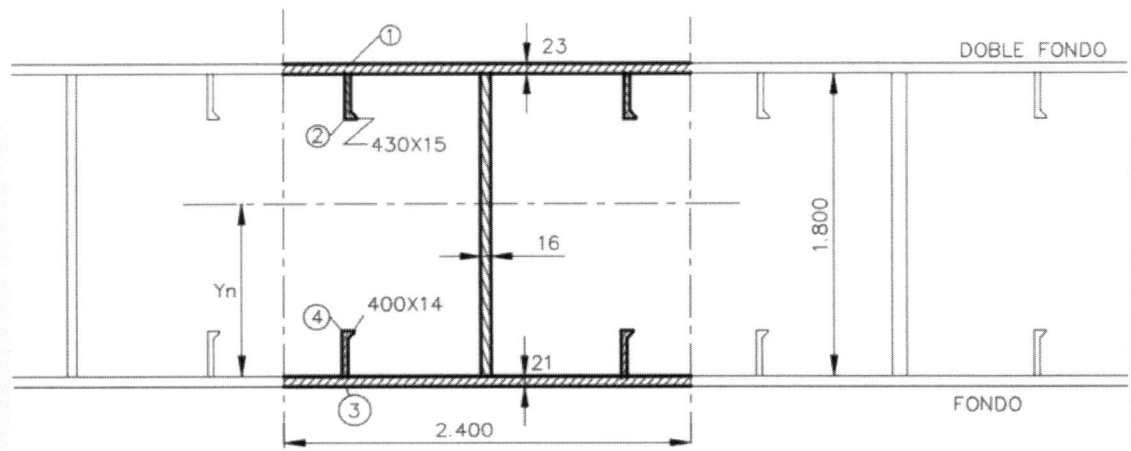

Figura 8.8: Sección transversal del doble fondo de un bulkcarrier.

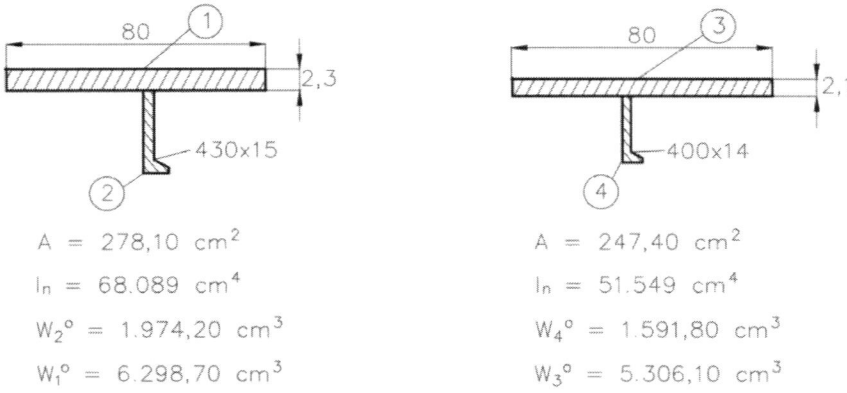

Figura 8.9: Detalles y características de los refuerzos y su plancha asociada.

Por otra parte, la viga-buque, en la sección transversal correspondiente al centro de la bodega, está soportando un momento flector en situación de Arrufo de 50.000 $t \cdot m$, siendo el momento de inercia de dicha sección $I_\otimes = 175$ m^4 y estando situado el eje neutro a 8 m sobre la base.

Calcúlense las tensiones en los refuerzos de fondo y de doble fondo.

Solución:

Son cuatro los puntos en los que deben calcularse las tensiones (Figura 8.9):

1) Parte superior de la plancha de doble fondo (asociada al refuerzo)

2) Parte inferior del longitudinal de doble fondo

3) Parte inferior de la plancha de fondo (asociada al refuerzo correspondiente)

4) Parte superior del longitudinal de fondo

Los módulos resistentes en relación con la Resistencia Longitudinal de cada uno de estos puntos son, respectivamente:

$$W_1 = \frac{175 \cdot 10^8}{800 - (180 + 2,3)} = 28,331 \cdot 10^6 \text{ cm}^3 \qquad W_3 = \frac{175 \cdot 10^8}{800 + 2,1} = 21,818 \cdot 10^6 \text{ cm}^3$$

$$W_2 = \frac{175 \cdot 10^8}{800 - 180 + 43} = 26,395 \cdot 10^6 \text{ cm}^3 \qquad W_4 = \frac{175 \cdot 10^8}{800 - 40} = 23,026 \cdot 10^6 \text{ cm}^3$$

En cuanto a los módulos locales (perfil y plancha asociada) $(W_1^\circ, W_2^\circ, W_3^\circ, W_4^\circ)$, y los correspondientes a la viga longitudinal del doble fondo representada en la Figura 8.9 $(W_1^*, W_2^*, W_3^*, W_4^*)$, se han calculado a continuación:

ELEMENTOS	DIMENSIONES	A	Y	$A \cdot Y$	$A \cdot Y^2$	I_p
Doble fondo	240 · 2,3	552,00	181,15	99.994,80	18.114.058	-
Fondo	240 · 2,1	504,00	-1,05	-592,20	556	-
Vagra	180 · 1,6	288,00	90,00	25.920,00	2.332.800	777.600
Long. D.fondo	(2) 430 · 15	188,20	152,60	28.719,30	4.382.568	34.520
Long. fondo	(2) 400 · 14	162,80	25,50	4.151,40	105.861	25.672
		$\sum A =$ 1.695,00		$\sum \Delta Y =$ 158.256,40	$\sum \Delta Y^2 =$ 24.935.843	$\sum I_p =$ 837.792

AREA TOTAL $A_T = 1.695,00$ cm^2

$$Y_n = \frac{158.256,40}{1.695,00} = 93,37 \text{ cm}$$

$$I_n = 24.935.843,00 + 837.792,00 - (1.695,00 \cdot 93,37^2) = 10.998 \cdot 10^6 \text{ cm}^4$$

$$W_1^* = \frac{I_n}{180 + 2,3 - Y_n} = 123.668 \text{ cm}^3 \qquad W_3^* = \frac{I_n}{Y_n + 2,1} = 115.196 \text{ cm}^3$$

$$W_2^* = \frac{I_n}{180 - Y_n - 43} = 252.069 \text{ cm}^3 \qquad W_4^* = \frac{I_n}{Y_n - 40} = 206.067 \text{ cm}^3$$

En función de estas características y de las solicitaciones indicadas en el enunciado se tendrá:

a) Esfuerzos debidos a la Resistencia Longitudinal

Como el momento flector indicado es de Arrufo y los cuatro puntos de interés están por debajo del eje neutro de la viga-buque, las tensiones que causará en ellos serán positivas (tracción):

$$\sigma_1 = \frac{50.000 \cdot 100}{28,331 \cdot 10^6} = +0,176 \text{ t/cm}^2 \qquad \sigma_3 = \frac{50.000 \cdot 100}{21,818 \cdot 10^6} = +0,229 \text{ t/cm}^2$$

$$\sigma_2 = \frac{50.000 \cdot 100}{26,395 \cdot 10^6} = +0,189 \text{ t/cm}^2 \qquad \sigma_4 = \frac{50.000 \cdot 100}{23,026 \cdot 10^6} = +0,217 \text{ t/cm}^2$$

b) Esfuerzos debidos a la flexión de la estructura del doble fondo

Consideramos que el momento flector dado en el enunciado (1.000 t·m) se da en el centro de una bodega cargada con mineral. Evidentemente la carga de mineral sobre la tapa del doble fondo de dicha bodega será mayor que la correspondiente a la acción hidrostática que se ejerce sobre el fondo, inmediatamente debajo. Por ello la deformación de la estructura del doble fondo de dicha bodega será hacia abajo, sometiendo a tracción las fibras próximas al fondo y a compresión las fibras próximas al doble fondo:

$$\sigma_1^* = \frac{-1.000 \cdot 100}{123.668} = -0,809 \text{ t/cm}^2 \qquad \sigma_3^* = \frac{1.000 \cdot 100}{115.196} = +0,868 \text{ t/cm}^2$$

$$\sigma_2^* = \frac{-1.000 \cdot 100}{252.069} = -0,397 \text{ t/cm}^2 \qquad \sigma_4^* = \frac{1.000 \cdot 100}{206.067} = +0,485 \text{ t/cm}^2$$

c) Esfuerzos locales

Además de los anteriores, hay que contar con las tensiones que producen sobre los refuerzos de fondo y doble fondo las cargas locales (acciones del mineral y de la presión hidrostática) que inciden directamente sobre los mismos.

A tal efecto, los longitudinales de doble fondo se consideran como vigas continuas apoyadas en las varengas y sometidas a una carga «q» por unidad de longitud, que se calcula como el producto de la presión «p» debida al mineral, por el espaciado «s» entre longitudinales. Debido a que las varengas están igualmente espaciadas, el problema se puede reducir al de una viga biempotrada con una luz »l» igual al espaciado de varengas (2,49 m). Así pues los momentos flectores serán:

a) En el empotramiento (varengas) ... $\frac{q \cdot l^2}{12}$

b) En el centro del vano ... $-\frac{q \cdot l^2}{24}$

$$q = p \cdot s = 25 \cdot 0,800 = 20 \text{ t} \cdot \text{m} = 0,20 \text{t} \cdot \text{cm}$$

$$\frac{q \cdot l^2}{12} = \frac{0,20 \cdot 249^2}{12} = 1.033,35 \text{ t} \cdot \text{cm}$$

$$-\frac{q \cdot l^2}{24} = \frac{0,20 \cdot 249^2}{24} = 516,68 \text{ t} \cdot \text{cm}$$

a) En el empotramiento:

$$\sigma_1^o = +\frac{1.033,35}{6.298,70} = +0,164 \text{ t/cm}^2$$

$$\sigma_2^o = -\frac{1.033,35}{1.974,20} = -0,523 \text{ t/cm}^2$$

b) En el centro del vano:

$$\sigma_1^o = -\frac{516,68}{6.298,70} = -0,082 \text{ t/cm}^2$$

$$\sigma_2^o = +\frac{516,68}{1.974,20} = +0,262 \text{ t/cm}^2$$

Por lo que respecta a los longitudinales del fondo, el problema es totalmente análogo considerando que la carga «q» por unidad de longitud se debe a la acción hidrostática, teniendo signo contrario (hacia arriba) que la del mineral y en valor de:

$$q = \gamma \cdot d \cdot s = 1,026 \cdot 12,80 \cdot 0,80 = 10,506 \text{ t} \cdot \text{m} = 0,105 \text{t} \cdot \text{cm}$$

$$\frac{q \cdot l^2}{12} = \frac{0,105 \cdot 249^2}{12} = 542,83 \text{ t} \cdot \text{cm}$$

$$-\frac{q \cdot l^2}{24} = \frac{0,105 \cdot 249^2}{24} = 271,416 \text{ t} \cdot \text{cm}$$

a) En el empotramiento:

$$\sigma_3^o = +\frac{542,83}{5.306,10} = +0,102 \text{ t/cm}^2$$

$$\sigma_4^o = -\frac{542,83}{1.591,8} = -0,341 \text{ t/cm}^2$$

b) En el centro del vano:

$$\sigma_3^o = -\frac{271,416}{5.306,10} = -0,051 \text{ t/cm}^2$$

$$\sigma_4^o = +\frac{271,416}{1.591,8} = +0,171 \text{ t/cm}^2$$

La Tabla 8.5 recoge el resumen de los resultados obtenidos y la composición de los distintos esfuerzos para obtener los valores totales en los diferentes puntos del estudio y en dos localizaciones:

a) En el apoyo en las varengas
b) En el centro del vano de cada refuerzo

CAUSA DEL ESFUERZO	(1)		(2)		(3)		(4)	
	Varenga	Cent. Vano	Varenga	Cent. Vano	Varenga	Cent. Vano	Varenga	Cent. Vano
Resist. Longitudinal	0,176	0,176	0,189	0,189	0,229	0,229	0,217	0,217
Resist. Estr. D fondo	-0,809	-0,809	-0,397	-0,397	0,868	0,868	0,485	0,485
Resist. Local	0,164	-0,082	-0,523	0,262	0,102	-0,051	-0,341	0,171
TOTAL	-0,469	-0,715	-0,731	0,054	1,199	1,046	0,361	0,873

Tabla 8.5: Resumen de los resultados obtenidos en el Ejemplo 8.5.

8.5 CÁLCULO DE PANELES REFORZADOS SOMETIDOS A CARGAS NORMALES A SU PLANO

El profesor R. Martín reproduce y comenta en la (Ref. (4)) una serie de gráficas publicadas en la (Ref. (19)) en relación con el proyecto de planchas reforzadas sometidas a carga perpendicular a su plano y uniformemente repartida.

Se dan curvas para calcular:

- Flecha en el centro del panel reforzado
- Esfuerzos en los bordes y en el centro del panel de plancha
- Esfuerzos en los refuerzos

Otra forma de abordar el análisis de los paneles de plancha reforzados es, con la ayuda de ordenador, mediante la aplicación del Método de los Elementos Finitos (FEM).

RECONSIDERACIÓN DEL CALADO MÁXIMO DE UN BUQUE

COMPROBACIONES A REALIZAR

a) FRANCOBORDO GEOMÉTRICO
   Verificar que el buque dispone de suficiente puntal y/o superestructuras para alcanzar el calado deseado: Calcular el francobordo geométrico mínimo según Reglas 2B a 45 del convenio internacional de líneas de máxima carga (I.L.L.C.)-1966.

b) FLOTABILIDAD Y ESTABILIDAD DESPUÉS DE AVERÍAS
   Comprobar que se satisfacen los requisitos de la Regla 27 del mencionado convenio, si se va a asignar un francobordo A o tipo B-reducido.

c) CONSIDERACIONES ESTRUCTURALES

   - Planchas de fondo y costados
     Teniendo en cuenta (página 213, Capítulo 8 del presente libro) que el esfuerzo en las planchas se estima por:

     $$\sigma = k \cdot \frac{h \cdot s^2}{e^2}$$

     Si se desea mantener el esfuerzo admisible y no se modifica el espaciado s entre refuerzos, la variación de calado máximo está en relación con el cuadrado del espesor:

     $$\frac{h_2}{h_1} = \left(\frac{e_2}{e_1}\right)^2$$

   - Refuerzos de fondo y costados
     El esfuerzo máximo puede estimarse por:

     $$\sigma' = k' \cdot \frac{h \cdot s}{w}$$

     Si se desea mantener el esfuerzo admisible y no se modifica el espaciado «s» entre refuerzos, la variación de calado máximo está en relación directa en el módulo resistente del perfil más plancha asociada:

     $$\frac{h_2}{h_1} = \frac{w_2}{w_1}$$

   - Otras consideraciones estructurales
     Con motivo de la variación de calado máximo resulta siempre una variación del PESO MUERTO máximo que es capaz de transportar; lo que en algunos casos puede requerir una reconsideración de la estructura del doble fondo de bodegas (ejemplo: *bulkcarriers*, si se va a aumentar la carga máxima del mineral por bodega en el caso de carga alterna).

NUEVO CALADO MÁXIMO ADMISIBLE

Será el menor de los máximos calculados atendiendo a todas las consideraciones anteriores.

VARIACIÓN DE PESO MUERTO

Siendo:

δh ... Variación de calado máximo (m).

T_c ...   toneladas por centímetro de inmersión al calado máximo previo.

La variación de peso muerto correspondiente a δh será:

$$\delta PM = 100 \cdot \delta h \cdot T_c \text{ Toneladas}$$

9. PANDEO

9.1 EL PANDEO DE ESTRUCTURAS

9.1.1 INTRODUCCIÓN

Ninguna faceta dentro del estudio de la Resistencia de Materiales tiene una historia tan variada como la teoría de la resistencia al pandeo de los miembros sometidos a compresión en las estructuras metálicas. Incluso hoy en día, a pesar de las numerosas investigaciones llevadas a cabo en las pasadas décadas, no puede decirse que no quede nada más por investigar y estudiar en este campo especializado.

Las causas de las dificultades con que se tropieza en la investigación del problema del pandeo se deben, por un lado, a las peculiaridades del problema en sí y, por otro, a las características del material del que están fabricadas las estructuras metálicas. El diseño de estructuras normalmente está relacionado con el cálculo de esfuerzos basado en la hipótesis tácita de que se mantendrá un equilibrio estable en las fuerzas internas y las externas (cargas aplicadas y reacciones de los apoyos.) Es decir que el equilibrio es de tal naturaleza que, dentro de ciertos límites, cualquier pequeño cambio en la condición de carga no produce un incremento desproporcionado de los esfuerzos o de la deformación elástica del sistema. Por ello, la proximidad de los esfuerzos a ciertos valores, denominados «Esfuerzos Admisibles», condiciona el grado de seguridad de la estructura. El fenómeno del pandeo presenta un aspecto completamente nuevo: la investigación de la posible inestabilidad del equilibrio entre las cargas externas y la respuesta interna de la estructura. Una complicación adicional es el hecho de que el fenómeno de pandeo es función del campo completo de la relación esfuerzo-deformación del material que se está considerando, lo que conduce al enfrentamiento con fuertes dificultades tanto en el campo teórico como en el experimental.

En el proyecto de una columna no debe considerarse como cuestión primordial la necesidad de no sobrepasar un cierto nivel de esfuerzos relacionado con las características mecánicas del material, sino la exigencia de evitar que se presente la inestabilidad en el equilibrio de fuerzas externas e internas. Esta condición de inestabilidad se caracteriza por unas deformaciones desproporcionadas (indeterminadas en magnitud) con los consiguientes aumentos de esfuerzos, debidos a un ligero incremento de la carga aplicada. Es este colapso, más o menos repentino, de la resistencia interna del miembro estructural, la característica fundamental del fenómeno de pandeo, independientemente de que en el instante del fallo los esfuerzos internos hubiesen alcanzado o no el límite elástico del material. Es decir, que la cuestión del pandeo de las estructuras metálicas debe ser considerado como un problema de estabilidad. La causa principal de los errores y fracasos de los investigadores del siglo XIX, se deben a la falta de apreciación de esta circunstancia: ellos intentaron, en vano, determinar la resistencia de columnas por consideraciones en torno a los esfuerzos de flexión en condiciones de equilibrio estable. Este punto de vista retardó la solución del problema de la resistencia de columnas, a pesar de que mucho antes (1774) Euler había apuntado la verdadera naturaleza del problema. El fallo de la fórmula de Euler en el caso de columnas no muy esbeltas fue la causa principal de su casi abandono, junto con los razonamientos que habían conducido a su deducción: no se tuvo en cuenta que las discrepancias observadas tenían su origen en el hecho de que se había excedido el límite elástico del material antes de que apareciese el pandeo. Este hecho, desde luego, no se tenía en cuenta en la forma original de la citada fórmula de Euler.

No fue hasta 1889 en que Considére, en Francia y Engesser en Alemania, independientemente uno de otro, proclamaron la validez ilimitada de la fórmula de Euler, aunque en forma generalizada. Engesser publicó su teoría completa del doble módulo de elasticidad en 1895. Sus estudios teóricos, sin embargo, recibieron escasa atención hasta que Kármán llevó a cabo, entre 1908 y 1910 un cuidadoso programa de ensayos que demostraron que las hipótesis de Engesser eran correctas. La importancia del trabajo de Engesser y Kármán se debe fundamentalmente al hecho de que se obtuvo, de una manera racional, una solución general del problema de la resistencia de columnas, teniendo en cuenta las propiedades elásticas y plásticas del material de que se ha construido. Por otra parte, la teoría de Engesser y los experimentos de Kármán sentaron las bases para el tratamiento teórico de todos los tipos de problemas en el campo del pandeo.

Obviamente es necesario determinar empíricamente algunos valores para poder aplicar en la práctica los resultados de las teorías y experiencias que acabamos de mencionar. Estos datos numéricos pueden representarse mediante una fórmula deducida a partir de cuidadosos ensayos de columnas sometidas a compresión axial centrada o mediante el diagrama tensión-deformación del ensayo de compresión del material. Por ello, partiendo del razonamiento teórico de Engesser y usando una fórmula (o una tabla o diagrama basada en tal fórmula) que exprese apropiadamente dichos valores empíricos que caracterizan al material, ahora es posible discutir e intentar resolver con posibilidades de éxito el problema de pandeo dentro del campo elástico e, incluso, dentro del rango plástico del material. En este sentido, las ideas de Considére y Engesser, así como los experimentos de Kármán pueden considerarse como piezas claves dentro de la larga historia del problema del pandeo.

En teoría, cada sistema elástico, bajo ciertas condiciones de carga, puede llegar a un estado de equilibrio inestable. Sin embargo, como los módulos de elasticidad de los materiales metálicos son grandes en comparación con los puntos de fluencia o límites elásticos respectivos, solo podrá aparecer inestabilidad dentro del dominio elástico en aquellos miembros que sean capaces de sufrir grandes deformaciones antes de que se alcance en algunos de sus puntos la fluencia del material. Este es el caso de miembros estructurales comprimidos en los que una o dos de sus dimensiones sea pequeña en comparación con la tercera, como sucede, por ejemplo, con las columnas esbeltas o en las planchas o envolventes delgadas. Pero teniendo en cuenta el rápido descenso del valor del módulo de elasticidad una vez que se ha traspasado el límite elástico, la porción de los sistemas que puede llegar a alcanzar la inestabilidad bajo condiciones de carga convencionales se extiende ampliamente. El colapso parcial de la estructura interna del material, una vez alcanzado el límite elástico, acelera la aparición del estado crítico de pandeo.

Después de esta breve introducción, pasaremos a estudiar en detalle el fenómeno de pandeo y su relación en el proyecto de columnas, planchas, etc.

9.1.2 PANDEO ELÁSTICO DE COLUMNAS RECTAS

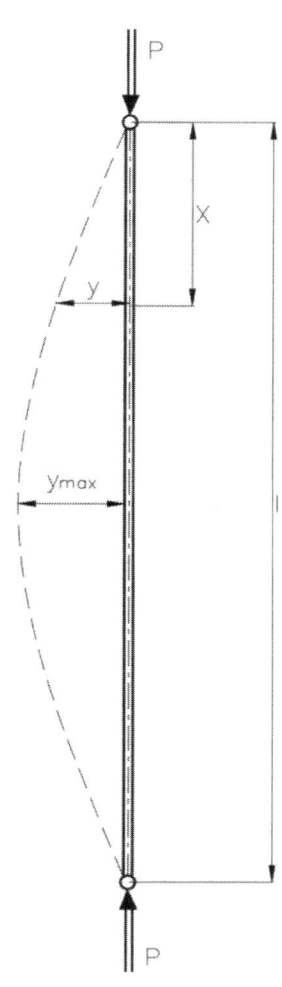

Consideremos una columna esbelta de sección transversal constante, originariamente perfectamente recta, construida de un material idealmente elástico, sobre lo que actúa unas fuerzas de compresión «P» (Figura 9.1) a lo largo del eje o directriz de la misma. Consideremos también una carga transversal que actuando solitariamente podría producir un momento flector «m_x» en un punto de la abscisa «x». El momento flector total en dicho punto será:

$$M_x = P \cdot y + m_x \qquad (9.1)$$

Supondremos que el plano en el que tiene lugar la flexión coincide con el mínimo momento de inercia «I» de la sección transversal de la columna. Bajo la hipótesis de pequeñas deformaciones «y», la ecuación diferencial de la curva elástica de la columna flexada es:

$$E \cdot I \cdot \frac{d_y^2}{d_x{}^2} + P \cdot y + m_x = 0 \qquad (9.2)$$

Consideraremos que los extremos del puntal están articulados y que, para fijar ideas, el momento «m_x» está causado por una pequeña carga transversal «Q» actuando en el medio de la columna. En este caso: $m_x = \frac{Q \cdot x}{2}$ y si denominamos: $\alpha = \sqrt{\frac{P}{E \cdot I}}$, la expresión (9.3):

$$y = \frac{m_x}{P} \cdot \left(\frac{sen\,\alpha x}{\alpha \cdot x \cdot cos\frac{\alpha l}{2}} - 1 \right) = \frac{Q}{2P} \cdot \left(\frac{x \cdot sen\,\alpha x}{\alpha \cdot cos\frac{\alpha l}{2}} - x \right) \qquad (9.3)$$

Figura 9.1: Flexión de una columna recta al aplicarle una fuerza en cada extremo.

es una solución de la ecuación diferencial anterior, válida para la mitad superior de la barra ($0 \leq x \leq l/2$), siempre que el momento m_x no sea nulo. Para pequeños valores de P, el factor $cos\left(\frac{\alpha \cdot l}{2}\right)$ en dicha ecuación dista muy poco de la unidad, pero a medida que P (y en consecuencia, α) aumenta, el valor del paréntesis del último miembro de dicha ecuación también se incrementará, creciendo muy rápidamente en magnitud a medida que $\alpha \cdot l$ se aproxima a π. En el caso de que $l = 1$, los valores de dicho paréntesis en el punto medio de la columna, es decir, en $x/l = x/1 = 0,5$, para diversos valores de α, son los que aparecen en la Tabla 9.1. Por lo tanto, la flecha «y» se incrementará gradualmente, hasta que, cuando $\alpha \cdot l$ se aproxima a π crece de una manera desproporcionada: la columna está colapsando por pandeo.

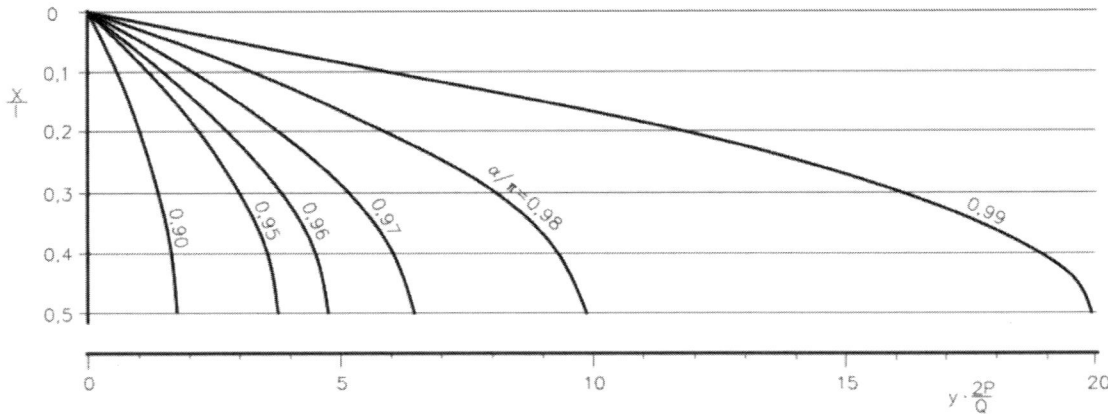

Figura 9.2: Curvas en función del valor del coeficiente α/π

α/π	0,5	0,9	0,95	0,96	0,97	0,98	0,99	0,995	0,999
$y \cdot \frac{2P}{Q}$	0,137	1,783	3,757	4,770	6,458	9,835	19,97	40,23	202,3

Tabla 9.1: Relaciones para los valores de la flecha

De aquí se deduce, haciendo $\alpha \cdot l = l \cdot \sqrt{\frac{P}{E \cdot I}} = \pi$, la conocida fórmula de Euler para la **Carga crítica de pandeo**:

$$P_E = \frac{\pi^2 \cdot E \cdot I}{l^2} \tag{9.4}$$

Cuanto más pequeño es el momento m_x, más se aproxima a la carga P a la que realmente colapsa la columna a la carga crítica de Euler PE.

Consideremos ahora el caso particular en el que el momento perturbador m_x no existe. Cuando $m_x = 0$, la ecuación (9.2) se convierte en una ecuación diferencial homogénea:

$$E \cdot I \cdot \frac{d^2y}{d_x{}^2} + P \cdot y = 0 \tag{9.5}$$

que tiene como solución y=0 para cualquier valor de carga P: la columna permanece recta. Pero además de esta solución trivial de dicha ecuación diferencial, existe un sistema de «soluciones características» de la forma:

$$y = C \cdot sen\, n \cdot \frac{\pi \cdot x}{l} \tag{9.6}$$

correspondientes a casos en los que la carga P tiene valores dados por la expresión:

$$P = n^2 \cdot \frac{\pi^2 \cdot E \cdot I}{l^2} \tag{9.7}$$

donde «n» es un número entero y C una constante arbitraria. De estas soluciones, solo la que corresponde al menor valor de la carga P, en $n = 1$ (y por lo tanto, $P = P_E$) tiene significado práctico, ya que las configuraciones de la elástica de la columna correspondientes a otros valores de «n» solo pueden darse bajo ciertas circunstancias artificiales que no es necesario considerar ahora. Si no se presenta ningún momento perturbador, la columna permanecerá recta para cualquier valor P menor de P_E; cuando la carga alcance el valor de P_E, flexará tomando una elástica en forma de sinusoide de amplitud indeterminada C.

Resumiendo lo que llevamos dicho, podemos establecer que una columna perfectamente recta y cargada axialmente, se comportará como sigue:

Si la columna soporta una carga axial de compresión P, menor que la crítica P_E, permanecerá recta. Si se añade un momento perturbador m_x, flexará estando definida la ecuación de la elástica por (9.3). Si desaparece el momento m_x, la columna recuperará su elástica rectilínea. Las fuerzas exteriores e interiores están en equilibrio estable (Si $P < P_E$). Si no actúa ninguna componente transversal, es posible que se presente una elástica en forma de sinusoide de amplitud indeterminada si $P = P_E$, pero será suficiente que actúe el más pequeño momento perturbador m_x para ocasionar el colapso: una deflexión indefinidamente grande que no desaparecerá incluso aún cuando se elimine dicho agente perturbador: se estará ante una situación de equilibrio inestable entre las fuerzas internas y externas. Por lo tanto la carga crítica P_E caracteriza un punto de inestabilidad de la conducta de la columna.

Sin embargo, estas notables conclusiones son, en parte, el resultado de una ficción matemática, ya que la ecuación diferencial (9.2), a partir de lo que se han deducido, describe solo de una manera aproximada la conducta de la columna, ya que se hizo la simplificación:

$$\frac{1}{e} = \frac{\frac{d^2 y}{dx^2}}{\left[1 + \left(\frac{dy}{dx} \right)^2 \right]^{3/2}} \simeq \frac{d^2 y}{dx^2} \tag{9.8}$$

que solamente es válida para valores pequeños de las flechas.

Si se lleva a cabo el estudio partiendo de la verdadera ecuación de la elástica:

$$\frac{E \cdot I}{e} = -M_x \tag{9.9}$$

el valor Y_n de la flecha en el punto medio de la columna, si no actúa ninguna componente transversal, toma la forma más exacta:

$$y_n = \frac{2 \cdot l}{\pi} \cdot \sqrt{\frac{P_E}{P} \cdot \left(\sqrt{\frac{P}{P_E}} - 1 \right)} \tag{9.10}$$

donde P y P_E tienen el mismo significado que en las expresiones precedentes.

Mientras se mantenga $P < P_E$, y_n será imaginaria, es decir, que no se presentará deflexión real: la columna permanecerá recta. Incluso cuando $P = P_E$, se tendrá $y_n = 0$. Solo cuando $P > P_E$, aparece una deformación, que está determinada en magnitud por la expresión (9.10). Sin embargo, como puede obtenerse fácilmente por cálculo, un ligero incremento de P sobre P_E, será suficiente para causar una flecha muy apreciable que causará el colapso de la columna. En algún caso bastará con que se exceda en un 1 por mil el valor de P_E para que se produzca el colapso total del puntal.

Análogamente puede demostrarse, empleando la formulación más exacta (9.9), que cuando $P = P_E$, la columna puede soportar un momento perturbador m_x suficientemente pequeño, aunque es muy sensitiva a tales perturbaciones, reaccionando con deflexiones finitas pero muy grandes.

Así pues, desde el punto de vista práctico, el resultado de un estudio más exacto es el mismo que el que se obtuvo antes: mediante dicho estudio se puede llegar a la conclusión de que el pandeo no es un fenómeno discontinuo, aunque la zona de transmisión es tan pequeña que puede considerarse como tal, a los efectos prácticos: después de que se ha alcanzado la carga crítica P_E, el comportamiento estructural de la columna es incierto y un aumento muy pequeño de la carga o la acción de cualquier ligera perturbación puede originar el colapso. El análisis más preciso muestra solo que entre la carga P_E y aquella en que se produce una deformación finita considerable hay una muy estrecha zona de transición que salva la idea antinatural de discontinuidad en las cercanías del límite de pandeo. Como en las fórmulas que se dedujeron inicialmente se despreciaron algunos términos en las ecuaciones básicas, dicha zona de transición no aparece, sino que se obtiene un punto de discontinuidad. Pero ahora solo estamos interesados en determinar la carga crítica P_E a la que el comportamiento de la columna cambia más o menos repentinamente. Más precisamente: deseamos establecer las condiciones que se requieren para la iniciación del pandeo y no nos interesan los detalles del mecanismo de colapso del puntal. Al objeto de simplificar el análisis empleamos la ficción de una columna que colapsa bruscamente. Por ello podemos basar este análisis en la ecuación diferencial:

$$E \cdot I \cdot \frac{d^2 y}{d_x{}^2} + P \cdot y = 0$$

que es exacta para el caso límite en el que solo se producen flechas infinitesimales. Esto explica el hecho de que en la ecuación

$$\frac{E \cdot I}{e} + P \cdot y = 0$$

se llega al mismo valor de la carga crítica P_E.

Los razonamientos anteriores conducen a un criterio de inestabilidad (colapso por pandeo) que puede expresarse de la forma siguiente: en la situación en que se ha alcanzado la carga crítica P_E, existen dos posiciones de equilibrio posibles: la forma recta y la elástica flexada infinitamente cercana a ella. Estamos hablando de una posición de «bifurcación de la posición de equilibrio» y se considera tal bifurcación como el criterio de inestabilidad.

Teniendo en cuenta que el momento de inercia I puede expresarse en función del área A de la sección y del radio de giro r : $I = A \cdot r^2$, la ecuación (9.4) puede transformarse:

$$\frac{P_E}{A} = \frac{\pi^2 \cdot E}{(l/r)^2} \tag{9.11}$$

donde (l/r) recibe el nombre de «esbeltez» de la columna.

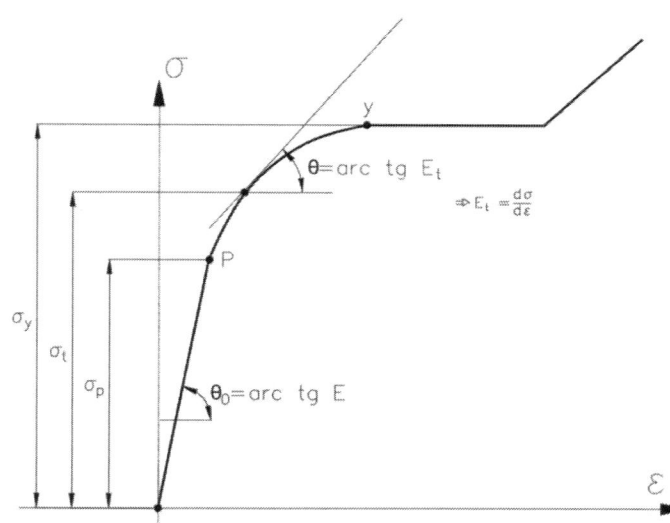

Figura 9.3: Curva de esfuerzos característicos del acero.

La fórmula de Euler (9.4) y la (9.11) se han deducido bajo la tácita hipótesis de que el módulo de elasticidad E es invariable. Por ello la ecuación (9.11) solamente es válida mientras que el módulo E no cambie antes de que se presente el fenómeno de pandeo, es decir que dicha ecuación es válida mientras que P_E/A no supere el límite de proporcionalidad del material (véase Figura 9.3). Esto restringe la aplicación de dicha ecuación al dominio de proporcionalidad y confina la validez de la misma para valores de esbeltez (l/r) por encima de un cierto valor límite que depende de las propiedades del material de que se ha confeccionado la columna.

Por otro lado, hasta ahora hemos considerado solamente columnas articuladas en sus dos extremos. La fórmula (9.11) puede generalizarse escribiéndose en la forma:

$$\sigma_c = \frac{\pi^2 \cdot E}{(k \cdot l/r)^2} \qquad (9.12)$$

siendo $\sigma_c = \frac{P_c}{A}$, donde P_c es la carga crítica de pandeo, A, el área de la sección recta y «k» un coeficiente que depende del tipo de fijación de los extremos del puntal (véase Figura 9.4).

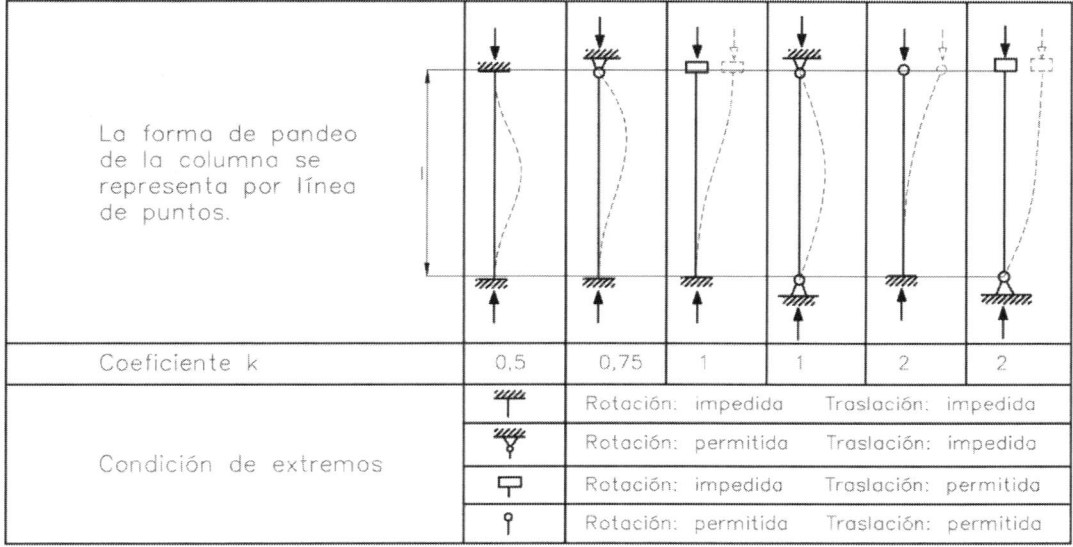

Figura 9.4: Diferentes valores del coeficiente k en función de la condición de extremos.

El producto $k \cdot l$ se denomina «longitud efectiva».

El valor de la carga de pandeo P_E determinada a partir de la fórmula (9.4) no puede alcanzarse nunca en la realidad, ya que no existe en la práctica una «columna perfectamente recta cargada de una forma axial perfecta sin componente transversal alguna», tal como se ha supuesto al desarrollar la teoría. Sin embargo, se han llevado a cabo cuidadosos ensayos, eliminando los momentos perturbadores en la máxima extensión posible, observándose valores de la carga de pandeo tan próximos al valor teórico P_E que el error experimental carece de significado.

9.1.3   LA TEORÍA DEL MÓDULO TANGENTE DE PANDEO

La teoría original de Engesser en relación con el pandeo estaba basada en la hipótesis de que en una cierta situación de esfuerzo crítico $\sigma_c = P_c/A$, es posible que aparezca una configuración curvada de la columna en equilibrio inestable y que la deformación depende del llamado módulo tangente de elasticidad (véase Figura 9.2)

$$E_t = \frac{d\sigma}{d\varepsilon} \tag{9.13}$$

que corresponde al esfuerzo crítico σ_t.

Con esta hipótesis la fórmula de la carga crítica de pandeo P_t queda generalizada a:

$$\sigma_c = \frac{P_c}{A} = \frac{\pi^2 \cdot E}{(k \cdot l/r)^2} = \frac{\pi^2 \cdot \tau \cdot E}{(k \cdot l/r)^2} \tag{9.14}$$

donde $\tau = \frac{E_t}{E}$

Sobre la base de esta teoría, el esfuerzo crítico de pandeo puede tomarse de acuerdo con la ley que aparece en la Figura 9.5, es decir:

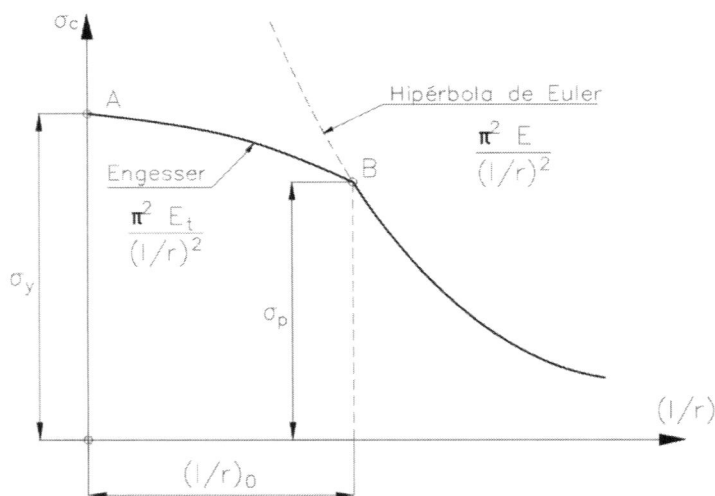

a) Según la curva hiperbólica de Euler, siempre que resulte $\sigma_c \leq \sigma_p$

b) Según una curva AB (curva de Engesser) para valores mayores de σ_p.

Figura 9.5: Curvas en función del esfuerzo crítico de pandeo.

A efectos prácticos, la curva de Engesser puede asimilarse a una parábola de segundo grado con su eje coincidiendo con el de ordenadas. En consecuencia, en el tramo AB, el esfuerzo crítico de pandeo puede tomarse igual a:

$$\sigma_c = \sigma_y - \frac{\sigma_p \cdot (\sigma_y - \sigma_p)}{\pi^2 \cdot E} \cdot \left(\frac{l}{r}\right)^2 \tag{9.15}$$

Como veremos más adelante, la relación $\tau = \frac{E_t}{E}$ juega un importante papel en el análisis de los problemas de pandeo, por lo que es conveniente disponer de una expresión analítica simple de la misma. Dicha expresión puede deducirse de las fórmulas (9.14) y (9.15) (considerando en ambas el mismo caso de condiciones de extremos, o sea $k = 1$ en la (9.14)).

$$\left.\begin{array}{l} \sigma_c = \tau \cdot \dfrac{\pi^2 \cdot E}{\left(\frac{l}{r}\right)^2} \\[2em] \sigma_c = \sigma_y - \dfrac{\sigma_p \cdot (\sigma_y - \sigma_p)}{\pi^2 \cdot E} \cdot \left(\dfrac{l}{r}\right)^2 \end{array}\right\} \quad \tau \cdot \dfrac{\pi^2 \cdot E}{\left(\frac{l}{r}\right)^2} = \sigma_y - \dfrac{\sigma_p \cdot (\sigma_y - \sigma_p)}{\pi^2 \cdot E} \cdot \left(\dfrac{l}{r}\right)^2$$

de donde se deduce

$$\tau = \frac{(l/r)^2}{\pi^2 \cdot E} \cdot \sigma_y \cdot \left\{ 1 - \frac{\sigma_p \cdot (1 - \sigma_p/\sigma_y)}{\pi^2 \cdot E} \cdot \left(\frac{l}{r}\right)^2 \right\}$$

y si denominamos: $v = \sigma_p / \sigma_y$

$$\boxed{\tau = \frac{(l/r)^2}{\pi^2 \cdot E} \cdot \sigma_y \cdot \left\{ 1 - \frac{\sigma_y \cdot v \cdot (1-v)}{\pi^2 \cdot E} \cdot \left(\frac{l}{r}\right)^2 \right\}} \tag{9.16}$$

Esta expresión también se puede escribir en la forma:

$$\boxed{\tau = \frac{(1-C) \cdot C}{(1-v) \cdot v}} \quad \text{, siendo} \quad \begin{cases} C = 1 - \dfrac{\sigma_y}{\frac{\pi^2 \cdot E}{(l/r)^2}} \cdot v \cdot (1-v) \\[1.5em] v = \dfrac{\sigma_p}{\sigma_y} \end{cases} \tag{9.17}$$

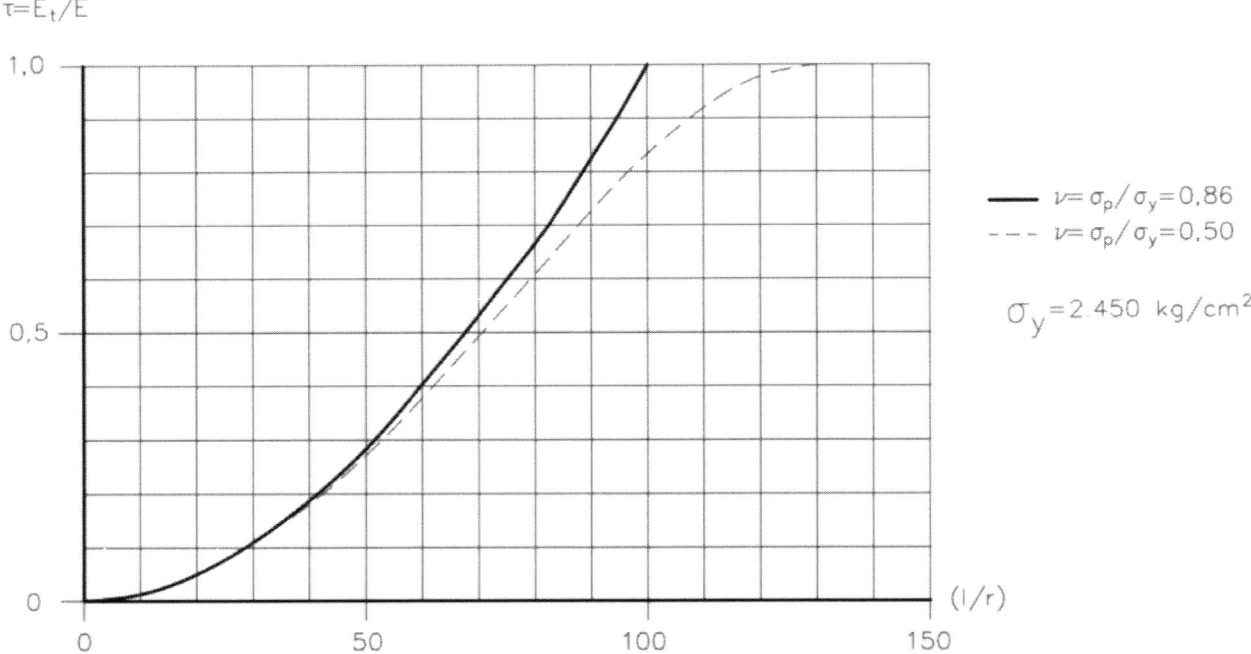

Figura 9.6: Variación del valor de τ para el caso de acero dulce.

La Figura 9.6 recoge la variación de $\tau = E_t/E$ para el caso de un acero dulce de límite elástico $\sigma_y = 2.450\ kg/cm^2$. Se han representado dos curvas: una de ellas correspondiendo a:

$$\sigma_p = 2.100\ kg/cm^2 \qquad\qquad (v = 0,86)$$

y otra a:

$$\sigma_p = 1.225\ kg/cm^2 \qquad\qquad (v = 0,50)$$

Cuando se están llevando a cabo cálculos de proyecto o de comprobación de resistencia al pandeo, es conveniente disponer de una tabla o una gráfica que relacione el valor de τ con el de la tensión crítica σ_c. Eliminando la esbeltez (l/r) entre las dos expresiones (9.14) y (9.15) antes citadas (con $k = 1$) en lugar de eliminar σ_c, se obtiene:

$$\tau = \frac{(\sigma_y - \sigma_c) \cdot \sigma_c}{(\sigma_y - \sigma_p) \cdot \sigma_p} \tag{9.18}$$

que puede escribirse en la forma:

$$\tau = \frac{(1-C)\cdot C}{(1-v)\cdot v} \text{ , siendo } \begin{cases} C = \sigma_c/\sigma_y \\ v = \sigma_p/\sigma_y \end{cases} \tag{9.19}$$

La Figura 9.7 recoge la variación de τ en función de C para dos valores extremos de la relación $v = \sigma_p/\sigma_y$

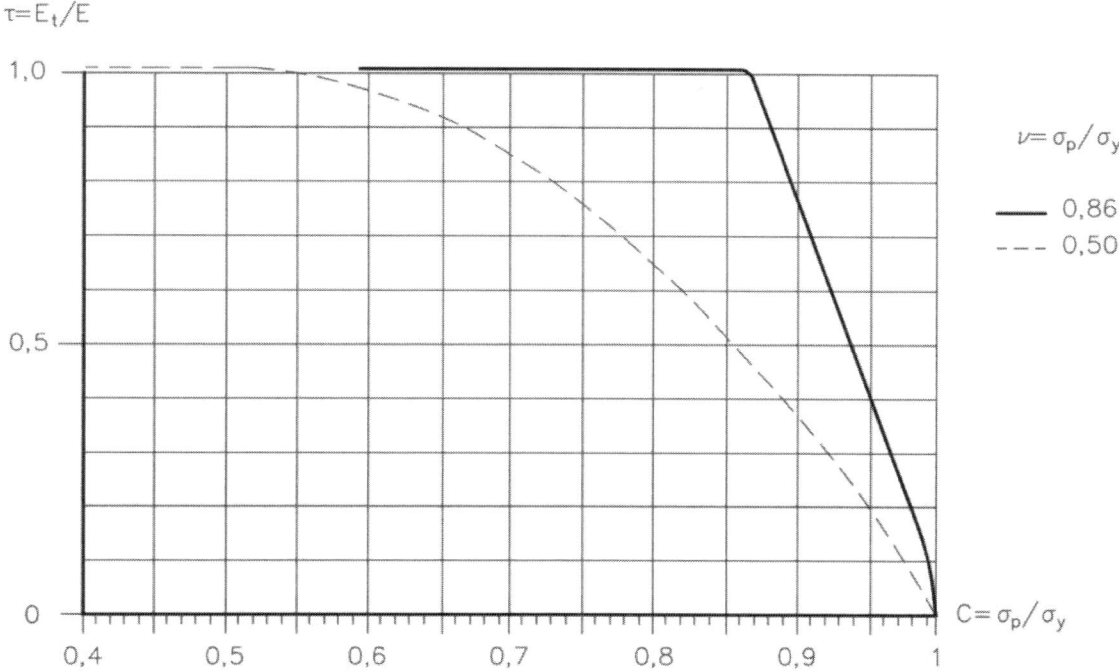

Figura 9.7: Variación del valor de τ en función de C.

Separadamente en las páginas (240) y (**??**) se adjuntan tablas en las que se dan, para varios valores de σ_c, los siguientes:

$$\tau \; ; \qquad \sqrt{\tau} \; ; \qquad \sigma_c/\tau \; ; \qquad \sigma_c/\sqrt{\tau}$$

Tabla VII   **Esfuerzo Crítico de Pandeo** σ (Engesser-Considere)   **08-09-06**

ACERO DULCE

Características del Material

		kgs/cm2
Límite elástico		**2.450**
Límite de proporc.		**1.225**

σ	σ/τ	$\sigma/\sqrt{\tau}$	σ	σ/τ	$\sigma/\sqrt{\tau}$	σ	σ/τ	$\sigma/\sqrt{\tau}$	σ	σ/τ	$\sigma/\sqrt{\tau}$
1.225	1.225	1.225	1.525	1.622	1.573	1.850	2.501	2.151	2.175	5.457	3.445
1.230	1.230	1.230	1.530	1.631	1.580	1.855	2.522	2.163	2.180	5.558	3.481
1.235	1.235	1.235	1.535	1.640	1.587	1.860	2.543	2.175	2.185	5.663	3.518
1.240	1.240	1.240	1.540	1.649	1.594	1.865	2.565	2.187	2.190	5.772	3.555
1.245	1.245	1.245	1.545	1.658	1.601	1.870	2.587	2.200	2.195	5.885	3.594
1.250	1.251	1.250	1.550	1.667	1.608	1.875	2.610	2.212	2.200	6.003	3.634
1.255	1.256	1.255	1.555	1.677	1.615	1.880	2.633	2.225	2.205	6.125	3.675
1.260	1.261	1.261	1.560	1.686	1.622	1.885	2.656	2.238	2.210	6.253	3.717
1.265	1.266	1.266	1.565	1.696	1.629	1.890	2.680	2.250	2.215	6.386	3.761
1.270	1.272	1.271	1.570	1.705	1.636	1.895	2.704	2.264	2.220	6.524	3.806
1.275	1.277	1.276	1.575	1.715	1.644	1.900	2.728	2.277	2.225	6.669	3.852
1.280	1.283	1.281	1.580	1.725	1.651	1.905	2.753	2.290	2.230	6.821	3.900
1.285	1.288	1.287	1.585	1.735	1.658	1.910	2.779	2.304	2.235	6.980	3.950
1.290	1.294	1.292	1.590	1.745	1.666	1.915	2.805	2.318	2.240	7.146	4.001
1.295	1.299	1.297	1.595	1.755	1.673	1.920	2.831	2.332	2.245	7.320	4.054
1.300	1.305	1.302	1.600	1.765	1.681	1.925	2.858	2.346	2.250	7.503	4.109
1.305	1.311	1.308	1.605	1.776	1.688	1.930	2.886	2.360	2.255	7.696	4.166
1.310	1.316	1.313	1.610	1.786	1.696	1.935	2.914	2.375	2.260	7.898	4.225
1.315	1.322	1.319	1.615	1.797	1.704	1.940	2.942	2.389	2.265	8.111	4.286
1.320	1.328	1.324	1.620	1.808	1.711	1.945	2.972	2.404	2.270	8.337	4.350
1.325	1.334	1.329	1.625	1.819	1.719	1.950	3.001	2.419	2.275	8.575	4.417
1.330	1.340	1.335	1.630	1.830	1.727	1.955	3.032	2.434	2.280	8.827	4.486
1.335	1.346	1.340	1.635	1.841	1.735	1.960	3.063	2.450	2.285	9.095	4.559
1.340	1.352	1.346	1.640	1.853	1.743	1.965	3.094	2.466	2.290	9.379	4.634
1.345	1.358	1.352	1.645	1.864	1.751	1.970	3.126	2.482	2.295	9.681	4.714
1.350	1.364	1.357	1.650	1.876	1.759	1.975	3.159	2.498	2.300	10.004	4.797
1.355	1.370	1.363	1.655	1.888	1.767	1.980	3.193	2.514	2.305	10.349	4.884
1.360	1.377	1.368	1.660	1.900	1.776	1.985	3.227	2.531	2.310	10.719	4.976
1.365	1.383	1.374	1.665	1.912	1.784	1.990	3.262	2.548	2.315	11.116	5.073
1.370	1.389	1.380	1.670	1.924	1.792	1.995	3.298	2.565	2.320	11.543	5.175
1.375	1.396	1.385	1.675	1.936	1.801	2.000	3.335	2.583	2.325	12.005	5.283
1.380	1.402	1.391	1.680	1.949	1.809	2.005	3.372	2.600	2.330	12.505	5.398
1.385	1.409	1.397	1.685	1.962	1.818	2.010	3.411	2.618	2.335	13.049	5.520
1.390	1.416	1.403	1.690	1.975	1.827	2.015	3.450	2.637	2.340	13.642	5.650
1.395	1.422	1.409	1.695	1.988	1.835	2.020	3.490	2.655	2.345	14.292	5.789
1.400	1.429	1.415	1.700	2.001	1.844	2.025	3.531	2.674	2.350	15.006	5.938
1.405	1.436	1.420	1.705	2.014	1.853	2.030	3.573	2.693	2.355	15.796	6.099
1.410	1.443	1.426	1.710	2.028	1.862	2.035	3.616	2.713	2.360	16.674	6.273
1.415	1.450	1.432	1.715	2.042	1.871	2.040	3.660	2.732	2.365	17.654	6.462
1.420	1.457	1.438	1.720	2.056	1.880	2.045	3.705	2.753	2.370	18.758	6.668
1.425	1.464	1.444	1.725	2.070	1.890	2.050	3.752	2.773	2.375	20.008	6.893
1.430	1.471	1.450	1.730	2.084	1.899	2.055	3.799	2.794	2.380	21.438	7.143
1.435	1.478	1.457	1.735	2.099	1.908	2.060	3.848	2.815	2.385	23.087	7.420
1.440	1.486	1.463	1.740	2.114	1.918	2.065	3.898	2.837	2.390	25.010	7.731
1.445	1.493	1.469	1.745	2.129	1.927	2.070	3.949	2.859	2.395	27.284	8.084
1.450	1.501	1.475	1.750	2.144	1.937	2.075	4.002	2.882	2.400	30.013	8.487
1.455	1.508	1.481	1.755	2.159	1.947	2.080	4.056	2.904	2.405	33.347	8.955
1.460	1.516	1.488	1.760	2.175	1.956	2.085	4.111	2.928	2.410	37.516	9.509
1.465	1.523	1.494	1.765	2.191	1.966	2.090	4.168	2.952	2.415	42.875	10.176
1.470	1.531	1.500	1.770	2.207	1.976	2.095	4.227	2.976	2.420	50.021	11.002
1.475	1.539	1.507	1.775	2.223	1.986	2.100	4.288	3.001	2.425	60.025	12.065
1.480	1.547	1.513	1.780	2.240	1.997	2.105	4.350	3.026	2.430	75.031	13.503
1.485	1.555	1.520	1.785	2.257	2.007	2.110	4.414	3.052	2.435	100.042	15.608
1.490	1.563	1.526	1.790	2.274	2.017	2.115	4.479	3.078	2.440	150.063	19.135
1.495	1.571	1.533	1.795	2.291	2.028	2.120	4.547	3.105	2.445	300.125	27.089
1.500	1.580	1.539	1.800	2.309	2.039	2.125	4.617	3.132	2.450	######	606.343
1.505	1.588	1.546	1.805	2.327	2.049	2.130	4.689	3.160			
1.510	1.596	1.553	1.810	2.345	2.060	2.135	4.764	3.189			
1.515	1.605	1.559	1.815	2.363	2.071	2.140	4.841	3.219			
1.520	1.614	1.566	1.820	2.382	2.082	2.145	4.920	3.249			
			1.825	2.401	2.093	2.150	5.002	3.279			
			1.830	2.420	2.105	2.155	5.087	3.311			
			1.835	2.440	2.116	2.160	5.175	3.343			
			1.840	2.460	2.128	2.165	5.265	3.376			
			1.845	2.480	2.139	2.170	5.359	3.410			

τ = E_t / E (relación entre el Módulo Tangente y el Módulo de Elasticidad)

El valor de τ se determina por la expresión: $\tau = \{(\sigma_y - \sigma)\ \sigma\} / \{(\sigma_y - \sigma_p)\ \sigma_p\}$ siendo:

σ_y .... límite elástico
σ_p .... límite de proporcionalidad
σ .... esfuerzo critico de pandeo (compresión)

Tabla 9.2: Valores Crítico de pandeo. Acero dulce.

Tabla VII   **Esfuerzo Crítico de Pandeo**   S   (Según Engesser-Considere)   **08/09/06**

Acero H.T.S.

Características del Material

	kgs/cm2
Límite elástico	**3 600**
Límite de proporc.	**1 800**

s	s/t	s/√t	s	s/t	s/√t	s	s/t	s/√t	s	s/t	s/√t
			2 220	2 348	2 283	2 665	3 465	3 039	3 110	6 612	4 535
			2 225	2 356	2 290	2 670	3 484	3 050	3 115	6 680	4 562
			2 230	2 365	2 296	2 675	3 503	3 061	3 120	6 750	4 589
			2 235	2 374	2 303	2 680	3 522	3 072	3 125	6 821	4 617
			2 240	2 382	2 310	2 685	3 541	3 083	3 130	6 894	4 645
1 800	1 800	1 800	2 245	2 391	2 317	2 690	3 560	3 095	3 135	6 968	4 674
1 805	1 805	1 805	2 250	2 400	2 324	2 695	3 580	3 106	3 140	7 043	4 703
1 810	1 810	1 810	2 255	2 409	2 331	2 700	3 600	3 118	3 145	7 121	4 732
1 815	1 815	1 815	2 260	2 418	2 338	2 705	3 620	3 129	3 150	7 200	4 762
1 820	1 820	1 820	2 265	2 427	2 345	2 710	3 640	3 141	3 155	7 281	4 793
1 825	1 825	1 825	2 270	2 436	2 352	2 715	3 661	3 153	3 160	7 364	4 824
1 830	1 831	1 830	2 275	2 445	2 359	2 720	3 682	3 165	3 165	7 448	4 855
1 835	1 836	1 835	2 280	2 455	2 366	2 725	3 703	3 177	3 170	7 535	4 887
1 840	1 841	1 840	2 285	2 464	2 373	2 730	3 724	3 189	3 175	7 624	4 920
1 845	1 846	1 846	2 290	2 473	2 380	2 735	3 746	3 201	3 180	7 714	4 953
1 850	1 851	1 851	2 295	2 483	2 387	2 740	3 767	3 213	3 185	7 807	4 987
1 855	1 857	1 856	2 300	2 492	2 394	2 745	3 789	3 225	3 190	7 902	5 021
1 860	1 862	1 861	2 305	2 502	2 401	2 750	3 812	3 238	3 195	8 000	5 056
1 865	1 867	1 866	2 310	2 512	2 409	2 755	3 834	3 250	3 200	8 100	5 091
1 870	1 873	1 871	2 315	2 521	2 416	2 760	3 857	3 263	3 205	8 203	5 127
1 875	1 878	1 877	2 320	2 531	2 423	2 765	3 880	3 275	3 210	8 308	5 164
1 880	1 884	1 882	2 325	2 541	2 431	2 770	3 904	3 288	3 215	8 416	5 202
1 885	1 889	1 887	2 330	2 551	2 438	2 775	3 927	3 301	3 220	8 526	5 240
1 890	1 895	1 892	2 335	2 561	2 446	2 780	3 951	3 314	3 225	8 640	5 279
1 895	1 900	1 898	2 340	2 571	2 453	2 785	3 975	3 327	3 230	8 757	5 318
1 900	1 906	1 903	2 345	2 582	2 460	2 790	4 000	3 341	3 235	8 877	5 359
1 905	1 912	1 908	2 350	2 592	2 468	2 795	4 025	3 354	3 240	9 000	5 400
1 910	1 917	1 914	2 355	2 602	2 476	2 800	4 050	3 367	3 245	9 127	5 442
1 915	1 923	1 919	2 360	2 613	2 483	2 805	4 075	3 381	3 250	9 257	5 485
1 920	1 929	1 924	2 365	2 623	2 491	2 810	4 101	3 395	3 255	9 391	5 529
1 925	1 934	1 930	2 370	2 634	2 499	2 815	4 127	3 409	3 260	9 529	5 574
1 930	1 940	1 935	2 375	2 645	2 506	2 820	4 154	3 423	3 265	9 672	5 619
1 935	1 946	1 940	2 380	2 656	2 514	2 825	4 181	3 437	3 270	9 818	5 666
1 940	1 952	1 946	2 385	2 667	2 522	2 830	4 208	3 451	3 275	9 969	5 714
1 945	1 958	1 951	2 390	2 678	2 530	2 835	4 235	3 465	3 280	10 125	5 763
1 950	1 964	1 957	2 395	2 689	2 538	2 840	4 263	3 480	3 285	10 286	5 813
1 955	1 970	1 962	2 400	2 700	2 546	2 845	4 291	3 494	3 290	10 452	5 864
1 960	1 976	1 968	2 405	2 711	2 554	2 850	4 320	3 509	3 295	10 623	5 916
1 965	1 982	1 973	2 410	2 723	2 562	2 855	4 349	3 524	3 300	10 800	5 970
1 970	1 988	1 979	2 415	2 734	2 570	2 860	4 378	3 539	3 305	10 983	6 025
1 975	1 994	1 984	2 420	2 746	2 578	2 865	4 408	3 554	3 310	11 172	6 081
1 980	2 000	1 990	2 425	2 757	2 586	2 870	4 438	3 569	3 315	11 368	6 139
1 985	2 006	1 996	2 430	2 769	2 594	2 875	4 469	3 584	3 320	11 571	6 198
1 990	2 012	2 001	2 435	2 781	2 602	2 880	4 500	3 600	3 325	11 782	6 259
1 995	2 019	2 007	2 440	2 793	2 611	2 885	4 531	3 616	3 330	12 000	6 321
2 000	2 025	2 012	2 445	2 805	2 619	2 890	4 563	3 632	3 335	12 226	6 386
2 005	2 031	2 018	2 450	2 817	2 627	2 895	4 596	3 648	3 340	12 462	6 451
2 010	2 038	2 024	2 455	2 830	2 636	2 900	4 629	3 664	3 345	12 706	6 519
2 015	2 044	2 030	2 460	2 842	2 644	2 905	4 662	3 680	3 350	12 960	6 589
2 020	2 051	2 035	2 465	2 855	2 653	2 910	4 696	3 697	3 355	13 224	6 661
2 025	2 057	2 041	2 470	2 867	2 661	2 915	4 730	3 713	3 360	13 500	6 735
2 030	2 064	2 047	2 475	2 880	2 670	2 920	4 765	3 730	3 365	13 787	6 811
2 035	2 070	2 053	2 480	2 893	2 678	2 925	4 800	3 747	3 370	14 087	6 890
2 040	2 077	2 058	2 485	2 906	2 687	2 930	4 836	3 764	3 375	14 400	6 971
2 045	2 084	2 064	2 490	2 919	2 696	2 935	4 872	3 782	3 380	14 727	7 055
2 050	2 090	2 070	2 495	2 932	2 705	2 940	4 909	3 799	3 385	15 070	7 142
2 055	2 097	2 076	2 500	2 945	2 714	2 945	4 947	3 817	3 390	15 429	7 232
2 060	2 104	2 082	2 505	2 959	2 723	2 950	4 985	3 835	3 395	15 805	7 325
2 065	2 111	2 088	2 510	2 972	2 731	2 955	5 023	3 853	3 400	16 200	7 422
2 070	2 118	2 094	2 515	2 986	2 740	2 960	5 063	3 871	3 405	16 615	7 522
2 075	2 125	2 100	2 520	3 000	2 750	2 965	5 102	3 890	3 410	17 053	7 626
2 080	2 132	2 106	2 525	3 014	2 759	2 970	5 143	3 908	3 415	17 514	7 734
2 085	2 139	2 112	2 530	3 028	2 768	2 975	5 184	3 927	3 420	18 000	7 846
2 090	2 146	2 118	2 535	3 042	2 777	2 980	5 226	3 946	3 425	18 514	7 963
2 095	2 153	2 124	2 540	3 057	2 786	2 985	5 268	3 966	3 430	19 059	8 085
2 100	2 160	2 130	2 545	3 071	2 796	2 990	5 311	3 985	3 435	19 636	8 213
2 105	2 167	2 136	2 550	3 086	2 805	2 995	5 355	4 005	3 440	20 250	8 346
2 110	2 174	2 142	2 555	3 100	2 815	3 000	5 400	4 025	3 445	20 903	8 486
2 115	2 182	2 148	2 560	3 115	2 824	3 005	5 445	4 045	3 450	21 600	8 632
2 120	2 189	2 154	2 565	3 130	2 834	3 010	5 492	4 066	3 455	22 345	8 786
2 125	2 197	2 161	2 570	3 146	2 843	3 015	5 538	4 086	3 460	23 143	8 948
2 130	2 204	2 167	2 575	3 161	2 853	3 020	5 586	4 107	3 465	24 000	9 119
2 135	2 212	2 173	2 580	3 176	2 863	3 025	5 635	4 129	3 470	24 923	9 300
2 140	2 219	2 179	2 585	3 192	2 873	3 030	5 684	4 150	3 475	25 920	9 491
2 145	2 227	2 186	2 590	3 208	2 882	3 035	5 735	4 172	3 480	27 000	9 693
2 150	2 234	2 192	2 595	3 224	2 892	3 040	5 786	4 194	3 485	28 174	9 909
2 155	2 242	2 198	2 600	3 240	2 902	3 045	5 838	4 216	3 490	29 455	10 139
2 160	2 250	2 205	2 605	3 256	2 912	3 050	5 891	4 239	3 495	30 857	10 385
2 165	2 258	2 211	2 610	3 273	2 923	3 055	5 945	4 262	3 500	32 400	10 649
2 170	2 266	2 217	2 615	3 289	2 933	3 060	6 000	4 285	3 505	34 105	10 933
2 175	2 274	2 224	2 620	3 306	2 943	3 065	6 056	4 308	3 510	36 000	11 241
2 180	2 282	2 230	2 625	3 323	2 953	3 070	6 113	4 332	3 515	38 118	11 575
2 185	2 290	2 237	2 630	3 340	2 964	3 075	6 171	4 356	3 520	40 500	11 940
2 190	2 298	2 243	2 635	3 358	2 974	3 080	6 231	4 381	3 525	43 200	12 340
2 195	2 306	2 250	2 640	3 375	2 985	3 085	6 291	4 406	3 530	46 286	12 782
2 200	2 314	2 256	2 645	3 393	2 996	3 090	6 353	4 431	3 535	49 846	13 274
2 205	2 323	2 263	2 650	3 411	3 006	3 095	6 416	4 456	3 540	54 000	13 826
2 210	2 331	2 270	2 655	3 429	3 017	3 100	6 480	4 482	3 545	58 909	14 451
2 215	2 339	2 276	2 660	3 447	3 028	3 105	6 545	4 508	3 550	64 800	15 167

Tabla 9.3: Valores Crítico de pandeo. Acero alto límite elástico.

9.2   PROYECTO DE PUNTALES

9.2.1   CONSIDERACIONES GENERALES

Para un material dado, el valor del esfuerzo crítico depende de la esbeltez (l/r) de la columna o puntal. Para valores elevados de dicho parámetro, el esfuerzo crítico es muy reducido, lo que indica que un puntal muy esbelto puede colapsar por pandeo con una carga de compresión muy pequeña. Esto no puede evitarse empleando un acero de alta resistencia, puesto que el módulo de elasticidad del acero es prácticamente independiente de su composición y de los posibles tratamientos térmicos. El puntal puede robustecerse aumentando el momento de inercia I y el radio de giro r, lo que puede corregirse sin aumentar el área de la sección transversal, colocando el material tan lejos del eje como sea posible. Por esta razón, las formas tubulares son más económicas que las macizas para puntales.

Las características geométrico-resistentes de una sección tubular (corona circular) se dan en la adjunta (Tabla 9.4), junto con una serie de valores correspondientes a dimensiones comerciales.

Las columnas que se usan en las estructuras metálicas, en general y los puntales que se disponen en los buques en particular, pueden diferir sensiblemente de las columnas ideales consideradas al exponer la teoría del pandeo. Existe una multiplicidad de factores que afectan la llamada «carga final» de las columnas que forman parte integrante de una de dichas estructuras:

1) Efecto de las condiciones de fijación de los extremos de un pilar que forma parte de una estructura porticada.
2) Efecto de excentricidad de la carga axial de compresión.
3) Efecto de los momentos flectores transmitidos a los extremos del pilar por parte de los miembros adyacentes.

Las imperfecciones accidentales tales como falta de homogeneidad del material, desviación respecto a la forma geométrica supuesta (curvatura inicial), excentricidades no intencionadas de la carga de compresión axial debidas a las inevitables imperfecciones de taller y montaje, etc., se tienen en cuenta eligiendo un «coeficiente de seguridad» apropiado.

Cada uno de los factores que acabamos de enumerar varía dentro de un rango amplio y se combina con los otros de una forma particular en cada caso concreto. La determinación de la capacidad de soportar carga de compresión de un miembro determinado que forma parte de una estructura requiere en cada caso:

1) Establecer la longitud efectiva de la columna, teniendo en cuenta las condiciones de los extremos, que depende de la rigidez de los miembros adyacentes y las cargas que estos soportan.
2) Evaluar cualquier posible efecto de excentricidad debida a la presencia de momentos flectores causado por las acciones del pórtico formado con otros miembros o a la transferencia excéntrica de cargas de compresión de miembros adyacentes de la estructura.

No parece lógico incorporar en la fórmula que expresa la carga crítica de pandeo de una columna, cualquiera de los factores accidentales que afectan a su resistencia tales como pequeñas excentricidades o curvatura inicial. Es preferible tener en cuenta la posible presencia de estas inexactitudes eligiendo un adecuado «coeficiente de seguridad» como se ha dicho antes.

D Diámetro exterior
d Diámetro interior
e Espesor
P Peso/metro

A Área de la sección
I Mto. inercia diametral
W Módulo resistente
r Radio de inercia

$$P = 0,0247 \cdot (D - e) \cdot e \qquad W = \frac{\pi}{32} \cdot \frac{D^4 - d^4}{D}$$
$$A = \frac{\pi}{4} \cdot (D^2 - d^2)$$
$$I = \frac{\pi}{64} \cdot (D^4 - d^4) \qquad r = \sqrt{I/A}$$

Diámetro exterior D mm	Espesor e mm	Peso P Kg/m	Área sección A cm2	Momento inercia I cm4	Módulo resistente W cm3	Radio de giro r cm
48,3	5,00	5,34	6,80	16,20	6,69	1,54
51	7,10	7,69	9,79	24,20	9,49	1,57
51	11,00	10,90	13,80	29,70	11,70	1,47
57	8,00	9,65	12,30	37,90	13,30	1,76
57	10,00	11,60	14,70	42,60	15,00	1,70
57	12,50	13,80	17,50	46,70	16,40	1,63
60,3	5,00	6,82	8,69	33,50	11,10	1,96
63,5	6,30	8,91	11,30	46,90	14,80	2,03
63,5	8,00	10,90	13,90	54,80	17,30	1,98
63,5	10,00	13,20	16,80	62,20	19,60	1,92
63,5	14,20	17,30	22,00	72,40	22,80	1,81
70	6,30	9,92	12,60	64,60	18,40	2,26
70	10,00	14,80	18,80	87,20	24,90	2,15
70	12,50	17,80	22,60	97,70	27,90	2,08
70	17,50	22,60	28,90	110,00	31,60	1,96
76,1	6,30	10,90	13,80	84,80	22,30	2,48
76,1	8,00	13,40	17,10	101,00	26,40	2,42
76,1	10,00	16,30	20,80	116,00	30,50	2,36
76,1	12,50	19,70	24,90	131,00	34,50	2,29
82,5	8,00	14,60	18,70	131,00	31,90	2,65
82,5	10,00	17,90	22,80	152,00	37,00	2,59
82,5	12,50	21,70	27,50	174,00	42,10	2,51
88,9	5,60	11,50	14,70	128,00	28,70	2,95
88,9	8,80	17,30	22,10	180,00	40,40	2,85
88,9	12,50	23,70	30,00	225,00	50,60	2,74
101,6	5,60	13,20	16,90	195,00	38,40	3,40
101,6	8,00	18,40	23,50	259,00	51,10	3,32
101,6	10,00	22,60	28,80	305,00	60,10	3,26
101,6	12,50	27,60	35,00	354,00	69,70	3,18
108	8,00	19,60	25,10	316,00	58,50	3,55
108	12,50	29,60	37,50	435,00	80,50	3,41
108	16,00	36,20	46,20	504,00	93,30	3,30
114,3	6,30	16,80	21,40	313,00	54,70	3,82
114,3	8,80	22,80	29,20	409,00	71,50	3,74
114,3	11,00	28,10	35,70	482,00	84,30	3,67
127	12,50	35,50	45,00	746,00	117,00	4,07
127	16,00	43,60	55,60	877,00	138,00	3,96
133	10,00	30,30	38,60	736,00	111,00	4,36
133	12,50	37,40	47,30	868,00	131,00	4,28
133	16,00	46,10	58,80	1.025,00	154,00	4,18
133	20,00	55,70	71,00	1.169,00	176,00	4,06
139,7	8,00	25,90	33,10	720,00	103,00	4,66
139,7	14,20	44,00	56,00	1.116,00	160,00	4,47
152,4	10,00	35,10	44,70	1.140,00	150,00	5,05
152,4	12,50	43,40	54,90	1.355,00	178,00	4,97
152,4	16,00	53,60	68,60	1.616,00	212,00	4,86

Diámetro exterior D mm	Espesor e mm	Peso P Kg/m	Área sección A cm2	Momento inercia I cm4	Módulo resistente W cm3	Radio de giro r cm
159	8,00	29,60	38,00	1.085,00	136,00	5,35
159	10,00	36,70	45,80	1.305,00	164,00	5,28
159	12,50	45,40	57,50	1.555,00	196,00	5,20
159	16,00	56,20	64,60	1.860,00	234,00	5,09
168,3	7,10	28,30	36,00	1.170,00	139,00	5,70
168,3	11,00	42,90	54,40	1.689,00	201,00	5,57
168,3	16,00	59,90	76,60	2.244,00	267,00	5,41
177,8	10,00	41,40	52,70	1.862,00	209,00	5,94
177,8	12,50	51,30	64,90	2.230,00	251,00	5,86
177,8	16,00	63,60	81,30	2.687,00	302,00	5,75
193,7	8,00	36,50	46,70	2.016,00	208,00	6,57
193,7	10,00	45,30	57,70	2.442,00	252,00	6,50
193,7	12,50	56,20	71,20	2.934,00	303,00	6,42
193,7	16,00	69,80	89,30	3.554,00	367,00	6,31
219,1	8,00	41,50	53,10	2.960,00	270,00	7,47
219,1	10,00	51,60	65,70	3.598,00	328,00	7,40
219,1	12,50	64,10	81,10	4.345,00	397,00	7,32
219,1	16,00	79,80	102,00	5.297,00	483,00	7,20
244,5	8,00	46,50	59,40	4.160,00	340,00	8,37
244,5	10,00	57,80	73,70	5.073,00	415,00	8,30
244,5	12,50	72,00	91,10	6.147,00	503,00	8,21
244,5	16,00	89,80	115,00	7.533,00	616,00	8,10
273	8,00	52,10	66,60	5.852,00	429,00	9,37
273	10,00	64,80	82,60	7.154,00	524,00	9,31
273	12,50	80,90	102,00	8.697,00	637,00	9,22
273	16,00	101,00	129,00	10.707,00	784,00	9,10
298,5	10,00	71,10	90,60	9.441,00	633,00	10,20
298,5	16,00	111,00	142,00	14.211,00	952,00	10,00
323,9	10,00	77,40	98,60	12.158,00	751,00	11,10
323,9	12,50	96,70	122,00	14.846,00	917,00	11,00
323,9	16,00	121,00	155,00	18.390,00	1.136,00	10,90
355,6	10,00	85,20	109,00	16.223,00	912,00	12,20
355,6	12,50	107,00	135,00	19.852,00	1.117,00	12,10
355,6	16,00	133,00	171,00	24.663,00	1.387,00	12,00
406,4	10,00	97,80	125,00	24.476,00	1.205,00	14,00
406,4	12,50	122,00	155,00	30.030,00	1.478,00	13,90
406,4	16,00	153,00	196,00	37.449,00	1.843,00	13,80
457,2	12,50	138,00	175,00	43.203,00	1.890,00	15,70
457,2	16,00	173,00	122,00	54.032,00	2.364,00	15,60
508	12,50	154,00	195,00	59.755,00	2.353,00	17,50
508	16,00	193,00	247,00	74.908,00	2.949,00	17,40
508	20,00	241,00	307,00	91.427,00	3.599,00	17,30

Tabla 9.4: Valores puntales.

Fuente: (Ref. (21))

9.2.2 EL COEFICIENTE DE SEGURIDAD

Los principios en que se basa la elección de un coeficiente de seguridad en el proyecto de miembros sometidos a compresión son esencialmente los mismos que los que se tienen en cuenta en el caso de miembros sometidos a tracción. El objetivo del coeficiente de seguridad es proveer un margen razonable para todos los factores no cuantificados, incluyendo una cierta reserva para absorber las imperfecciones de los métodos de cálculo que se emplean para calcular los niveles de esfuerzos. Donde quiera que se utilice un cierto coeficiente de seguridad debe estar claro a qué condición se refiere; por lo que respecta a esfuerzos de tracción, el coeficiente de seguridad en la práctica actual se refiere al límite elástico del material y representa el margen contra la aparición de deformaciones permanentes (fenómeno de fluencia); en el caso donde se presenten esfuerzos alternativos, se referirá al esfuerzo límite de fatiga del material. Para miembros sometidos a compresión, naturalmente el coeficiente de seguridad debe referirse a la carga crítica de pandeo del miembro correspondiente. Sin embargo, al juzgar la seguridad de puntales y otros miembros sometidos a compresión debe adoptarse un punto de vista más conservador, ya que si se presenta el fenómeno de inestabilidad en un cierto miembro esto puede conducir al colapso del conjunto de la estructura, mientras que si un miembro sometido a tracción alcanza el límite elástico no se pone en peligro, por lo general, la vida de la estructura, aunque aparecerán deformaciones excesivas. También debe tenerse en mente al establecer el oportuno coeficiente de seguridad de puntales y miembros sometidos a compresión que debe contener un cierto margen para cubrir inevitables inexactitudes (excentricidad, etc.) que pueden no tener importancia en el caso de miembros sometidos a tracción mientras que pueden afectar considerablemente la resistencia al pandeo de un miembro comprimido.

Otra cuestión que se plantea en torno a estos coeficientes de seguridad es si deben considerarse constantes o no en todo el rango de esbelteces o deben considerarse diferentes valores para columnas cortas que para columnas esbeltas. Los hechos que determinan el coeficiente de seguridad pueden dividirse en dos grupos.

a) Variaciones imprevistas de la condición de carga; desviación de las áreas de las secciones transversales de los miembros respecto a los previstos, etc., que se aplican por igual a todos los miembros de una estructura, con independencia de que estén sometidos a tracción, flexión o compresión mientras que:

b) Imperfecciones accidentales, desviaciones de las propiedades reales del material respecto a los valores normales supuestos, incorrecta estimación del grado de fijación de los extremos; influencia de esfuerzos secundarios, etc., son factores estrechamente ligados al problema de diseño de puntales y que pueden tener diferentes pesos, dependiendo de si se trata de una columna corta o esbelta.

El efecto de una pequeña excentricidad de la carga axial y también las desviaciones del eje de la columna respecto a la línea recta son considerables para pilares cortos y de esbeltez media. Las variaciones en las características del material, especialmente del punto de fluencia o límite elástico influye apreciablemente en la resistencia del pilar al pandeo si la carga crítica está fuera del dominio de proporcionalidad, mientras que no afecta a las columnas esbeltas, ya que su resistencia al pandeo depende fundamentalmente del valor del módulo de elasticidad que como hemos dicho antes, puede considerarse invariable e independiente de la composición del material. Por otro lado, un error en la estimación de la longitud libre del pilar tiene un gran efecto en la resistencia al pandeo dentro del dominio de proporcionalidad, mientras que tiene poca influencia fuera de él.

A la vista de todo esto no parecen existir buenas razones para proyectar las columnas cortas con un coeficiente de seguridad más bajo que los que se aplican al caso de columnas más esbeltas. Es más, considerando todas las incertidumbres en los razonamientos conectados con la fijación del coeficiente de seguridad, parece razonable adoptar un mismo valor para todos los valores de esbeltez de uso práctico.

Las reglas del *Lloyd's Register* (Ref. (17)) contienen la siguiente expresión para la carga de trabajo admisible en puntales construidos de acero normal:

$$\sigma_t = 1.260 - 5,25 \cdot \left(\frac{l}{r}\right) \tag{9.20}$$

mientras que la carga crítica de pandeo (considerando $\sigma_p/\sigma_y = v = 0,5$ y $\sigma_y = 2.450 \ kg/cm^2$) viene dada por:

$$\sigma_c = 2.450 \cdot \left\{ 1 - \frac{2.450}{4 \cdot \pi^2} \cdot \left(\frac{l}{r}\right)^2 \right\} = 2.450 - 0,0724 \cdot \left(\frac{l}{r}\right)^2 \tag{9.21}$$

Por lo tanto, el correspondiente coeficiente de seguridad que esto supone, varía con la esbeltez de acuerdo con la expresión:

$$C_s = \frac{\sigma_c}{\sigma_t} = \frac{2.450 - 0,0724 \cdot \left(\frac{l}{r}\right)^2}{1.260 - 5,25 \cdot \left(\frac{l}{r}\right)} \tag{9.22}$$

fuera de la zona de proporcionalidad (o sea $\sigma_c < 1.225$, que corresponde a $\left(\frac{l}{r}\right) < 125$ aprox) mientras que dentro de dicho dominio se aplica la fórmula de Euler, por lo que:

$$C_s = \frac{(\sigma_c) Euler}{\sigma_t} = \frac{\frac{\pi^2 \cdot E}{(l/r)^2}}{1.260 - 5,25 \cdot \left(\frac{l}{r}\right)} \tag{9.23}$$

Al objeto de fijar ideas, hemos representado en la Figura 9.8 los valores de los coeficientes de seguridad deducidos de estas expresiones que acabamos de exponer y que muestran como dicho coeficiente se mantiene sensiblemente constante (en realidad variando en una banda estrecha: entre 1,9 y 2,4) para esbelteces inferiores a 200.

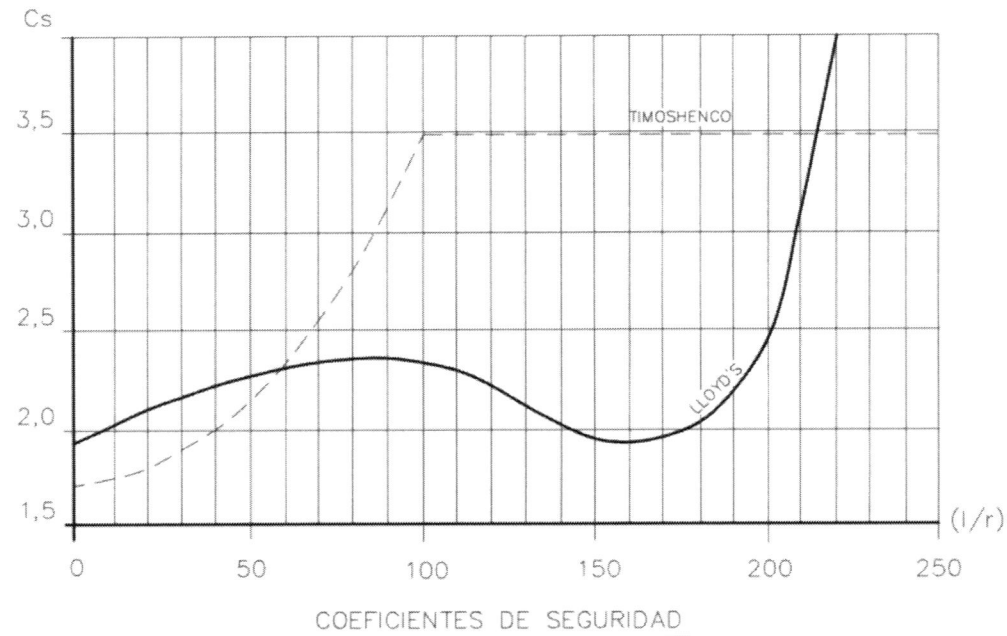

Figura 9.8: Comparativa coeficientes de seguridad respecto la relación (l/r).

Por el contrario, Timoshenco en la (Ref. (6)) expone su opinión de que el coeficiente de seguridad debería aumentar con la esbeltez y sugiere la ley representando mediante lineas de trazos en la Figura 9.8.

En puntales de estructuras navales parece aconsejable usar un coeficiente de seguridad de valor comprendido entre 2 y 2,5, comprobando que la esbeltez es inferior a 200.

La Figura 9.9 muestra una representación gráfica de los esfuerzos críticos de pandeo de un acero dulce de construcción naval, así como de los valores admisibles de acuerdo con la fórmula (9.21).

En algunos casos, el criterio de elección del valor del coeficiente de seguridad se tiene en cuenta parcialmente cuando se define la longitud equivalente $k \cdot l$. Así, en el caso del *Lloyd's Register*:

$$k \cdot l = 0,65 \cdot l = l_e \quad \text{para puntales de bodegas}$$
$$k \cdot l = 0,80 \cdot l = l_e \quad \text{para puntales de entrepuentes}$$

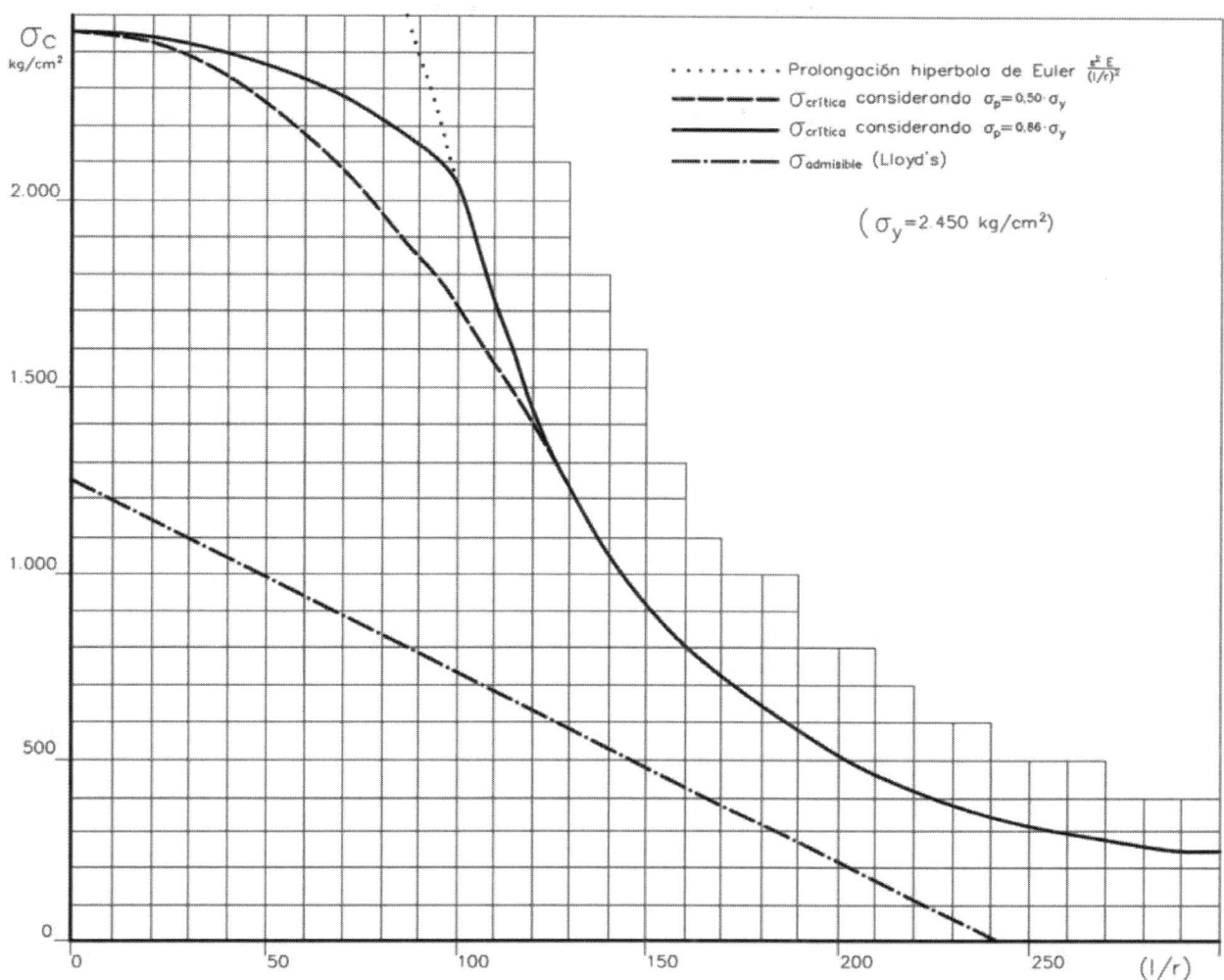

Figura 9.9: Representación gráfica de los esfuerzos críticos de pandeo.

9.2.3 ESCANTILLONADO DE UN PUNTAL

El proceso que puede seguirse para elegir la sección transversal de un puntal es el siguiente:

9.2.3.1 Carga a soportar

Al concretar la carga P de proyecto de un puntal habrá que añadir a la que gravita sobre el área correspondiente de la cubierta situada directamente sobre él, la carga que pudiera transmitir el tramo de puntal situado directamente encima. Si denominamos:

P_i ... Carga de proyecto del tramo i-ésimo de puntal.
P_{i-1} ... Carga de proyecto del tramo inmediatamente superior.
S_i ... Superficie asociada al tramo i-ésimo.
q_i ... Carga por unidad de superficie actuante sobre S_i

se tendrá:

$$P_i = P_{i-1} + S_i \cdot q_i$$

La Figura 9.10 recoge un ejemplo de cargas actuantes sobre los puntales de un buque ro-ro de tres cubiertas.

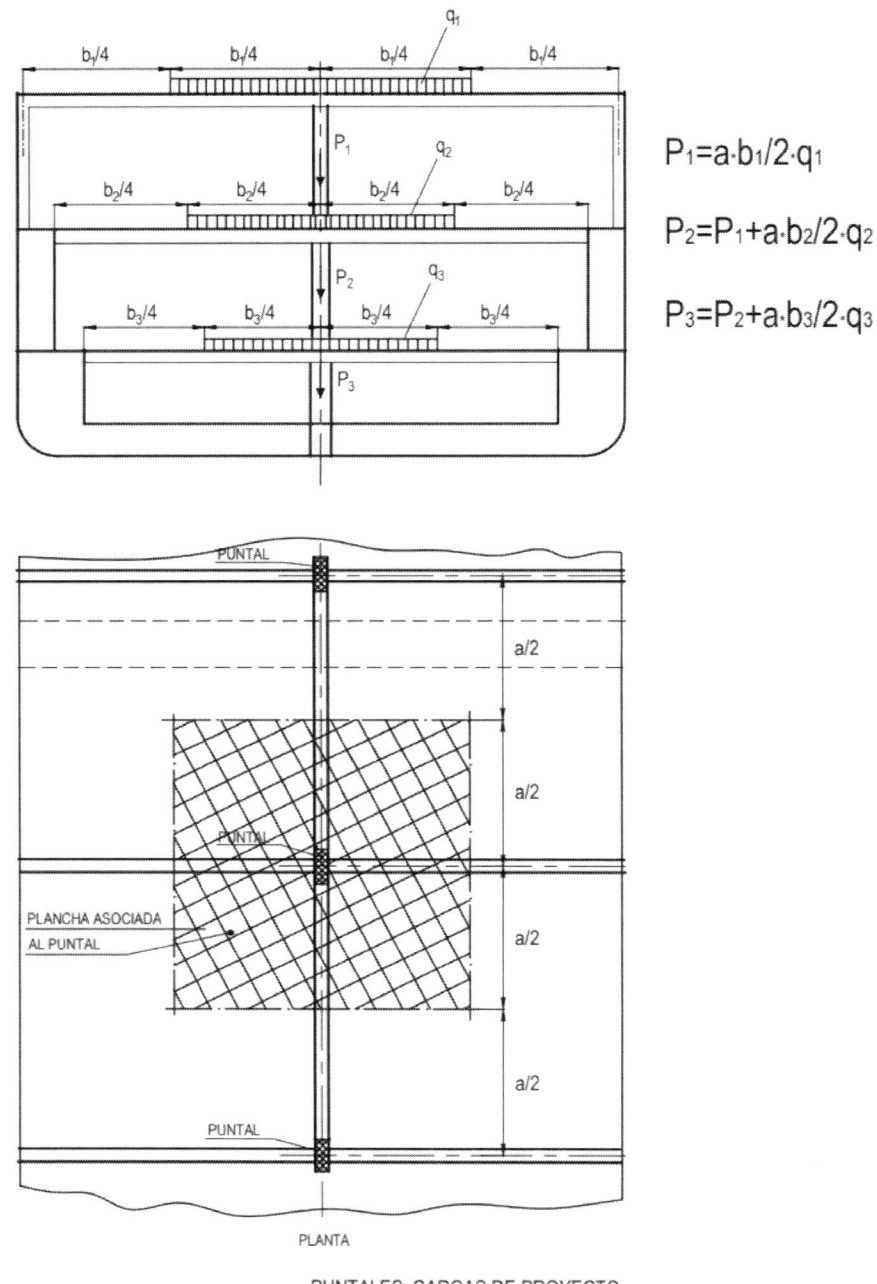

Figura 9.10: Representación gráfica de cargas actuantes sobre los puntales de un buque ro-ro de tres cubiertas.

9.2.3.2 Longitud equivalente

Al determinar la longitud equivalente $l_e = k \cdot l$ se debe tener en cuenta:

a) La longitud «l» del puntal.
b) La condición de fijación de sus extremos,

(véase al respecto, la Figura 9.4 y el último párrafo de la pág. 246).

9.2.3.3 Elección de la sección transversal

Como primera aproximación puede elegirse una sección transversal que tenga un área de alrededor de:

$$A_0 = \frac{P}{0,950} \ cm^2 \qquad (9.24)$$

siendo P la carga de proyecto del puntal.

9.2.3.4 Comprobación de la resistencia al pandeo

Denominando:

A ... Área de la sección transversal del puntal elegido
I ... Momento de inercia mínimo de la sección, respecto a un eje que pasa por su c.d.g
r ... Radio de inercia mínimo; $r = \sqrt{I/A}$
l_e ... Longitud equivalente; $l_e = k \cdot l$

se calcula la esbeltez

$$\lambda = \frac{l_e}{r} \qquad (9.25)$$

y, a continuación, el esfuerzo crítico de pandeo por cualquiera de los procedimientos siguientes:

I) Entrando en la Figura 9.9 con una abscisa $\lambda = l_e/r$, se obtendrá en ordenadas σ_c
II) Se deduce σ_c de las siguientes expresiones:

$$\begin{cases} \text{si } \lambda \leq 130 \quad \ldots\ldots \quad \sigma_c = 2.450 - 0,0724 \cdot \lambda^2 \quad \text{(\textit{Engesser})} \\ \text{si } \lambda > 130 \quad \ldots\ldots \quad \sigma_c = \frac{2,0726 \cdot 10^7}{\lambda^2} \quad \text{(\textit{Euler})} \end{cases}$$

$$\boxed{\text{(Acero dulce)}}$$

III)

a) Se calcula $\sigma = \frac{2,0726 \cdot 10^7}{\lambda^2}$

b) Si $\sigma < 1.225$, $\sigma_c = \sigma$

c) Si $\sigma \geq 1.225$, entrar en la Tabla 9.2 con el valor σ_c / τ y encontrar σ_c en la columna correspondiente.

El factor de seguridad con que el perfil elegido superaría la carga de proyecto P vendría dado por:

$$c.s. = \frac{\sigma_c}{P/A} \tag{9.26}$$

Si está comprendido entre 2,3 y 2,5, la elección ha sido adecuada; si, en cambio c.s es menor, habrá que elegir un perfil de más área y, preferiblemente, más momento de inercia y volver a comprobar la resistencia al pandeo.

■ **Ejemplo 9.1** Un entrepuente de bodega de 9 metros de altura está soportado por puntales que deben proyectarse para soportar una carga de 40 toneladas cada uno. Elegir la sección transversal de uno de dichos puntales.

Solución
P = 40 t

l = 9 m

le = 0,8 · 900 = 720 cm

$A_0 = \frac{40}{0,95} = 42,11$ cm^2

Elegimos un tubo de 152,4 mm de diámetro exterior y 10 mm de pared cuyas características son:

A = 44,7 cm^2

I = 1.140 cm^4

r = 5,05 cm

$\lambda = \frac{le}{r} = \frac{720}{5,05} = 142,57$

$\lambda > 130 \Rightarrow \sigma_c = \frac{2,0726 \cdot 10^7}{142,57^2} = 1.020$ kg/cm^2

$Cs = \frac{1.020}{40.000/44,7} = 1,14$

Como Cs < 2,3, debemos elegir una sección recta con más área.

La siguiente Tabla 9.5 facilita la elección.

Nota: las características de los puntales tubulares se han tomado de la Tabla 9.4:

CASO	$\varnothing_{EXT}$	e	A	I	r	λ	σ_c	Cs
1	152,4	10	44,7	1.140	5,05	142,57	1.020	1,07
2	177,8	10	52,7	1.862	5,94	121,21	1.392	1,83
3	219	10	65,7	3.598	7,40	97,30	1.765	2,90
4	219	8	53,1	2.960	7,47	96,39	1.777	2,36

Tabla 9.5: Características de puntales tubulares.

Se adopta un puntal tubular de 219 mm de diámetro exterior y 8 mm de espesor (Cs = 2,36).

■ **Ejemplo 9.2** Escantillonar el puntal de segundo entrepuente del buque ro-ro representado en la Figura 9.10, teniendo en cuenta los datos siguientes:

$l = 6,3$ m
$q_1 = 3$ t/m^2
$q_2 = 3$ t/m^2
$q_3 = 3,5$ t/m^2
$b_1 = 31$ m
$b_1 = 28$ m
$b_1 = 24$ m
$a = 15,7$ m

Solución

$$P_1 = a \cdot \frac{b_1}{2} \cdot q_1 = 15,7 \cdot \frac{31}{2} \cdot 3 = 730,05 \ t$$

$$P_2 = P_1 + a \cdot \frac{b_2}{2} \cdot q_2 = 730,05 + 15,7 \cdot \frac{28}{2} \cdot 3 = 1.390 \ t$$

$$A_0 = \frac{1.390}{0,95} = 1.463 \ cm^2$$

El tubo de mayor área de los que figuran en la Tabla 9.4 es el de 508x20 (A = 307 cm^2). En el caso de estos ro-ro/s de tercera generación se adoptan grandes puntales de sección rectangular prefabricados tal como la que se refleja en la Figura 9.11. Aunque la sección cuadrada es más eficiente desde el punto de vista de la resistencia al pandeo que la rectangular, en el caso de ro-ro/s es vital disponer los puntales con la menor dimensión posible en la dirección de la manga, para que el obstáculo que representan para el flujo rodado de carga y descarga sea lo menor posible, por ello, se suelen adoptar puntales de sección análoga a la indicada en la mencionada Figura 9.11 (2 claras de cuadernas en la dirección de la eslora y unos 550 mm en la dirección de la manga). Suponiendo que todas las planchas que componen el puntal tienen el mismo espesor e, vamos a determinarlo:

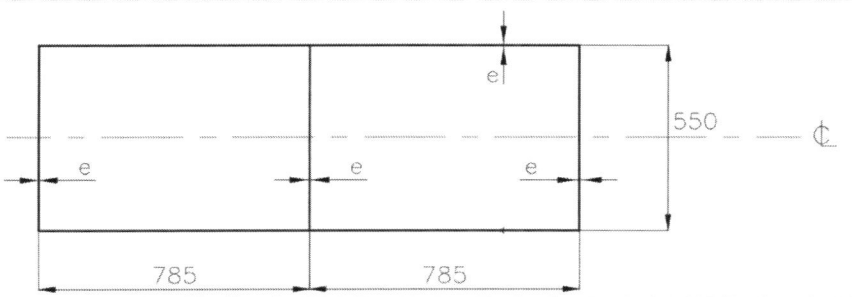

Figura 9.11: Sección cuadrada del puntal.

Área: $A = (4 \cdot 78,5 + 3 \cdot 55) \cdot e = 479 \cdot e$

Inercia $I = \frac{3}{12} \cdot 55^3 \cdot e + 2 \cdot \left(\frac{55}{2}\right)^2 \cdot 2 \cdot 78,5 \cdot e = 279.056,25 \cdot e$

Radio giro $\sqrt{I/A} = 24,14$

Esbeltez $\lambda = le/r = \frac{0,80 \cdot 630}{24,14} = 20,88 < 130$

$$\sigma_c = 2.450 - 0,0724 \cdot \lambda^2 = 2.450 - 0,0724 \cdot 20,88^2 = 2.418 \; kg/cm^2$$

Considerando Cs = 2,3 => $\frac{\sigma_c}{P/A} = 2,3$ => $A \cdot \frac{\sigma_c}{P} = 2,3$

$479 \cdot e \cdot \frac{\sigma_c}{P} = 2,3$ => $e = \frac{2,3 \cdot P}{479 \cdot \sigma_c} = \frac{2,3 \cdot 1.390 \cdot 10^3}{479 \cdot 2.418} = 2,76 \; cm$

Es decir: se precisan planchas de 28 mm de espesor.

9.3 PANDEO DE PLANCHAS

9.3.1 GENERAL

Considerando que la mayor parte de la estructura del buque está constituida por planchas, el tema de la inestabilidad de estas bajo las cargas a que se van a ver sometidas, tiene considerablemente más importancia que el pandeo de columnas o puntales, particularmente desde la adopción universal de la soldadura como medio de unión, introducción del uso de los aceros de alto límite elástico y del concepto de «control de corrosión», junto con el crecimiento general de los tamaños de los buques observado en las décadas de los 60 y de los 70; factores todos ellos que tienden a incrementar la probabilidad de pandeo de las planchas.

Cuando en un panel de plancha sometido a fuerzas de compresión en un plano (véase Figura 9.12), dichas fuerzas se van incrementando, se llega a un valor (esfuerzo crítico de pandeo) al que la plancha se ondula flexando fuera de su propio plano adoptando una forma ondulada característica. El valor crítico citado puede darse dentro o fuera de la zona de proporcionalidad del material, como sucedía al estudiar en detalle el pandeo de una columna.

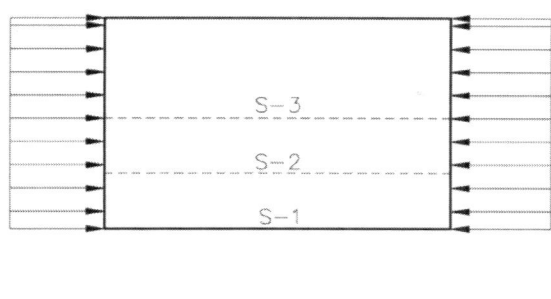

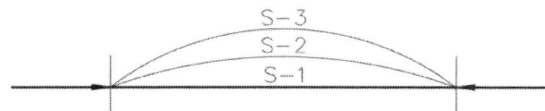

Figura 9.12: Panel sometido a fuerzas de compresión.

Sin embargo, el problema es sensiblemente más complejo, pues además de intervenir aspectos análogos a los que deben tenerse en cuenta al estudiar la inestabilidad de columnas, como son:

- Tipo de fijación de los bordes.
- Presencia, o no, de cargas fuera de su plano.
- Zona de la curva característica del material en que se presenta el fenómeno (fuera o dentro de la zona de proporcionalidad).

Se presentan otros derivados fundamentalmente del hecho de que ahora la estructura no es lineal, sino bidimensional. Así, por ejemplo, la relación de aspecto (cociente entre las longitudes de los dos lados del panel) juega un importante papel y, por otra parte, mientras que en el caso de un puntal la forma básica de carga era la de compresión axial, en el caso de una plancha cabe considerar tres formas básicas de carga (véase Figura 9.13): compresión en el plano de la plancha, flexión en el plano de la plancha y cizalla o cortadura en el plano de la plancha que pueden combinarse entre si originando casos más complejos.

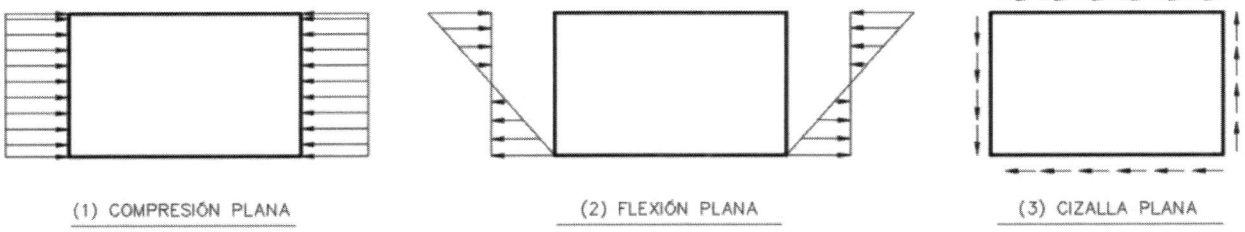

Figura 9.13: Tres formas básicas de carga en una plancha.

Por otra parte, el fenómeno físico del pandeo de un panel, a diferencia de lo que sucede en el caso de columnas, no suele acarrear el colapso de la estructura completa, sino, por el contrario, una deformación de la misma que si bien puede hacerla poco eficiente para cumplir su misión, solo provoca internamente una redistribución de tensiones. Por ello los coeficientes de seguridad que se adoptan son sensiblemente menores que los que antes se han apuntado para su consideración en el proyecto de columnas.

9.3.2 CONDICIONES DE BORDES

Cuando se estudia el posible pandeo de un panel de planchas, cabe considerar diferentes condiciones de bordes: existen cuatro de estos y dos posibilidades extremas: empotramiento o articulación. Un simple análisis combinatorio permite llegar a la condición de que pueden darse muchos casos de condiciones de contorno, los cuales se multiplican si se considera la posibilidad de que alguno de los bordes esté elásticamente restringido.

Sin embargo, cuando se estudia el posible pandeo de paneles de planchas de estructuras de buques, se acostumbra a considerar que los bordes están ARTICULADOS, lo que, sin duda, en algunos casos puede ser un criterio conservador. Sin embargo, esta circunstancia se tiene en cuenta cuando se adoptan los coeficientes de seguridad en relación con el «esfuerzo crítico de pandeo» que, en la mayoría de los casos es del orden de 1,25, admitiéndose la unidad en algunos casos en que se han considerado las mayores sobrecargas posibles.

9.3.3 PANDEO DE UN PANEL SOMETIDO A COMPRESIÓN PLANA

El caso básico por excelencia en el estudio del pandeo de placas es el de un panel sometido a compresión en su plano (véase Figuras 9.12 y 9.13-1)) articulado en sus bordes. El esfuerzo crítico al que pandeará el panel viene dado por la expresión (9.27):

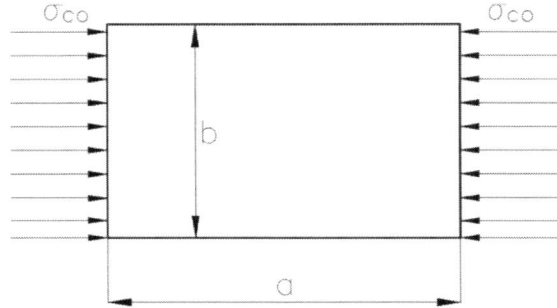

Figura 9.14: Pandeo de plancha sometido a compresión.

$$\sigma_{co} = \frac{\pi^2 \cdot \sqrt{\tau} \cdot E}{12 \cdot (1 - v^2)} \cdot \left(\frac{e}{b}\right)^2 \cdot k \tag{9.27}$$

Siendo:

τ ... Relación $\frac{E_L}{E}$ comentada en la expresión (9.3)
E ... Módulo de elasticidad inicial del material ($2,1 \cdot 10^6 \ kg/cm^2$ para el acero)
v ... Coeficiente de Poisson (0,3 para el acero y para el aluminio)
e ... Espesor de la plancha
b ... Dimensión del panel perpendicular a la dirección de σ (véase Figura (9.14))
α ... Relación de aspecto del panel: $\alpha = a/b$
k ... Coeficiente adimensional dependiente de α:

$$\alpha \geq 1 \quad \ldots\ldots \quad k = 4$$
$$\alpha < 1 \quad \ldots\ldots \quad k = \left(\alpha + \tfrac{1}{\alpha}\right)^2$$

Teniendo en cuenta los valores antes citados para el acero, la expresión (9.27) se reduce a:

$$\sigma_{co} = 1,9 \cdot 10^6 \cdot \sqrt{\tau} \cdot \left(\frac{e}{b}\right)^2 \cdot k \tag{9.28}$$

El proceso a seguir para calcular σ_{co} es:

1) Se calcula el cociente $\sigma_{co}/\sqrt{\tau}$ por la expresión:

$$\frac{\sigma_{co}}{\sqrt{\tau}} = 1,9 \cdot 10^6 \cdot \left(\frac{e}{b}\right)^2 \cdot k \tag{9.29}$$

2) Se entra con este valor en la columna tercera (es decir la encabezada con $\sigma_c/\sqrt{\tau}$) de la Tabla 9.2 y se ve el valor σ_c que le corresponde.

■ **Ejemplo 9.3** La cubierta de un carguero de estructura transversal es de 13 mm de espesor. La separación entre esloras es de 3 metros, mientras que el espaciado de cuadernas y baos es de 800 mm. Calcular el valor crítico de pandeo del panel frente a los esfuerzos de compresión generados por un momento flector de arrufo.

Solución:

$$\alpha = \frac{a}{b} = \frac{800}{3.000} = 0,267 < 1$$

$$k = \left(\alpha + \frac{1}{\alpha}\right)^2 = 16,134$$

$$\frac{\sigma_{co}}{\sqrt{\tau}} = 1,9 \cdot 10^6 \cdot \left(\frac{13}{3.000}\right)^2 \cdot 16,134 = 576 \; kg/cm^2$$

Como este valor es menor de 1.225 kg/cm² => $\tau = 1$ y, por tanto: $\sigma_{co} = 576$ kg/cm²

■ **Ejemplo 9.4** La cubierta de un petrolero de estructura longitudinal es de 23 mm de espesor. La separación entre longitudinales de cubierta es de 1 m, mientras que los anillos de bulárcama están espaciados 5 metros. Calcular el valor crítico de pandeo del panel en relación con los esfuerzos generados por un momento flector de arrufo.

Solución:

$$\alpha = \frac{a}{b} = \frac{5.000}{1.000} = 5 > 1$$

$$k = \left(\alpha + \frac{1}{\alpha} \right)^2 = 4$$

$$\frac{\sigma_{co}}{\sqrt{\tau}} = 1,9 \cdot 10^6 \cdot \left(\frac{23}{1.000} \right)^2 \cdot 4 = 4.020 \; kg/cm^2$$

Entrando con este valor en la tercera columna de la Tabla 9.2 (pág. 240):

$\sigma_c/\sqrt{\tau}$		σ_c
4.001	$->$	2.240
4.054	$->$	2.245

interpolando linealmente:

$$\sigma_{co} = 2.240 + \frac{2.245 - 2.240}{4.054 - 4.001} \cdot (4.020 - 4.001) = 2.241,79 \; kg/cm^2 \simeq 2.242 \; kg/cm^2$$

(**NOTA**. Realmente no es necesario llevar a cabo esta interpolación lineal, ya que como los valores de σ_c están tabulados de 5 y 5 kg/cm² basta con tomar el valor inferior o bien uno intermedio estimado: en el caso anterior fácilmente se hubiese estimado 2.242 o 2.243 kg/cm²).

9.3.4   OTROS CASOS BÁSICOS DE PANDEO DE PANELES

Además del que acabamos de exponer, existen otros casos básicos de pandeo de paneles sometidos a cargas en su plano: en la Figura 9.13 quedan recogidos otros dos e incluso podríamos hablar de un cuarto caso básico, intermedio entre el (1) y el (2) de dicha figura, es decir, el de un panel en el que una de sus parejas de lados estuviese sometida a compresión variable linealmente desde o hasta su valor mínimo (Figura 9.15). En general para todos, incluso para el que corresponde al caso 3 de la Figura 9.13, se puede expresar un valor «nominal» de la carga crítica de pandeo mediante la expresión (9.30):

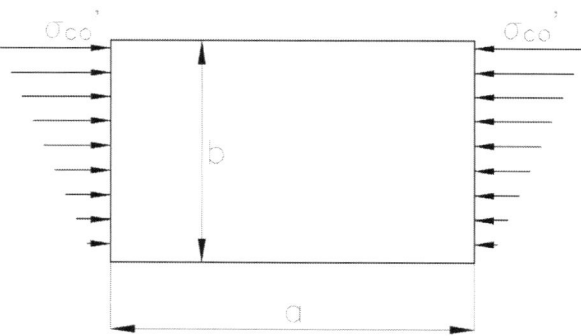

Figura 9.15: Pandeo de panel sometido a compresión variable linealmente.

$$\boxed{\sigma_i = \frac{\pi \cdot E \sqrt{\tau}}{12 \cdot (1 - v^2)} \cdot \left(\frac{e}{b} \right)^2 \cdot k} \tag{9.30}$$

donde k es un coeficiente adimensional que depende:

I) Del tipo de carga.
II) De la relación de aspecto $\alpha = a/b$ del panel.

Si el tipo de carga es de cizalla (caso 3, Figura 9.13), el esfuerzo crítico de cizalla es $\tau_{co} = \sigma_i/\sqrt{3}$, mientras que si es de compresión es $\sigma_{co} = \sigma_i$.

Se incluye una página con los valores de los respectivos coeficientes k (Tabla 9.6).

CASO	CONDICIÓN DE CARGA	FACTOR k EN EXPRESIÓN (9.30)	ESFUERZO CRÍTICO σ_{co} y τ_0
1		$\alpha \geq 1 \quad k = 4$ $\alpha < 1 \quad k = \left(\alpha + \frac{1}{\alpha}\right)^2$	$\sigma_{co} = \sigma_i$
$2_{(1}$		$\alpha \geq 1 \quad k = 7,7$ $\alpha < 1 \quad k = 7,7 + 33 \cdot (1-\alpha)^3$	$\sigma_{co} = \sigma_i$
$2_{(2}$		$\alpha \geq 2/3 \quad k = 24$ $\alpha < 2/3 \quad k = 24 + 73 \cdot (2/3 - \alpha)^2$	$\sigma_{co} = \sigma_i$
3		$\alpha \geq 1 \quad k = \sqrt{3} \cdot \left(5,34 + \frac{4}{\alpha^2}\right)$ $\alpha < 1 \quad k = \sqrt{3} \cdot \left(4 + \frac{5,34}{\alpha^2}\right)$	$\tau_o = \frac{\sigma_i}{\sqrt{3}}$

$$\sigma_i = \frac{\pi^2 \cdot E \cdot \tau}{12 \cdot (1 - v^2)} \cdot \left(\frac{e}{b}\right)^2 \cdot k$$

Para el acero:

$$\sigma_i/\sqrt{\tau} = 1,9 \cdot 10^6 \cdot \left(\frac{e}{b}\right)^2 \cdot k \; (kg/cm^2)$$

El valor de σ_i se deduce de $\sigma_i/\sqrt{\tau}$ entrando en la Tabla 9.2
con dicho valor, si es mayor de $\sigma_p = 1.225$ kg/cm² (Acero normal)

Tabla 9.6: Esfuerzos críticos de pandeo en planchas.

■ **Ejemplo 9.5** Calcular el esfuerzo crítico de un panel de 15 mm de espesor, 900 mm de ancho y 3.600 mm de longitud, sometido a cizalla pura.

Solución:

$$\alpha = \frac{3.600}{900} = 4 > 1$$

$$k = \sqrt{3} \cdot \left(5,34 + \frac{4}{4^2}\right) = 9,671$$

$$\frac{\sigma_i}{\sqrt{\tau}} = 1,9 \cdot 10^6 \cdot \left(\frac{15}{900}\right)^2 \cdot 9,671 = 5.104 \ kg/cm^2$$

Entrando con este valor en la tercera columna de la Tabla 9.2: $\sigma_i = 2.317$ kg/cm^2

$$\tau_{co} = \frac{2.317}{\sqrt{3}} = 1.339 \ kg/cm^2$$

Así como en los otros casos básicos está definido qué lado es «a» y cuál es «b»; en el caso de cizalla pura es indiferente. En efecto, si elegimos a = 900 y b = 3600, tendríamos:

$$\alpha = \frac{900}{3.600} = 0,25 < 1$$

$$k = \sqrt{3} \cdot \left(4 + \frac{5,34}{0,25^2}\right) = 154,731$$

$$\frac{\sigma_i}{\sqrt{\tau}} = 1,9 \cdot 10^6 \cdot \left(\frac{15}{3.600}\right)^2 \cdot 154,731 = 5.104 \ kg/cm^2$$

y a partir de aquí se operaría como acabamos de hacerlo cuando consideramos $\alpha = 4$.

9.3.5 PANDEO DE UN PANEL BAJO UNA COMBINACIÓN DE CARGAS. ECUACIONES DE INTERACCIÓN

En los párrafos precedentes hemos expuesto unos procedimientos para calcular los esfuerzos críticos de pandeo en los casos básicos de carga actuando individualmente sobre un panel de planchas. Sin embargo, es bastante corriente que dos o más de estas cargas actúen simultáneamente sobre dicho panel. En dicho caso la cuestión que se suscita es: «¿Cuál es el coeficiente de seguridad contra el pandeo?». En otras palabras: «¿Por qué valor hay que multiplicar los niveles de esfuerzo actuantes para que se llegue a la situación crítica del pandeo?».

La forma más conveniente de abordar el estudio del pandeo bajo combinación de cargas es mediante las llamadas «ecuaciones de interacción». Tales ecuaciones definen curvas que conectan las relaciones

$$\frac{\text{ESFUERZOS APLICADOS}}{\text{ESFUERZOS CRÍTICOS DE PANDEO}}$$

para las cargas consideradas separadamente:

Consideremos un panel rectangular sobre cuyos bordes actúan unos esfuerzos de compresión uniforme σ y unos esfuerzos de cizalla τ_{xy} tal como se indica en la Figura 9.16.

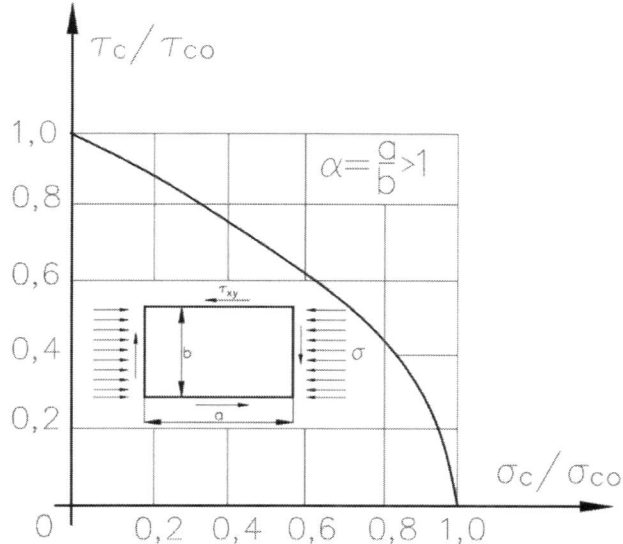

Figura 9.16: Curva experimental de interacción de Batdorf y Stein.

Obviamente el esfuerzo σ_c que el panel puede soportar sin que se produzca el pandeo dependerá de la magnitud de los esfuerzos cortantes τ_{xy} y crecerá si este valor disminuye. Si, por otra parte, centramos nuestra atención en el valor crítico τ_c del esfuerzo de cizalla necesario para que aparezca el pandeo, dicho valor será tanto más alto cuanto menor sea el esfuerzo de compresión σ.

Batdorf y Stein (Ref. (2)) desarrollaron una curva de interacción a partir de la cual, dado un cierto valor de uno de los dos tipos de esfuerzos, puede estimarse el que debe alcanzar el otro para que se presente una situación de inestabilidad o pandeo.

La interacción entre σ_c y τ_c puede expresarse adecuadamente introduciendo las relaciones σ_c/σ_{co} y τ_c/τ_{co}, donde:

τ_{co} ... Es el esfuerzo crítico de cizalla actuando aisladamente
σ_{co} ... Es el esfuerzo crítico de compresión actuando aisladamente

Al representar la relación τ_c/τ_{co} en función de la relación σ_c/σ_{co}, como se muestra en la Figura 9.16, se obtiene la CURVA DE INTERACCIÓN. Batdorf y Stein encontraron experimentalmente para relaciones de aspecto $\alpha \geq 1$, dicha curva queda bien representada por la parábola de la expresión 9.31):

$$\left(\frac{\tau_c}{\tau_{co}}\right)^2 + \frac{\sigma_c}{\sigma_{co}} = 1 \tag{9.31}$$

que es, para este caso, la ECUACIÓN DE INTERACCIÓN.

Las ecuaciones de interacción pueden usarse en dos diferentes formas:

a) Disponiéndola en la forma

$$\sigma_c = \sigma_{co} \cdot \left\{ 1 - \left(\frac{\tau_{xy}}{\tau_{co}} \right)^2 \right\}$$

Se puede obtener el valor crítico que debe alcanzar el esfuerzo de compresión para que se presente el fenómeno del pandeo, si se mantiene el valor τ_{xy} del esfuerzo cortante.

O bien, análogamente:

$$\tau_c = \tau_{co} \cdot \sqrt{1 - \frac{\sigma}{\sigma_{co}}}$$

para determinar el valor crítico de la cizalla que provocará el pandeo, si se mantiene el esfuerzo de compresión σ.

b) Si se conocen los esfuerzos aplicados σ y τ_{xy}, la siguiente expresión permite estimar el coeficiente de seguridad:

$$Cs = \frac{1}{\left(\frac{\sigma}{\sigma_{co}} \right)^2 + \frac{\tau_{xy}}{\tau_{co}}} \tag{9.32}$$

que, a su vez nos indica por qué valores habrían de multiplicarse los esfuerzos para que se produjese la inestabilidad:

$$\sigma \ldots \text{por } \sqrt{Cs}$$

$$\tau_{xy} \ldots \text{por } Cs$$

9.3.6   PANDEO DE UN PANEL SOMETIDO A CIZALLA Y COMPRESIÓN UNIFORME

Consideraremos dos casos:

a) Planchas «largas»: $\alpha = a/b \geq 1$
b) Planchas «cortas»: $\alpha = a/b \leq 1$

9.3.6.1   Planchas largas: $\alpha \geq 1$

Sean:

σ: Esfuerzo de compresión actuante
τ_{xy}: Esfuerzo de cizalla actuante

Suponiendo que ambos tipos de esfuerzos van incrementándose de manera que se mantenga la misma proporción entre ellos, llegará un instante en que se produzca el colapso por pandeo: los niveles de esfuerzos presentes entonces (σ_c y τ_c) reciben el nombre de «esfuerzos críticos simultáneos»:

$$\beta = \frac{\sigma}{\tau_{xy}} \quad \text{(relación de esfuerzos)} \tag{9.33}$$

Se busca una pareja de valores (σ_c y τ_c) críticos tales que:

$$\frac{\sigma_c}{\tau_{xy}} = \beta \tag{9.34}$$

El multiplicador de pandeo será:

$$\lambda = \frac{\tau_c}{\tau_{xy}} = \frac{\sigma_c}{\sigma} \tag{9.35}$$

Sustituyendo el valor $\sigma_c = \beta \cdot \tau_c$ en la ecuación de interacción (9.31), se tendrá:

$$\left(\frac{\tau_c}{\tau_{co}}\right)^2 + \beta \cdot \frac{\tau_c}{\tau_{co}} \cdot \frac{\tau_{co}}{\sigma_{co}} = 1 \tag{9.36}$$

que puede considerarse como una ecuación de segundo grado con τ_c. Resolviéndola, se llega a que la menor de sus dos raíces es:

$$\tau_c = \frac{\beta}{2} \cdot \sigma_{co} \cdot æ^2 \cdot \left(-1 + \sqrt{-1 + \frac{4}{\beta^2 \cdot æ^2}}\right) \tag{9.37}$$

donde $æ = \frac{\tau_{co}}{\sigma_{co}}$

Los valores de τ_{co} y de σ_{co} son, respectivamente:

$$\sigma_{co} = \frac{4 \cdot \pi^2 \cdot E}{12 \cdot (1 - v^2)} \cdot \left(\frac{e}{b}\right)^2 \tag{9.38}$$

$$\tau_{co} = \frac{\pi^2 \cdot E}{12 \cdot (1 - v^2)} \cdot \left(\frac{e}{b}\right)^2 \cdot \left(5,34 + \frac{4}{\alpha^2}\right) \tag{9.39}$$

por lo que:

$$æ = \frac{\tau_{co}}{\sigma_{co}} = \frac{5,34 + \frac{4}{\alpha^2}}{4} = \frac{4}{3} + \frac{1}{\alpha^2} \tag{9.40}$$

Sustituyendo el valor de σ_{co} en la ecuación (9.37), se obtiene:

$$\left. \begin{array}{l} \tau_c = \frac{4 \cdot \pi^2 \cdot E}{12 \cdot (1 - v^2)} \cdot \left(\frac{e}{b}\right)^2 \cdot 2 \cdot \beta \cdot æ^2 \cdot \left(-1 + \sqrt{-1 + \frac{4}{\beta^2 \cdot æ^2}}\right) \\ \sigma_c = \beta \cdot \tau_c \end{array} \right\} \tag{9.41}$$

Estas fórmulas son válidas dentro del dominio de proporcionalidad. Para generalizadas, consideraremos que en este caso donde actúan simultáneamente unas acciones de compresión y otras de cizalla, el factor de variación del módulo de elasticidad $\sqrt{\tau} = \sqrt{E_t/E}$ dependerá de la intensidad del esfuerzo combinado:

$$\sigma_i = \sqrt{\sigma_c^2 + 3 \cdot \tau_c^2} \tag{9.42}$$

e introduciendo el valor de la relación de esfuerzos $\beta = \sigma_c/\tau_c$, se obtienen las siguientes relaciones:

$$\sigma_i = \tau_c \cdot \sqrt{\beta^2 + 3} \tag{9.43}$$

$$\sigma_i = \sigma_c \cdot \sqrt{1 + 3/\beta^2} \qquad (9.44)$$

Para generalizar las expresiones (9.41) de manera que resulten válidas fuera del dominio de proporcionalidad, remplazamos E por $E \cdot \sqrt{\tau}$ y expresamos τ_c en función de σ_i, se obtiene:

$$\frac{\sigma_i}{\sqrt{\tau}} = \frac{\pi^2 \cdot E}{12 \cdot (1 - v^2)} \cdot \left(\frac{e}{b}\right)^2 \cdot 2 \cdot æ^2 \cdot \beta \cdot \sqrt{\beta^2 + 3} \cdot \left(-1 + \sqrt{1 + \frac{4}{\beta^2 \cdot æ^2}}\right) \qquad (9.45)$$

Después de calcular el valor del segundo miembro, el valor de σ_i se puede obtener con ayuda de la Tabla 9.2 (si se sobrepasa el límite de proporcionalidad, ya que en caso contrario $\sqrt{\tau} = 1$) y, a partir de el:

$$\left. \begin{array}{l} \tau_c = \dfrac{\sigma_i}{\sqrt{\beta^2 + 3}} \\[2mm] \sigma_c = \dfrac{\beta \cdot \sigma_i}{\sqrt{\beta^2 + 3}} \end{array} \right\} \qquad (9.46)$$

9.3.6.2 Planchas cortas: $\alpha < 1$

La ecuación de interacción (9.31) puede considerarse también válida para planchas cortas ($\alpha < 1$) siempre que la relación de aspecto α no sea inferior a 1/2.

En este caso, teniendo en cuenta el contenido de la Tabla 9.6 (pág. 257), podemos escribir:

$$\sigma_{co} = \frac{\pi^2 \cdot E}{12 \cdot (1 - v^2)} \cdot \left(\frac{e}{b}\right)^2 \cdot \left(\alpha + \frac{1}{\alpha}\right)^2 \qquad (9.47)$$

$$\tau_{co} = \frac{\pi^2 \cdot E}{12 \cdot (1 - v^2)} \cdot \left(\frac{e}{b}\right)^2 \cdot \left(4 + \frac{5,34}{\alpha^2}\right) \qquad (9.48)$$

por lo que:

$$æ = \frac{\tau_{co}}{\sigma_c o} = \frac{4 \cdot \alpha^2 + 5,34}{(\alpha^2 + 1)^2} \qquad (9.49)$$

y sustituyendo en la ecuación (9.37) el valor de σ_{co}:

$$\left. \begin{array}{l} \tau_c = \dfrac{\pi^2 \cdot E}{12 \cdot (1 - v^2)} \cdot \left(\dfrac{e}{b}\right)^2 \cdot \left(\alpha + \dfrac{1}{\alpha}\right) \cdot æ^2 \cdot \beta \cdot \dfrac{\beta}{2} \cdot \left(-1 + \sqrt{1 + \dfrac{4}{\beta^2 \cdot æ^2}}\right) \\[2mm] \sigma_c = \beta \cdot \tau_c \end{array} \right\} \qquad (9.50)$$

Estas expresiones pueden generalizarse fuera del límite de proporcionalidad:

$$\frac{\sigma_i}{\sqrt{\tau}} = \frac{\pi^2 \cdot E}{12 \cdot (1 - v^2)} \cdot \left(\frac{e}{b}\right)^2 \cdot \left(\alpha + \frac{1}{\alpha}\right) \cdot æ^2 \cdot \frac{\beta}{2} \cdot \sqrt{\beta^2 + 3} \cdot \left(-1 + \sqrt{-1 + \frac{4}{\beta^2 \cdot æ^2}}\right) \qquad (9.51)$$

$$\left. \begin{array}{l} \tau_c = \dfrac{\sigma_i}{\sqrt{\beta^2 + 3}} \\[2mm] \sigma_c = \dfrac{\beta \cdot \sigma_i}{\sqrt{\beta^2 + 3}} \end{array} \right\} \qquad (9.52)$$

9.3.7 OTROS CASOS DE COMBINACIÓN DE CARGAS SOBRE EL PANEL. PROCESO GENERAL DE CÁLCULO

Para otros casos de combinación de cargas, la ecuación de interacción puede ser diferente de la expresión (9.31). Así cuando se trata de una combinación de cizalla y de esfuerzos de flexión plana, la ecuación que se adapta mejor al fenómeno límite de pandeo es:

$$\left(\frac{\sigma_c}{\sigma_{co}}\right)^2 + \left(\frac{\tau_c}{\tau_{co}}\right)^2 = 1 \tag{9.53}$$

La Tabla 9.7 recoge los tres casos de combinaciones de cargas más corrientes.

En general, el proceso de cálculo a seguir para comprobar la resistencia al pandeo es el que describimos a continuación:

1) Calcular la relación de aspecto $\alpha = a/b$
2) Calcular la relación de esfuerzos actuantes $\beta = \sigma/\tau_{xy}$
3) En función de α y del tipo de combinación de cargas calcular el coeficiente æ
4) También en función de dichas variables, calcular la constante k
5) Calcular

$$\frac{\sigma_i}{\sqrt{\tau}} = \frac{\pi^2 \cdot E}{12 \cdot (1 - v^2)} \cdot \left(\frac{e}{b}\right)^2 \cdot k$$

6) Entrando en la Tabla 9.2 (o en la siguiente para el caso del acero de alto límite elástico) se determina σ_i en función de $\sigma_i/\sqrt{\tau}$
7) Los esfuerzos críticos respectivos son:

$$\tau_c = \frac{\sigma_i}{\sqrt{\beta^2 + 3}}$$

$$\sigma_c = \frac{\beta \cdot \sigma_i}{\sqrt{\beta^2 + 3}}$$

8) El coeficiente de seguridad se calcula por:

$$Cs = \frac{\sigma_c}{\sigma} = \frac{\tau_c}{\tau_{xy}}$$

CASO	CONDICIÓN DE CARGA	FACTOR k EN EXPRESIÓN (9.30)	ESFUERZO CRÍTICO σ_{co} y τ_0
4	$\alpha = a/b \qquad \beta = \sigma/\tau_{xy}$	$\alpha \geq 1 \qquad \text{æ} = \frac{4}{3} + \frac{1}{\alpha^2}$ $k = 2 \cdot \text{æ}^2 \cdot \beta \cdot \sqrt{\beta^2 + 3} \cdot \left(-1 + \sqrt{-1 + \frac{4}{\beta^2 \cdot \text{æ}^2}}\right)$ $1/2 \leq \alpha < 1 \qquad \text{æ} = \frac{4 \cdot \alpha^2 + 5.34}{(\alpha^2 + 1)^2}$ $k = 1/2 \cdot \text{æ}^2 \cdot \left(\alpha + \frac{1}{\alpha}\right)^2 \cdot \beta \cdot \left(-1 + \sqrt{-1 + \frac{4}{\beta^2 \cdot \text{æ}^2}}\right)$	$\tau_c = \frac{\sigma_i}{\sqrt{\beta^2 + 3}}$ $\sigma_c = \frac{\beta \cdot \sigma_i}{\sqrt{\beta^2 + 3}}$
5	$\alpha = a/b \qquad \beta = \sigma/\tau_{xy}$	$\alpha \geq 1 \qquad \text{æ} = \frac{5.34 + 4/\alpha^2}{7.7}$ $\alpha \leq 1 \qquad \text{æ} = \frac{4 + 5.34/\alpha^2}{7.7 + 33 \cdot (1 - \alpha)^3}$ $k = 3{,}85 \cdot \text{æ}^2 \cdot \beta \cdot \sqrt{\beta^2 + 3} \cdot \left(-1 + \sqrt{-1 + \frac{4}{\beta^2 \cdot \text{æ}^2}}\right)$	$\tau_c = \frac{\sigma_i}{\sqrt{\beta^2 + 3}}$ $\sigma_c = \frac{\beta \cdot \sigma_i}{\sqrt{\beta^2 + 3}}$
6	$\alpha = a/b \qquad \beta = \sigma/\tau_{xy}$	$\alpha \geq 1 \qquad \text{æ} = \frac{2}{9} + \frac{1}{6 \cdot \alpha^2}$ $\alpha \leq 1 \qquad \text{æ} = \frac{1}{6} + \frac{2}{9 \cdot \alpha^2}$ $k = 24 \cdot \text{æ} \cdot \sqrt{\frac{\beta^2 + 3}{1 + \beta^2 \cdot \text{æ}^2}}$	$\tau_c = \frac{\sigma_i}{\sqrt{\beta^2 + 3}}$ $\sigma_c = \frac{\beta \cdot \sigma_i}{\sqrt{\beta^2 + 3}}$

$$\sigma_i = \frac{\pi^2 \cdot E \cdot \tau}{12 \cdot (1 - v^2)} \cdot \left(\frac{e}{b}\right)^2 \cdot k$$

Para el acero:

$$\sigma_i / \sqrt{\tau} = 1{,}9 \cdot 10^6 \cdot \left(\frac{e}{b}\right)^2 \cdot k \ (kg/cm^2)$$

El valor de σ_i se deduce de $\sigma_i / \sqrt{\tau}$ entrando en la Tabla 9.2
con dicho valor, si es mayor de $\sigma_p = 1.225$ kg/cm^2 (Acero normal)

Tabla 9.7: Esfuerzos críticos combinados de pandeo en planchas.

■ **Ejemplo 9.6** La estructura de un doble fondo de un *bulkcarrier* está constituida esencialmente por vagras de 15 mm de espesor y varengas de 16 mm espaciadas 2,5 m. La altura del doble fondo es de 1,8 m y una porción de vagra está sometida a una combinación de esfuerzos de cizalla (750 kg/cm^2) y de flexión plana (900 kg/cm^2). Estudiar su resistencia al pandeo.

Solución

$$\left. \begin{array}{l} a = 2.500 \ mm \\ b = 1.800 \ mm \end{array} \quad \alpha = \frac{2.500}{1.800} = 1{,}39 \right\}$$

$$\left. \begin{array}{l} \sigma = 900 \ kg/cm^2 \\ \tau = 750 \ kg/cm^2 \end{array} \quad \beta = \frac{900}{750} = 1{,}20 \right\}$$

Se trata del caso de carga N°6 (véase Tabla 9.7)

$$\alpha = 1,39 > 1 \implies \ae = \frac{2}{9} + \frac{1}{6 \cdot 1,39^2} = 0,3085$$

$$k = 24 \cdot 0,3085 \cdot \sqrt{\frac{1,20^2 + 3}{1 + 1,20^2 \cdot 0,3085^2}} = 14,6308$$

$$\sigma_i / \sqrt{\tau} = 1,9 \cdot 10^6 \cdot \left(\frac{15}{1.800}\right)^2 \cdot 14,6308 = 1.930$$

Entrando en la Tabla 9.2 con este valor: $\sigma_i = 1.745 \text{ kg/cm}^2$

$$\tau_c = \frac{\sigma_i}{\sqrt{\beta^2 + 3}} = 828 \ kg/cm^2$$

$$\sigma_c = \beta \cdot \tau_c = 1,2 \cdot 828 = 994 \ kg/cm^2$$

El coeficiente de seguridad contra el pandeo es:

$$CS = \frac{\sigma_c}{\sigma} = \frac{\tau_c}{\tau} = \frac{994}{900} = 1,104$$

9.3.8 EL COEFICIENTE DE SEGURIDAD EN PLACAS SOMETIDAS A POSIBLE PANDEO

Como se ha comentado anteriormente, a diferencia de lo que ocurre en el caso de una columna, el pandeo de un panel de plancha no suele poner en peligro la estabilidad de toda la estructura de la que forma parte.

Por otra parte, también hemos indicado que, en general, en el caso de las estructuras navales, los paneles se consideran ARTICULADOS en sus bordes, cuando en realidad la condición de contorno real es intermedia entre ARTICULACIÓN y EMPOTRAMIENTO.

La confluencia de estas dos circunstancias apunta a la conveniencia de adoptar menores coeficientes de seguridad en el caso de planchas que en el de puntales.

Por citar algunos criterios indicaremos aquí:

a) Según el American Bureau of Shipping, (Pt B, Ch 7, Sec 1) el coeficiente de seguridad contra el pandeo en el caso de planchas debe tomarse mayor o igual a: **1,25**.
b) Según normas alemanas, dicho coeficiente debería estar comprendido entre **1,4** y **1,6**.
c) Según Timoshenco (Ref. (6)), el coeficiente de seguridad debe ser del orden de **1,5**.
d) En algunos casos en que la carga actuante considerada en los cálculos es excepcionalmente dura (pesimista), puede admitirse incluso que el coeficiente de seguridad sea la unidad.

9.4 RESISTENCIA AL PANDEO DE ESTRUCTURAS NO CONSTRUIDAS CON ACERO DULCE

En el caso de que el material empleado sea diferente del acero dulce para el que se ha confeccionado la Tabla 9.2, se puede proceder análogamente, aunque es necesario disponer de una tabla análoga construida con base en la definición del valor $\tau = E_t/E$ dada por la expresión (9.18), es decir:

$$\tau = \frac{(\sigma_y - \sigma_c) \cdot \sigma_c}{(\sigma_y - \sigma_p) \cdot \sigma_p}$$

a) Para el acero de alta resistencia empleado en construcción naval:

$$\sigma_y = 3.600 \; kg/cm^2$$

$$\sigma_p = 1.800 \; kg/cm^2$$

$$E = 2,1 \cdot 10^6 \; kg/cm^2$$

b) Para el aluminio naval se puede tomar:

$$\sigma_y = 1.200 \; kg/cm^2$$

$$\sigma_p = 200 \; kg/cm^2$$

$$E = 0,7 \cdot 10^6 \; kg/cm^2$$

9.5 EFECTOS DE LAS DESVIACIONES PRÁCTICAS

9.5.1 GENERAL

Las teorías descritas en los párrafos precedentes han sido deducidas sobre la hipótesis usual de que el material es homogéneo y de que la estructura, ya sea un pilar o una plancha, en su estado inicial es recta o plana. Más aún: las soluciones se dan para unas condiciones de contorno que, en algunas ocasiones, se han elegido más bien atendiendo a una simplificación del tratamiento matemático del problema que a la verdadera realidad. Como en la práctica la estructura del buque se construye uniendo por soldadura un conjunto de planchas y perfiles laminados o prefabricados, se producen desviaciones de consideración respecto a la idealización hecha en el cálculo, lo que puede originar importantes efectos en el comportamiento estructural de los distintos componentes. Aunque actualmente es posible tener en cuenta tales parámetros durante el análisis, el cálculo se complica y se hace prohibitivo cuando nos enfrentamos con un problema práctico del diseño o escantillonado, por lo que es recomendable considerar directamente solo los factores más importantes y absorber las variaciones que pudieran producir los otros con la adopción de un coeficiente de seguridad apropiado.

En el caso de las estructuras susceptibles de colapsar por pandeo merecen mencionarse los factores siguientes:

- Esfuerzos residuales provocados por la soldadura
- Deformaciones iniciales

- Excentricidad de la carga
- Condiciones de fijación de extremos y bordes
- Actuación simultánea de cargas laterales

algunos de los cuales pasamos a comentar a continuación:

9.5.2 ESFUERZOS RESIDUALES PROVOCADOS POR LA SOLDADURA

Si una barra de acero simplemente apoyada sobre una superficie lisa, se calienta uniformemente, tiende a aumentar sus dimensiones lineales de acuerdo con la conocida expresión:

$$l_t = l_0 \cdot (1 + \alpha \cdot \delta_t) \tag{9.54}$$

donde «δ_t» es el incremento de temperatura y «α» el coeficiente de dilatación lineal, que, para el acero, vale aproximadamente 10^{-5} por cada grado centígrado.

Si dicha barra está empotrada en sus extremos y, en consecuencia, no puede aumentar su longitud, se crearán unos esfuerzos de compresión interna que pueden calcularse considerando:

1) Que se deja dilatar libremente la barra hasta la longitud l_t
2) Que se aplican unas fuerzas de compresión P en sus extremos hasta que se alcanza la primitiva longitud l_0

La fuerza P crea unos esfuerzos $\sigma = P/A$ que pueden evaluarse por:

$$\left. \begin{array}{l} \varepsilon = \frac{l_t - l_0}{l_0} = \alpha \cdot \delta_t \\ \varepsilon = \frac{\sigma}{E} \end{array} \right\} \sigma = \alpha \cdot E \cdot \delta_t$$

Teniendo en cuenta:

$$E = 2,1 \cdot 10^6 \; kg/cm^2$$

$$\alpha = 10^{-5} \; {}^oC^{-1}$$

$$\sigma = 2,1 \cdot 10^6 \cdot 10^{-5} \cdot \delta_t = 21 \cdot \delta_t \; kg/cm^2$$

es decir, que un incremento de temperatura de 100° centígrados provocará unos esfuerzos de compresión debidos a la dilatación impedida de 2.100 kg/cm^2.

Si después de esto la barra se deja enfriar, se relajarán los esfuerzos y esto sucederá así siempre que el incremento de temperatura no haya sobrepasado el valor:

$$(\delta_t)_0 = \frac{\sigma_y}{21} = \frac{2.450}{21} = 117 \; {}^oC$$

porque si dicho valor se excede se provocará una plastificación del material de la barra y, a medida que vamos calentando [1] se producirá una fluencia progresiva del material mientras que se mantiene constante el esfuerzo de compresión $\sigma = \sigma_y$. Si seguimos el proceso con un diagrama simplificado del ensayo de tracción (mejor sería decir de «compresión», en este caso) (Figura 9.17), se tendrá:

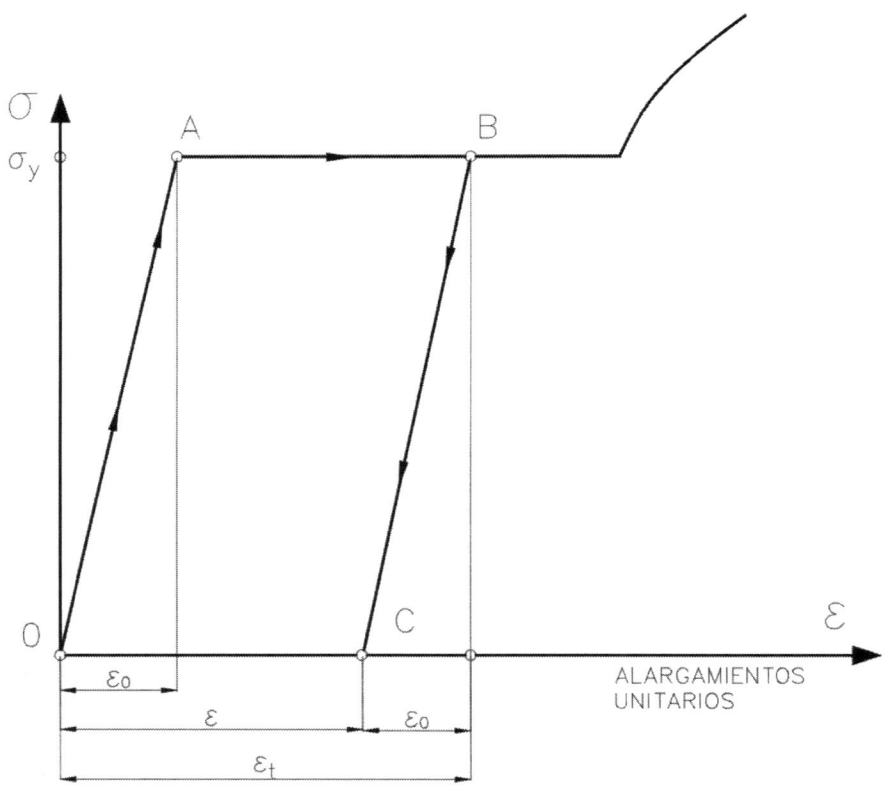

Figura 9.17: Diagrama de esfuerzo-deformación.

1) Se parte del origen ($\delta_t = 0$) y cuando el incremento de temperatura alcance el valor $(\delta_t)_0$ = 117 ^oC se estará en el punto «A», con unos esfuerzos internos $\sigma = \sigma_y$. Si se liberase de sus soportes, la barra tendría un alargamiento:

$$\varepsilon_0 = \frac{\sigma_y}{E}$$

2) Si continúa aumentando la temperatura, el esfuerzo se mantiene en σ_y, por lo que si se llega a un punto tal como el «B» de la Figura 9.17, que corresponde a un alargamiento ε_t (si la barra estuviese libre). Si en esta situación se liberasen los extremos, es decir, se hiciese desaparecer la carga interna de compresión, se alcanzaría un punto tal como el «C», quedando acortada la barra una longitud $\varepsilon = \varepsilon_t - \varepsilon_0$

3) Pero si los extremos de la barra permanecen empotrados y se deja enfriar lentamente el material hasta alcanzar la primitiva temperatura, quedarán unos esfuerzos internos de

---

[1]El coeficiente de dilatación lineal del acero, α, varía algo con la temperatura, pero en aras de la claridad de exposición del fenómeno de aparición de los esfuerzos residuales, se ha preferido ignorar dicha variación, con lo que se comete solo un pequeño error.

tracción que pueden calcularse por la expresión:

$$\sigma_{res} = E \cdot (\varepsilon_t - \varepsilon_0) \qquad \text{si } \varepsilon_t < 2 \cdot \varepsilon_0$$

$$\sigma_{res} = \sigma_y \qquad \text{si } \varepsilon_t \geq 2 \cdot \varepsilon_0$$

En el caso de una barra empotrada en sus extremos que se calienta parcialmente (véase Figura 9.18) de manera que se produzca la fluencia del material, cuando se enfríe quedará sometida a esfuerzos internos de tracción en la zona calentada y de compresión en el resto.

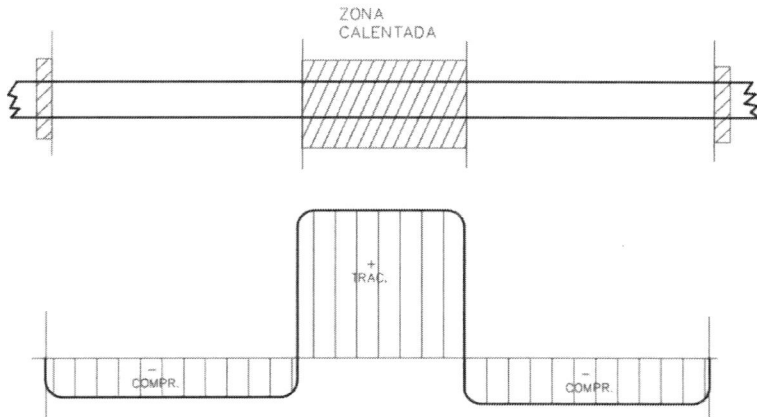

Figura 9.18: Barra empotrada en extremos calentada parcialmente.

Las temperaturas que se alcanzan en una costura de soldadura son muy altas (las necesarias para fundir el acero) y cuando se enfría, los esfuerzos residuales de tracción alcanzan el punto de fluencia. Como el conjunto de las planchas soldadas están en equilibrio, aparecen esfuerzos de compresión en el resto de la plancha, de manera que la distribución de tensiones sobre la sección transversal de una plancha soldada a lo largo de dos de sus bordes, toma una forma similar a la que muestra la Figura 9.19.

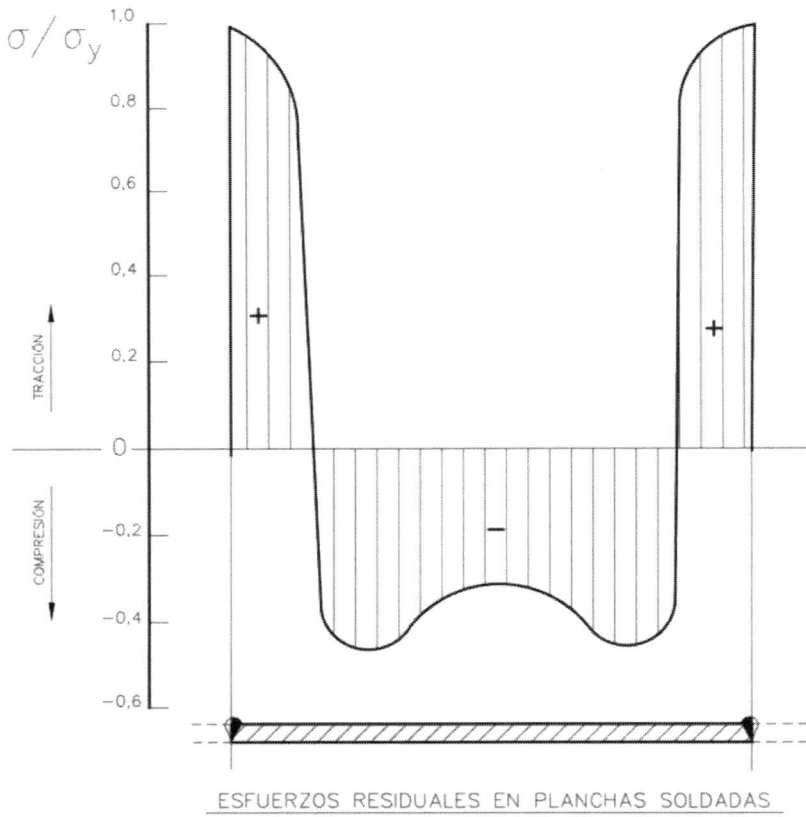

Figura 9.19: Distribución de tensiones sobre la sección transversal.

El efecto de dichos esfuerzos residuales en el comportamiento de un puntal o un panel de planchas sometido a compresión es el que se describe a continuación:

9.5.2.1 Puntales de acero

Supondremos que los puntales están bien proporcionados de manera que no se presentará pandeo local.

Si se va aumentando progresivamente la carga de compresión que actúa sobre un puntal, la porción que tenía los esfuerzos residuales de compresión más altos será la que alcanzará en primer lugar la fluencia. Esta parte será incapaz de soportar cualquier posterior incremento de carga, por lo que la inercia efectiva del puntal queda reducida a la que proporciona el resto de la sección que aún no he alcanzado el estado plástico. A medida que la carga actuante va creciendo, regiones que tenían esfuerzos residuales de compresión más bajos comienzan a entrar en fluencia y la inercia efectiva se va reduciendo progresivamente hasta que se llega a una situación crítica, en la que el puntal colapsa por pandeo.

Las investigaciones realizadas indican que es razonable considerar que el esfuerzo máximo residual de compresión, en construcciones soldadas, es del orden de la mitad del límite elástico (esfuerzo de fluencia), de manera que aquellos puntales en los que el esfuerzo crítico de pandeo es menor que $0,5 \cdot \sigma_y$, no se ven afectados por los esfuerzos residuales. Para puntales menos esbeltos, se ha comprobado experimentalmente que el esfuerzo crítico de pandeo viene dado mejor que por la expresión (9.15):

$$\sigma_c = \sigma_y - \frac{\sigma_p \cdot (\sigma_y - \sigma_p)}{\pi^2 \cdot E} \cdot \left(\frac{l}{r}\right)^2 \tag{9.55}$$

que es una parábola que pasa por los puntos:

$$\begin{cases} \left(\frac{l}{r}\right)^2 = 0 & \ldots\ldots & \sigma_y \\ \left(\frac{l}{r}\right)^2 = 2 \cdot \frac{\pi^2 \cdot E}{\sigma_y} & \ldots\ldots & \sigma_y/2 \end{cases} \tag{9.56}$$

por una recta que conecta ambos puntos, o sea:

$$\sigma_c = \sigma_y - \frac{0,5 \cdot \sigma_y}{\sqrt{2 \cdot \frac{\pi^2 \cdot E}{\sigma_y}}} \cdot \left(\frac{l}{r}\right) = \sigma_y - 0,1125 \cdot \frac{\sigma_y^{3/2}}{\sqrt{E}} \cdot \left(\frac{l}{r}\right) \tag{9.57}$$

y para el caso del acero dulce (σ_y $E = 2,1 \cdot 10^6$)

$$\boxed{\sigma_c = 2.450 - 9,4144 \cdot \left(\frac{l}{r}\right)} \ (\text{para} \sigma_c < \sigma_y/2) \tag{9.58}$$

9.5.2.2 Paneles de plancha en compresión

En construcción naval, cada uno de los paneles individuales de plancha están contorneados por refuerzos soldados a ella, por lo que la distribución de esfuerzos residuales de soldadura será similar a la que muestra la Figura 9.19. Los esfuerzos residuales son de compresión en la mayor parte de la anchura de la plancha, por lo que el esfuerzo crítico que debe aplicarse para que se produzca el pandeo es menor que el que se precisaría si la plancha no tuviese esas tensiones residuales.

A partir de ensayos se ha llegado a la conclusión de que la reducción en el esfuerzo crítico de compresión de un panel, debido a las tensiones residuales de soldadura, viene dado por:

$$\sigma_r = \frac{\xi \cdot \sigma_y}{b/e} \tag{9.59}$$

donde:

ξ Es un coeficiente que depende del tipo de soldadura y que puede tomarse igual a 6 (valor promedio).

El esfuerzo crítico de pandeo para una plancha sometida a compresión con esfuerzos residuales de soldadura es:

$$\sigma_{cres} = \sigma_{co} - \sigma_r \tag{9.60}$$

donde σ_{co} se calcula de acuerdo por la Tabla 9.6.

9.5.3 CURVATURA INICIAL

9.5.3.1 Puntales

Consideremos que la columna tiene una deformación inicial en forma sinusoidal, con flecha δ en el centro. La aplicación de una fuerza de compresión en los extremos provoca la aparición de una distribución sinusoidal de momentos flectores que actúa como foco de amplificación X de las deformaciones y esfuerzos que tendrían lugar en el caso teórico de columna recta sometida a compresión:

$$X = \frac{1}{1 - P/P_E} \tag{9.61}$$

que hace que el esfuerzo máximo en la columna venga dado por:

$$\sigma_{max} = \frac{P}{A} + X \cdot \frac{M}{W} \tag{9.62}$$

donde:

P ...... Carga aplicada.
P_E ...... Carga crítica de Euler correspondiente.
A ...... Área de la sección transversal del puntal.
W ...... Módulo resistente de la misma.
X ...... Factor de amplificación.
M ...... Momento flector en el centro $= P \cdot \delta$.

Usando esta relación, Shanley dedujo la siguiente ecuación de interacción:

$$R_b = (1 - R_c) \cdot (1 - \eta \cdot R_c) \tag{9.63}$$

siendo:

$R_b = \frac{M}{M_0}$ ($M_0 =$ Momento plástico en la situación de colapso).

$R_c = \frac{P}{P_0}$ ($P_0 =$ Carga crítica de pandeo teórica, es decir, suponiendo que no hay deformación inicial).
$P_0 = A \cdot \sigma_c$ tomándose σ_c de (9.15).

$\eta = \frac{P_0}{P_E} = \tau$ (véase Tabla 9.2).

$\delta_0 = \frac{P_0}{M_0}$

La Figura 9.20 permite calibrar la seria reducción de la resistencia al pandeo que provoca la presencia de una deformación inicial. Este hecho es una de las causas de las discrepancias que se observaron inicialmente entre la teoría, los experimentos y la práctica y enfatiza la necesidad de buscar una buena calidad y (como veremos en el apartado 9.5.4) alineación apropiada de los componentes sometidos a compresión en las estructuras de los buques.

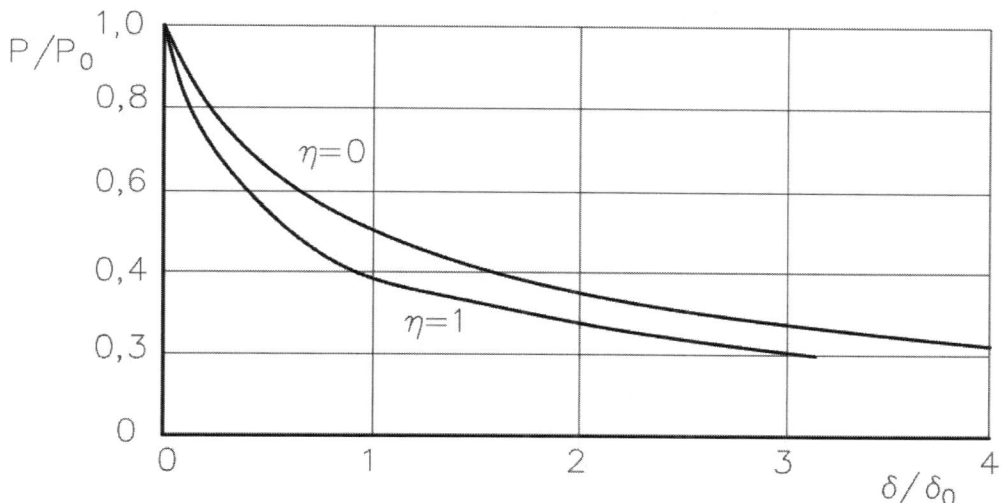

Figura 9.20: Relación entre cargas y deformaciones.

9.5.3.2 Paneles de planchas

El efecto de una deformación inicial en planchas no es tan crítico como en el caso de los puntales.

9.5.4 EXCENTRICIDAD EN LA APLICACIÓN DE LA CARGA

El efecto es completamente similar al de la deformación inicial: Si la carga de compresión de un puntal se aplica con una excentricidad δ, se produce un momento flector constante $P \cdot \delta$ que actúa como magnificador o multiplicador de los esfuerzos de compresión:

$$X' = \frac{1}{\cos\left(\frac{\pi}{2} \cdot \sqrt{\frac{P}{P_E}}\right)} \qquad (9.64)$$

Shanley dedujo para este caso la ecuación de interacción:

$$R_b = (1 - R_c) \cdot \cos\left(\frac{\pi}{2} \cdot \sqrt{\eta \cdot R_c}\right) \qquad (9.65)$$

10. LANZAMIENTO SOBRE DOBLE IMADA

10.1 GENERALIDADES

El buque o al menos su casco, se construye en seco, siendo necesario ponerlo a flote para que «realice» la misión para la que se ha proyectado. Esto puede llevarse a cabo de diferentes maneras **que estudiaremos en una lección posterior**, dedicándonos en esta a la exposición detallada de las más características: la botadura o lanzamiento doble imada.

Tradicionalmente este acto representa una importante efeméride en el proceso de construcción del buque y suele ser motivo de fiesta de sociedad, tribunas, presencia de invitados, flores, etc. Pero para el técnico la botadura significa dejar en libertad, incontrolada durante unos minutos, una estructura de acero de enorme peso y gran valor material, peligroso por la fuerza viva que alcanza y sometido a considerables esfuerzos y todo ello sometido a un riguroso control horario.

10.2 DESCRIPCIÓN GENERAL DEL SISTEMA DE LANZAMIENTO SOBRE DOBLE IMADA

El lanzamiento de un buque es una operación de gran importancia y peligro en potencia. A menos que los cálculos y la ejecución de los preparativos se haga con gran cuidado y buen juicio, puede ocurrir un serio desastre. El lanzamiento propiamente dicho, debe ser precedido por una transferencia del peso del buque desde los picaderos y almohadas de pantoque que forman la «cuna de construcción», a la «cuna de lanzamiento» que deslizará sobre las imadas transportándolo hacia el agua. La Figura 10.1 muestra una disposición habitual de lanzamiento por la popa e ilustra algunos de los términos que se emplean.

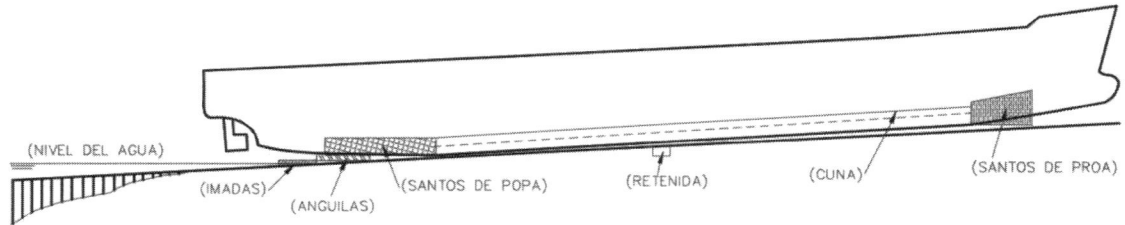

Figura 10.1: Disposición de los elementos de un lanzamiento por popa.

Durante las operaciones previas, el buque está firmemente sujeto en su posición longitudinal y finalmente queda sujeto solo por una «retenidas». Una vez que el peso del buque ha sido transferido a la cama de lanzamiento, queda dispuesto para que cuando se libere la retenida, la cuna de lanzamiento se deslice sobre las imadas llevando el buque al agua bajo la acción de las fuerzas gravitatorias. En muchos casos, la anchura del canal o ría de agua en que el buque se mueva libremente, siendo necesario disponer medios de frenado que contribuyan a pararlo antes de que la popa alcance la orilla opuesta.

Aunque no puede decirse que se trate de un procedimiento muy utilizado, algunos buques se han botado de proa, es decir situando esta en la parte inferior de la grada. Esta disposición puede ser conveniente pata botar buques llenos y cortos cuando la altura de agua sobre las imadas está muy limitada. En aquellos casos en los que el centro de gravedad en condiciones de lanzamiento esté situado relativamente lejos de la popa o en los que las formas del casco sean tales que se produzcan momentos de empuje favorables sí entra en el agua la proa en primer lugar, este tipo de lanzamiento puede ser recomendable.

En lo que sigue, salvo indicación expresa en contrario nos referiremos exclusivamente a la disposición convencional, en la que es la popa la primera que llega al agua.

10.2.1   ARFADA

Después de que el extremo de la cuna sobrepasa el extremo de las imadas, pero cuando todavía no se ha iniciado el levantamiento de la popa, el peso del buque está soportado por su empuje y por la porción de imadas que queda en contacto con la cuna. Si el empuje resulta insuficiente después de que el centro de gravedad del buque ha pasado sobre el extremo de las imadas, la popa tenderá a introducirse más en el agua, girando la cuna alrededor de dicho extremo de imadas: esto originará una fuerte concentración de presión en dicha zona y en el fondo del buque (véase Figura 10.11). Este fenómeno, que hay que procurar evitar, recibe el nombre de ARFADA y cuando se produce resultan graves daños. El remedio obvio para evitarlo es dispone de una altura de agua suficiente sobre el extremo de las imadas. Si la amplitud de la marea disponible no es suficiente para este propósito, puede prolongarse la longitud de las imadas o darles mayor inclinación. En algún caso puede ser recomendable lastrar a proa para desplazar el centro de gravedad hacia este extremo y disminuir el riesgo de arfada. Hay que decir, sin embargo, que, aunque no se produzca la arfada propiamente dicha (el temido giro alrededor del extremo de las imadas) una cantidad de empuje insuficiente en popa puede originar presiones excesivas sobre el extremo de las imadas y sobre el fondo del buque.

Cuando la estructura del fondo ha de soportar fuertes presiones es necesario reforzarla para evitar averías, lo que supone un difícil y costoso proceso, sobre todo si se tiene en cuenta que puede ser necesario hacerlo en zonas de doble fondo, cámara de máquinas, cámara de bombas, etc. Pero esto es a veces más conveniente que conseguir una reducción de las presiones prolongando las imadas dentro del agua.

10.2.2   GIRO

A medida que el buque desliza sobre las imadas, va aumentando el empuje de la parte de popa hasta que es suficiente para levantarla, girando alrededor del extremo de proa de la cuna, extremo que recibe el nombre de SANTOS DE PROA. Estos se diseñan y se disponen de manera que sean capaces de soportar las reacciones ocasionadas por el giro. Esta carga debe distribuirse sobre un área suficiente para evitar una presión excesiva sobre el lubrificante de botadura.

Puede ser necesario reforzar internamente la estructura del casco para soportar las presiones del giro.

10.2.3 GRADA DE CONSTRUCCIÓN

La elección de la grada en que va a ser construido un gran buque depende en gran medida de las exigencias del lanzamiento. Debe haber una distancia suficiente a partir del extremo de las imadas, de manera que no sean imprescindibles costosos medios de frenado; la altura de agua sobre dicho extremo debe ser adecuada para evitar presiones excesivas en el fondo; por otro lado, la profundidad del agua más allá del extremo de las imadas debe ser suficiente para evitar que el extremo de popa de la cuna tropiece en el fondo.

En el proyecto y construcción de una grada debe prestarse una cuidadosa atención a los fundamentos o cimientos para los picaderos, almohadas de pantoque, soportes y caminos de deslizamiento (imadas). En general una base de hormigón armado referido a la parte dura del suelo (roca ostionera, por ejemplo) es adecuada. En algunos casos es necesario pilotar para conseguir la necesaria referencia a la base rocosa. En general, la porción exterior de las imadas descansará sobre fuertes vigas de hormigón armado soportadas por pilotes. La cimentación debe ser adecuada para resistir las fuertes cargas debidas al giro y a las presiones que aparecen en el extremo de las imadas.

En general tiene muchas ventajas disponer en el extremo de la grada unas puertas estancas que puedan abrirse inmediatamente antes del lanzamiento: por una parte, se asegura el mantenimiento en seco de la parte de popa durante el proceso de construcción y por otra el buque puede situarse a un nivel más bajo en relación con el del agua. Esto último posibilitará que, entre antes en el agua, con lo que adquirirá una menor energía cinética y, en consecuencia, se simplificarán los dispositivos de frenado, en caso de que sean necesarios.

10.2.4 CAMA DE CONSTRUCCIÓN

La «cama» o estructura que soporta el casco durante su periodo de construcción depende del despiece de bloques, de las líneas de cimentación de la grada y del peso del buque. Por lo general está constituida por una hilera central de picaderos, dos hileras de «almohadas de pantoque» sobre «cajas de arena» y picaderos o apoyos auxiliares donde se considere necesario (véase Figura 10.2).

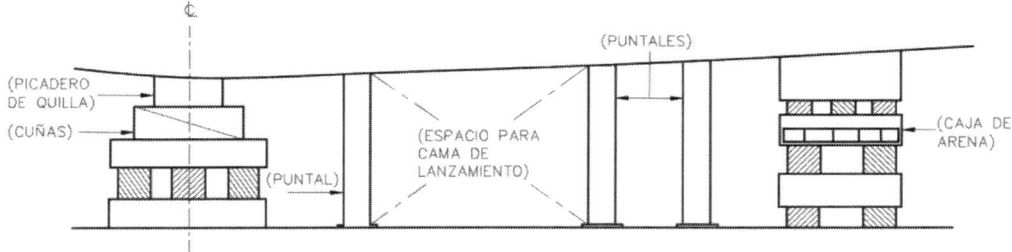

Figura 10.2: Disposición de una cama de construcción.

La altura y pendiente de la hilera de picaderos de quilla dependen en gran medida de la altura y pendiente de las imadas. La distancia entre la parte alta de estas y el fondo del buque en la zona maestra debe ser suficientemente amplia para colocar las anguilas, cuñas y picaderos de madera de la cuna de lanzamiento (véase Figura 10.3).

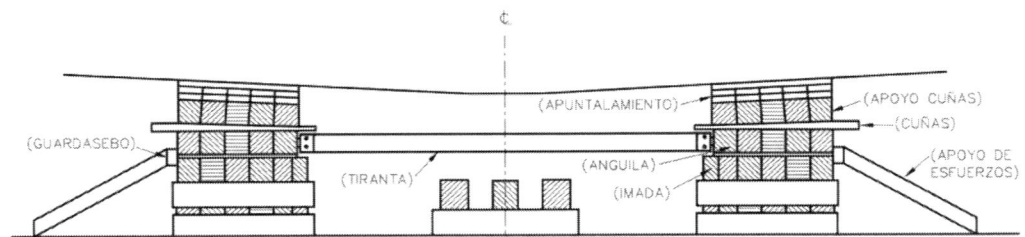

Figura 10.3: Disposición de una cama de lanzamiento.

La altura de la quilla sobre la placa de hormigón suele ser del orden de 1,5 m a 1,8 m, al objeto de conseguir unas condiciones de trabajo aceptables bajo el casco. No conviene que esta altura sea muy grande, ya que eso representaría unos picaderos más altos y una mayor altura de andamios, con el consiguiente incremento del coste de construcción y de las dificultades de manejo de los materiales.

La altura de la quilla sobre el suelo en la zona de proa debe ser suficiente para permitir que el extremo inferior de la proa descienda durante el giro sin peligro de tocar el suelo de la grada.

En cuanto a la pendiente de la quilla respecto a la horizontal, suele disponerse del orden del 5 % para buques medianos y grandes. Cuando se está decidiendo la pendiente de la quilla conviene tener en cuenta que si las imadas son rectas y la quilla se dispone paralelamente a la posición que tendrá cuando esté a flote, no se producirá el giro y, por lo tanto, no se presentará la reacción correspondiente. Aunque esto pudiera ser interesante en algunas ocasiones, no hay que olvidar que así se incrementarán las presiones en el extremo de las imadas y puede originarse el temido fenómeno de la arfada.

Por lo general, los picaderos de quilla están formados por maderas sólidos de 300 x 300 mm y se suelen disponer sobre una base de hormigón elevada sobre el plan de la grada. Análogamente se disponen los picaderos de las hileras laterales o almohadas de pantoque. Estos soportes que integran la cama de construcción deben desmontarse inmediatamente antes de la botadura de manera que el peso del buque sea transferido a la cuna de lanzamiento (Figura 10.3). En el caso de buques pequeños, el proceso de apretado rítmico de la cuñas de dicha cuna es suficiente para aflojar la presión sobre la cama de construcción lo suficiente para permitir su desmontaje, pero en el caso de buques de porte mediano o grande llegaba a ser necesario destrozar el picadero para poder desmontar la cama de construcción.

Para salvar esta dificultad, se han proyectado y construido varios tipos de picaderos desmontables. Uno de ellos se representa en la Figura 10.4: incorpora un juego de cuñas con gran pendiente que se mantienen en posición gracias a la acción de un tirante de acero. Cuando hay que desmontar el picadero se afloja la tuerca que sujeta el tirante, permitiendo así deslizar las cuñas y, en consecuencia, aflojar el picadero. Otro tipo de apoyo desmontable muy utilizado es el que incorpora la llamada «caja de arena»: entre dos capas de picaderos de madera se dispone un marco de acero que sujeta un saco lleno de arena que es apretado por una pieza émbolo (Figura 10.5).

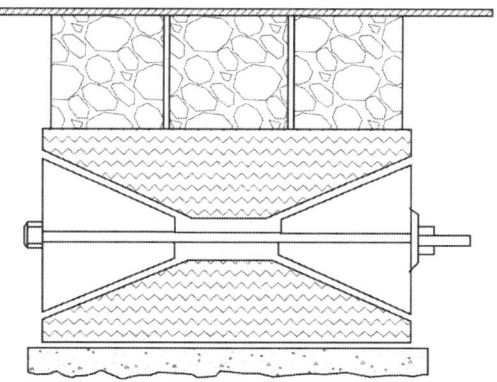

Figura 10.4: Picadero desmontable.

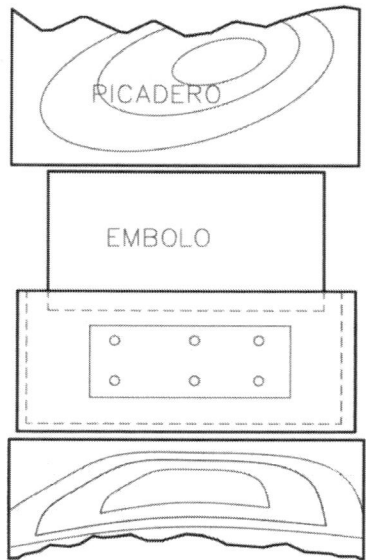

Figura 10.5: Caja de arena.

Cuando hay que desmontar el picadero, se desatornilla la placa de cierre y se rasga el saco de arena, con lo que el émbolo baja, quedando aflojado el conjunto y listo para ser desmontado.

Hay que tener en cuenta que la estabilidad de una alta pila de picaderos en compresión es precaria. Si la porción de madera de los picaderos de quilla tiene una altura igual o mayor de un metro es conveniente disponer un sistema de arriostrado («cruces de San Andrés» , por ejemplo) en la dirección proa-popa.

Más adelante discutiremos los valores de carga admisible sobre los picaderos.

10.2.5 IMADAS

Los caminos de deslizamiento o imadas que se emplean en los lanzamientos se fabrican por lo general de madera dura: iroko, okume o similar, con varias piezas empernadas entre sí y con un resalte (guardasebo) que actúa de guía para las anguilas. El guardasebo puede estar formado por una pieza postiza convenientemente fijada a las imadas (véase Figura 10.3).

La Figura 10.6 muestra un detalle esquemático de anguila e imada, con indicación de los redondeos necesarios para impedir que la anguila se enganche al pasar por una de las uniones de la imada. Las uniones de los diferentes tramos de imadas entre sí deben ser lo suficientemente resistentes para impedir el arrastre de algún tramo cuando pasa la anguila sobre él.

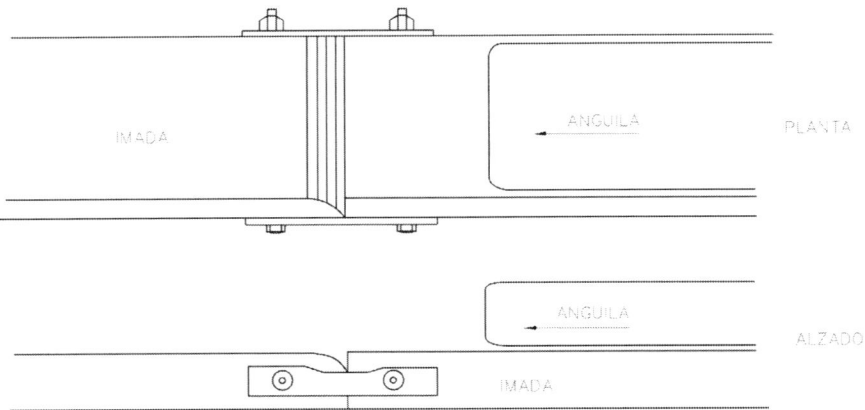

Figura 10.6: Esquema del conjunto de anguila e imada.

En algunos astilleros se han usado imadas de hormigón armado.

El trazado longitudinal de las imadas puede obedecer a una línea recta o bien pueden estar ligeramente curvadas en forma convexa (centro de curvatura bajo ellas).

La distancia transversal entre centros de las imadas suele ser del orden de un tercio de la manga del buque: una separación de esta magnitud proporciona un espacio adecuado para situar y desmontar los picaderos que forman la cama de construcción y también conduce a una altura razonable de la cuna de lanzamiento en los extremos de popa y de proa. Sin embargo, al decidir la situación de las imadas en relación con la manga del buque, es necesario tener en cuenta las zonas de cimentación de la grada y la disposición estructural del casco del buque: siempre es conveniente disponer las imadas bajo unos mamparos longitudinales o unas líneas de vagras o carlingas.

El extremo inferior de las imadas debe quedar suficientemente bajo para que la altura de agua disponible sobre él evite una presión excesiva (arfada) o una caída excesivamente brusca de la proa cuando el buque abandone la pista de deslizamiento (saludo). En aquellos puntos de la costa donde la carrera de mareas es grande, digamos de unos 3 metro esto se consigue para la mayor parte de los buques prolongando las imadas hasta el nivel medio de la marea baja; pero en aquellos lugares en los que la carrera de marea es pequeña, es necesario extender las imadas bastante por debajo del nivel de la marea baja, lo que encarece muy sensiblemente su construcción y mantenimiento.

Al establecer la altura y extensión de las imadas para botar buques de características especiales, deben tenerse estas en consideración: los submarinos, por ejemplo, tienen, por lo común, unos calados muy grandes en comparación con los buques convencionales de eslora similar, por lo que requieren una mayor profundidad de agua en el extremo de la imadas para evitar fuertes presiones en dicha zona y un «saludo» excesivamente acusado.

En el caso de botadura de buques muy grandes o/y muy pesados, puede ser aconsejable disponer cuatro imadas en lugar de dos. Por otro lado, el lanzamiento sobre imada única (con patines de guiado laterales) es práctica normal de algunos astilleros. Esto tiene la ventaja de que la cuna de lanzamiento, incluidos los santos de proa y de popa, es más simple y, por consiguiente, menos costosa. Sin embargo, para buques de peso medio y grande, la anchura de la pista de lanzamiento que se necesita para mantener la presión sobre el sebo por debajo de los límites admisibles llega a ser excesiva: por lo general, es preferible usar dos imadas cuando la anchura de una imada única debiera ser de 1,8 m.

En la zona maestra del buque, la distancia mínima requerida entre la parte alta de las imadas y el fondo del buque es función de las dimensiones de la cuna de lanzamiento: para buques medianos y grandes, una altura entre 750 mm y 1 m es suficiente para la instalación de las anguilas, cuñas y picaderos como se muestra en la Figura 10.3.

La pendiente de las imadas depende de varios factores: por un lado, debe ser suficiente para asegurar que el buque «arranque» cuando se liberen las retenidas y, por otro lado, si la pendiente es muy grande, la parte de proa del buque quedará a una considerable altura sobre el suelo y requerirá más picaderos, más elementos de arrastramiento y andamios más elevados. Además, con una pendiente de imadas mayor, las fuerzas actuantes sobre los mecanismos de retenida son mayores, así como la reacción en los santos de proa durante el giro y se precisarán mayores elementos de frenado.

Tipo de buque	Pendientes (%)		Peso en Lanzamiento (Tons)
	Imadas	Quilla	
Arrastrero	6,25	5,21	220
Destructor	6,00	5,21	2.140
Petrolero	4,59 *	5,21	13.160
Carguero	5,09 *	4,68	6.094
Crucero	5,21 *	4,68	10.505
B. pasaje	4,96 *	4,68	13.050
Arrastrero	4,52 *	4,17	23.351
(*) Imada con trazado curvo: la cifra indicada corresponde a la situación del C.G buque en posición inicial.			

Tabla 10.1: Pendientes de quilla e imadas.

La Tabla 10.1 da una relación de pendientes (inclinaciones) que se han dispuesto tanto para las imadas como para la quilla durante el lanzamiento de algunos buques. Nótese como las pendientes menores son las correspondientes a los buques más grandes: en el caso de grandes buques es de la mayor importancia mantener tan baja como sea posible la zona de proa, no solo para permitir manejar el material sino también para no impedir la libre circulación de las guías (especialmente las de tipo «pórtico») a lo largo de la grada. Por otro lado, cuanto mayor es la pendiente de la grada, tanto mayor es la fuerza que deben resistir las retenidas. Cuando se trata del lanzamiento de buques pequeños, estas consideraciones no son importantes y se acostumbra a disponer mayores pendientes, de manera que quede asegurado un pronto «despegue» o iniciación del movimiento.

10.2.6 ANGUILAS

Sobre las imadas se dispone una o dos capas de lubricante e inmediatamente encima, las «anguilas» (véase Figura 10.3). Estos elementos están fabricados, por lo general, de maderas de sección cuadrada de unos 300 mm de lado, y unos 10 o 12 metros de longitud. Se unen unos tramos con otros mediante placas de acero y unos pasadores, que dan cierta flexibilidad a dichas uniones.

Habitualmente se dispone el borde exterior de la anguila con un huelgo de unos 25 mm respecto al guardasebo (véase Figura 10.7). Este huelgo se mantiene (utilizando unas «galgas» o «separadores» que se eliminan antes de la botadura) a lo largo de todas las imadas o bien se va aumentando progresivamente hacia el mar, para asegurar que no se producirán «acuñamientos» de la anguila contra algún guardasebo.

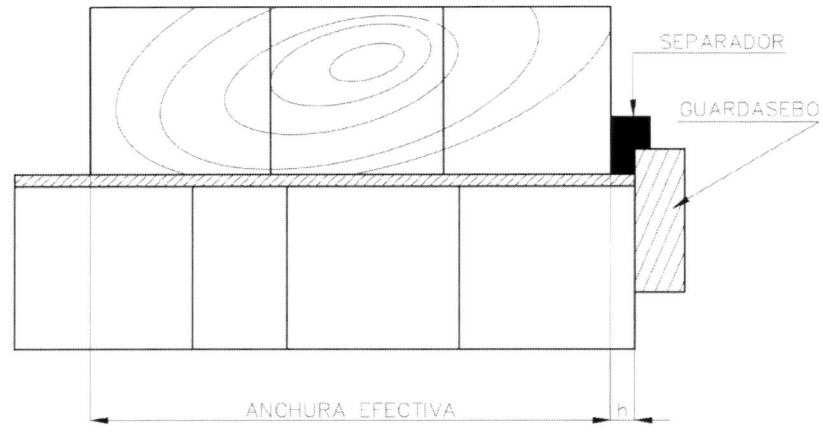

Figura 10.7: Separación entre la anguila y el guardasebo.

El área de apoyo necesaria de las imadas se calcula teniendo en cuenta la presión media que puede soportar el lubrificante y el peso del buque en la situación de botadura. Se han obtenido buenos resultados en la práctica disponiendo las anguilas de manera que dicha presión sea del orden de 20 a 22 t/m^2 (estos valores varían habitualmente entre 16 y 27 t/m^2).

La longitud de las anguilas se elige fundamentalmente teniendo en consideración la longitud y el peso de las porciones en voladizo, así como la altura de la estructura de madera y acero que se requiere para referir los «finos» a las anguilas y a los santos. Por lo general, la longitud de cada extremo en voladizo es del orden del 10 % de la eslora del buque, de manera que la longitud de la cuna es del orden del 80 % de dicha eslora. Siempre es conveniente que los extremos de dicha cuna coincidan con algún mamparo transversal u otro elemento resistente de la estructura del casco.

10.2.7 CUNA DE LANZAMIENTO Y SANTOS

Se denomina «cuna de lanzamiento» al conjunto de elementos que integran las anguilas, los picaderos situados sobre ellas, los cuñones de apriete y los santos de proa y de popa (Figuras 10.1 y 10.3). La misión de la cuna de lanzamiento es formar un soporte del buque durante su deslizamiento sobre las imadas.

Las cuñas se disponen sobre la parte alta de las anguilas, a lo largo de su longitud. Inmediatamente encima de las cuñas se suele disponer otras piezas de madera dura similares a las anguilas y, sobre ellas, un conjunto de picaderos más blandos hasta llegar al casco o hasta unas «zapatas» de acero convenientemente fijadas al casco.

Las cuñas o cuñones se fabrican de madera dura (roble, por ejemplo). Su longitud suele ser algo mayor de la anchura de las anguilas y varían en anchura y espesor con el tamaño del buque. La conicidad o pendiente de dichas cuñas suelen ser del 3 al 6 %, aplicándose la cifra menor a las cargas más pesadas.

A lo largo de una porción considerable de la cuna, la distancia entre las cuñas y el fondo del casco es pequeña, por lo que basta con disponer una serie de picaderos convenientemente espaciados teniendo en cuenta la estructura de dicho fondo: si se trata de estructura transversal, se dispone un picadero bajo cada cuaderna. En las zonas extremas; debido al afinamiento de las formas del buque, la estructura de la cuna se complica; en estas zonas se disponen unos conjuntos de vigas empernadas y arriostradas entre sí, situadas verticalmente o bien con una ligera inclinación (más abiertas en las partes inferiores). La porción de popa de la cuna recibe el nombre de «santos de popa». Debe tener resistencia suficiente para soportar el paso del voladizo de popa.

La estructura que constituye la proa de la cuna se conoce con el nombre de «santos de proa» y es mucho más compleja que la de los santos de popa. Más adelante tendremos ocasión de ocuparnos ellos en detalle.

10.3 SECUENCIA DE OPERACIONES DEL LANZAMIENTO

Antes de entrar en detalle de los cálculos del lanzamiento, vamos a describir las operaciones que se llevan a cabo:

Una vez que se ha pintado el fondo del buque se comienza a preparar el tren de lanzamiento: se sitúan en posición las imadas y se cepillan. A continuación, se da una resina de base (el «basekote») sobre la parte de imadas que quedan bajo el buque: su misión consiste en igualar la superficie de la imada. Sobre esta capa se da una del lubricante propiamente dicho (el «slipkote». Sobre ella se colocan las anguilas, sobre cuya superficie de deslizamiento se ha aplicado ya, en posición invertida, la capa de basekote. Se empujan las anguilas sobre las imadas y se procede a la colocación de las cuñas y del taquerío que refieren el buque a las anguilas. Se dejan las cuñas sin apretar hasta el momento oportuno.

A continuación, se procede al montaje de los santos de proa y popa.

Hasta ahora el buque sigue descansando sobre la cama de construcción. La transferencia del peso a la cuna de lanzamiento se lleva a cabo en dos fases. En primer lugar, se golpean rítmicamente y con gran cantidad de operarios los cuñones de las anguilas, con lo que se consigue apretar el buque contra estas y el peso se reparte entre los soportes de las dos camas: la de construcción y la de lanzamiento. Hecho esto se procede a unir mediante cable flexible, todos los trozos de madera de la cuna de lanzamiento para facilitar su recuperación. En la segunda fase se va aflojando y desmontando la cama de construcción. Esto se hace como se describe a continuación:

En la segunda fase se continúan los trabajos de colocación del basekote y del slipkote [1] en la parte de la grada no ocupada por el buque. Esta operación se efectúa aprovechando la última marea baja antes de la botadura. A medida que se van dando estas capas de sebo se van cubriendo las imadas para protegerlas del sol. Posteriormente, a medida que va subiendo la marea, se van retirando los tableros: el agua actuará de elemento protector.

El proceso de desmontaje de la cama de construcción, al final del cual quedará descansando la totalidad del peso del buque sobre la cama de lanzamiento, es el siguiente:

1) Se desmontan los picaderos de la línea central, comenzando por popa y avanzando hacia proa. Se dejarán sin desmontar un grupo de ellos bajo el codaste y otro en la zona que quede en voladizo a proa de la cuna de lanzamiento.

2) Se desmontan las líneas de picaderos laterales siguiendo un orden idéntico al anterior, dejando solo algunas calzadas que se desmontarán en las últimas horas que preceden al lanzamiento.

3) Siguiendo un programa (cuidadosamente preparado teniendo en cuenta el tamaño del buque y el número de calzadas y puntales que aún están en posición) se van desmantelando, simultáneamente a babor y a estribor, los restantes elementos de la cama de construcción, a intervalos de tiempo regulares, de manera que el barco quede descansando por completo en la cuna de lanzamiento pocos momentos antes de la hora prevista para la botadura.

El desmontaje de picaderos y calzadas es una operación relativamente fácil porque llevarán incorporados algunos de los elementos (cuñones o cajas de arena) mencionados en el apartado 10.2.4).

Antes de iniciar el desmontaje de la cama de construcción se habrán colocado en proa, popa y centro, sendos «testigos» con el fin de que se tenga constancia del movimiento de la anguila sobre la imada a medida que se va transfiriendo el peso del buque a la cuna de lanzamiento. Estos «testigos» están constituidos por dos simples tablillas, una de ellas milimetrada y la otra con una marca, elevadas una en la imada y otra en la anguila. Si se va apreciando un cierto desplazamiento relativo entre ambas se dice que el barco «está vivo» y esto es un buen síntoma: la experiencia de pasados lanzamientos permitirá si este desplazamiento se está produciendo muy lentamente o más rápidamente de lo conveniente. Si se llega a la conclusión de que el buque está demasiado «vivo», es decir que se aprecie una velocidad de desplazamiento excesiva, convendrá aumentar los intervalos de tiempo entre el desmantelamiento de una calzada y la siguiente y acelerar el proceso en los últimos minutos que preceden al lanzamiento. Si el movimiento del buque no se ha producido o va muy lento, se procederá al contrario.

En el momento de la botadura se hace soltar eléctricamente la uña de la retenida y el barco debe moverse. Si no se mueve, se aplican los gatos preparados al efecto y el buque debe arrancar. Los gatos no deben actuar hasta que la uña de la retenida haya saltado, para no someterle a un esfuerzo no previsto en su diseño.

---

[1]Debe advertirse que antes de dar el basekote sobre las imadas, deben calentarse éstas para que queden perfectamente secas. De lo contrario se formaran ampollas que levantarán el sebo.

Después de la botadura se procede a recuperar toda la madera empleada: esto resulta obligatorio tanto desde el punto de vista legal (no deben dejarse restos flotantes o sumergidos que produzcan polución o que representen un peligro para el tráfico marítimo) como desde el económico (posible re-utilización de la madera). Las imadas se desmontan y estas y el resto de la madera (especialmente de las anguilas) se limpia de sebo y almacena hasta la próxima ocasión.

Todas las operaciones que han de llevarse a cabo se recogerán en un programa detallado que incluirá: trabajos a realizar, fechas y horas en que deben realizarse, así como los nombres de los mandos responsables de cada grupo de trabajos.

10.4 CÁLCULOS DE LANZAMIENTO

10.4.1 ESTIMACIÓN DEL PESO

Una de las primeras fases de los cálculos de lanzamiento es una estimación del peso del buque en la situación en que se llevará a cabo la maniobra. En los cálculos preliminares esta estimación solo puede tener un carácter de aproximación, ya que debe basarse en una hipótesis de cuánto tiempo más permanecerá el buque en la grada y en la cantidad de pesos que se embarcarán en ese periodo.

En los tiempos en que no se aplicaba la prefabricación en gran escala, los medios de elevación de la grada eran limitados, por lo que muchos elementos pesados tales como calderas, motores, etc. habían de ser montados en el muelle de armamento con ayuda de grúas flotantes, grandes cabinas, etc. Hoy en día, la necesidad de ir al sistema de prefabricación y montaje de grandes bloques ha traído como consecuencia la dotación de potentes medios de elevación en el área de las gradas de construcción por lo que se ha abierto la posibilidad de montar elementos pesados de la maquinaria y el equipo durante la estancia des casco en grada. Sin embargo, no siempre se acopian con tiempo suficiente antes de la botadura o bien no pueden instalarse a bordo por falta de realización de algunas obras que deben hacerse antes: por ejemplo, los botes no se montarán hasta que no estén fijados los pescantes; los elementos de la acomodación no pueden montarse si la caseta de habilitación no se monta antes de la botadura. Por otro lado, en aquellos casos en que se espera que la estabilidad del buque a flote no sea grande, no es aconsejable instalar elementos pesados del equipo en las partes altas.

En la mayoría de los casos, sin embargo, es deseable situar a bordo la mayor cantidad de elementos del equipo y maquinaria que sea posible. El casco resistente debe estar completamente montado y soldado, ya que, de lo contrario se producirán distribuciones indeseables de esfuerzos de construcción. En general se puede decir que en la situación de lanzamiento se habrá integrado en el buque entre un 75 y un 90 % de su peso en rosca, variando hacia esta última cifra o hacia la primera en función de que se monte o no la superestructura y/o el motor principal.

Además del peso del casco y de los elementos de su maquinaria y equipo, hay que considerar los de los andamios, equipos de soldadura y otros, así como el de los lastres que deben disponerse para el lanzamiento. En el caso de buques pequeños deberá considerarse el peso de los hombres que deber ir a bordo. El peso de la cuna de lanzamiento debe tenerse en cuenta, especialmente en todo lo referente a la estática y dinámica sobre la porción de imadas que se mantiene en seco. Desde el momento en que la cuna se introduce en el agua puede considerarse que su peso se equilibra muy aproximadamente con su empuje.

La estimación de los pesos debe hacerse de una manera sistemática, agrupando los pesos por capítulos normalizados para evitar que se olvide alguna partida de importancia.

10.4.2 CÁLCULO DE LA POSICIÓN DEL CENTRO DE GRAVEDAD

Para llevar a cabo los llamados «cálculos de lanzamiento» es necesario no solo tener una estimación del peso del buque durante la maniobra, sino que se debe también tener estimada su distribución y, desde luego, la posición de su centro de gravedad. En muchos aspectos esta estimación es más difícil que la propia estimación del peso: una presentación del peso por partidas desglosadas puede ayudar mucho a la correcta estimación de la posición el centro de gravedad.

La posición longitudinal de C. de G. del buque en situación de lanzamiento (casco, maquinaria, equipo, andamios, lastres, etc.) tiene una gran influencia en los cálculos del giro, presión en el extremo de las imadas y asiento del buque a flote. La posición vertical de C. de G. influye en la estabilidad durante el giro y en la situación final a flote.

En muchas ocasiones es necesario lastrar el buque para alterar la posición del centro de gravedad al objeto de mejorar la estabilidad transversal o disminuir las presiones durante el giro o en el extremo de las imadas.

10.4.3 SITUACIÓN DEL BUQUE A FLOTE

Partiendo de la estimación del peso durante la botadura y de la posición de su centro de gravedad, es posible calcular los calados que tendrá el buque a flote: basta para ello utilizar las tablas hidrostáticas. A partir del conocimiento de los calados en las perpendiculares del buque pueden calcularse los calados en los extremos de la cuna.

Si el calado en el extremo de proa de la cuna es mayor que la profundidad del agua en los extremos de las imadas, se producirá el saludo: la proa caerá bruscamente. El descenso total de la proa durante el saludo puede estimarse momo el doble del que se producirá si el equilibrio de empujes se estableciese estáticamente: es decir, el doble de la diferencia entre la altura de agua en el extremo de las imadas y el calado correspondiente en el extremo de proa de la cuna en la situación de buque a flote. En el caso de que se deduzca de los cálculos que se presentará este fenómeno, deberá comprobarse cuidadosamente que la profundidad de agua es suficiente para que el extremo de proa de la cuna no choque con el fondo del mar y que el fondo y costados del buque en la zona situada a proa del extremo de la cuna tampoco tropezará con el fondo del mar o con las propias imadas.

La altura metacéntrica inicial (GM) que tendrá el buque a flote deberá también calcularse. En el caso de que se tema la presencia de un momento transversal de pesos no equilibrado (es decir, que el centro de gravedad no esté exactamente en el plano diametral) es especialmente importante que el GM tenga un valor suficientemente alto: téngase en cuenta que la escora que produciría tal momento transversal sería inversamente proporcional al valor del GM.

10.4.4 VARIACIÓN DEL EMPUJE HIDROSTÁTICO DURANTE EL LANZAMIENTO

Los calados en la perpendicular de popa para diferentes posiciones del buque en su recorrido sobre las imadas pueden calcularse, para cualquier altura de marea como sigue:

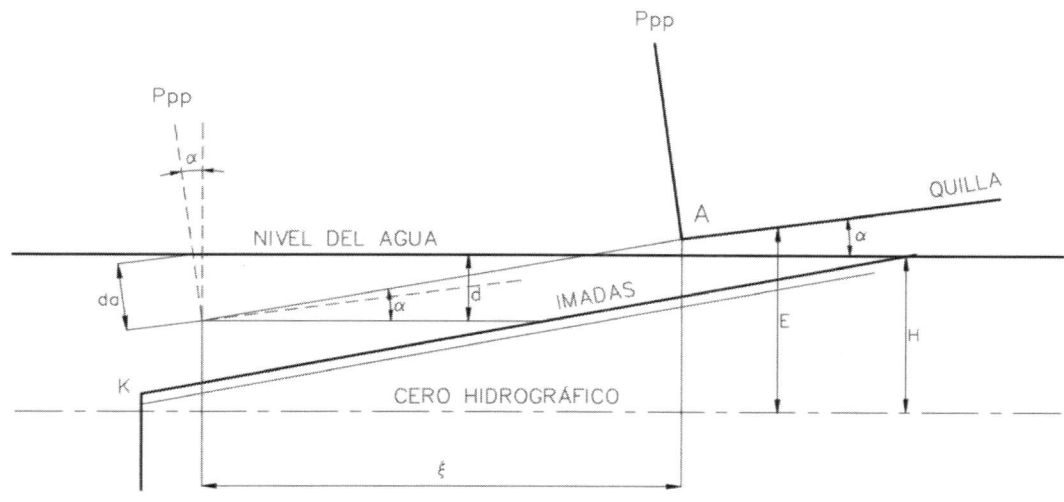

Figura 10.8: Calados durante el lanzamiento sobre imadas.

Sean:

m = pendiente de las imadas (%).
E = altura del punto A (intersección quilla-perp poa) sobre el cero hidrográfico.
H = altura de marca sobre el cero hidrográfico.
ξ = proyección horizontal del recorrido.
α = ángulo de la quilla con la horizontal.
d = distancia entre A y la superficie del agua.

El calado en la perpendicular de popa, antes de que se inicie el giro, es:

$$d_a = \frac{d}{cos\alpha} = \{0,01 \cdot m \cdot \xi - (E - H)\}\frac{1}{cos\alpha} \tag{10.1}$$

y el calado en la perpendicular de proa del buque:

$$d_f = d_a - L \cdot tg\alpha = d_a - 0,01 \cdot m' \cdot L \tag{10.2}$$

siendo:

L = eslora entre perpendiculares
m' = pendiente de la quilla (%)

Obviamente, el calado en la perpendicular de proa será negativo mientras que no se haya sumergido la totalidad de la eslora del buque.

Utilizando las curvas de Bonjean es posible calcular el volumen de carena y la posición de su centro de gravedad para flotaciones inclinadas el ángulo para varios calado d_s en la perpendicular de popa, y con tales valores trazar una gráfica como la que se muestra en la Figura 10.9.

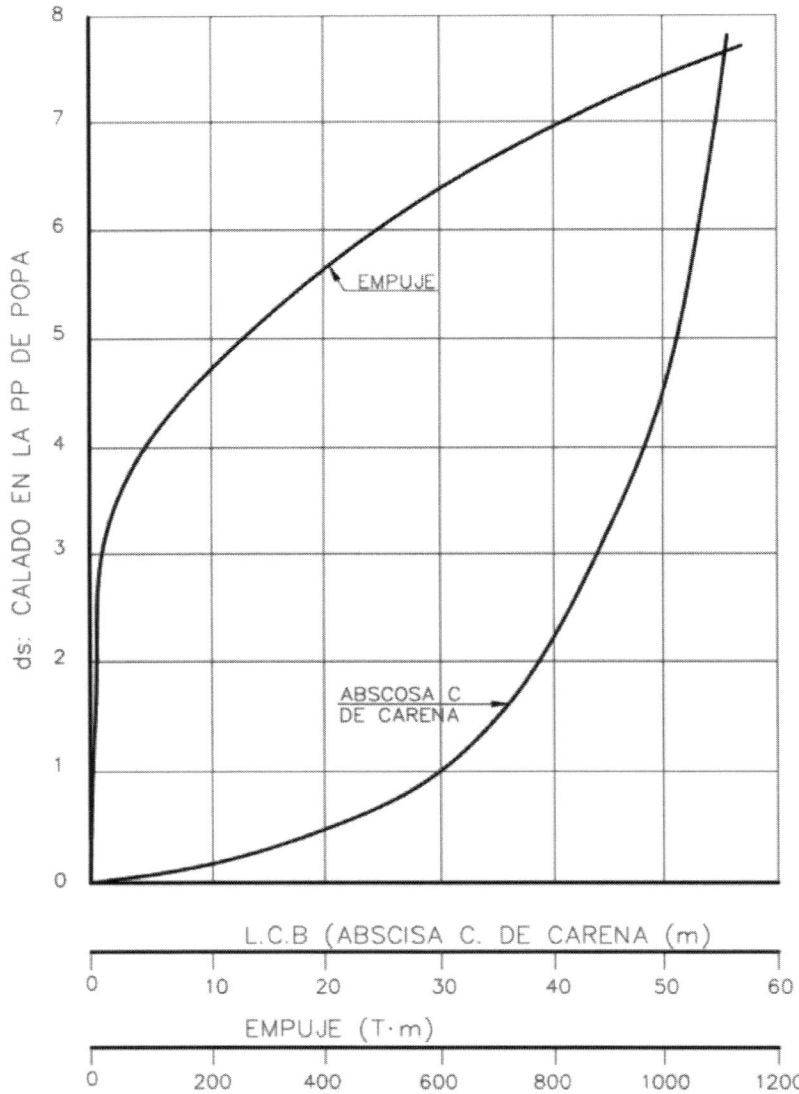

Figura 10.9: Gráfica para el cálculo de empuje y abscisa del centro de carena.

Si las imadas tuvieran un trazado curvo, la pendiente de la quilla va cambiando a lo largo del recorrido, y los cálculos de calados en las perpendiculares no son tan directos como los que acabamos de exponer (imadas de trazado recto).

Por lo general, solo se tiene en cuenta el empuje del casco del buque: se acostumbra a suponer que el empuje de la cuna es prácticamente equivalente a su propio peso, quedando compensado. Sin embargo, cuando se tema que esto dista de la realidad, bien sea porque se hayan empleado elementos muy pesados en la cuna o, por el contrario, este tenga un empuje claramente mayor que su peso, es necesario tener en cuenta en los cálculos el peso y el empuje de la cuna.

10.4.5 CURVAS CARACTERÍSTICAS DE LANZAMIENTO

Al objeto de estudiar las principales características del lanzamiento, es recomendable trazar las siguientes curvas, en función de la proyección horizontal ξ de los recorridos:

P = peso en lanzamiento: es constante y, en consecuencia, es una recta horizontal.

MPS = momento del peso P respecto a los santos de proa, es decir, respecto al punto sobre el que se producirá el giro. También es constante y, por los tanto, otra recta horizontal.

$\nabla\gamma$ = empujes de la carena: va variando a medida que va introduciéndose el buque en el agua. Se traza a partir de las curvas de la Figura 10.9.

MVS = momento del empuje respecto a los santos de proa. Va también variando y se traza con ayuda de las curvas de la Figura 10.9 y de las ecuaciones que relacionan el calado en popa con el recorrido.

MVK = momento del empuje respecto al extremo K de las imadas: también se deducen de las curvas de la Figura 10.9 y de las ecuaciones que relacionan recorrido con calados en popa.

MPK = momento del peso respecto al extremo K de las imadas

La abscisa de corte de las curvas MPS y MVS indica el punto del recorrido en el que se inicia el giro respecto a los santos de proa: la poa comienza a levantarse despegándose de las imadas. Por supuesto, a partir de este instante no resultan ya válidas las curvas de empuje y momentos del empuje, ya que la inclinación de la quilla empieza a diferir de aquella con la que se calcularon los puntos de dichas curvas.

La Figura 10.10 muestra el trazado de estas curvas. La ordenada por el punto de intersección de MPS y MVS proporciona las dos cantidades siguientes:

RG = Reacción máxima en los santos de proa: es el valor que tiene la reacción de las imadas en el momento en que se inicie el giro. Esta reacción, que se calcula como diferencia entre el peso (curva P) y el empuje (curva $\nabla\gamma$), se encuentra en los santos de proa y es la máxima que tendrán que soportar estas a lo largo del proceso del lanzamiento.

MCA = Momento de contra-arfada crítico: es la diferencia entre los momentos del empuje y del peso respecto al extremo de la imada (curvas MVK y MPK) en el instante en que se inicie el giro respecto a los santos de proa: $MCA = (MVK)_g - (MPK)_g$. Debe ser positivo, ya que de lo contrario se presentará el temido fenómeno de la arfada que describimos en el apartado (10.2.1).

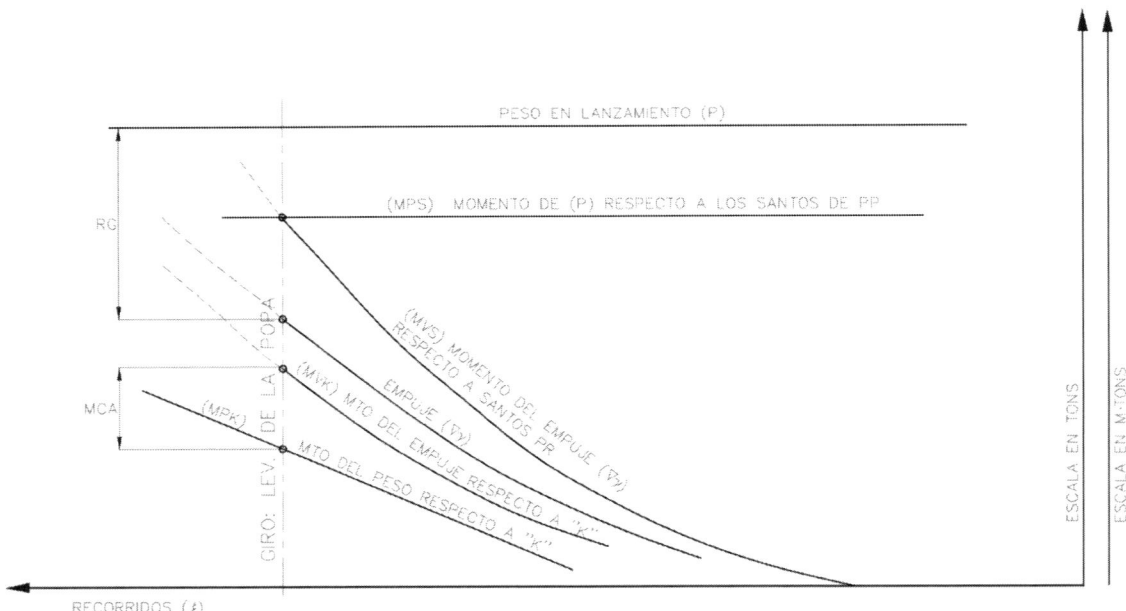

Figura 10.10: Curvas características del lanzamiento.

10.4.6   PRESIÓN EN EL EXTREMO DE LAS IMADAS Y MOMENTO CONTRA-ARFADA

La magnitud del momento de contra-arfada que acabamos de definir es un buen indicador cuantitativo del margen disponible respecto al fenómeno de arfada. De hecho, la presión máxima entre el extremo de las imadas y la cuna de lanzamiento está íntimamente relacionada con la magnitud de MCA, de manera que el valor que alcanza dicha presión es un buen indicador del nivel de garantías de que no se producirán deformaciones en el fondo y/o averías en el tren de lanzamiento.

La presión sobre las imadas va cambiando a medida que el buque va deslizándose hacia el agua. A continuación, vamos a exponer un procedimiento para estimar su distribución cuando todavía no se ha iniciado el giro alrededor de los santos de proa.

En la Figura 10.11, el momento del empuje respecto al extremo de las imadas es $b \cdot \nabla \gamma$, mientras que el momento del peso respecto al mismo punto es $w \cdot P$. En general, el momento contra-arfada en cualquier posición del recorrido vendrá dado pues por la diferencia $b \cdot \nabla \gamma - w \cdot P$.

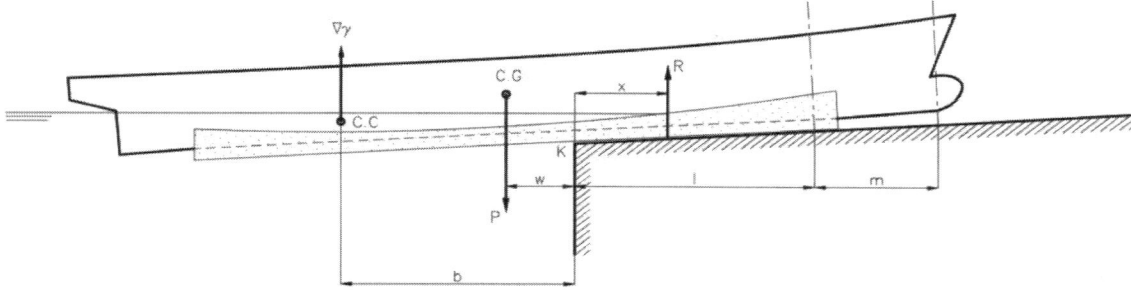

Figura 10.11: Gráfica para el cálculo de empuje y abscisa del centro de carena.

Antes de que se inicie el levantamiento de la popa, la longitud de la cuna en contacto con las imadas es:

$$l = C - \xi \tag{10.3}$$

siendo:

C = Abscisa del centro de rotación del buque (cuando gire sobre los santos de proa) respecto al extremo K de las imadas
ξ = proyección horizontal del recorrido del buque

La resultante R de las reacciones de las imadas debe equilibrar la diferencia entre pesos y empujes. Por lo tanto:

a) Su magnitud será:

$$R = \nabla\gamma \tag{10.4}$$

b) Su punto de aplicación estará situado a una abscisa x del extremo de las imadas tal que (véase Figura 10.11)

$$P \cdot w - \nabla\gamma \cdot b + R \cdot x = 0 \tag{10.5}$$

es decir, que:

$$x = \frac{-P \cdot w + \nabla\gamma \cdot b}{P \cdot \nabla\gamma} \tag{10.6}$$

Si se admite (como es tradicional hacerlo en estos cálculos de lanzamiento) que la estructura del buque es rígida, la distribución de presiones sobre las imadas tendrá forma trapezoidal. La magnitud de las dos bases y_1 e y_2 del trapecio se puede calcular imponiendo la condición de que el área sea numéricamente igual a $R = P - \nabla\gamma$ y que la abscisa de su centro gravedad sea x. Este problema es idéntico al que ya tratamos durante el estudio de Resistencia Longitudinal, de la distribución de un peso sobre la porción de eslora sobre la que actuaba (Figura 10.12a). En este caso, se tendrá:

$$y_1 = \frac{2 \cdot (P - \nabla\gamma)}{l} \cdot \left(\frac{3 \cdot x}{l} - 1\right) \tag{10.7}$$

$$y_2 = \frac{2 \cdot (P - \nabla\gamma)}{l} \cdot \left(2 - \frac{3 \cdot x}{l}\right) \tag{10.8}$$

por lo que, si llamamos «a» a la anchura total de todas las imadas, la presión en el extremo vendrá dada por:

$$p_i = \frac{2}{a} \cdot \frac{P - \nabla\gamma}{l} \cdot \left(2 - \frac{3 \cdot x}{l}\right)$$ (Válida cuando $l < 3 \cdot x$) (10.9)

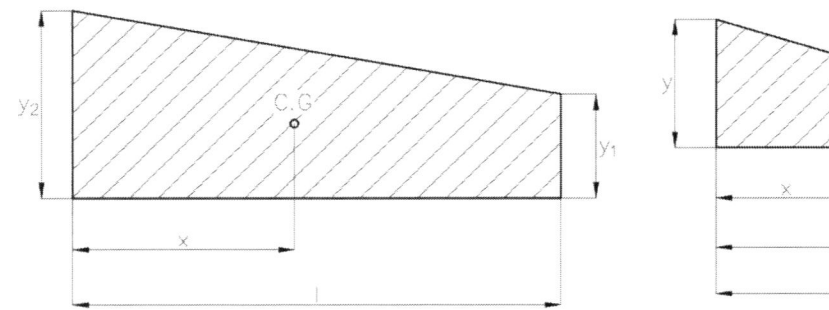

(a) Centro de gravedad de un trapecio.

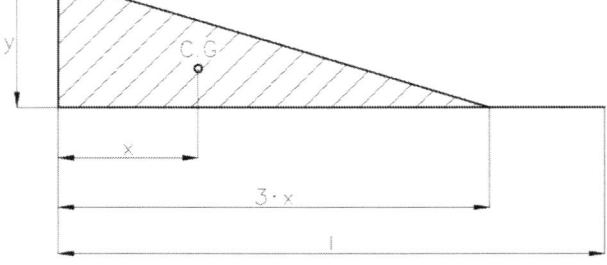

(b) Centro de gravedad de un triángulo.

Debemos advertir que cuando x es menor de $l/3$, la aplicación de la expresión que permite calcular y_1 conduce a un valor negativo, lo que no tiene sentido físico, ya que las imadas no pueden «tirar hacia abajo» de las anguilas. En estos casos, se supondrá que la reacción se distribuye triangularmente sobre una porción $3 \cdot x$ de las imadas (Figura 10.12b), con lo que se tendrá:

$$y_2 = \frac{2}{3} \frac{P - \nabla\gamma}{x}$$ (10.10)

y, por lo tanto la presión en el extremo de las imadas será:

$$p_i^* = \frac{2}{3} \cdot \frac{P - \nabla\gamma}{x \cdot a}$$ (Válida cuando $l > 3 \cdot x$) (10.11)

Cuando x es pequeño, la presión p_i se hace grande y en el límite, cuando se anula, la presión p_i tiende a hacerse «infinita»: se está presentando la arfada. De hecho, como en el fondo del buque ni el sistema anguila-imada son infinitamente rígidos, a medida que va creciendo la presión tiende a producirse una cierta deformación, por lo que la zona afectada se extiende a una longitud considerable.

En la Figura 10.11 puede verse que, para cada recorrido, es decir para cada posición del buque a lo largo de las imadas, la sección transversal situada a una distancia horizontal l+m desde la perpendicular de proa será la que esté pasando por el extremo de las imadas y soportando la presión pí: esta presión será la mayor de las que tendrá que soportar dicha sección durante el lanzamiento. Siguiendo un proceso de cálculo ordenado se podrá determinar la presión en cada sección transversal a su paso por el extremo de las imadas (por ejemplo, calculándola para varias secciones y trazando una curva que pase por los puntos calculados: se tendrá sí la envolvente de las máximas presiones sobre el fondo del buque).

En muchos casos, la presión actuante sobre algunas secciones transversales es mayor de la que admitiría la estructura del buque, siendo necesario reforzar esta disponiendo unos refuerzos especiales por motivos del lanzamiento. Esto puede resultar a veces excesivamente costoso y difícil y en tales casos será necesario disminuir el nivel de presiones llevando a cabo una o varias de las acciones siguientes:

- Aumentar la longitud y pendiente de las imadas.
- Disponer imadas de trazado curvo (convexas).
- Lastrar el buque a proa.

Aunque a veces se toma como criterio de aceptación de las presiones en el extremo de las imadas la condición de que no superen el doble de la presión media, esto es de 45 a 55 Tons/m2, es preferible establecer el máximo tolerable en cada caso después de llevar a cabo un análisis de la resistencia de la estructura del fondo. En algunos casos, la presiones en el extremo de las imadas han llegado hasta 160 Tons/m^2 sin que se hayan detectado averías. En otros, sin embargo, se han producido daños cuando el nivel de presiones era considerablemente menor. A veces se ha hecho necesario reforzar fuertemente la estructura del casco mientras que, en otras ocasiones, la propia estructura del fondo era suficientemente resistente para soportar las presiones máximas.

10.4.7 GIRO SOBRE LOS SANTOS DE PROA

A medida que el buque va entrando en el agua conforme va deslizándose sobre las imadas, va aumentando el empuje y su momento respecto al centro de los santos de proa, alrededor del cual girará cuando dicho momento iguale al del peso. Siempre que, por supuesto, no se haya producido antes la arfada.

El punto del recorrido en que se iniciará el giro puede estimarse con ayuda de las curvas comentadas en el párrafo 10.4.5 (Figuras 10.9 y 10.10). Dichas gráficas indicarán también la magnitud de la reacción de las imadas en ese instante, que será la carga mayor que tendrán que soportar los santos de proa. Así que el buque continúa descendiendo por las imadas, esta carga tiende a disminuir hasta anularse en el momento en el que el buque flote libremente abandonando la cuna de lanzamiento.

Desde que se inicia el giro hasta que el buque y la cuna abandonan las imadas, la popa va levantándose mientras que la proa desciende acercándose al suelo. Al objeto de comprobar que hay suficiente huelgo entre el «pie de roda» y el suelo, es necesario determinar el ángulo de inclinación de la quilla en cada punto de esta porción del recorrido.

Seguidamente se expondrá un método que puede usarse para calcular el ángulo entre la quilla y las imadas después de que se haya iniciado el giro alrededor de los santos de proa y mientras que estos se mantienen en contacto con las imadas.

A partir de la situación en que se inicie el giro se calculan para varios puntos más abajo del recorrido y con ayuda de las curvas de *Bonjean* el empuje y la posición del centro de carena para varias posiciones del buque (girando alrededor de los santos). En unos ejes coordenados, se traza la curva que representa el momento del empuje respecto a los santos en función del ángulo de la quilla.

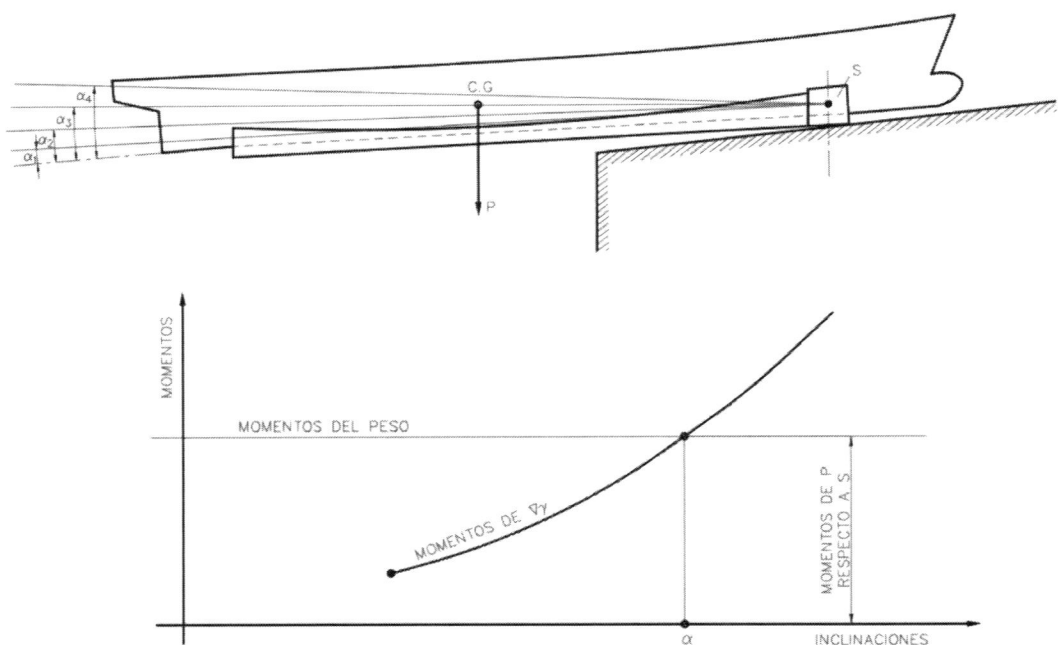

Figura 10.13: Inclinaciones frente a momentos durante el lanzamiento.

El momento del peso respecto a los santos de proa es prácticamente independiente del ángulo α. Trazando una recta horizontal a una ordenada igual a la de dicho momento del peso, se obtendrá el ángulo α al que quedan equilibrados ambos momentos (peso y empuje). En función de este ángulo puede determinarse en detalle la posición de la proa respecto a las imadas y al fondo. Repitiendo este proceso para otros puntos del recorrido de los santos, se podrán dibujar las trayectorias que seguirán al pie de roda y también los extremos de proa y de popa de la cuna.

Todo lo que antecede se basa en consideraciones estáticas. En realidad, a menos que el lanzamiento se lleve a cabo a velocidades anormalmente lentas, se produce una apreciable ola en popa, a medida que el buque entre en el agua que al actuar dinámicamente sobre los abanicamientos de la popa contribuyen a su elevación, por lo que dicho extremo se levanta antes de lo que predicen los cálculos estáticos. Esto proporciona algún margen adicional contra la arfada y ayuda a disminuir las presiones sobre el extremo de las imadas, pero, en cambio disminuye el huelgo entre el pie de roda y el suelo durante la fase comprendida entre el giro y el abandono de la grada, por lo que es, recomendable tomar algún margen al respecto.

Cualquier margen que se tome para considerar los efectos dinámicos debe estar basado firmemente en la experiencia. Los factores más influyentes sobre el aspecto dinámico son la velocidad del buque; la altura del agua; la configuración del fondo; la distancia entre las paredes de la grada y los costados del buque, y las características de los santos de popa.

10.4.8   FASES DE LANZAMIENTO

Se acostumbra a distinguir las siguientes fases de lanzamiento:

1) Desde que se inicia el movimiento hasta que la cuna de lanzamiento toca el agua.
2) Desde el momento en que la cuna toca el agua hasta que se inicia el giro sobre los santos de proa.
3) Desde el inicio del giro hasta que la cuna abandona las imadas.
4) Desde que la cuna abandona las imadas hasta que empiezan a actuar las retenidas (elementos de frenado).
5) Desde que empiezan a actuar las retenidas hasta que el buque se para.

10.4.9   MODERNOS MÉTODOS DE CÁLCULO

No podemos dejar de mencionar que hoy en día, los cálculos de Arquitectura Naval se hacen en gran extensión con ayuda del ordenador. Así, por ejemplo, el uso de las curvas de *Bonjean* en un astillero puede calificarse de anacrónico, cuando habitualmente se dispondrá de la definición parabólica de la carena, lo que constituye una base de datos adecuada para obtener por cálculo directo (integración) las características (volumen y porción del centro de carena) de una carena definida por un plano de flotación cualquiera, sea o no paralelo a la quilla, sea o no perpendicular al plano de crujía: es decir, una carena del buque en un asiento y una curva dados.

Por ello: el trazado de las curvas de desplazamiento y abscisa y ordenada del centro de carena, en función del calado en la perpendicular de popa (para cualquier asiento) es inmediato si se dispone de un juego de tablas hidrostáticas para varios asientos, las cuales pueden obtenerse directamente y sin esfuerzo si dispone de ordenador.

Por otro lado, todas las operaciones descritas hasta ahora pueden llevarse a cabo directamente, de manera que el ordenador facilite un listado final en el que figuren, entre otros, los siguientes:

- Calados del buque a flote: en las perpendiculares y en ambos extremos de la cuna.
- Recorridos al que se inicia el giro y al que los santos abandonan las imadas.
- Momento de contra-arfada.
- Trayectoria del pie de roda, del codaste y de los extremos inferiores de la cuna.
- Reacciones durante el giro.
- Presiones máximas contra el fondo.
- Curvas características representadas en la Figura 10.10.

todo ello calculado con base en las teorías expuestas anteriormente.

Por otra parte, la consideración de rigidez total tanto para el buque como para la cama de lanzamiento que se considera como hipótesis de trabajo en todos los procesos de cálculo de botadura que hemos mencionado hasta ahora, no deja de ser una ficción tanto más lejana de la realidad cuanto mayor es el buque que se pretende poner a flote. A la vista de las averías producidas durante el lanzamiento de grandes superpetroleros se llevan a cabo numerosos estudios, **algunos de los cuales aparecen glosados en la referencia bibliográfica**. En general en ellos se tiene en cuenta la flexibilidad del buque-viga y de la cuna de lanzamiento. Algunos consideran la flexibilidad local del fondo del buque. En cuanto a los métodos de cálculo que se han empleado cabe citar los de diferencias finitas, matrices de transferencia, matriz de rigidez conjunta, etc.

10.5   FACTORES QUE INFLUYEN SOBRE LOS CÁLCULOS DE LANZAMIENTO

Cuando se reduce la pendiente de las imadas y de la quilla, elevando el extremo exterior de las imadas, disminuye la reacción durante el giro, pero aumentan las presiones en el extremo inferior de las imadas, y con ello el riesgo de arfada. Si, por el contrario, se incrementan las pendientes de las imadas y de la quilla bajando el extremo inferior de las imadas, se reducirán las presiones sobre dicho extremo, pero se incrementarán las presiones en los santos de proa.

En los párrafos siguientes pasamos revista a algunos de estos factores que afectan los cálculos de lanzamiento.

10.5.1   PENDIENTE Y ALTURA DE LAS IMADAS

Al decidir la pendiente de las imadas deben considerarse las características de fricción del lubricante que se empleará en el lanzamiento: dicha pendiente debe ser suficiente para impedir que el buque se quede «clavado» sobre las imadas. La Tabla 10.1 que ya hemos comentado con anterioridad, recoge valores típicos de dicha pendiente.

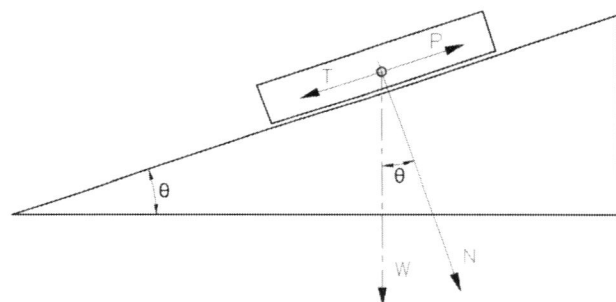

Figura 10.14: Representación del peso del buque en la cuna de lanzamiento.

En la Figura 10.14 W representa el peso del buque y de la cuna de lanzamiento, y θ es el ángulo que forman las imadas con la horizontal. La componente del peso que tiende a que el buque se mueva es:

$$T = W \cdot sen\theta \tag{10.12}$$

mientras que la fuerza que se opone a dicho movimiento es:

$$R = f \cdot N = f \cdot W \cdot cos\theta \tag{10.13}$$

donde f es el coeficiente de rozamiento estático si estamos el comienzo del movimiento (buque parado inicialmente). Para que sea posible el arranque del movimiento es necesario que T sea mayor que R, lo que exige que:

$$T > R \Rightarrow W \cdot sen\theta > f \cdot W \cdot cos\theta \Rightarrow f < tg\theta$$

En otras palabras: la pendiente de las imadas debe ser mayor que el coeficiente de rozamiento inicial del lubricante. Una fuerza de «arranque» del orden del 0,7 o 0,8 % del peso puede considerarse aceptable. Así, por ejemplo, si el coeficiente de rozamiento inicial es de 0,05, se requiere una pendiente de la imada del orden de 0,0575.

Cuando se emplean imadas con trazado curvo-curvo, hay que hacer las comprobaciones anteriores en relación con la pendiente en el punto situado inmediatamente bajo el centro de gravedad del buque listo para la botadura. Dado que la pendiente de una grada dotada de imada con trazado curvo-convexo se va incrementando a medida que avanzamos hacia el mar, el buque girará antes alrededor de los santos de proa por lo que la reacción en los santos de proa será más grande que si las imadas fueran rectas en una pendiente igual a la que corresponde al punto inicial (buque parado) de una imada con curvatura. A pesar de ello; en ocasiones es recomendable usar este tipo de trazado para aliviar las presiones en el extremo inferior de las imadas y, en consecuencia, disminuir el peligro de arfada.

10.5.2 PENDIENTE Y ALTURA DE LA QUILLA

El extremo de la proa de la quilla debe disponerse a altura suficiente sobre el suelo para evitar que roce este durante el proceso del giro. En un buque de unos 200 m de eslora, dicho descenso puede ser del orden de 1 m. Suponiendo que, en este caso, la línea de quilla se extiende en línea recta hasta la perpendicular de proa y que la parte alta de las imadas está a unos 700 mm sobre el plan de la grada en la zona donde tendrá lugar el giro, es evidente que la quilla en proa debe estar situada unos 600 mm sobre la parte alta de las imadas, al objeto de disponer de un margen de unos 300 mm durante el giro entre el fondo de la proa y el suelo de la grada (700 + 600 – 1000 = 300 mm).

En el caso de buques con bulbos de proa bajos, efectivos en las situaciones de lastre (véase Figura 10.15) habrá que tener en cuenta la longitud protuberante dentro de la zona de tangencia del fondo, para evitar que el extremo del bulbo pueda llegar a rozar el plan de la grada.

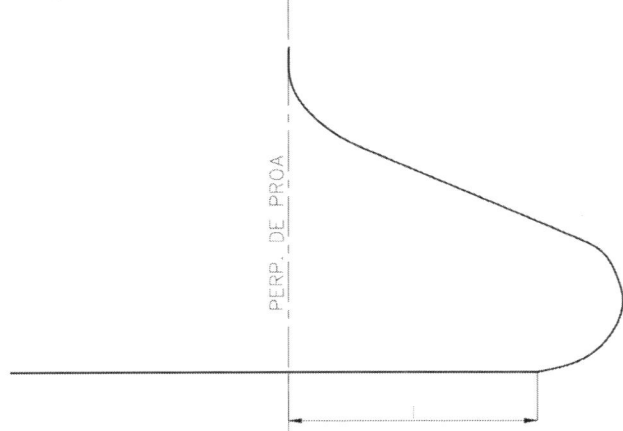

Figura 10.15: Representación de un bulbo de proa bajo.

Por otro lado, una elevación excesiva del fondo del buque sobre el plan de la grada puede originar problemas de estabilidad de la cuna de lanzamiento y también durante la construcción, problemas de acceso de las grúas (téngase en cuenta que la cama de construcción no puede ser más baja que la de lanzamiento). Además de esto, es evidente que cuanto mayor sea la altura del fondo del buque respecto al plan de la grada, menor será el calado resultante en el extremo de proa de los santos cuando estos alcancen el extremo inferior de las imadas. Por ello, la caída o saludo será mayor con el consiguiente riesgo de que el fondo del buque alcance el lecho del mar.

La popa del buque se sitúa tan cerca del extremo inferior de las imadas como sea posible, teniendo en cuenta las posibilidades de servicio de las grúas y el efecto de las variaciones de la marea sobre las condiciones de trabajo en popa. Una vez elegida la posición del buque a lo largo de la grada, la altura de la quilla sobre el plan de aquella debe asegurar que el trabajo en los alrededores de la popa no quede seriamente afectado por las fluctuaciones de la marea.

El valor adecuado de la pendiente de la quilla depende de varios factores. En general, sin embargo, se puede decir que una pendiente de un 0,5 % menor que la de las imadas suele producir resultados satisfactorios.

10.5.3 ALTURA DE LA MAREA

La altura de la marea tiene una pronunciada influencia sobre las características del lanzamiento: una altura menor que la prevista disminuye el momento contraarfada, incrementando la presión en el extremo de las imadas; además aumenta el recorrido y la velocidad, lo que afecta a los dispositivos de control y frenado. En gradas con perfil rectilíneo, esta variación de la altura no afecta la presión bajo los Santos de Proa durante el giro, aunque si retrasa este fenómeno respecto al punto previsto, lo que puede causar ciertos problemas en caso de que tenga lugar en una zona no reforzada de la grada. Por otra parte, si el perfil de las imadas es curvo, la variación en la altura de la marea provocará otra en la magnitud de la reacción durante el giro y, consecuentemente, de las presiones bajo los Santos.

Para una posición dada del extremo inferior de las imadas, la altura de agua h sobre las mismas depende de la amplitud de marea y de la hora. La amplitud de la marea es muy variable de unas localidades a otras y, además, varía a lo largo del año, en función de las posiciones relativas de la Tierra, el Sol y la Luna. Conviene conocer la terminología siguiente:

- <u>Cero hidrográfico:</u> Corresponde al nivel de la «bajamar escorada» o bajamar máxima, que suele tener lugar en el equinoccio de primavera. (h_0)
- <u>Nivel medio:</u> Corresponde al nivel medio estadístico, promedio entre los niveles de la bajamar y la pleamar. (h_m)
- <u>Unidad de marea:</u> Corresponde a un cierto valor convencional, aproximadamente igual a la media de los recorridos entre el nivel medio y la pleamar en un punto geográfico determinado. (U_m)
- <u>Coeficiente de marea:</u> Es un valor adimensional que multiplicado por la unidad de marea proporciona la altura que alcanzará la pleamar sobre el nivel medio. (k)
- <u>Periodo de marea:</u> Es el tiempo que transcurre desde una bajamar hasta la siguiente (T)
- <u>Horario de marea:</u> Especifica las horas a que tendrán lugar las pleamares y bajamares

de un día determinado. (Por lo general, dos, ya que frecuentemente el periodo de marea es algo más de 12 horas).

Los niveles de pleamar (h_p) y de la bajamar (h_b) se pueden obtener por las expresiones:

$$h_p = h_m + k \cdot U_m \tag{10.14}$$

$$h_b = h_m - k \cdot U_m \tag{10.15}$$

La variación del nivel de la marea en función del tiempo puede considerarse sinusoidal, de manera que, estableciendo el origen de tiempos en coincidencia con la bajamar, el nivel en un instante cualquiera t vendrá dado para:

$$h = h_m + k \cdot U_m \cdot sen \left(\frac{t}{T} - \frac{\pi}{4} \right) \tag{10.16}$$

Una gráfica como la de la Figura 10.16 puede ser de utilidad para estudiar la variación del nivel de marea.

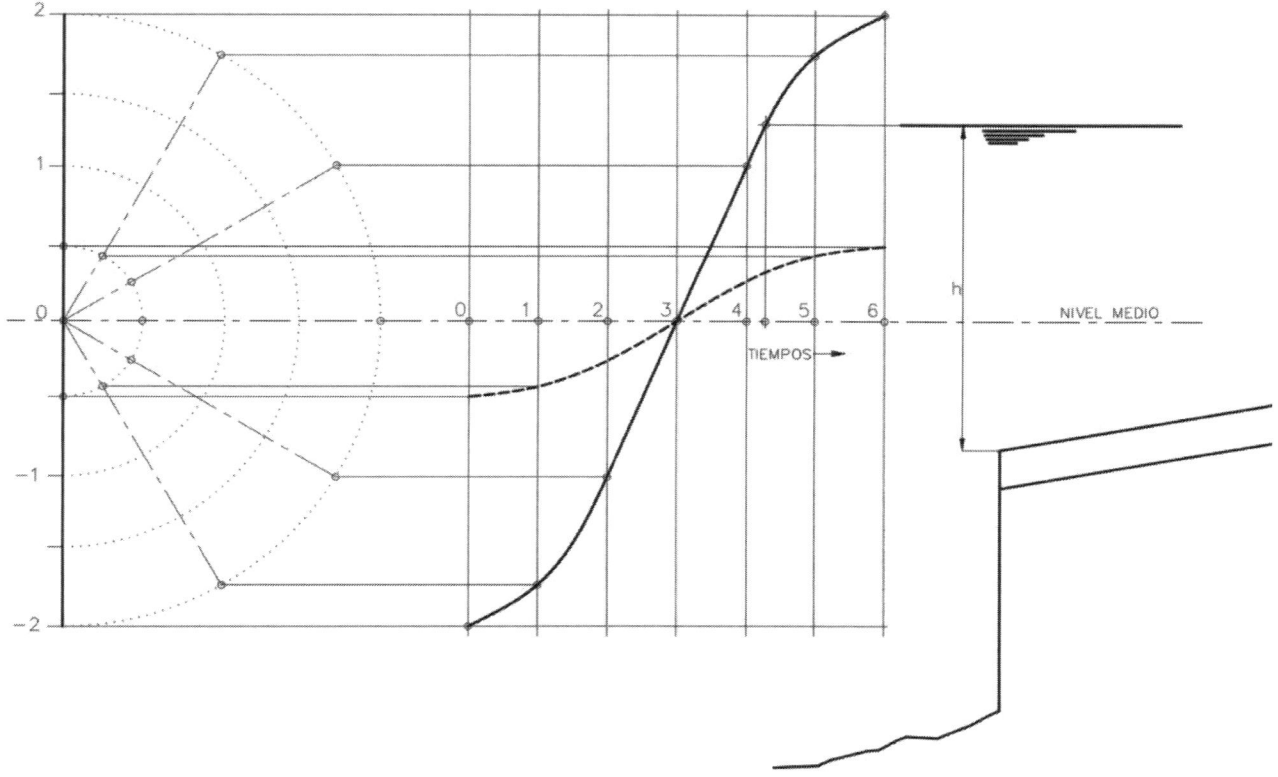

Figura 10.16: Representación de las amplitudes de marea.

En algunas localidades, como Boston, por ejemplo, la amplitud de marea en primavera supera los 3 metros. En estos casos basta con que los extremos de las imadas lleguen al nivel de la marea más baja o penetren ligeramente algo más abajo. En muchas zonas la amplitud de marea es mucho menor, incluso despreciable en algunos puntos, tales como Cartagena, de manera que las imadas deben extenderse una considerable distancia bajo el agua.

Una vez que se ha determinado por cálculo la altura de agua que se necesita sobre el extremo de las imadas, se elige un día para el lanzamiento, en el que se alcance con cierto margen dicha altura de agua. Al decidir la hora exacta del lanzamiento, deberá tenerse en cuenta un cierto margen para tener en cuenta las posibles influencias del viento y de las corrientes: todo debe estar preparado con una antelación de unos 30 o 45 minutos antes de la hora prevista y, en cualquier caso, esta debe coincidir con la marea «entrante» (es decir, mientras está subiendo), de manera que, si cualquier causa no prevista origina un retraso, no baje excesivamente la marea, poniendo en peligro el lanzamiento. También, al objeto de disponer de un cierto margen contra la arfada en caso de que la marea sea más baja de lo previsto, se deben hacer los cálculos con una altura de marea unos 200 o 300 mm inferior.

10.5.4 PRESIONES Y PENDIENTES

En términos generales, puede decirse que la presión media depende del coeficiente de rozamiento y de la resistencia a la compresión del lubricante de lanzamiento. A medida que se aumentan las presiones, tiende a bajar el coeficiente de rozamiento, pero si se exceden ciertos límites, digamos 30 o 35 Tons/m^2, la capa de lubricante puede ser «escupida» o forzada dentro del basekote, lo que produciría un fuerte incremento del rozamiento inicial.

En la mayoría de los astilleros es normal que se usen mayores presiones para los buques más grandes, lo que tiende a reducir el coeficiente de rozamiento inicial y permite disponer las imadas con menores pendientes, lo que, a su vez es beneficioso ya que da lugar a menores cargas en los Santos de Proa durante el giro y, además mantiene la proa más cerca del suelo durante la fase de construcción. Por otra parte, el empleo de altas presiones para grandes buques reduce la anchura de las anguilas y de las imadas y, por lo tanto, permite disminuir los costes.

En el caso de buques pequeños es usual emplear presiones más bajas y mayores pendientes.

La Figura 10.17 recoge una banda de presiones medias recomendables en función de la pendiente de las imadas. Una vez que se ha elegido la presión media, el ancho necesario para las anguilas se encuentra por la expresión:

$$a = \frac{P}{p \cdot l} \tag{10.17}$$

siendo a la anchura total de las anguilas, P el peso en lanzamiento y l la longitud de la cuna.

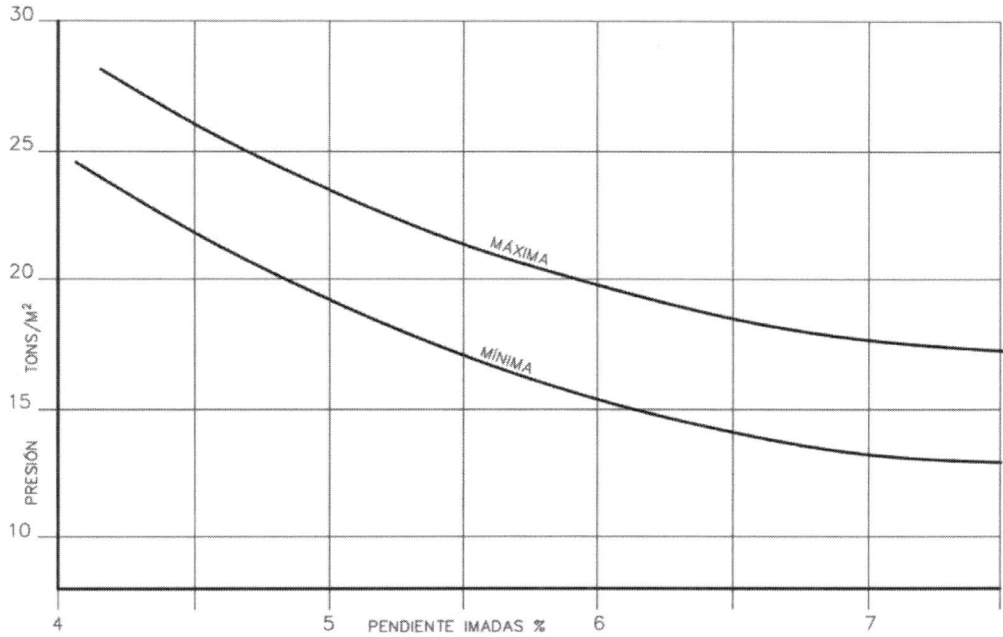

Figura 10.17: Rango de presiones a tener en cuenta en las imadas.

En muchos astilleros se emplean habitualmente imadas en porciones de 1 m de anchura, por lo que lo habitual es seleccionar una anchura que dé lugar a una presión media dentro del rango admisible.

10.6   DINÁMICA DEL LANZAMIENTO: FUERZAS, RESISTENCIAS, ENERGÍAS, ETC.

La fuerza resultante que produce la aceleración o el frenado del buque y que es igual a la fuerza de inercia (producto de la masa en movimiento por la aceleración de este):

$$F = M \cdot a = \frac{W}{g} \cdot a \tag{10.18}$$

viene dada en cada punto del recorrido por la expresión:

$$F = F_1 - F_2 - F_3 - F_4 \tag{10.19}$$

siendo:

F_1 ...... componente del peso en la dirección de las imadas
F_2 ...... resistencia friccional del lubricante
F_3 ...... resistencia del agua
F_4 ...... resistencia de los dispositivos de control y frenado (rastras, bozas, etc.)

Estas fuerzas se calculan a partir de las expresiones:

$$F_1 = (W - B) \cdot sen\theta \tag{10.20}$$

$$F_2 = f \cdot (W - B) \cdot cos\theta \simeq f \cdot (W - B) \tag{10.21}$$

$$F_3 = k \cdot v^2 \tag{10.22}$$

$$F_4 = f_d \cdot w_d \tag{10.23}$$

siendo:

W ...... peso del buque más la cuna de lanzamiento

B ...... empuje del buque y la cuna

f ...... coeficiente dinámico del rozamiento del lubricante

k ...... coeficiente de resistencia del agua

θ ...... ángulo de pendiente de la cuna bajo el C. de G. del buque

v ...... velocidad (m/s)

f_d ...... coeficiente de resistencia de las rastras de cadenas, si se usan

w_d ...... peso de las rastras que están actuando en el punto de recorrido que se está considerando

La Figura 10.18 es una representación de la variación de dichas fuerzas a lo largo del recorrido del buque. Mediante este tipo de diagrama no solo se puede mostrar la variación de dichas fuerzas, sino que también puede emplearse para calcular los dispositivos de frenado, en caso de que sean necesarios.

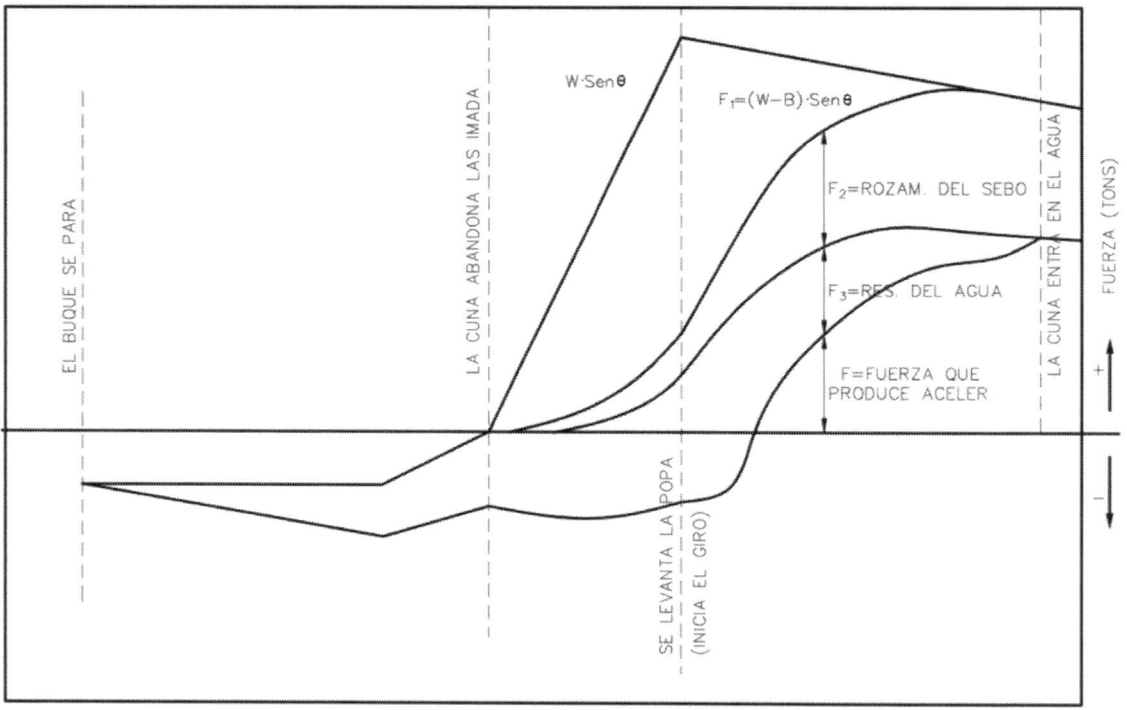

Figura 10.18: Representación de fuerzas en el recorrido de lanzamiento.

10.6.1 ENERGÍA

Observando la Figura 10.18 se llega a la conclusión de que la energía absorbida por las resistencias al avance del buque (empuje, fricción del lubricante, resistencia del agua, de las rastras, etc.) puede obtenerse por integración gráfica de las diferentes curvas que allí se muestran.

Por ejemplo, la energía absorbida por el rozamiento del lubricante puede calcularse por:

$$E_2 = \int_0^{t_1} F_2 \cdot ds \tag{10.24}$$

donde F_2 es la resistencia friccional del lubricante y t_1 es la distancia recorrida hasta el instante en que la cuna de lanzamiento deja las imadas. Los valores de las energías E_1, E_3 y E_4 se obtienen de la misma manera.

La energía disponible para producir la velocidad viene dada por:

$$E = \int_0^t F \cdot ds \tag{10.25}$$

donde t es la distancia recorrida. La correspondiente velocidad viene dada por:

$$v = \sqrt{\frac{2 \cdot g \cdot E}{W}} \tag{10.26}$$

La energía potencial que tiene el buque antes de que se inicie el lanzamiento es igual al producto de su peso (buque más cuna de lanzamiento) por la proyección vertical del recorrido del centro de gravedad del mismo. En la Figura 10.18, viene dada por el área bajo la cuna $W \cdot sen\theta$

10.6.2 RESISTENCIA FRICCIONAL

Para disminuir el rozamiento entre anguila e imada se coloca sobre ambas una capa-base constituida por sebo o una mezcla de sebo y aceite, se «plancha» este y sobre ella se coloca una capa más delgada de jaboncillo deslizante. Desde hace ya bastantes años se emplean pastas construidas por sustancias minerales tanto para el basekote como para el slipkote.

Los valores del coeficiente de rozamiento obtenido a partir del análisis de las observaciones de anteriores lanzamientos varían marcadamente, incluso en caso de aparentemente similares condiciones. Con temperaturas y presiones prácticamente iguales pueden obtenerse coeficientes muy distintos y a su vez, puede parecer que grandes variaciones de presión y/o temperatura no han afectado mucho el coeficiente de rozamiento. Estas discrepancias deben atribuirse a la irregular distribución del peso del buque sobre la cuna: el coeficiente de rozamiento puede verse tremendamente afectado por los picos de presión a lo largo de las imadas.

Para temperaturas comprendidas entre -15°C y 38°C y para presiones entre 11 y 32 t/m² el coeficiente de rozamiento estático (con el buque parado) de un buen lubricante, bien aplicado puede variar entre 0,01 y 0,05 y el coeficiente de rozamiento dinámico entre 0,01 y 0,03.

10.6.3   RESISTENCIA DEL AGUA

El problema de la resistencia que opone el agua depende de tantas variables que es muy difícil de abordar con propiedad. Hasta el momento que el buque abandona las imadas, la resistencia total incluye la debida al rozamiento del lubricante además de la correspondiente a la resistencia del agua. Por otra parte, mientras están actuando las rastras o dispositivos de frenado, dicho total está constituido por las resistencias del agua y de las rastras. En los casos donde estas no son necesarias, la resistencia después de que el buque abandone las imadas puede obtenerse a partir de un análisis de las observaciones de tiempos y recorridos y de ahí podemos obtener el correspondiente valor de la k para la fórmula $F_3 = k \cdot v^2$. Mientras que el buque se desliza sobre las imadas, el empuje (desplazamiento) y la resistencia específica del agua varían continuamente, así como la resistencia friccional del lubricante. La separación de la resistencia del agua es difícil e incierto. El análisis de los resultados de muchos lanzamientos ha demostrado, sin embargo, que el coeficiente k de resistencia del agua, antes de que el buque abandone las imadas, puede estimarse aproximadamente por la expresión:

$$k = \frac{B^{2/3}}{C} \tag{10.27}$$

donde C es otro coeficiente que varía con el empuje B (véase Figura 10.19).

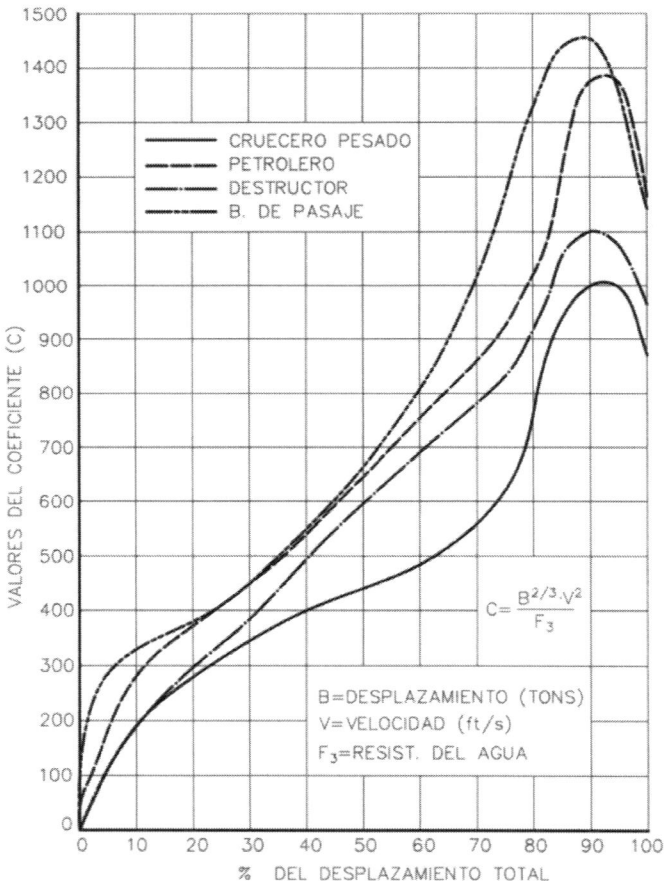

Figura 10.19: Valores del coeficiente C.

El valor de C puede suponerse constante entre el momento en que el buque abandona las imadas y el instante en que se para.

10.6.4 RESISTENCIA DE LAS RASTRAS

Igual que sucede con la resistencia del agua, la resistencia originada por las rastras no puede aislarse fácilmente del total, de manera que no puede obtenerse analizando la deceleración durante el recorrido. Por lo general debe recurrirse a realizar experimentos para determinar su valor. Por otra parte, los datos que se obtienen de tales experimentos son muchas veces cuestionables debido a la dificultad de llevar a cabo los ensayos a velocidades suficientemente altas para que sean comparables con las condiciones que se dan en los lanzamientos reales. A pesar de ello, cuando se han utilizado los datos deducidos de alguno de estos experimentos, se han obtenido resultados bastante coherentes con las observaciones reales del lanzamiento, lo que indica que dichos datos experimentales pueden usarse para prever el comportamiento durante el lanzamiento con suficiente exactitud.

Cuando el buque tira de una rastra de cadenas que corre sobre un piso de tierra, la rastra produce un surco sobre el suelo y apila una cantidad considerable de tierra delante y a los lados de su recorrido. Esta acción removedora de la tierra (como si se tratase de un arado) se incrementa a medida que las siguientes porciones de cadena pasan sobre el camino abierto por la primera. Cuando se emplean rastras de varios tramos de cadenas, los últimos tramos se mueven dentro de un profundo surco de tierra relativamente suelta. Esto trae como consecuencia que la relación entre la resistencia opuesta al avance y el peso de la rastra aumenta de un tramo al siguiente. Naturalmente esta variación depende en gran medida de la naturaleza del suelo sobre el que se arrastran las cadenas. Llevando a cabo experimentos, se ha podido cuantificar esta relación y en algunos casos se han instalado dinamómetros que han permitido obtener valores reales de la resistencia de cada tramo durante lanzamientos.

A continuación, se indican algunos valores típicos de coeficientes de fricción (relación entre la resistencia opuesta por las cadenas y su propio peso) para varias superficies:

- Barro o arena apisonada .... 0,65 a 0,75
- Hormigón con superficie suave ...... 0,35 a 0,45
- Area sobre hormigón .... 0,65 a 0,70

10.7 ESTABILIDAD Y RESISTENCIA DURANTE EL LANZAMIENTO

10.7.1 ESTABILIDAD DURANTE EL LANZAMIENTO

Dado que la mayor parte de los buques se lanzan de manera que quedan a flote con un calado mucho menor que el correspondiente al buque cargado e, incluso sensiblemente inferior al del buque en rosca, tendrá una posición baja del centro de carena y un metacentro alto: si se trata de un casco con formas normales. Si el centro de gravedad se mantiene suficientemente bajo disponiendo adecuadamente los pesos, empleando lastre cuando se requiera, la altura metacéntrica será suficientemente grande para que no exista riesgo de escora o vuelco.

Sin embargo, si el buque tiene unas formas acusadamente en V, el metacentro estará bajo en el caso de calado pequeño. Esta posición del metacentro, combinada con una ordenada elevada del centro de gravedad (debido a un puntal alto del buque o a la presencia de pesos altos) puede conducir a una altura metacéntrica (GM) peligrosamente pequeña a flote.

En todos los casos, los pesos deben situarse a bordo, de manera que el centro de gravedad del buque en situación de lanzamiento esté emplazado en el plano de crujía, de manera que no se acuse una escora permanente cuando abandone las imadas. Por otra parte, todos aquellos pesos que pudieran moverse deben ser asegurados en su posición antes del lanzamiento. Además, deben considerarse todos los posibles efectos escorantes debidos a la presión del viento, dispositivos de control y giro del buque, rastras, etc. Todo esto es especialmente importante cuando se deduzca que el valor del GM a flote será relativamente pequeño.

Hasta que el buque abandona las imadas, se ejerce sobre el fondo del buque una reacción igual a la diferencia entre el peso del buque y su cuna y el empuje de la parte sumergida. Esta reacción tiene sobre la estabilidad el mismo efecto que si se desembarcase un peso de igual magnitud desde la parte baja del buque, es decir una elevación neta del centro de gravedad hasta un punto que pudiéramos llamar «centro de gravedad virtual». Si este centro de gravedad virtual está por encima del metacentro transversal en algún punto del recorrido sobre las imadas, el buque tendrá estabilidad de formas negativa y la seguridad contra el vuelco quedará encomendada exclusivamente al efecto de tener dos imadas separadas de crujía (en el caso de lanzamiento sobre imada única es necesario colocar patines a los lados para prevenir cualquier tendencia al vuelco). La separación entre ambas imadas suele ser del orden de la tercera parte de la manga del buque y esto es suficiente por lo general para impedir cualquier escora mientras el buque se desliza sobre ellas. No obstante, es importante asegurar un GM suficiente para evitar una escora seria en caso de que se produzca un asiento de alguna de las imadas: el buque debería tener un valor positivo de $G'M$ (siendo G' la posición virtual del centro de gravedad) desde que se inicia el giro hasta que abandona las imadas. Incluso puede decirse que es buena práctica exigir un valor de $G'M \geq 0,3$ m durante todo este recorrido.

10.7.2   RESISTENCIA LONGITUDINAL DEL BUQUE DURANTE EL LANZAMIENTO

Las solicitaciones de flexión actuantes sobre el buque durante su lanzamiento son:

a) QUEBRANTO.
   Cuando el buque está en seco descansando sobre la cuna de lanzamiento; como tiene voladizos tanto en popa como en proa, está sometido a una situación de quebranto.

   Durante el recorrido, desde que la popa de la cuna rebasa el extremo de las imadas va aumentando el momento de quebranto pasando por un máximo que corresponde a la posición del mínimo momento contra-arfada.

b) ARRUFO.
   Durante todo el proceso de giro alrededor de los santos de proa, la situación es de Arrufo.

Durante el quebranto, el buque está soportado por el empuje hidrostático y por la porción de las imadas en contacto con la cuna de lanzamiento. Durante el arrufo, el buque está soportado por el empuje y por los santos de proa.

La primera fase de los cálculos de Resistencia Longitudinal de un buque durante el lanzamiento es la preparación de una relación o un diagrama mostrando la distribución longitudinal de los pesos del buque y de la cama. Para obtener las fuerzas antigravitatorias y su distribución, se supone que el buque está en una condición estática en varias posiciones en el recorrido sobre las imadas y se calculan los correspondientes empujes y reacciones de las imadas bajo la cuna de lanzamiento, suponiendo una distribución lineal (trapezoidal o triangular) como se ha discutido en el párrafo (10.4.6). La diferencia entre las curvas de pesos y de las acciones antigravitatorias (empujes + reacciones) en cualquier estación de la eslora es la «carga» actuante: integrando esta curva de cargas desde el extremo de popa hacia el de proa, se obtiene la distribución de fuerzas cortantes; integrando nuevamente obtendremos la distribución de momentos flectores.

Efectuando estos cálculos para diversas posiciones del buque sobre las imadas, es decir para varios recorridos, podrá obtenerse una envolvente de todas las curvas de momentos flectores, de manera que se podrá tener estimado el momento flector máximo que actuará en cada sección del buque-viga. Dividiendo esos momentos flectores por los correspondientes módulos resistentes, obtendremos los esfuerzos máximos esperables a lo largo de la viga-buque.

El estudio cuidadoso de la Resistencia Longitudinal durante el lanzamiento tiene especial importancia en los buques con alta relación eslora/puntal o en aquellos en los que se presentan grandes aberturas o discontinuidades de los miembros principales de su estructura.

En algunas ocasiones se han contrastado los resultados de los cálculos de esfuerzos con las observaciones realizadas don galgas extensiométricas colocadas en diferentes puntos de cascos que se botaban. En general, los esfuerzos reales medidos fueron menores que los estimados por cálculo con la hipótesis de botadura estática. Las discrepancias observadas se debieron seguramente a la presencia de los obligados efectos dinámicos en el lanzamiento. Puede considerarse que los cálculos habituales contienen un cierto margen que permite absorber algunos errores o desviaciones de la disposición de los elementos en el lanzamiento.

11. ANÁLISIS DE ESTRUCTURAS NAVALES CON AYUDA DE ORDENADOR

11.1 INTRODUCCIÓN

El desarrollo de la flota mundial en los últimos años ha presentado dos características:

a) La aparición de nuevos tipos de buques.
b) Crecimiento del tamaño de alguno de los tipos ya existentes.

que ha removido el tradicional concepto de diseño de la estructura de los mismos al enfrentarse con estructuras sobre las que no existían antecedentes válidos que pudieran permitir proyectar con base en la experiencia acumulada, siendo necesario recurrir al cálculo directo y detallado de la estructura.

Por otra parte, la estructura de un buque es extraordinariamente compleja, tanto por la cantidad de componentes que la integran, como por la forma irregular de estos. Por ello los métodos tradicionales de Resistencia de Materiales (teoría de vigas, de pórticos, de placas) son de dudosa aplicación directa: por supuesto que es posible subdividir la estructura en componentes elementales, a los que, individualmente, se pueden aplicar los medios tradicionales de cálculo, pero se tropieza siempre con el desconocimiento de las condiciones de contorno de dichos componentes elementales: en efecto, existe una cierta interacción entre todos ellos por lo que el correcto enjuiciamiento del llamado «grado de empotramiento» del contorno puede llegar a ser prácticamente imposible en muchos casos.

Afortunadamente, esta necesidad de un estudio más profundo de las estructuras navales en la etapa de proyecto ha coincidido con el desarrollo de los medios de cálculo avanzado, que ha posibilitado la redacción de unos potentes programas de análisis de estructuras mediante los que ha podido acometerse el análisis conjunto de todos los componentes del casco o de grandes zonas del mismo.

11.2 EL CÁLCULO MATRICIAL DE ESTRUCTURAS

Los procedimientos numéricos adecuados para el cálculo avanzado mediante ordenadores en el ámbito del análisis de estructuras son aquellos que utilizan las ideas del álgebra matricial.

El empleo de notación matricial presenta dos ventajas en el cálculo de estructuras:

a) Desde el punto de vista teórico permite utilizar métodos de cálculo de una forma compacta y generalizada para todo tipo de estructuras.
b) Desde el punto de vista práctico esta forma de tratamiento del análisis estructural supone una presentación ordenada de incógnitas, datos, etc., por lo que es uno

de los procedimientos más adecuados para desarrollar programas de cálculo por ordenador.

En contraste, debe admitirse que los métodos matriciales se caracterizan por una gran cantidad de cálculo sistemático, por lo que su valor en la práctica se basa totalmente en la programación para cálculo por ordenador para llevar a cabo el trabajo numérico.

Si exceptuamos las estructuras más simples (constituidas por una viga), los valores de las fuerzas, momentos y movimiento no pueden calcularse sustituyendo datos numéricos en fórmulas algebraicas conocidas. Se requieren cálculos más complejos, y frecuentemente el calculista se encuentra ante un abanico de posibilidades. Para elegir el método que seguirá está condicionado, por una parte, por el grado de aproximación requerido, y por otra por su práctica y preferencias personales. Por lo que a esto último se refiere, cuando compara métodos igualmente precisos, su elección se basa en dos consideraciones:

a) El trabajo numérico que supone su aplicación.
b) La facilidad con que puedan detectarse o rectificarse posibles errores.

Todas estas consideraciones están basadas en el supuesto de que todo el trabajo, incluyendo las operaciones numéricas, es realizado por el propio calculista. Sin embargo, si se piensa usar un ordenador para llevar a cabo dicho trabajo numérico, los criterios por los cuales debe juzgarse la «bondad» de un método deben ser revisados. La cuestión ahora no es decidir si el cálculo resultará tedioso para un ser humano, sino si el método es adecuado para una fácil adaptación a una máquina para la que el tedio no es problema. Si el método puede adaptarse para esta forma de cálculo, debe considerarse "bueno", aunque el número total de operaciones realizadas sea considerablemente superior al de otros métodos que sea difícil mecanizar.

Un ordenador puede considerarse a estos efectos, como una máquina de calcular controlada por una secuencia de instrucciones previamente preparadas, cuya finalidad es llevar a cabo diferentes pasos de cálculo en orden correcto. El conjunto de instrucciones se denomina «programa» y el trabajo de prepararlas se conoce con el nombre de «programación». Es importante hacer notar que un programa no está condicionado a operar con un conjunto fijo de números (datos), sino que los números que forman el material característico de cada cálculo pueden ser diferentes en cada ocasión.

Una vez que se disponga del oportuno programa todo el proceso de análisis se reduce a:

a) Una operación de toma de datos y expresión de estos en forma «legible» por la máquina.
b) Posterior interpretación de los resultados.

Los problemas más sencillos de programar son aquellos en los cuales las operaciones que han de realizarse son repetitivas y sistemáticas. Las operaciones de álgebra lineal se ejecutan fácilmente en un ordenador, ya que consisten en secuencias de pasos relativamente simples, repetidas muchas veces.

En el cálculo de estructuras no deben buscarse métodos en los que el número de las operaciones aritméticas sea pequeño, sino aquellos que puedan aplicarse a muchos tipos de estructuras y que utilicen al máximo posible procedimientos típicos. Por ello el tratamiento matricial de estructuras es el adecuado para el cálculo de ordenador.

La principal objeción a estos métodos de análisis fue, en su día, que conducían a sistemas con gran número de ecuaciones lineales, difíciles de resolver manualmente. Con la ayuda del ordenador este inconveniente desaparece mientras que la ventaja de la generalidad del método permanece.

11.3 COMPORTAMIENTO ELÁSTICO DE ESTRUCTURAS. LINEALIDAD. SUPERPOSICIÓN

Puede afirmarse que prácticamente la totalidad de las estructuras navales se calculan para trabajar dentro del dominio elástico, de forma que las cargas a que puedan ser sometidas no originan deformaciones permanentes.

Recordamos el diagrama del ensayo de tracción de un acero (Figura 11.1):

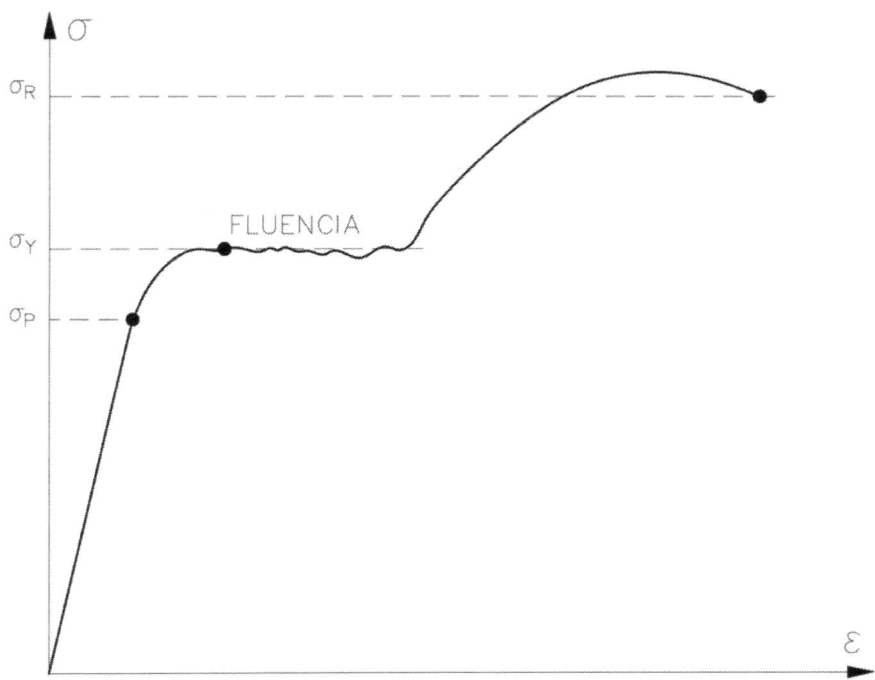

Figura 11.1: Diagrama de ensayo de tracción de un acero.

Siempre que la fuerza a que se encuentra sometida la probeta mantenga la tensión por debajo de σ_p («límite de proporcionalidad», cercano al límite elástico σ_y) puede afirmarse que existirá proporcionalidad entre la carga aplicada y la deformación de la probeta.

Generalizando, se dice que una estructura tiene un **comportamiento lineal** si todos los movimientos y fuerzas (fuerzas cortantes, momentos flectores, torsores, etc.) internas son funciones lineales de las cargas aplicadas. La mayoría de las estructuras se comportan linealmente salvo cuando se presentan alguna o varias de las causas siguientes, que hacen desaparecer la linealidad:

a) Material de comportamiento no lineal (Ejemplo: el acero fuera del límite de proporcionalidad).
b) Grandes deformaciones.
c) Efectos de los esfuerzos axiales en la rigidez a la flexión de las barras (si el efecto axial es de compresión, la rigidez a flexión se reduce y viceversa).

Para toda estructura lineal es válido el **principio de superposición** que se enuncia como sigue:

«Los movimientos y fuerzas internas producidas en una estructura por un conjunto de cargas actuando simultáneamente pueden obtenerse por adicción de las fuerzas y movimientos producidos por cada carga actuando por separado».

11.4 MÉTODOS DE ANÁLISIS DE ESTRUCTURAS RETICULADAS

Se dice que una estructura es **reticulada** cuando puede representarse esquemáticamente por una serie de líneas rectas (correspondiente a las barras») que se intersectan en puntos (nodos). Entre este tipo de estructuras se encuentran las formadas por vigas, soportes, barras y tirantes, pero no las compuestas con placas, planchas o láminas.

Aunque podría pensarse que el análisis completo de una estructura lleva consigo la determinación de los esfuerzos y movimientos en cualquiera de sus puntos, en el caso de las estructuras reticuladas este interés se centra principalmente en los movimientos (desplazamientos y giros) de los nodos y en las fuerzas y momentos que actúan en los mismos y los que actúan en los extremos de las barras.

La razón de esto estriba en que el estado completo de tensiones y deformaciones de cada barra de una estructura reticular puede determinarse completamente si son conocidos los momentos y fuerzas que actúan en sus extremos; una vez que estos han sido hallados, el cálculo detallado de las condiciones de puntos intermedios de una barra depende exclusivamente de las características de la misma, y no de la posición que ocupa en la estructura.

Para calcular estas fuerzas y momentos se puede tener en cuenta que hay tres grupos de condiciones que dichas solicitaciones deben satisfacer:

a) LEY DE HOOKE
   Las fuerzas actuando en los extremos de cada barra y los movimientos de dichos extremos deben satisfacer las ecuaciones deducidas del diagrama **tensión-deformación** del material de que está formada la barra.

b) CONDICIONES DE COMPATIBILIDAD
   Los movimientos de los extremos de cada barra deben ser compatibles con los de los nodos a los cuales está unida dicha barra.

c) CONDICIONES DE EQUILIBRIO

Las fuerzas que actúan en los extremos de cada pieza deben ser tales que mantengan esta en equilibrio. Además, la resultante de las fuerzas en los extremos de todas las barras que concurren en un nodo cualquiera, debe ser igual a la carga exterior aplicada en ese nodo.

Si la expresión de las condiciones c) (Condiciones de equilibrio) permiten obtener suficientes ecuaciones para determinar todas las fuerzas de una estructura, se dice que está es **isostática** y su cálculo es relativamente directo.

En la mayoría de los casos un poco complejos (estructuras **hiperestáticas**) es necesario utilizar los tres grupos de condiciones necesarias para proceder al análisis.

En un sentido general, se clasifican los métodos de cálculo de acuerdo con el siguiente criterio:

- MÉTODOS DE EQUILIBRIO O DE LOS DESPLAZAMIENTOS: Se imponen las condiciones de compatibilidad y se expresan, a continuación, las de equilibrio en forma de ecuaciones.

- MÉTODOS DE COMPATIBILIDAD O DE LAS FUERZAS: Se imponen las condiciones de equilibrio y, a continuación, se expresan las de compatibilidad en forma de ecuaciones.

Los del primer grupo son, quizás, los más utilizados.

11.5 MATRICES DE RIGIDEZ

11.5.1 NOTACIÓN PARA CARGAS

«MOVIMIENTOS»   Pueden estar constituidos por hasta 6 componentes:
$$\delta_x \ \delta_y \ \delta_z \qquad \theta_x \ \theta_y \ \theta_z$$

«FUERZAS EN EXTREMOS DE BARRAS»   Pueden estar constituidos por hasta 6 componentes:
$$p_x \ p_y \ p_z \qquad m_x \ m_y \ m_z$$

«FUERZAS EN LOS NODOS»   Análogamente:
$$F_x \ F_y \ F_z \qquad M_x \ M_y \ M_z$$

$$\vec{d} = \begin{Bmatrix} \delta_x \\ \delta_y \\ \delta_z \\ \theta_x \\ \theta_y \\ \theta_z \end{Bmatrix} = \{d\} \qquad \vec{p} = \begin{Bmatrix} p_x \\ p_y \\ p_z \\ m_x \\ m_y \\ m_z \end{Bmatrix} = \{p\} \qquad \vec{F} = \begin{Bmatrix} F_x \\ F_y \\ F_z \\ M_x \\ M_y \\ M_z \end{Bmatrix} = \{F\} \tag{11.1}$$

11.5.2 CONVENIO DE SIGNOS. EJES LOCALES Y GLOBALES

EJES GLOBALES: Triedro cartesiano directo   {O;X;Y;Z}
EJES LOCALES: Triedro cartesiano directo   {A';X';Y';Z'}

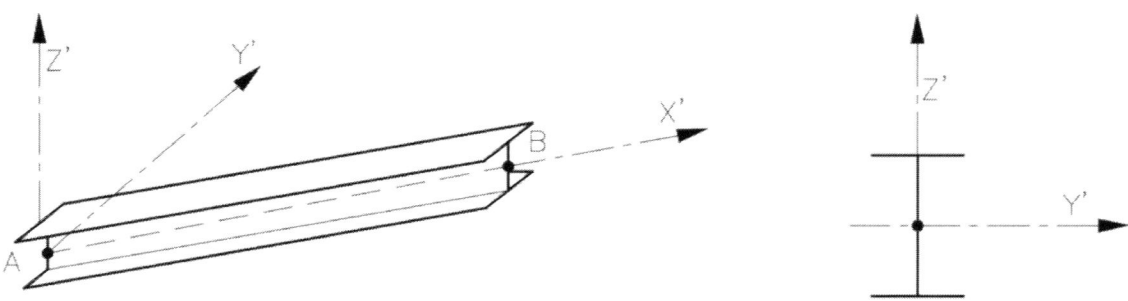

Figura 11.2: Ejes locales de una viga.

11.5.3 MATRICES DE RIGIDEZ Y FLEXIBILIDAD

Las ecuaciones que ligan las fuerzas y los movimientos de los extremos de una barra de una estructura pueden escribirse expresando las fuerzas de los extremos $\vec{p}_1$ y $\vec{p}_2$ en función de los desplazamientos de los mismos $\vec{d}_1$, $\vec{d}_2$. Para piezas con comportamiento lineal, estas expresiones tienen la forma general:

$$\vec{p}_1 = [k_{11}] \cdot \vec{d}_1 + [k_{12}] \cdot \vec{d}_2 \tag{11.2}$$

$$\vec{p}_2 = [k_{21}] \cdot \vec{d}_1 + [k_{22}] \cdot \vec{d}_2 \tag{11.3}$$

en las que $[k_{11}]$, $[k_{12}]$,...etc. son matrices cuyo orden depende del número de componentes de los vectores fuerza y movimiento.

El método de **equilibrio** aplica previamente las condiciones de compatibilidad de movimiento y plantea el equilibrio de los nodos en forma de ecuaciones para obtener, finalmente, un sistema que relaciona las cargas y los movimientos de la estructura completa a partir de las ecuaciones fuerzas-movimientos de las piezas individuales.

■ Ejemplo 11.1

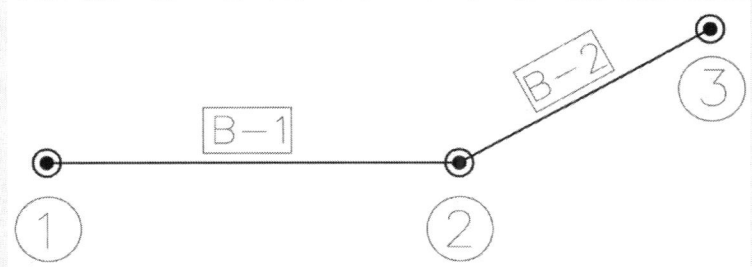

$$\left.\begin{array}{cc}
\underline{\text{PARA LA BARRA B-1}} & \underline{\text{PARA LA BARRA B-2}} \\
\vec{p}_1 = [k_{11}]_{(1)} \cdot \vec{d}_1 + [k_{12}]_{(1)} \cdot \vec{d}_2 & \vec{p}_2' = [k_{11}]_{(2)} \cdot \vec{d}_2 + [k_{12}]_{(2)} \cdot \vec{d}_3 \\
\vec{p}_2 = [k_{21}]_{(1)} \cdot \vec{d}_1 + [k_{22}]_{(1)} \cdot \vec{d}_2 & \vec{p}_3' = [k_{21}]_{(2)} \cdot \vec{d}_2 + [k_{22}]_{(2)} \cdot \vec{d}_3
\end{array}\right\} \quad (11.4)$$

Para el conjunto:

$$\left\{\begin{array}{c} -F1 \\ -F2 \\ -F3 \end{array}\right\} = \left\{\begin{array}{c} \vec{p}_1 \\ \vec{p}_2 + \vec{p}_2' \\ \vec{p}_3' \end{array}\right\} = \begin{bmatrix} [k_{11}]_{(1)} & [k_{12}]_{(1)} & 0 \\ [k_{21}]_{(1)} & [k_{22}]_{(1)} + [k_{11}]_{(2)} & [k_{12}]_{(2)} \\ 0 & [k_{21}]_{(2)} & [k_{22}]_{(2)} \end{bmatrix} \cdot \left\{\begin{array}{c} \vec{d}_1 \\ \vec{d}_2 \\ \vec{d}_3 \end{array}\right\} \quad (11.5)$$

Siendo:

$\vec{d}_1, \vec{d}_2, \vec{d}_3$ ...... desplazamiento de los nodos 1,2,3.

$\vec{p}_1, \vec{p}_2$ .... fuerzas actuantes sobre los extremos 1 y 2 de la barra 1.

$\vec{p}_2', \vec{p}_3'$ .... fuerzas actuantes sobre los extremos 2 y 3 de la barra 2.

$\vec{F}_1, \vec{F}_2, \vec{F}_3$ ...... fuerzas aplicadas sobre los nodos 1,2,3.

Evidentemente por la condición de equilibrio de los nodos, debe cumplirse en este caso particular:

$$\begin{aligned}
\vec{F}_1 &= -\vec{p}_1 \\
\vec{F}_2 &= -(\vec{p}_2 + \vec{p}_2') \\
\vec{F}_3 &= -\vec{p}_3'
\end{aligned} \quad (11.6)$$

En general, este sistema de ecuaciones (del que son conocidas las cargas aplicadas $\vec{F}_1$, $\vec{F}_2$,... etc. en los distintos nodos y son incógnitas los desplazamientos $\vec{d}_1$, $\vec{d}_2$,... de los mismos) pueden escribirse mediante el simbolismo matricial:

$$\vec{p} = [k] \cdot \vec{d} \quad (11.7)$$

Siendo:

$\vec{p}$ ...... conjunto de todas las fuerzas aplicadas en los nodos.

$\vec{d}$ ...... conjunto de movimiento (desconocidos) de dichos nodos.

Al tratar el problema de la extensión de los muelles, es tradicional introducir el concepto de **rigidez** a través de la ecuación:

FUERZA = RIGIDEZ x MOVIMIENTO (alargamiento)

En un sentido más amplio se aplica este concepto a ecuaciones tales como las expresiones (11.4) y (11.7), denominando:

- MATRICES DE RIGIDEZ DE LA BARRA

$$\begin{bmatrix} [k_{11}] & [k_{12}] \\ [k_{21}] & [k_{22}] \end{bmatrix} \tag{11.8}$$

- MATRIZ DE RIGIDEZ (K) DE TODA LA ESTRUCTURA

$$\begin{bmatrix} [k_{11}]_{(1)} & [k_{12}]_{(1)} & 0 \\ [k_{21}]_{(1)} & [k_{22}]_{(1)} + [k_{11}]_{(2)} & [k_{12}]_{(2)} \\ 0 & [k_{21}]_{(2)} & [k_{22}]_{(2)} \end{bmatrix} \tag{11.9}$$

Volviendo al caso simple del muelle, podemos también escribir la relación entre fuerza y desplazamiento en la forma:

MOVIMIENTO = FLEXIBILIDAD x FUERZA

definiéndose así «flexibilidad» como la magnitud inversa de la rigidez. A primera vista parece que las expresiones (11.4) podrían escribirse en forma análoga, expresando los movimientos $\vec{d}_1$ y $\vec{d}_2$ en función de las fuerzas $\vec{p}_1$ y $\vec{p}_2$. Sin embargo, es fácil ver que esto **no es posible**: en tanto que las fuerzas de extremo están perfectamente definidas para cualquier pareja de movimientos de esos extremos; lo inverso no es cierto, ya que la pieza puede sufrir un movimiento arbitrario de conjunto, como **cuerpo rígido**, sin que se modifiquen las fuerzas que actúan en sus extremos. Matemáticamente esto significa que las ecuaciones (11.4) son necesariamente **singulares** y, por consiguiente, no pueden escribirse en forma inversa.

Ahora bien, si la estructura que se estudia está sujeta a una base (es decir, no puede tener movimientos de cuerpo rígido), las ecuaciones cargas-movimientos de toda la estructura (sistema 11.7) tendrán siempre una solución única (supuesto que las piezas forman una estructura y no un mecanismo). En otras palabras, hemos llegado por un procedimiento físico a demostrar que la matriz de una estructura sujeta a la base firme será siempre **regular** y, en consecuencia, invertible, pudiéndose escribir:

$$\vec{d} = [k]^{-1} \cdot \vec{p} = [F] \cdot \vec{p} \tag{11.10}$$

A la inversa $[F]$ de la matriz de rigidez se le denomina **matriz de flexibilidad** de la estructura.

Puede demostrarse aplicando el teorema de **reciprocidad** o de MAXWELL, que la matriz de Flexibilidad $[F]$ es simétrica y, por lo tanto, también lo es la matriz de rigidez $[K]$. Esta característica permite una notable simplificación de los cálculos.

11.6 PROCESO DE CALCULO EN EL MÉTODO DE LOS DESPLAZAMIENTOS

El análisis de una estructura reticulada mediante el método de equilibrio o de los desplazamientos consta de las fases siguientes:

1) MODELIZACIÓN DE LA ESTRUCTURA
   a) Dibujo esquemático de la estructura.
   b) Numeración de nodos y barras.
   c) Cálculo de las características elásticas de cada barra.
      • Área de la sección transversal.
      • Momentos de inercia y módulo de Sant Venant (torsión).
      • Módulos resistentes.
      • Áreas efectivas a cizalla.
   d) Fijación de las condiciones de contorno (soportes, apoyos, empotramientos, etc.).
   e) Fijación de las cargas actuantes sobre la estructura.

2) CÁLCULO EN EL ORDENADOR
   a) Lectura de datos.
   b) Obtención de la matriz de rigidez de cada barra en sus ejes LOCALES.
   c) Transformación de la matriz de rigidez de cada barra a ejes GLOBALES.
   d) Formación de la matriz de rigidez de la estructura completa.
   e) Imposición de las condiciones de contorno (apoyos).
   f) Obtención del vector «fuerzas aplicadas» $\vec{F}$.
   g) Resolución del sistema de ecuaciones lineales

$$[K] \cdot \{d\} = \{-F\}$$

   obteniendo los desplazamientos $\{d\}$.
   h) Obtención de las fuerzas y momentos actuantes en los extremos de cada barra, en función de los desplazamientos calculados en el paso anterior y de las matrices de rigidez de barra calculadas en los pasos g) y h).
   i) Obtención de fuerzas cortantes, momentos flectores y torsores a lo largo de cada barra en función de las fuerzas y momentos extremos calculados en h) y de la distribución de cargas sobre cada barra en concreto. También, cálculo de tensiones.

3) ANÁLISIS E INTERPRETACIÓN DE RESULTADOS
   El ordenador edita los resultados del cálculo en forma de listados, gráficos, etc., y siempre es necesario analizar dichos resultados comprobando si los esfuerzos en las barras, los movimientos de los nodos y las reacciones en los soportes están dentro de lo admisible o no.

11.7 EL MÉTODO DE LOS ELEMENTOS FINITOS

En muchos planteamientos de problemas de ingeniería se precisa obtener la distribución de tensiones y deformaciones en un medio elástico continuo. Como casos particulares de este problema pueden mencionarse los análisis de:

• Placas (planchas) sometidas a tensión o deformación plana.

- Flexión de planchas.
- Sólidos de revolución.
- Sólidos tridimensionales cualesquiera.

En todos estos casos el número de interconexiones entre cualquier «elemento finito» limitado por algunos contornos imaginarios y los elementos vecinos es infinito: esta es la dificultad con que se tropieza al intentar discretizar estos problemas para enfocar su resolución por un método análogo al que se emplea para analizar estructuras reticulares. Esta dificultad puede vencerse llevando a cabo la aproximación que supone el proceso siguiente:

a) El medio continuo se divide mediante líneas (o superficies) imaginarias en un cierto número de elementos finitos.

b) Se considera que los elementos solo están interconectados a un número discreto de nodos situados en sus contornos. El desplazamiento de tales nodos serán parámetros desconocidos básicos (incógnitas) del problema, como en el caso de las estructuras reticulares.

c) Se elige un conjunto de funciones capaces de definir unívocamente el estado de desplazamiento de cualquier punto del elemento en función de los desplazamientos de sus nodos.

d) Las funciones de deformación antes mencionadas permiten definir el estado de deformaciones unitarias (*strain*) dentro del elemento en función de los desplazamientos nodales. Estas deformaciones, junto con las posibles deformaciones iniciales y las propiedades elásticas del material, definirán el estado tensional (*stress*) a través del elemento y también en su contorno.

e) Se determina un sistema de fuerzas concentradas en los nodos del elemento que equilibren los esfuerzos presentes en el entorno y como estos vienen en función de los desplazamientos nodales es posible establecer para cada elemento una relación de la forma:

$$\{F\} = k \cdot \{d\}$$

$\{d\}$ .... desplazamiento de los nodos del elemento
$\{F\}$ .... fuerzas concentradas en dichos nodos y que equilibran los esfuerzos en el contorno
k .... matriz de rigidez del elemento

Una vez que se ha alcanzado esta situación puede seguirse el mismo procedimiento de cálculo anteriormente expuesto para el análisis de estructuras reticulares.

Debe advertirse, sin embargo, que para llegar a descomponer el medio continuo en elementos finitos ha sido necesario introducir una serie de simplificaciones:

1) No siempre es fácil asegurar que las funciones de desplazamiento elegidas satisficieran las condiciones de continuidad de los desplazamientos entre elementos adyacentes (por lo tanto, la condición de compatibilidad de movimientos puede ser violada a lo largo de la malla que separa los elementos, aunque dentro de cada elemento esta condición se satisface debido a la unicidad de desplazamientos debida a su representación continua).

2) Al concentrar las fuerzas equivalentes en los nodos, las condiciones de equilibrio se satisfacen solamente en su sentido global. Normalmente se produce una violación local de las condiciones de equilibrio dentro de cada elemento y en su contorno.

3) La elección de la forma del elemento y de la forma de la función de desplazamiento para cada caso específico depende mucho del ingenio y conocimiento del técnico de estructuras y, obviamente el grado de aproximación que puede obtenerse depende mucho de estos factores.

11.8   ASPECTOS DEL CALCULO DE ESTRUCTURAS NAVALES POR MEDIO DEL ORDENADOR

Después de varios años de desarrollo de las técnicas de estructura con ayuda de ordenador, hoy en día se está en condiciones de predecir con bastante aproximación las tensiones y deformaciones en cada punto de las mismas originadas por solicitaciones exteriores tanto de tipo estático como las dinámicas ocasionadas por el movimiento del buque en la mar.

El empleo adecuado de programas de ordenador como herramienta de cálculo permite actualmente proyectar estructuras con una mejor distribución de los materiales para soportar de forma segura las cargas a que se verá sometida a lo largo de su existencia.

Hasta ahora el esfuerzo de investigación sobre el comportamiento de las estructuras navales se ha concentrado en los dos aspectos siguientes:

a) Cálculo o estimación de las acciones del medio sobre la estructura.
b) Cálculo de la distribución de tensiones y deformaciones originadas en la estructura por las solicitaciones actuantes (tanto externas como debidas a las cargas interiores).

11.8.1   ESTIMACIÓN DE LAS ACCIONES QUE EJERCE LA MAR SOBRE LA ESTRUCTURA DEL BUQUE

Antes de iniciar un análisis de su estructura es necesario hacer una estimación de las distintas solicitaciones a las que se verá sometido el buque durante la navegación. Hoy en día existen programas que permiten estimar estas acciones en función de datos estadísticos de estados de la mar recolectados en diferentes rutas marítimas.

Fijando la probabilidad de respuesta a largo plazo en un valor razonable (usualmente el correspondiente a la peor situación que es esperable en un plazo de 20 años) se obtienen los valores de momentos flectores, fuerzas cortantes, momentos torsores, etc. en cada sección, con lo que se tendrán cuantificados los efectos de la mar a lo largo del buque.

11.8.2   RESPUESTA DE LA ESTRUCTURA A UNAS CARGAS DETERMINADAS: TENSIONES Y DEFORMACIONES

Es en el campo de la simulación de la respuesta de la estructura a unas cargas determinadas donde se han conseguido avances más notables cuando se comparan los resultados con los que se obtienen por procedimientos tradicionales de cálculo.

Existen diferentes tipos de programas para efectuar cálculos específicos. Entre ellos merecen citarse:

a) CÁLCULOS DE RESISTENCIA LONGITUDINAL:

El peso de los elementos que contribuyen a la Resistencia Longitudinal alcanza más del 50 % del peso total de acero del buque y, por lo tanto, su determinación desde las primeras fases del diseño es de extraordinario interés para el proyectista. Por otra parte, las «condiciones de carga» que constituyen el «Manual de Carga», exigido por el Convenio Internacional de Líneas de Carga deben ser comprobadas desde el punto de vista de la Resistencia Longitudinal. Por lo general, los programas que estudian este aspecto de la Resistencia del Buque permiten la introducción de los datos de pesos locales:

- Peso .... P
- Abscisa del centro de gravedad .... X_g
- Abscisas de los extremos de la zona de actuación ..... X_{pp} X_{pr}

y la curva de peso continuo, pudiendo esta ser generada por una subrutina del mismo. Con estos datos se calcula la distribución de pesos y utilizando la base de datos en que se encuentre grabada la definición parabólica de la carena (o los datos de las Curvas de Bonjean) se obtiene la distribución de empujes.

La curva de «carga» se obtiene por diferencia de las distribuciones de peso y de empuje. Integrando sucesivamente la curva de carga se obtienen:

- Distribución de FUERZAS CORTANTES: $FC = \int q\,dx$

- Distribución de MOMENTOS FLECTORES: $MF = \int FC\,dx = \int\int q\,dx$

- Curva ELÁSTICA (flechas): $y = \int\int \frac{MF}{EI}\,dx = \int\int\int \frac{q}{EI}\,dx$

Naturalmente para obtener la distribución de flechas es necesario facilitar, como dato, la distribución de momentos de inercia del buque-viga a lo largo de la eslora.

b) CÁLCULOS DE RESISTENCIA TRANSVERSAL:

Además del estudio de Resistencia Longitudinal en que se considera el buque como una viga, es necesario llevar a cabo otros para comprobar la resistencia de los anillos transversales principales. El caso típico es el de los anillos de bulárcamas de petroleros y otros buques-tanque. Existen programas que, con algunos datos, generan los datos necesarios para estudiar el anillo transversal tratándolo como un pórtico plano (estructura reticular) o como una estructura mixta constituida por paneles planos (elementos finitos) reforzados.

c) CÁLCULOS DE ESTRUCTURAS ESPECIALES:

Merecen citarse los siguientes tipos de cálculos que pueden llevarse a cabo mediante programas de cálculo de estructuras reticulares o mediante elementos finitos:

- Emparrillados de doble fondo de *bulkcarriers*.
- Emparrillados de cubierta en buques *Roll on – Roll off*.
- Modelos tridimensionales de partes de estructuras de buques.

11.8.3   MEDIOS DE REPRESENTACIÓN

Además de obtener el resultado de un cálculo de estructuras impreso en un listado, se utilizan con éxito los medios de representación gráficos disponibles. Mediante ellos es posible tener una visión de conjunto de los resultados de tensiones y deformaciones calculados y también se tiene la posibilidad de comprobar la generación de datos del modelo matemático antes de ordenar la ejecución de un cálculo que puede consumir un tiempo apreciable en el ordenador.

11.9   PROGRAMAS DE CÁLCULO DE ESTRUCTURAS MÁS USADOS EN EL PROYECTO DE BUQUES

Además de los programas de uso específico tales como: Resistencia Longitudinal, Botadura o puesta a flote, etc., se usan en las Oficinas Técnicas Navales programas de cálculo general de estructuras entre los cuales merece citarse los siguientes:

- ANSYS: es el programa líder de simulación CAE multifísico para análisis y simulación por elementos finitos. Ayuda a predecir el comportamiento de piezas o conjuntos que están sometidos a uno o varios fenómenos físicos de manera individual o simultánea.

- STAAD.PRO: es un programa de análisis y diseño estructural tanto para estructuras de acero como de hormigón. Permite a los usuarios realizar análisis de cualquier estructura expuesta a cargas estáticas, dinámicas, de viento, sísmicas, térmicas y en movimiento.

- Abaqus: es un programas de simulación que aplica el método de los elementos finitos para realizar cálculos estructurales estáticos lineales y no lineales, dinámicos incluyendo simulación de impactos, problemas de contacto de sólidos, térmicos, acoplamientos acústico-estructurales.

- NAPA: es un programa utilizado para el diseño y la arquitectura naval, pero también incluye herramientas para el análisis de estructuras.

- Rhino + Orca3D: Rhino es un programa de modelado 3D ampliamente utilizado, y Orca3D es un complemento específico para el diseño naval y análisis de estabilidad.

- Maxsurf: Es una suite de *software* que se utiliza específicamente en el diseño de embarcaciones. Incluye herramientas para modelado, análisis de estabilidad, estructural y cálculos hidrodinámicos.

- ShipConstructor: es un *software* de diseño naval que abarca desde el diseño conceptual hasta la producción, incluyendo el cálculo de estructuras.

Aparte de los programas de cálculo de estructuras propiamente dichos, las sociedades de clasificación han elaborado gran número de programas auxiliares que permiten agilizar enormemente la generación de datos e interpretación de resultados con respecto a sus reglas que, sin ellos, suelen ser unas operaciones penosas que requieren gran cantidad de horas cuando no se dispone de dichos programas.

Algunos de estos programas:

- BUREAU VERITAS:

  - MARS 2000: evalúa la estructura de embarcaciones mediante la verificación de todos los elementos estructurales de secciones transversales o mamparos transversales.
  - Veristar Hull: realiza evaluaciones de resistencia, esfuerzos y fatiga para garantizar un rendimiento seguro a lo largo del ciclo de vida de un activo.
  - Steel: el programa está optimizado para realizar análisis de vigas 3D en unidades de todo tipo, teniendo en cuenta una variedad de deformaciones, fuerzas locales, momentos y tensiones.

- DET NORSKE VERITAS:

  - FE Analysis for Ships: es un programa que cuenta con la combinación de cálculos de verificación de reglas y análisis de elementos finitos de estructuras de barcos.
  - 3D Beam: programa para el modelado eficiente y análisis estructural de estructuras de vigas 3D.
  - Poseidon: es un programa integrado para la evaluación de resistencia de las estructuras del casco de un barco.

- LLOYD'S REGISTER OF SHIPPING:

  - RulesCalc: este programa verifica automáticamente, de manera rápida y sistemática, que el diseño estructural de su embarcación cumpla con las normas.
  - ShipRight: este programa verifica el diseño de la estructura del casco para el cumplimiento estructural y de fatiga con los Procedimientos ShipRight dentro de las Reglas de LR.

- AMERICAN BUREAY OF SHIPPING:

  - SafeHull: este programa ofrece aplicaciones valiosas para ayudar con la evaluación de la estabilidad y la integridad estructural en el diseño, así como para mejorar la seguridad y confiabilidad en el servicio.

BIBLIOGRAFÍA

(1) Randolph Paulling (Editor) Alaa Mansour Donald Liu. J. *The Principles of Naval Architecture Series: Strength of Ships and Ocean Structures.* The Society of Naval Architects and Marine Engineers (SNAME), 2008.

(2) Batdorf, S. B., Murry Schildcrout, and Manuel Stein. *Critical combinations of shear and longitudinal direct stress for long plates with transverse curvature.* National Advisory Committee for Aeronautics; No 1347, June 1947. ISBN: 1680156063.

(3) J Chilton. *Space Grid Structures.* 1st ed., Routledge, 1999.

(4) R. Martín Domínguez. *Cálculo de estructuras de buques.* Publicaciones E.T.S.I.N, 1969.

(5) Philipp Frank and Richard von Mises. *Die Differential- und Integralgleichungen der Mechanik und Physik.* Friedr. Vieweg & Sohn A.-G., 1943.

(6) James M. Gere. *Timoshenko resistencia de materiales.* spa. 5ª ed., Madrid: Thompson, 2004. ISBN: 84-9732-065-4.

(7) W. E. Smith. Hogging and sagging strains in a seaway as influenced by wave structure. *Trans. INA.* (pág 136-153) 1883.

(8) W. Hovgaard. *Structural Design of Warships.* E. & F. N. Spon, Limited, 1915.

(9) J.M.Murray. *Longitudinal Bending Moments.* Trans I.E.S., 1947.

(10) J. López Martínez. *Resistencia de materiales para ingenieros.* Ediciones Campos, 1969.

(11) W. Muckle. *Strength of Ships' Structures.* Edward Arnold, 1967. ISBN: 9780713131062.

(12) B Rapo. *Strucural design of Ro-Ro ships.* Lloyd's Register of Shipping Technical Association, March 1982.

(13) Alfonso Osorio de Rebellón y Dorola. Cálculo del Reparto de Esfuerzos Cortantes en una sección transversal del barco. *Revista Ingeniería Naval.* (pág 300) 1971.

(14) Reglamento. *Bureau Veritas.* Parte B, Capítulo 5, Edición Julio 2021.

(15) Reglamento. *American Bureau of Shipping.* Parte 3, Capítulo 2, Edición Julio 2022.

(16) Reglamento. *Det Norske Veritas.* Parte 3, Capítulo 4, Edición Julio 2022.

(17) Reglamento. *Lloyd's Register of Shipping.* Parte 3, Capítulo 4, Edición Julio 2022.

(18) Reglas. *American Bureau of Shipping.* Sección 6, Edición 1981.

(19) H.A. Schade. *Design Curves for Cross-stiffened Plating Under Uniform Bending Load.* Society of Naval Architects and Marine Engineers, 1941.

(20) Timoshenco S., Wojnoswky-Krieger S. *Theory of Plates and Shells.* Ed. McGraw Hill, 1959.

(21) Tubasol, S. A. *Tubos y accesorios en acero al carbono soldados y sin soldadura.* https://www.aldimosa.com/descargas/tubasol-general.pdf.

(22) D.G.M. Watson, A.W. Gilfillan, and Royal Institution of Naval Architects. *Some Ship Design Methods.* Royal Institution of Naval Architects, 1976.

(23) O.C. Zienkiewicz. *The Finite Element Method in Engineering Science.* McGraw Hill-London, 1971.

RELACIÓN DE PROBLEMAS

PROBLEMA 1. Un punto de una estructura naval, construida de acero dulce con un límite elástico (esfuerzo de fluencia) σ_y=2400 Kg/cm^2, está sometido a una tracción de σ=1200 Kg/cm^2 en combinación con una cizalla de τ=800 Kg/cm^2 ¿Cuál es el margen, expresado en porcentaje de σ_y para que no se produzcan deformaciones permanentes?

Solución:

Siguiendo el criterio de Von Misses:

$$\sigma_c = \sqrt{\sigma^2 + 3\cdot\tau^2} = \sqrt{1200^2 + 3\cdot 800^2} = 1833\,kg/cm^2$$

Margen perdido:

$$100\cdot\left(1 - \frac{\sigma_c}{\sigma_y}\right) = 23,6\,\%$$

PROBLEMA 2. La tabla siguiente recoge los valores de la tensión normal (σ) y del esfuerzo cortante (σ) en diferentes puntos de una estructura construida de acero dulce (límite elástico σ_y = 2400 Kg/cm^2). Indíquese cuál es el punto que está más cerca del límite plastificación (aparición de deformaciones permanentes).

PUNTO	1	2	3	4	5	6	7
σ (kg/cm^2)	1500	1700	1800	2000	1000	950	800
τ (kg/cm^2)	600	550	500	200	950	1000	1200

Solución:

La tabla adjunta inmediatamente anterior recoge los valores del «esfuerzo combinado», según el criterio de Von Misses:

$$\sigma_c = \sqrt{\sigma^2 + 3\cdot\tau^2})$$

PUNTO	1	2	3	4	5	6	7
σ_c (kg/cm^2)	1825	1949	1997	2030	1925	1975	2227

El valor más alto, y en consecuencia más cercano a σ_c, es el del punto 7. Este es el punto que está más cercano a la plastificación. Siendo este límite de plastificación 2460 (kg/cm^2) en Acero dulce naval.

PROBLEMA 3. El peso total de acero de un petrolero de 233 m de eslora entre perpendiculares es PA=13.850 toneladas. Los pesos de las principales partidas localizadas y las abscisas de sus correspondientes centros de gravedad (referidas a la perpendicular de popa) son las que figuran en la tabla adjunta. Teniendo en cuenta que el centro de carena correspondiente al calado de escantillonado está situado al 3 % de Lpp a proa de la maestra. Se pide:

    a) Valor del peso «continuo» y abscisa de su centro de gravedad.
    b) Abscisa del centro de gravedad del total del peso del acero.

PARTIDA	PESO	Xg
Caseta de acomodación	450	28,7
Castillo	100	229
Mamparos transversales	1600	199
Timón	70	-0,7
Guardacalor y chimenea	50	15,5

Solución:

    a) El peso de acero continuo es la diferencia entre el total y las partidas localizadas:

$$P_c = \Sigma P_L = 13850 - (450 + 100 + 1600 + 70 + 50) = 11580\,t$$

La abscisa del cdg de este peso continuo se estima por la fórmula de Watson y Gilfillan:

$$\text{C.d.g} = 0,705 \cdot 0,03 \cdot 233 - \frac{233}{714} = 4,6\,\text{m a proa de la maestra.}$$

$$Xg\,\text{Acero continuo} = \frac{233}{2} + 4,6 = 121,10\text{m desde Ppp.}$$

    b) El cuadro adjunto contiene el calculo de momentos y centros de gravedad:

PARTIDA	PESO	Xg	Momento
Caseta de acomodación	450	28,7	12915
Castillo	100	229	22900
Mamparos transversales	1600	199	190400
Timón	70	-0,7	-49
Guardacalor y chimenea	50	15,5	775
Acero continuo	11580	121,1	1402338
Total	13850	X_g	1629279

X_g (Peso Acero) = $\frac{162279}{13850}$ = 117,637 m (desde la Ppp)

PROBLEMA 4. Una barcaza paralelepípeda de 100 m de eslora, 20 de manga y 10 de puntal. El peso en rosca de la barcaza es de 2000 toneladas. Dicha embarcación está dividida en 5 bodegas iguales, de 20 m de eslora y las bodegas impares (1,3 y 5) se encuentran cargadas en 3000 toneladas de mineral cada una.

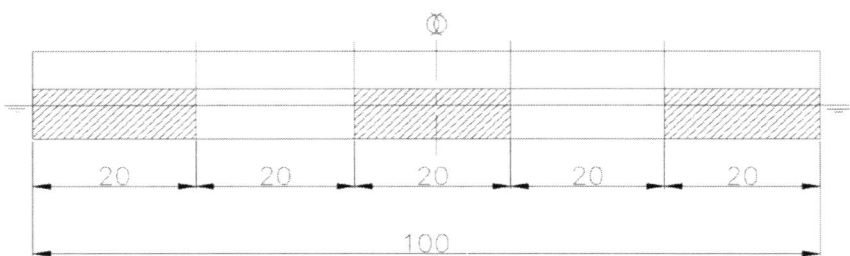

Suponiendo que la barcaza flota en agua dulce (γ = 1 t/m³), que el peso en rosca se reparte uniformemente a lo largo de la eslora y que la carga en las bodegas impares se distribuye uniformemente a lo largo de sus longitudes, se pide:

    a) Calado de equilibrio.
    b) Curvas de Pesos, Empujes y Cargas.
    c) Distribución de Fuerzas Cortantes.
    d) Distribución de Momentos Flectores.

Solución:

    a) Calado de Equilibrio:

Rosca	2.000	t
Carga (3 · 3.000)	9.000	t
Desplazamiento	11.000	t

$$\Delta = L \cdot B \cdot T \cdot \gamma$$

$$T = \frac{\Delta}{L \cdot B \cdot \gamma} = 5,50 \, m$$

    b)   • Esquema de pesos.

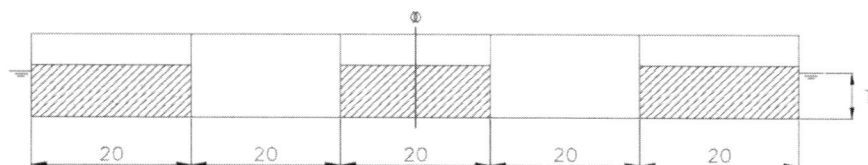

    • Curva de Pesos y Empujes.

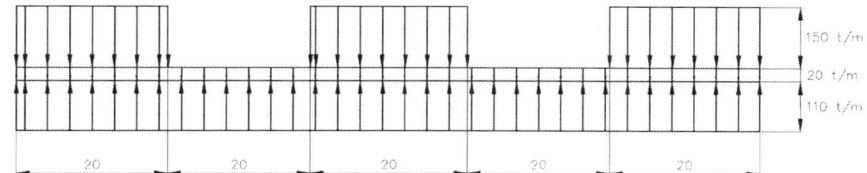

● Curva de Cargas.

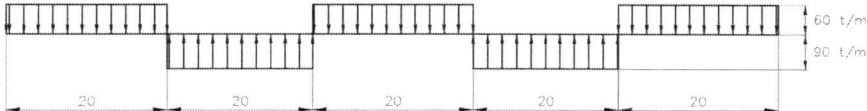

c) Fuerzas Cortantes:

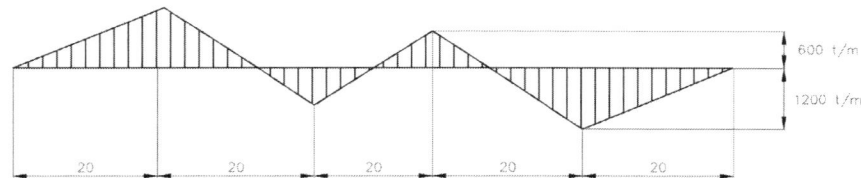

d) Momentos Flectores:

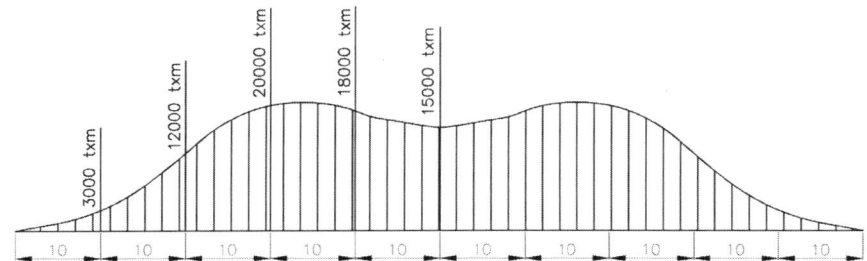

PROBLEMA 5. La figura representa un esquema de disposición de una barcaza petrolera de dimensiones L x B x D = 100 x 24 x 15 m. Los tanques (centrales y laterales) de las secciones impares 1, 3 y 5 contienen Fuel Oil (peso específico = 0,95 T/m^3) hasta una sonda mojada S=10 m. Los restantes tanques están vacíos. El peso en rosca de la barcaza, que se puede considerar homogéneamente distribuido a lo largo de la eslora, es de 3000 t. Los espesores de los elementos que figuran en la sección transversal pueden considerarse, a efectos de calculo, de 20 mm. Se pide:

1) Calado de la barcaza cuando está flotando en aguas tranquilas (agua dulce: γ=1 t/m^3).
2) Momento flector en la Sección Maestra.
3) Máximos esfuerzos en cubierta y fondo en la Cuaderna Maestra debido al Momento flector longitudinal.
4) Variación del MF en la maestra al trasegar 100 t de cada uno de los tanques centrales extremos (1 y 3) al central (5).

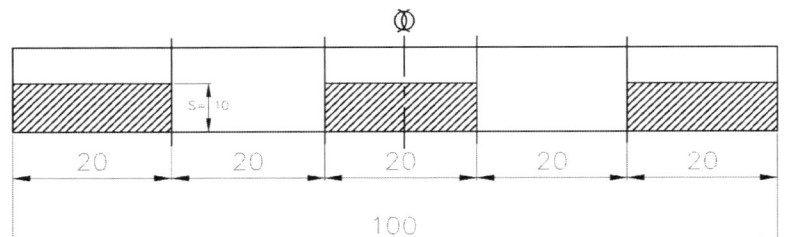 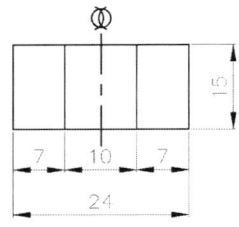

Solución:

1) Calado barcaza:

Peso rosca	3.000 t
Carga = $(3 \cdot 20 \cdot 24 \cdot 10 \cdot 0,95)$ =	13.680 t
Desplazamiento	16.680 t

$$L \cdot B \cdot T \cdot \gamma = \Delta$$

$$T = \frac{\Delta}{L \cdot B \cdot \gamma} = \frac{16.680}{100 \cdot 24 \cdot 1} = 6,95 \ m$$

2) Momento flector en la Sección Maestra:
Para simplificar los cálculos, se hacen los cálculos con una mitad de barcaza:

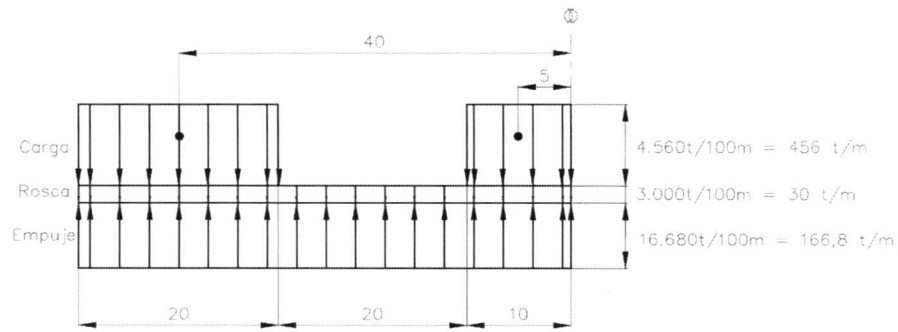

Concepto	Peso (t)	Distancia c.d.g a ⊗ (m)	Momento (t·m)
Bodega 5	4.560	40	182.400
Bodega 3 (1/2)	2.280	5	37.500
Rosca (1/2)	1.500	25	37.500
Empuje (1/2)	-8.340	25	-208.500

$$\boxed{\text{Mto Flector en } \otimes = \Sigma Mto = 22.800 \text{ t·m}}$$

3) Máximos esfuerzos en cubierta y fondo en la Cuaderna Maestra debido al Momento flector longitudinal.

ELEMENTOS	DIMENSIONES (mm)	ESPESOR (mm)	N° ELEMENTOS	A (cm2)	y (m)	A · y (cm2 x m)	A · y2 (cm2 x m2)	Ip (cm2 x m2)
Fondo	24.000,00	20,00	1,00	4.800,00	- 0,02	- 96,00	1,92	
Cubierta	24.000,00	20,00	1,00	4.800,00	15,02	72.096,00	1.082.881,92	
Costados	15.000,00	20,00	2,00	6.000,00	7,00	42.000,00	294.000,00	112.500,00
Mamparos	15.000,00	20,00	2,00	6.000,00	7,00	42.000,00	294.000,00	112.500,00
				A = 21.600,00		S = 162.000,00	Σ_1 = 1.757.883,84	Σ_2 = 225.000,00

- Eje neutro: $y_n = \frac{S}{A} = \frac{162.000,00}{21.600,00} = 7,50$ m

- Inercia: $Im = \Sigma_1 + \Sigma_2 - A \cdot y_n^2 = 1.757.883,84 + 225.000,00 - 21.600,00 \cdot 7,50^2 = 767.883,84$ cm$^2 \cdot$ m^2

- Ordenada máxima a la cubierta: $y_c + e_{cub} = 15,00 + 0,020 - y_n = 7,52$ m (desde eje neutro).

- Ordenada máxima al fondo: $y_f = y_n + e_{fondo} = 7,50 + 0,020 = 7,52$ m (desde eje neutro).

- $\sigma_{cubierta} = \sigma_{fondo} = \frac{M}{I_m} \cdot y_c = \frac{22.800 \, x 10^3}{767.883,84} \cdot 7,52 = 223,28 \; kg/cm^2$

4) Variación del MF en la maestra al trasegar 100 t de cada uno de los tanques centrales extremos (1 y 3) al central (5).

El trasiego desde cualquiera de los tanques externos es desde el centro de gravedad de dichos tanques hasta el c.d.g de la mitad del tanque central.

- Brazo = 10 + 20 + 5 = 35 m.

- $\delta M_F = 35 \cdot 100 = 3.500$ t·m

PROBLEMA 6. El momento flector en aguas tranquilas en la sección maestra de un buque de 182 m de eslora (Lpp) es de 170.000 T·m, en Quebranto. Al objeto de disminuirlo sin modificar los calados se traslada un peso de 250 t desde un punto situado a 10 m desde la Ppp a otro situado a 70 m desde la misma. Y otro de 300 t desde un punto situado a 30 m desde la perpendicular de proa a otro situado a 80 m de la misma.

- Demuéstrese que no varían los calados y calcúlese el nuevo valor del momento flector en la maestra.

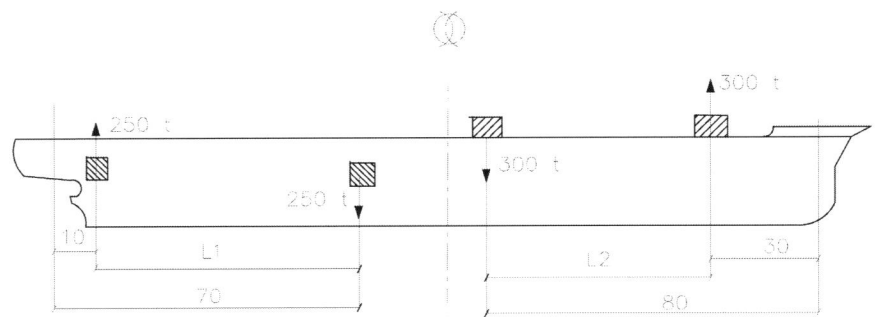

Solución:

Momento que tiende a variar el asiento:

$$\text{Mto} = 300 \cdot L2 - 250 \cdot L1 = 300 \cdot (80 - 30) - 250 \cdot (70 - 10) = 15.000 - 15.000 = 0$$

Por tanto, no hay cambio de asiento. Como no se embarca ni desembarca peso, no se altera el calado medio. En consecuencia, no cambiarán los calados de proa y popa.

La variación del Momento Flector en la maestra será:

$$250 \cdot L1 = 250 \cdot (70 - 10) = 15.000\,\text{t} \cdot \text{m}$$

Por lo que el Momento flector resultante será:

$$\text{MF resultante} = 170.000 - 15.000 = 155.000\,\text{t} \cdot \text{m}$$

PROBLEMA 7. El momento flector en aguas tranquilas en la sección maestra de un petrolero de 250 m de eslora Lpp es de 400.000 $t \cdot m$, en Quebranto, en situación de lastre segregado. Al objeto de disminuirlo, sin modificar los calados, se trasladan los mamparos transversales que limitan los tanques de lastre de proa 5 m hacia popa y 5 m hacia proa, los mamparos de los tanques de popa, tal como se muestra en la figura. Teniendo en cuenta que cada pareja de tanques de lastre (Br y Er) contiene 18.500 toneladas de agua de mar, calcúlese el nuevo valor del momento flector en la maestra.

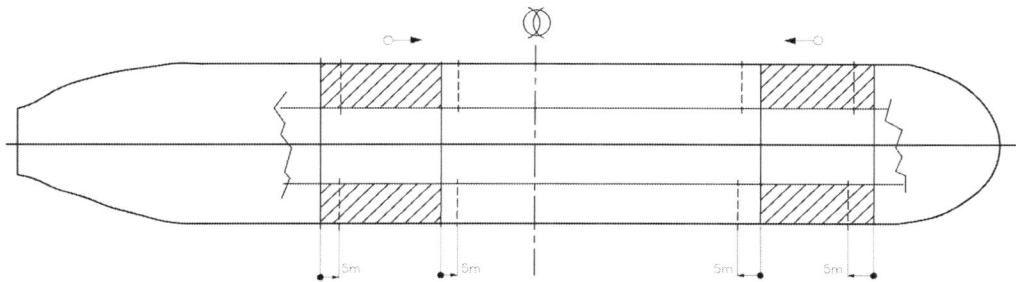

Solución:

Como no se altera la magnitud de los pesos y, además la modificación del momento trimante es nula, no se cambian los calados, por lo que seguirá siendo la misma curva de empujes; en consecuencia, la alteración del Momento Flector en la maestra vendrá dada por la alteración del momento de los pesos situados a popa de la misma:

$$\delta MF = 18.500 \cdot 5 = 92.500\,t \cdot m$$

Nuevo valor del Momento Flector en la maestra:

$$MF = 400.000 - 92.500 = 307.500\,t \cdot m$$

PROBLEMA 8. Una barcaza de 100 m de eslora, 20 de manga y 10 m de puntal tiene un peso en rosca de 2.000 t. Dicha embarcación está dividida en 5 bodegas iguales, de 20 m de eslora cada una, y las bodegas impares (1, 3, 5) se encuentran cargadas de 2.000 t de mineral cada una. Suponiendo que la barcaza flota en el agua dulce ($\gamma = 1$ t/m^3), que el peso en rosca se reparte uniformemente a lo largo de la eslora y que la carga en las bodegas también se reparte uniformemente a lo largo de sus longitudes, se pide:

1) Calado de equilibrio.
2) Momento flector en la maestra.
3) Variación del Mf de la maestra al pasar 300 t de mineral de cada una de las bodegas extremas (1 y 5) a la central (3).

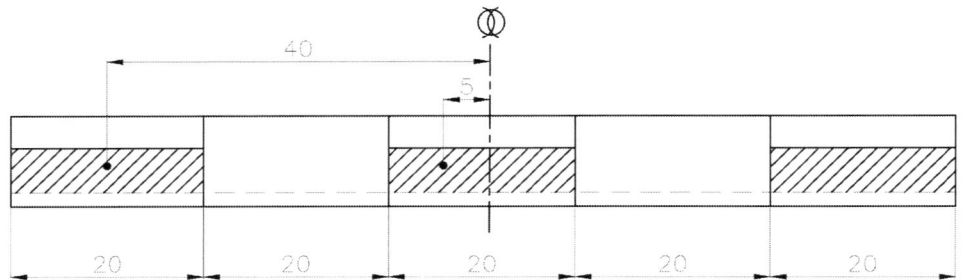

Solución:

1) Calado de equilibrio.

Peso rosca	2.000 t
Carga = (3 · 2.000) =	6.000 t
Desplazamiento	8.000 t

$$L \cdot B \cdot T \cdot \gamma = \Delta$$

$$T = \frac{\Delta}{L \cdot B \cdot \gamma} = \frac{8.000}{100 \cdot 20 \cdot 1} = 4\ m$$

2) Momento flector en la Sección Maestra:

Para simplificar los cálculos, se hacen los cálculos con una mitad de barcaza:

Concepto	Peso (t)	Distancia c.d.g a ⊗ (m)	Momento (t·m)
Bodega 1	2.000	40	80.000
Bodega 3 (1/2)	2.000/2	5	5.000
Rosca (1/2)	2.000/2	25	25.000
Empuje (1/2)	-8.000/2	25	-100.000

Mto Flector en ⊗ = ΣMto = 10.000 t·m

3) Variación del Momento flector:

No varían los calados (ya que se compensan las alteraciones de momento trimante por proa y popa). Por lo tanto, la única variación es debido a la modificación del momento de los pesos.

El traspaso desde cualquiera de las bodegas externas es desde el centro de gravedad de dichas bodegas hasta el c.d.g de la mitad de la bodega central.

- Peso que se mueve = 300 t.

- Brazo = 10 + 20 + 5 = 35 m.

- $\delta M_F = 35 \cdot 300 = 10.500$ t·m

PROBLEMA 9. La Figura representa un esquema simplificado de la cuaderna maestra de un gran petrolero. (Las dimensiones están en metros). Considerando un espesor de 33 mm para todas las planchas que figuran en el dibujo, se pide:

1) Momento de inercia y posición del eje neutro.
2) Módulos resistentes en Cubierta (punto C) y Fondo (punto F).
3) Esfuerzo máximo en la cubierta (en el punto más alejado del Eje Neutro) cuando la sección esté sometida a un momento flector de 300.000 t·m.

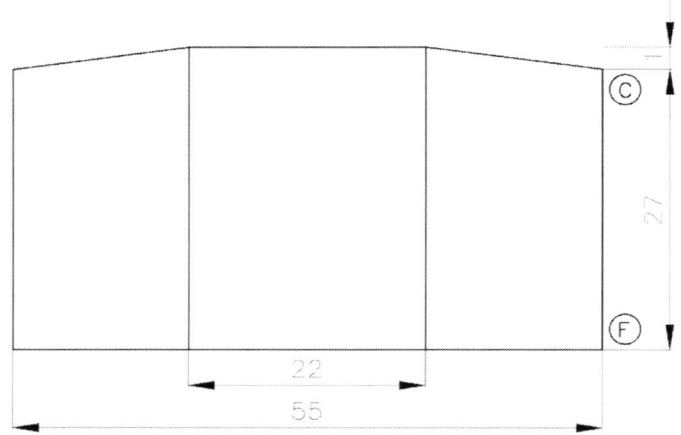

Solución:

ELEMENTOS	DIMENSIONES (mm)	ESPESOR (mm)	Nº ELEMENTOS	A (cm2)	y (m)	A · y (cm2 x m)	A · y2 (cm2 x m2)	Ip (cm2 x m2)
Cbta Central	22.000	33	1	7.260,00	28,017	203.399,79	5.698.550,22	
Ctas laterales	16.500	33	2	10.890,00	27,517	299.654,69	8.245.448,14	
Mamparos long.	28.000	33	2	18.480,00	14,000	258.720,00	3.622.080,00	1.207.360,00
Costados	27.000	33	2	17.820,00	13,500	240.570,00	3.247.695,00	1.082.565,00
Fondo	55.000	33	1	18.150,00	-0,017	- 299,48	4,94	
				A = 72.600,00		S = 1.002.045,00	Σ_1 = 20.813.778,30	Σ_2 = 2.289.925,00

1) Momento de inercia y posición del eje neutro.

- Eje neutro: $y_n = \frac{S}{A} = \frac{1.002.045,00}{72.600,00} = 13,80$ m

- Inercia: $Im = \Sigma_1 + \Sigma_2 - A \cdot y_m^2 = 20.813.778,30 + 2.289.925,00 - 72.600,00 \cdot 13,80^2 = 9.273.204,92$ cm² · m²

2) Módulos resistentes:

- Ordenada al fondo: $y_f = y_n = 13,80$ m (desde eje neutro).

- Ordenada a la cubierta: $y_c = 27 - y_n = 13,20$ m (desde eje neutro).

- Módulo de fondo: $W_f = \frac{Im}{y_f} = \frac{9.273.204,92}{13,80} = 671.860,72$ cm²·m

- Módulo de cubierta: $W_c = \frac{Im}{y_c} = \frac{9.273.204,92}{13,80} = 702.636,50$ cm²·m

3) Esfuerzo en cubierta.

- $y_{max} = 27 + 1 + 0,033 - 13,80 = 14,23$ m
- $\sigma = \frac{M}{I_n} \cdot y_{max} = \frac{300.000 \times 10^3}{9.273.204} \cdot 14,23 = 460,38 \ kg/cm^2$

PROBLEMA 10. La sección transversal simplificada de la figura adjunta, soporta un momento flector de 25.000 t · m y una fuerza cortante de 2.700 t/m². Calcular:

1) Esfuerzo normal en cubierta y fondo.
2) Esfuerzo cortante a la altura del eje neutro de la sección.

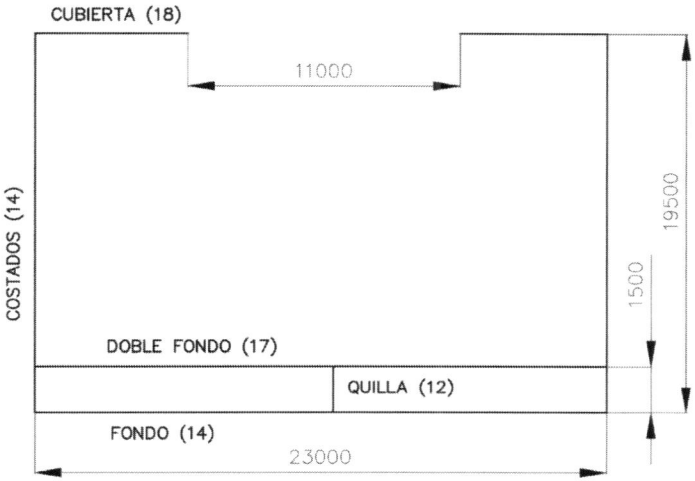

Solución:

ELEMENTOS	DIMENSIONES (mm)	ESPESOR (mm)	N° ELEMENTOS	A (cm2)	y (m)	A · y (cm2 x m)	A · y2 (cm2 x m2)	Ip (cm2 x m2)
Cubierta	6.000	18	2	2.160,00	19,509	42.139,44	822.098,33	
Doble Fondo	23.000	17	1	3.910,00	1,509	5.898,24	8.897,49	
Fondo	23.000	14	1	3.220,00	-0,007	- 22,54	0,16	
Quilla	1.500	12	1	180,00	0,750	135,00	101,25	33,75
Costados	19.500	14	2	5.460,00	9,750	53.235,00	519.041,25	173.013,75
				A = 14.930,00		S = 101.385,14	Σ_1 = 1.350.138,48	Σ_2 = 173.047,50

- Eje neutro: $y_n = \frac{S}{A} = \frac{101.385,14}{14.930,00} = 6,79$ m

- Inercia: $Im = \Sigma_1 + \Sigma_2 - A \cdot y_m^2 = 1.350.138,48 + 173.047,50 - 14.930,00 \cdot 6,79^2 = 834.710,05$ cm² · m²

- Ordenada a la cubierta: $y_c = 19,50 - y_n = 12,71$ m (desde eje neutro).

- Ordenada al fondo: $y_f = y_n = 6,79$ m (desde eje neutro).

1) Esfuerzo normal en cubierta y fondo.

- $\sigma_{cubierta} = \frac{M}{I_m} \cdot y_c = \frac{25.000x10^3}{834.710,05} \cdot 12,71 = 380,65 \ kg/cm^2$

- $\sigma_{fondo} = \frac{M}{I_m} \cdot y_f = \frac{25.000x10^3}{834.710,05} \cdot 6,79 = 203,38 \ kg/cm^2$

2) Esfuerzo cortante a la altura del eje neutro de la sección.

- Mto. Estático: $S_{E.N} = 2 \cdot y_c \cdot b_{costado} \cdot \frac{y_c}{2} + rea_{cub} \cdot (d_{cub} - y_n) = 2 \cdot 1.271 \cdot 1,4 \cdot \frac{12,71}{2} + 2.160 \cdot$ $(19,509 - 6,79) = 50.085,22 \ cm^3$

- $\tau = \frac{Fc \cdot S_{E.N}}{b \cdot I_m} = \frac{2.700 \cdot 50.085,22}{1,4 \cdot 834.710,05} = 0,58 \ t/cm^2 = 578,60 \ kg/cm^2$

PROBLEMA 11. La sección transversal simplificada de la figura adjunta, soporta un momento flector de 20.000 t · m. Calcular:

1) Esfuerzo normal en cubierta y fondo.

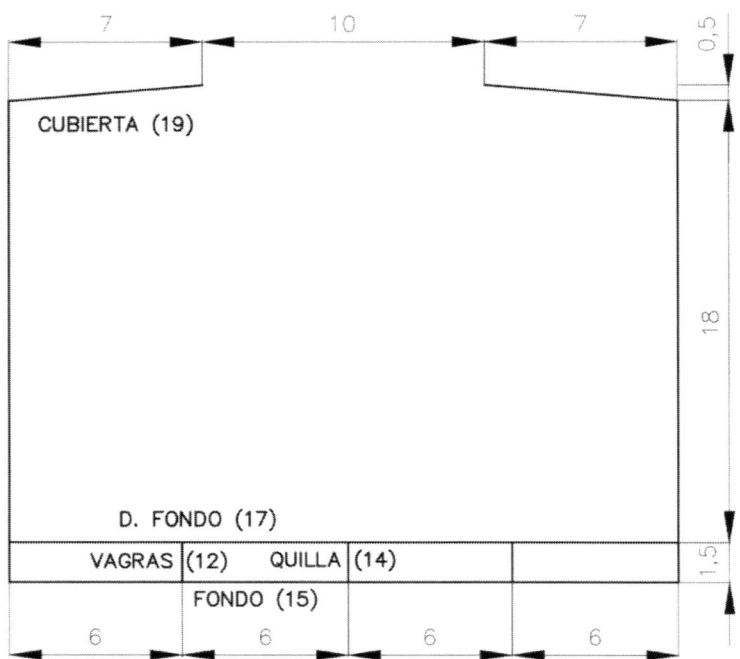

Solución:

ELEMENTOS	DIMENSIONES (mm)	ESPESOR (mm)	N° ELEMENTOS	A (cm2)	y (m)	A · y (cm2 x m)	A · y2 (cm2 x m2)	Ip (cm2 x m2)
Fondo	24.000	15	1	3.600,00	-0,008	- 27,00	0,20	
Doble Fondo	24.000	17	1	4.080,00	1,509	6.154,68	9.284,33	
Cubierta	7.010	19	2	2.663,80	19,750	52.610,05	1.039.048,49	
Costados	19.500	15	2	5.850,00	9,750	57.037,50	556.115,63	185.371,88
Quilla	1.500	14	1	210,00	0,750	157,50	118,13	39,38
Vagras	1.500	12	2	360,00	0,750	270,00	202,50	67,50
				A = 16.763,80		S = 116.202,73	Σ_1 = 1.604.769,27	Σ_2 = 185.478,75

- Eje neutro: $y_n = \frac{S}{A} = \frac{116.202,73}{16.763,80} = 6,93$ m

- Inercia: $\text{Im} = \Sigma_1 + \Sigma_2 - A \cdot y_m^2 = 1.604.769,27 + 185.478,75 - 16.763,80 \cdot 6,93^2 = 984.757,95$ cm^2 · m^2

- Ordenada a la cubierta: y_c = 19,50 - y_n = 12,57 m (desde eje neutro hasta la intersección de la cubierta con el costado).

- Ordenada al fondo: $y_f = y_n$ = 6,93 m (desde eje neutro).

1) Esfuerzo normal en cubierta y fondo.

- $\sigma_{cubierta} = \frac{M}{I_m} \cdot y_c = \frac{20.000 x 10^3}{984.757,95} \cdot 12,57 = 255,26 \ kg/cm^2$

- $\sigma_{fondo} = \frac{M}{I_m} \cdot y_f = \frac{20.000 x 10^3}{984.757,95} \cdot 6,93 = 140,78 \ kg/cm^2$

PROBLEMA 12. La sección transversal simplificada de la figura soporta un momento flector de 70.000 t · m. Sabiendo que los espesores serán de 17 mm excepto donde se indica 30 mm. Calcular:

1) Esfuerzo normal en cubierta y fondo.

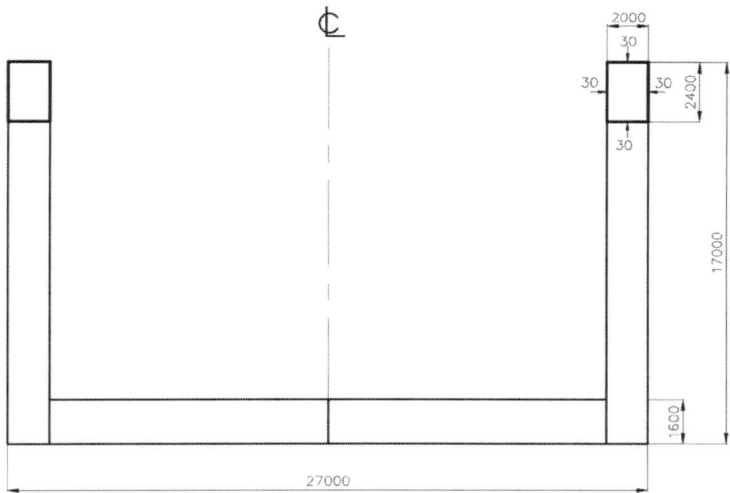

Solución:

ELEMENTOS	DIMENSIONES (mm)	ESPESOR (mm)	N° ELEMENTOS	A (cm2)	y (m)	A · y (cm2 x m)	A · y2 (cm2 x m2)	Ip (cm2 x m2)
Fondo	27.000	17	1	4.590,00	-0,009	- 39,02	0,33	
Doble Fondo	23.000	17	1	3.910,00	1,609	6.289,24	10.116,23	
Costado	14.600	17	2	4.964,00	7,300	36.237,20	264.531,56	88.177,19
Doble Forro	14.600	17	2	4.964,00	7,300	36.237,20	264.531,56	88.177,19
Quilla vertical	1.600	17	1	272,00	0,800	217,60	174,08	58,03
Costado exterior caja torsión	2.400	30	2	1.440,00	15,800	22.752,00	359.481,60	691,20
Costado interior caja torsión	2.400	30	2	1.440,00	15,800	22.752,00	359.481,60	691,20
Cubierta	2.000	30	2	1.200,00	17,015	20.418,00	347.412,27	
Fondo caja torsión	2.000	30	2	1.200,00	14,615	17.538,00	256.317,87	
				A = 23.980,00		S = 162.402,22	Σ_1 = 1.862.047,11	Σ_2 = 177.794,80

- Eje neutro: $y_n = \frac{S}{A} = \frac{162.402,22}{23.980,00} = 6,77$ m

- Inercia: $Im = \Sigma_1 + \Sigma_2 - A \cdot y_m^2 = 1.862.047,11 + 177.794,80 - 23.980,00 \cdot 6,77^2 = 939.988,65$ cm^2 · m^2

- Ordenada a la cubierta: y_c = 17,00 - y_n = 10,23 m (desde eje neutro).

- Ordenada al fondo: $y_f = y_n = 6,77$ m (desde eje neutro).

1) Esfuerzo normal en cubierta y fondo.

- $\sigma_{cubierta} = \frac{M}{I_m} \cdot y_c = \frac{70.000 \times 10^3}{939.988,65} \cdot 10,23 = 761,64 \; kg/cm^2$

- $\sigma_{fondo} = \frac{M}{I_m} \cdot y_f = \frac{70.000 \times 10^3}{939.988,65} \cdot 6,77 = 504,33 \; kg/cm^2$

PROBLEMA 13. La figura representa la sección transversal simplificada de un *bulkcarrier*: las cifras encerradas en círculos representan los espesores efectivos de las planchas correspondientes, habiéndose tenido en cuenta ya un cierto incremento para considerar la aportación de los refuerzos longitudinales a la Resistencia longitudinal. Dichos espesores están en mm y las cotas en metros. Se pide:

1) Posición del Eje Neutro respecto a la base.
2) Momento de inercia de toda la sección transversal respecto al Eje Neutro.
3) Esfuerzos en cubierta y fondo originados por un momento flector de 75.000 t · m.

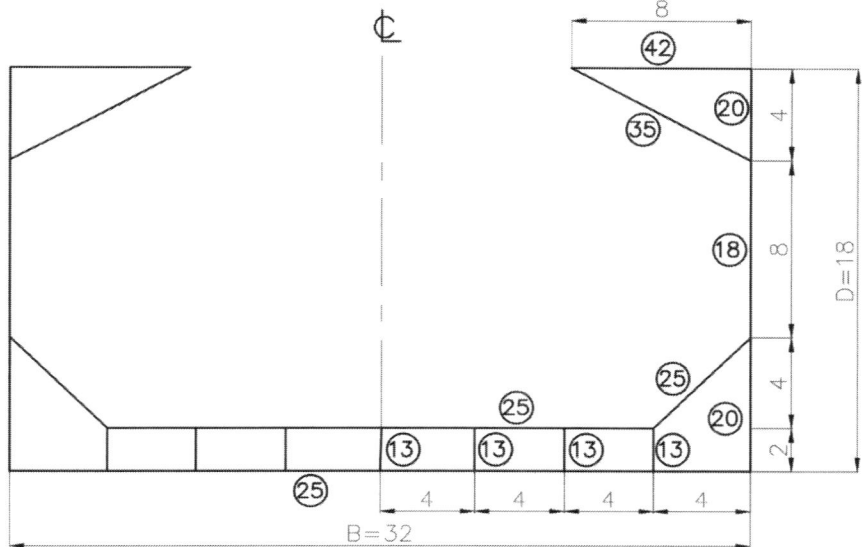

Solución:

ELEMENTOS	DIMENSIONES (mm)	ESPESOR (mm)	Nº ELEMENTOS	A (cm2)	y (m)	A · y (cm2 x m)	A · y2 (cm2 x m2)	Ip (cm2 x m2)
Cubierta	8.000	42	2	6.720,00	18,02	121.101,12	2.182.363,28	
Tolva sup	8.944	35	2	6.258,00	16,00	100.128,00	1.602.048,00	41.680,16
Costado sup	4.000	20	2	1.600,00	16,00	25.600,00	409.600,00	2.133,33
Costado medio	8.000	18	2	2.880,00	10,00	28.800,00	288.000,00	15.360,00
Costado inf	6.000	20	2	2.400,00	3,00	7.200,00	21.600,00	7.200,00
Tolva inf	7.210	25	2	3.605,00	4,00	14.420,00	57.680,00	15.616,89
Doble fondo	28.000	25	1	7.000,00	2,01	14.084,00	28.337,01	
Fondo	32.000	25	1	8.000,00	-0,01	- 100,00	1,25	
Vagras	2.000	13	6	1.560,00	1,00	1.560,00	1.560,00	520,00
Quilla	2.000	13	1	260,00	1,00	260,00	260,00	86,67
				A = 40.283,00		S = 313.053,12	Σ₁ = 4.591.449,54	Σ₂ = 82.597,05

1) Eje neutro: $y_n = \frac{S}{A} = \frac{307.979,62}{38.509,23} = 8,00$ m

2) Inercia: $Im = \Sigma_1 + \Sigma_2 - A \cdot y_n^2 = 4.575.693,00 + 37.417,32 - 38.509,23 \cdot 8,00^2 = 2.150.026,57$ cm² · m²

3) Esfuerzo normal en cubierta y fondo.

- Ordenada a la cubierta: $y_c = 18,00 - y_n = 10,00$ m (desde eje neutro).

- Ordenada al fondo: $y_f = y_n = 8{,}00$ m (desde eje neutro).

- $\sigma_{cubierta} = \frac{M}{I_m} \cdot y_c = \frac{75.000 x 10^3}{2.150.026,57} \cdot 10{,}00 = 348{,}92 \; kg/cm^2$

- $\sigma_{fondo} = \frac{M}{I_m} \cdot y_f = \frac{75.000 x 10^3}{2.150.026,57} \cdot 8{,}00 = 278{,}98 \; kg/cm^2$

PROBLEMA 14. La figura adjunta es una disposición esquemática de la cuaderna maestra de un *Bulkcarrier*. Las dimensiones están en metros. Todos los espesores pueden considerarse, a efectos de cálculo, de 25 mm, excepto en la cubierta, que se considerarán de 33 mm. Calcular:

1) Posición del Eje Neutro (Y_n).
2) Momento de inercia de toda la sección transversal respecto al Eje Neutro.
3) Esfuerzos **máximos** en cubierta y fondo debidos a un momento flector de 100.000 t · m.

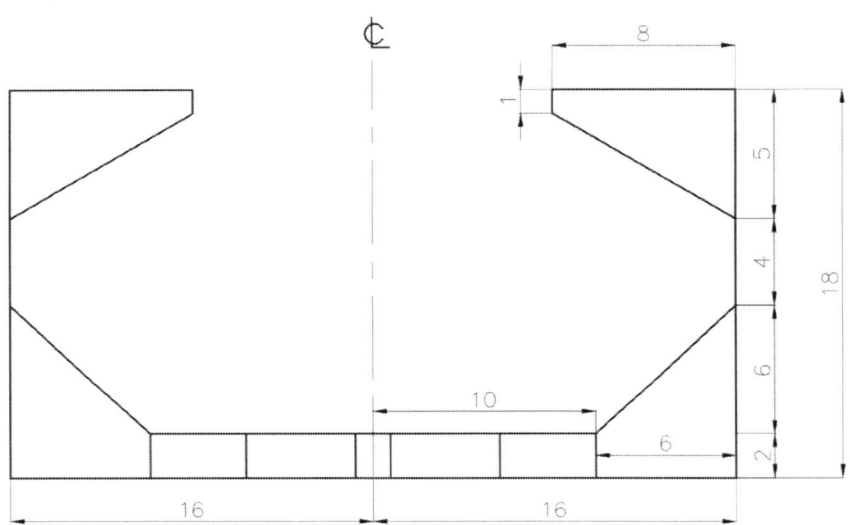

Solución:

ELEMENTOS	DIMENSIONES (mm)	ESPESOR (mm)	Nº ELEMENTOS	A (cm2)	y (m)	A · y (cm2 x m)	A · y2 (cm2 x m2)	Ip (cm2 x m2)
Fondo	16.000	25	2	8.000,00	- 0,01	- 100,00	1,25	
Doble Fondo	10.000	25	2	5.000,00	2,01	10.062,50	20.250,78	
Vagras	2.000	25	6	3.000,00	1,00	3.000,00	3.000,00	1.000,00
Tolva Inferior	8.490	25	2	4.245,00	5,00	21.225,00	106.125,00	25.498,34
Costado	18.000	25	2	9.000,00	9,00	81.000,00	729.000,00	243.000,00
Tolva Superior	9.430	25	2	4.715,00	14,50	68.367,50	991.328,75	34.940,08
Cubierta	8.000	33	2	5.280,00	18,02	95.127,12	1.713.857,76	
Pico tolva	1.000	25	2	500,00	17,50	8.750,00	153.125,00	41,67
				A = 39.740,00		S = 287.432,12	Σ_1 = 3.716.688,54	Σ_2 = 304.480,08

1) Eje neutro: $y_n = \frac{S}{A} = \frac{287.432,12}{39.740,00} = 7{,}23$ m

2) Inercia: $Im = \Sigma_1 + \Sigma_2 - A \cdot y_n^2 = 3.716.688,54 + 304.480,08 - 39.740,00 \cdot 7,27^2 = 1.942.224,89$ $cm^2 \cdot m^2$

3) Esfuerzo máximo en cubierta y fondo.

- Ordenada máxima a la cubierta: $y_c + e_{cub} = 18,00 + 0,033 - y_n = 10,80$ m (desde eje neutro).

- Ordenada máxima al fondo: $y_f = y_n + e_{fondo} = 7,23 + 0,025 = 7,26$ m (desde eje neutro).

- $\sigma_{cubierta} = \frac{M}{I_m} \cdot y_c = \frac{100.000 \times 10^3}{1.942.224,89} \cdot 10,80 = 556,07 \ kg/cm^2$

- $\sigma_{fondo} = \frac{M}{I_m} \cdot y_f = \frac{100.000 \times 10^3}{1.942.224,89} \cdot 7,26 = 373,69 \ kg/cm^2$

PROBLEMA 15. La figura adjunta es una disposición esquemática de la cuaderna maestra de un buque mineralero. Las cotas están en metros. Todos los espesores pueden considerarse, a efectos de cálculo, de 25 mm, con la excepción de las vagras, que se consideran de 15 mm y la cubierta, que se considerarán de 35 mm. Calcular:

1) Posición del Eje Neutro (Y_n).
2) Momento de inercia de toda la sección transversal respecto al Eje Neutro.
3) Esfuerzos **máximos** en cubierta y fondo debidos a un momento flector de 100.000 t · m.

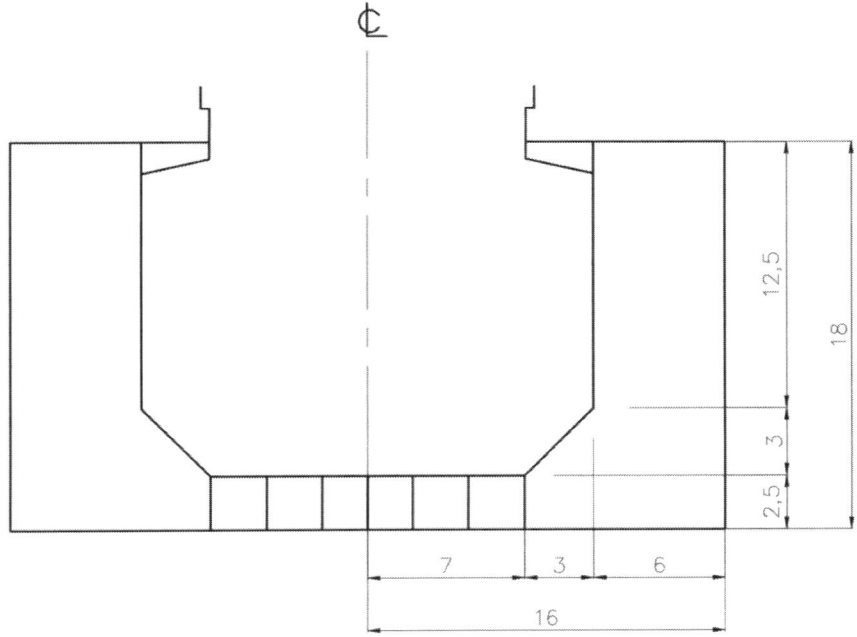

Solución:

ELEMENTOS	DIMENSIONES (mm)	ESPESOR (mm)	Nº ELEMENTOS	A (cm2)	y (m)	A · y (cm2 x m)	A · y2 (cm2 x m2)	Ip (cm2 x m2)
Fondo	16.000	25	2	8.000,00	- 0,01	- 100,00	1,25	
Doble Fondo	7.000	25	2	3.500,00	2,51	8.793,75	22.094,30	
Quilla Vertical	2.500	25	1	625,00	1,25	781,25	976,56	325,52
Vagras	2.500	15	6	2.250,00	1,25	2.812,50	3.515,63	1.171,88
Tolva	4.243	25	2	2.121,50	4,00	8.486,00	33.944,00	3.182,79
Costado	18.000	25	2	9.000,00	9,00	81.000,00	729.000,00	243.000,00
Mamparo Longitudinal	12.500	25	2	6.250,00	11,75	73.437,50	862.890,63	81.380,21
Cubierta	9.000	35	2	6.300,00	18,02	113.510,25	2.045.170,93	
				A = 38.046,50		S = 288.721,25	Σ_1 = 3.697.593,29	Σ_2 = 329.060,39

1) Eje neutro: $y_n = \frac{S}{A} = \frac{288.721,25}{38.046,50} = 7,59$ m

2) Inercia: $Im = \Sigma_1 + \Sigma_2 - A \cdot y_n^2 = 3.697.593,29 + 329.060,39 - 38.046,50 \cdot 7,59^2 = 1.835.651,61$ $cm^2 \cdot m^2$

3) Esfuerzo máximo en cubierta y fondo.

   - Ordenada máxima a la cubierta: $y_c + e_{cub} = 18,00 + 0,035 - y_n = 10,45$ m (desde eje neutro).
   - Ordenada máxima al fondo: $y_f = y_n + e_{fondo} = 7,59 + 0,025 = 7,61$ m (desde eje neutro).

   - $\sigma_{cubierta} = \frac{M}{I_m} \cdot y_c = \frac{100.000 x 10^3}{1.942.224,89} \cdot 10,80 = 569,08 \ kg/cm^2$
   - $\sigma_{fondo} = \frac{M}{I_m} \cdot y_f = \frac{100.000 x 10^3}{1.942.224,89} \cdot 7,26 = 414,77 \ kg/cm^2$

PROBLEMA 16. En este ejercicio se pide:

1) Calcular los módulos resistentes (Cubierta y Fondo) de la pontona cuya sección transversal muestra la figura, considerando que los longitudinales son llantas planas de 150 x 17 mm y que están espaciados 750 mm (las dimensiones y espesores de chapa están en mm).

2) Determinar el Máximo Momento Flector Total admisible para que el esfuerzo de flexión no supere la cifra de 178 N/mm².

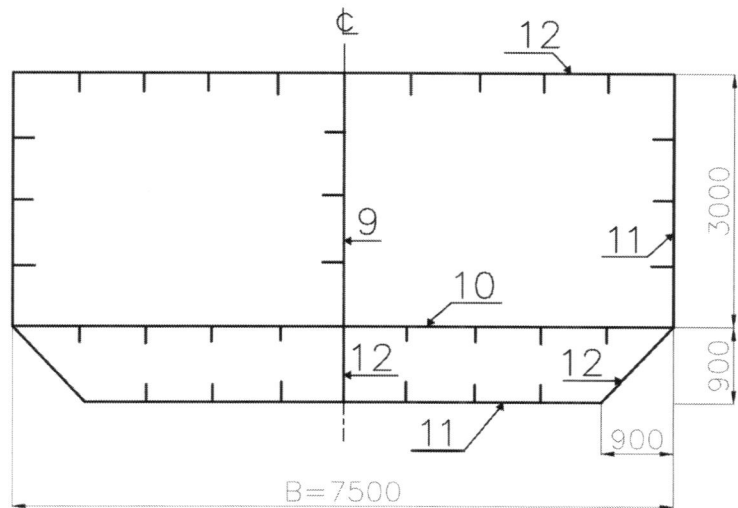

Solución:

Nota: Es importante tener en cuenta que los longitudinales de costado y del mamparo longitudinal deben considerarse individualmente, ya que cada uno de ellos tiene una cota «Y» diferente. En cambio, los longitudinales del fondo, del doble fondo y, en este caso en que no hay brusca, los de cubierta, pueden agruparse convenientemente en grupos que tengan la misma «Y».

ELEMENTOS	DIMENSIONES (mm)	ESPESOR (mm)	N° ELEMENTOS	A (cm2)	y (m)	A · y (cm2 x m)	A · y2 (cm2 x m2)	Ip (cm2 x m2)
Cubierta	7.500	12	1	900,00	3,900	3.510,00	13.689,00	
Doble Fondo	7.500	10	1	750,00	0,910	682,50	621,08	
Fondo	5.700	11	1	627,00	-0,006	-3,45	0,02	
Mamparo long.	3.000	9	1	270,00	2,400	648,00	1.555,20	202,50
Quilla vertical	900	12	1	108,00	0,450	48,60	21,87	7,29
Costado	3.000	11	2	660,00	2,400	1.584,00	3.801,60	495,00
Pantoque	1.273	12	2	305,52	0,450	137,48	61,87	20,62
Long. cubierta	150	17	8	204,00	3,825	780,30	2.984,65	0,38
Long de medio D Fondo	150	17	8	204,00	0,825	168,30	138,85	0,38
Long de medio fondo	150	17	6	153,00	0,075	11,48	0,86	0,29
Longitudinal 1 de costado	150	17	1	25,50	1,650	42,08	69,42	
Longitudinal 2 de costado	150	17	1	25,50	2,400	61,20	146,88	
Longitudinal 3 de costado	150	17	1	25,50	3,150	80,33	253,02	
Long 1 de Mpro Long	150	17	1	25,50	1,650	42,08	69,42	
Long 2 de Mpro Long	150	17	1	25,50	2,400	61,20	146,88	
Long 3 de Mpro Long	150	17	1	25,50	3,150	80,33	253,02	
				A = 4.334,52		S = 7.934,41	Σ_1 = 23.813,64	Σ_2 = 726,46

- Eje neutro: $y_n = \frac{S}{A} = \frac{23.813,64}{4.334,52} = 1,83$ m

- Inercia: Im $= \Sigma_1 + \Sigma_2 - A \cdot y_n^2 = 23.813,64 + 726,46 - 4.334,52 \cdot 1,83^2 = 10.016,03$ cm$^2 \cdot$ m^2

- Ordenada a la cubierta: $y_c = 3,90 - y_n = 2,07$ m (desde eje neutro).

- Ordenada al fondo: $y_f = y_n = 1,83$ m (desde eje neutro).

1) Módulos resistentes (Cubierta y Fondo).

   - Módulo de cubierta: $W_c = \frac{Im}{y_c} = \frac{10.016,03}{2,07} = 4.839,87$ cm$^2 \cdot$m

   - Módulo de fondo: $W_f = \frac{Im}{y_f} = \frac{9.987,85}{1,82} = 5.471,70$ cm$^2 \cdot$m

2) Máximo Momento Flector Total admisible para que el esfuerzo de flexión no supere la cifra de 178 N/mm^2.

   - $\sigma_{max} = 178$ N/mm$^2 = 17.800$ N/cm^2.

   - Momento flector máximo admisible $= \sigma_{max} \cdot \frac{Im}{Y_{max}} = 17.800 \cdot \frac{10.016,03}{2,07} = 86.149.711,54$ N·m $= 86.149,71$ kN·m.

PROBLEMA 17. El croquis que se muestra a continuación representa un dique flotante de 20.000 toneladas de Fuerza Ascensional (Empuje). El peso total del dique y de su equipo es de 8.722,50 toneladas y se ha previsto que la cantidad de lastre de maniobra sea la de 5.000 toneladas. El dique está dividido en los 28 tanques que muestra el croquis mencionado.

Para el escantillonado de la cuaderna maestra, se supone que el dique se carga con un buque cuya eslora es del 80 % de la del dique y cuyo peso (igual a la Fuerza Ascensional del dique) se supone distribuido de acuerdo con una curva constituida por una parábola situada sobre un rectángulo cuya área sea el doble de la encerrada por la parábola. El centro de gravedad del buque se hace coincidir sobre el centro de gravedad del dique.

Considerando que se admite un coeficiente de trabajo de σ = 200 kg/cm^2 en la hipótesis de que el mar está tranquilo y suponiendo que el nivel del agua de maniobra es el mismo en todos los tanques, determínese el módulo resistente mínimo necesario en la cubierta alta.

Suponiendo que el eje neutro de la sección maestra se encuentra situado a 4,5 m del fondo, determínese en dicho caso el esfuerzo máximo a que se verá sometido este.

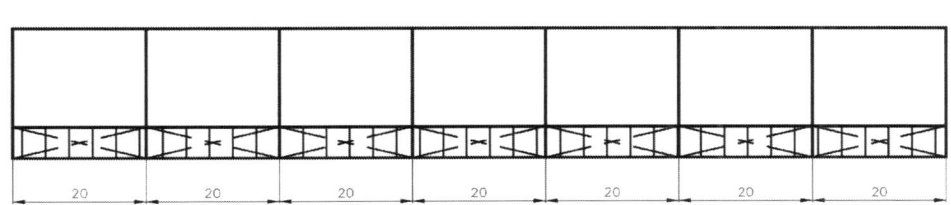

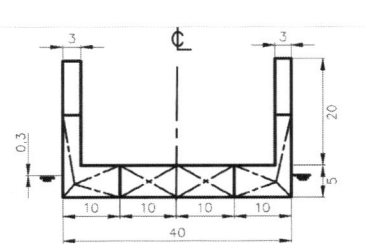

DIQUE FLOTANTE SIN PUERTAS

DIQUE FLOTANTE SIN PUERTAS	175,00 m
MANGA EXTERIOR	40,00 m
MANGA INTERIOR	34,00 m
PUNTAL A CTA. PICADEROS	5,00 m
PUNTAL A CTA. SUPERIOR	25,00 m
CALADO MÁXIMO A FLOTE	4,70 m
FUERZA ASCENSIONAL	20.000 t

Solución:

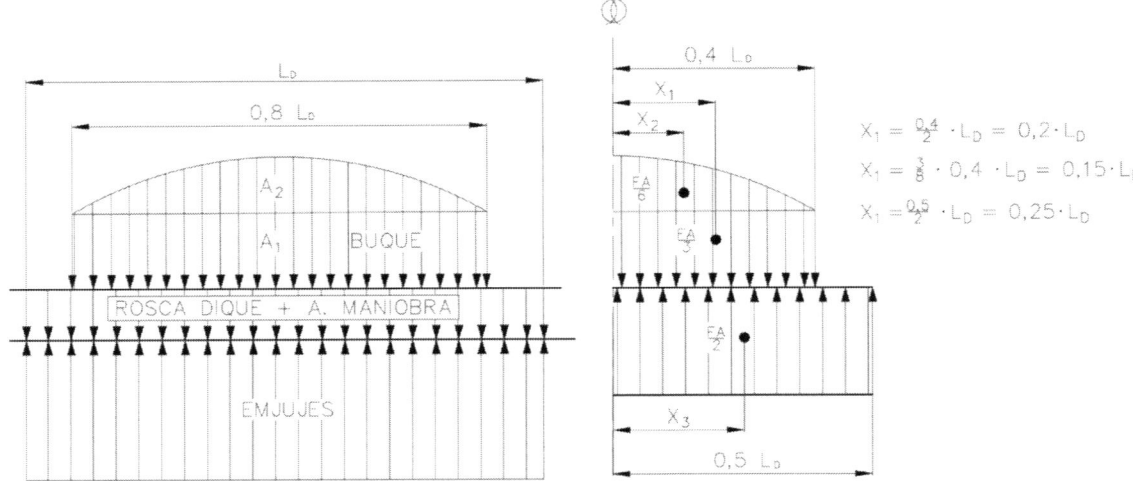

Las figuras representan las distribuciones longitudinales de pesos y de empujes y una simplificación de los mismos (teniendo en cuenta que las distribuciones de peso del dique en rosca y del agua de maniobra se contrarrestan directamente con parte del empuje que, igualmente, se distribuye de manera uniforme).

El Momento Flector en la maestra será:

$$MF = FA \left\{ \frac{1}{2} \cdot X_3 - \frac{1}{3} \cdot X_1 - \frac{1}{6} \cdot X_2 \right\} = FA \cdot L_D \left\{ \frac{0,25}{2} - \frac{0,2}{3} - \frac{0,15}{6} \right\} = \frac{FA \cdot L_D}{30}$$

$$MF = \frac{20.000 \cdot 175}{30} = 116.667 \ t \cdot m$$

$$W_C = \frac{MF}{\sigma_{ad}} = \frac{116.667 \, x10^5}{2.200} = 5,303 \, x10^6 \ cm^3$$

$$I_m = W_C \cdot (D_{total} - y_m) = W_C \cdot (2.500 - 450) = 1.087 \, x10^{10}$$

$$\sigma_f = \frac{MF}{I_m} \cdot y_m = \frac{116.667 \, x10^5}{1.087 \, x10^{10}} \cdot 450 = 483 \ kg/cm^2$$

PROBLEMA 18. El momento de inercia de la sección maestra de un petrolero respecto a su eje neutro es de 900 m⁴, el puntal, 27 metros, la cota del eje neutro respecto a la línea base de trazado, 12 m; la brusca, 500 mm; el espesor de las planchas de cubierta, 30 mm y el espesor de las planchas de fondo, 25 mm.

El buque se encuentra sometido a un momento flector máximo de 450.000 t · m. Determínese los **esfuerzos máximos** en cubierta y fondo.

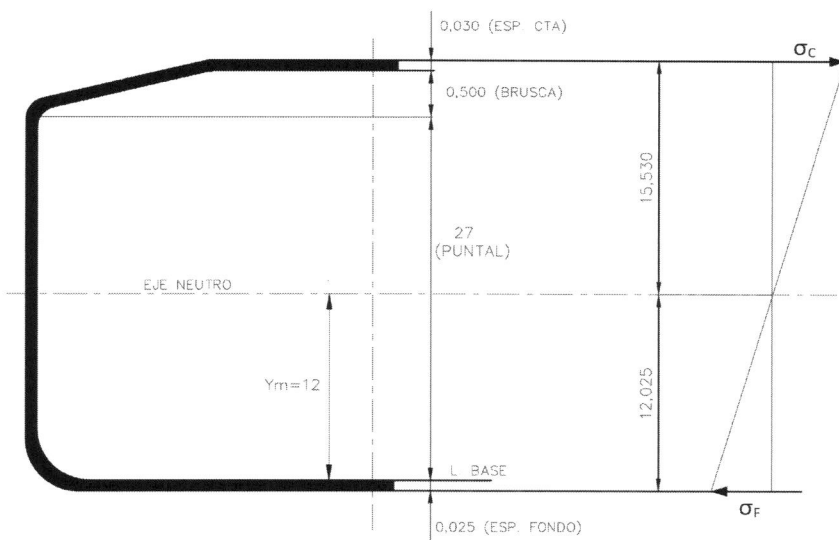

Solución:

En general, $\sigma = \frac{M}{I} \cdot y$. Los máximos esfuerzos correspondientes con los valores máximos de «Y» es decir, a los puntos más alejados del eje neutro:

$$Y_C(máximo) = 27 + 0,500 + 0,030 - 12 = 15,530 \; m$$

$$Y_F(máximo) = 12 + 0,025 = 12,025 \; m$$

$$\sigma_C = \frac{450.000}{900} \cdot 15.530 = 7.765 t/m^2 = 776,5 \; kg/cm^2 \; \text{(Esf. máximo en Cta.)}$$

$$\sigma_F = \frac{450.000}{900} \cdot 12,025 = 6.012,5 t/m^2 = 601,2 \; kg/cm^2 \; \text{(Esf. máximo en Fondo)}$$

PROBLEMA 19. El momento de inercia de la maestra de un petrolero es de 700 m^4. El eje neutro está localizado a 9 m desde el fondo. Calcular el alargamiento que experimenta una costura (unión longitudinal) de soldadura situada a 1 m del fondo, cuando el buque sufre un incremento de momento flector (arrufo) de 250.000 t · m. Supóngase que la longitud inicial de la costura era de 40 metros y que tanto el momento de inercia como el momento flector son constantes a lo largo de dicha longitud.

Nota: E = 2.100 t · cm^2.

Solución:

$$\delta = \int_{x=0}^{x=40\,m} \varepsilon \cdot dx = \int_{x=0}^{x=40\,m} \frac{M}{E \cdot I} \cdot Y \cdot dx = \int_{x=0}^{x=40\,m} \frac{250.000}{2.100\,x10^4 \cdot 700} \cdot (9-1) \cdot dx =$$

$$= \int_{x=0}^{x=40\,m} 1,36\,x10^{-4} \cdot dx = 1,36\,x10^{-4} \cdot (40-0) = 0,0054\,m = 5,4\,mm$$

PROBLEMA 20. El puntal de un petrolero es de 27 m. El módulo resistente de la cubierta es de 85,938 x10⁶ cm³, mientras que el del fondo es de 90 x10⁶ cm³. Calcúlese el alargamiento que sufrirá una costura de soldadura que corre de proa a popa, a 2 m del fondo, entre los dos mamparos transversales separados 40 m, cuando el buque pasa de una situación de **Quebranto** con un momento flector de + 500.000 t · m a otro de **Arrufo**, con un momento flector de 300.000 t · m.

A efectos de cálculo, supóngase que ambas distribuciones de momentos flectores son **uniformes** entre los mencionados mamparos transversales.

Nota: $E = 2.100 \, t \cdot cm^2$.

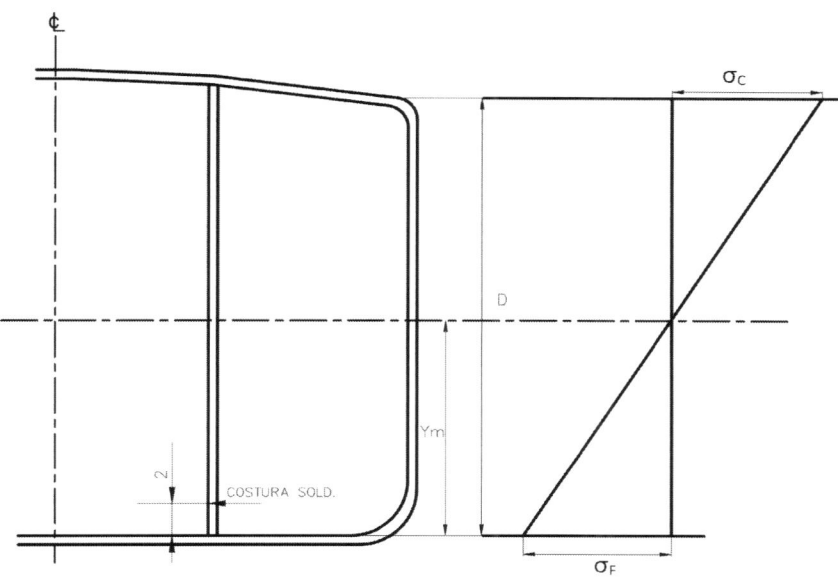

Solución:

1) Posición del eje neutro:

$$\left. \begin{array}{l} W_F = \frac{Im}{Ym} \\[2ex] W_C = \frac{Im}{D-Ym} \end{array} \right\} \frac{W_F}{W_C} = \frac{D-Ym}{Ym} \implies Ym = D \cdot \frac{W_C}{W_F + W_C} = 27 \cdot \frac{85,938}{85,938 + 90} = 13,188 \, m$$

2) Esfuerzo en la costura:

$$\left. \begin{array}{l} W_F = \frac{Im}{Ym} \\[2ex] W_C = \frac{Im}{Y_{cos}} \end{array} \right\} \frac{W_{cos}}{W_F} = \frac{Ym}{Y_{cos}} \implies W_{cos} = W_F \cdot \frac{Ym}{Y_{cos}} = 90 \, x10^6 \cdot \frac{13,188}{13,188 - 2} = 106.089 \, x10^3 \, cm^3$$

$$\sigma = \frac{MF}{Im} \cdot Y_{cos} = \frac{MF}{W_{cos}} = \frac{800.000}{106,09} = 7.540,84 \, t/m^2 = 754,08 \, kg/cm^2$$

Siendo MF = +500.000 - (- 300.000) = 800.000 t ·m.

3) Alargamiento:

$$\delta = \int_1^2 \varepsilon \cdot dx = \int_1^2 \frac{\sigma}{E} \cdot dx = \frac{1}{E} \int_1^2 \frac{MF}{W_{cos}} \cdot dx = \frac{1}{E \cdot W_{cos}} \int_1^2 MF \cdot dx =$$

$$= \frac{1}{E \cdot W_{cos}} \cdot \left(MF_2 \cdot \int_1^2 dx - MF_1 \cdot \int_1^2 dx \right) = \frac{(500.000 - (-300.000)) \cdot 100}{2.100 \cdot 106.089 \, x 10^6} \cdot 4.000 =$$

$$= 1,44 \ cm = 14,4 \ mm$$

¡¡ Ojo con las unidades !!

Nota: Si consideramos que la costura de soldadura se encuentra en el fondo y no a 2 m del fondo, el problema se limita a la 3ª parte, ya que el Módulo Resistente del fondo era un dato (90·10⁶).

$$\delta = \int_1^2 \varepsilon \cdot dx = \int_1^2 \frac{\sigma}{E} \cdot dx = \frac{1}{E} \int_1^2 \frac{MF}{W_{fondo}} \cdot dx$$

donde MF es la variación de Momento Flector entre las dos situaciones consideradas:

500.000 - (-300.000) = 800.000 t·m (constante a lo largo de 40 m)

E = 2,1·10³ t/cm² = 2,1·10⁷ t/m²

$$\delta = \int_1^2 \frac{MF}{W_{fondo}} \cdot dx = \frac{MF}{E \cdot W_{fondo}} \cdot \int_1^2 dx = \frac{800.000}{2,1 \cdot 10^7 \cdot 90} = 0,017 \ m = 17 \ mm$$

PROBLEMA 21. El momento de inercia de la sección maestra de un petrolero de 315 m de eslora L es I = 850 m⁴. El eje neutro está situado 13,5 m por encima de la línea base (línea de trazado del fondo).

Calcular el alargamiento que experimenta una costura de la cubierta situada en crujía cuando el buque sufre una variación de Momento Flector tal y como la representada en la figura que se muestra a continuación (M₁ = 400.000 t · m; M₂ = 470.000 t ·m), suponiendo que dicha variación sigue una ley lineal entre las secciones (1) y (2) entre las que está la fibra cuyo alargamiento se pide.

Datos: Puntal, D = 27 m; Brusca, br = 1 m; E = 2.100 t/cm².

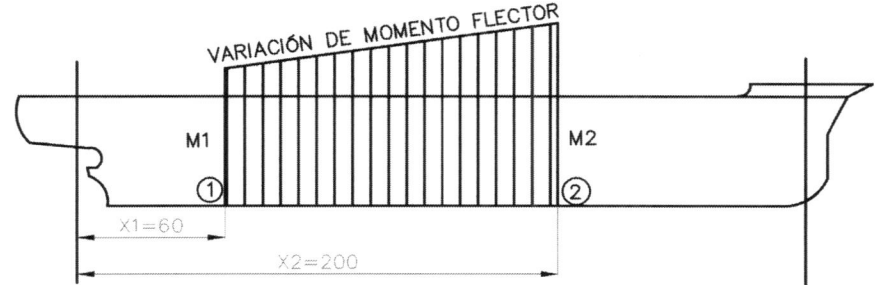

Solución:

La variación del MF indicado en el enunciado se puede definir analíticamente por:

$$\delta MF_\otimes = M_1 + \frac{M_2 - M_1}{200 - 60} \cdot (\otimes - 60) = 400.000 + \frac{70.000}{140} \cdot (\otimes - 60) = 370.000 + 500 \cdot \otimes = 448.750 \, t \cdot m$$

Siendo: $\otimes = \frac{L}{2} = \frac{315}{2}$ = 157,5 m.

Por tanto,

$$\delta = \int \varepsilon \cdot dx = \int \frac{d\sigma}{E} = \int \frac{\delta M}{E \cdot I} \cdot Y \cdot dx$$

Considerando I como una constante a lo largo de la zona en que se pide el alargamiento de fibra y que la cota «Y» se obtiene:

$$Y = D + br - Yn = 27 + 1 - 13,5 = 14,5 \, m$$

Por lo tanto:

$$\delta = \frac{Y}{E \cdot I} \cdot \int_{60}^{200} (370.000 + 500 \cdot \otimes) \cdot dx = \frac{Y}{E \cdot I} \cdot \left[370.000 \cdot \otimes + 250 \cdot \otimes^2\right]_{60}^{200} =$$

$$= \frac{14,5}{2,1 \, x 10^7 \cdot 850} \cdot 60.900.000 = 0,049 \, m = 49 \, mm$$

PROBLEMA 22. La tabla adjunta da los valores de:

X   abscisas respecto a la perpendicular de popa (m)

W_p Módulos resistentes relativos a los puntos de una fibra que corre longitudinalmente a lo largo del costado (m^3)

M   Momento flectores actuantes (Quebranto) (t · m) en un buque petrolero de 270.000 T.P.M

PUNTO N°	X	Wp	M
0	50	48,3	190.000
1	80	69,4	380.000
2	110	86,5	450.000
3	140	86,5	480.000
4	170	86,5	370.000
5	200	86,5	255.000
6	230	74,3	60.000

Calcúlese el alargamiento de la fibra en cuestión cuando el buque pasa de estar sin flexión a la situación que refleja la tabla.

Nota: E = 2.100 t/cm² = 2,1 x10⁷ t/m².

Solución:

PUNTO N°	ABSCISA X	MÓDULO Wp	FACTOR SIMPSOM	COCIENTE Wp/F.S	MOMENTO FLECTOR	M · F.S / Wp
0	50	48,3	0,5	96,60	190.000	1.966,67
1	80	69,4	2	34,70	380.000	10.951,01
2	110	86,5	1	86,50	450.000	5.202,31
3	140	86,5	2	43,25	480.000	11.098,27
4	170	86,5	1	86,5	370.000	4.277,46
5	200	86,5	2	43,25	255.000	5.895,95
6	230	74,3	0,5	148,60	60.000	403,77
					Σ =	**39.795,44**

$$\delta = \int_{x_1}^{x_2} \varepsilon \cdot dx = \int_{x_1}^{x_2} \frac{M}{E \cdot W_p} \cdot dx$$

Integrando por Simpsom:

$$\delta = \frac{2 \cdot \Delta x}{3} \cdot \frac{\Sigma}{E} = \frac{2 \cdot 30}{3} \cdot \frac{39.795,44}{2,1 \, x 10^7} = 0,038 \; m = 38 \; mm$$

PROBLEMA 23. La tabla adjunta da los valores de:

X   abscisas respecto a la perpendicular de popa (m)

W_p Módulos resistentes relativos a los puntos de una fibra que corre longitudinalmente a lo largo del costado (m³)

M   Momento flectores actuantes (Arrufo) (t · m) en un buque petrolero de 230.000 T.P.M

PUNTO N°	X	Wp	M
0	60	49,22	224.000
1	90	70,50	400.000
2	120	86,60	480.000
3	150	86,60	480.000
4	180	86,60	320.000
5	210	86,60	205.000
6	240	71,40	20.000

Calcúlese el alargamiento de la fibra del fondo entre los puntos 0 y 6..

Nota: E = 2.100 t/cm² = 2,1 x10⁷ t/m².

Solución:

PUNTO N°	ABSCISA X	MÓDULO Wp	FACTOR SIMPSOM	COCIENTE Wp/F.S	MOMENTO FLECTOR	M · F.S / Wp
0	60	49,22	0,5	98,44	224.000	2.275,50
1	90	70,50	2	35,25	400.000	11.347,52
2	120	86,60	1	86,60	480.000	5.542,73
3	150	86,60	2	43,30	480.000	11.085,45
4	180	86,60	1	86,60	320.000	3.695,15
5	210	86,60	2	43,30	205.000	4.734,41
6	240	71,40	0,5	142,80	20.000	140,06
					Σ =	**38.820,82**

$$\delta = \int_{x_1}^{x_2} \varepsilon \cdot dx = \int_{x_1}^{x_2} \frac{M}{E \cdot W_F} \cdot dx$$

Integrando por Simpsom:

$$\delta = \frac{2 \cdot \Delta x}{3} \cdot \frac{\Sigma}{E} = \frac{2 \cdot 30}{3} \cdot \frac{38.820,82}{2,1 x 10^7} = 0,037 \ m = 37 \ mm$$

PROBLEMA 24. Un petrolero de doble casco y dos mamparos longitudinales sufre una explosión en un tanque central de carga en la zona maestra. Como consecuencia, la cubierta en la zona central queda dañada. Tal y como se muestra en la siguiente figura:

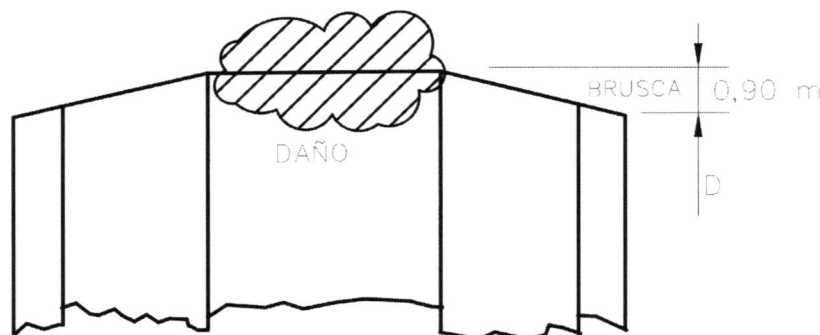

Calcular el Máximo Momento Flector que podrá soportar el buque averiado sin que el esfuerzo debido a la flexión del buque-viga exceda de 1.800 kg/cm^2.

El área de los elementos longitudinales dañados (planchas y refuerzos) es de 0,65 m^2 y su centro de gravedad está situado 40 mm por debajo de la plancha de cubierta.

Los datos del buque intacto eran los siguientes:

PUNTAL	27,00 m
ÁREA DE ELEMENTOS LONG. SECCIÓN MAESTRA	8,80 m
COTA DEL EJE NEUTRO (SOBRE L.B)	12,25 m
MOMENTO DE INERCIA DE LA MAESTRA RESPETO E.N	925 m^4

Solución:

ELEMENTO	A	y	A · y	A · y^2	i_p
BUQUE INTACTO	8,80	12,25	107,80	1.320,55	925
DAÑO EN CUBIERTA	-0,65	27,86	-18,11	-504,52	-
	8,15		89,69	816,03	925
				$\Sigma = 1.741,03$	

La «y» de los elementos dañados se obtiene como:

$$Y_c - Y_{\text{dañada}} = (27 + 0,90) - (0,04) = 27,86 \text{ m}$$

$$Y'_m = \frac{89,69}{8,15} = 11,00 \text{ m}$$

$$I'_m = 1.741,03 - 8,15 \cdot 11,00^2 = 753,983 \text{ m}^4$$

$$Y'_{max} = (D + Br) - Y'_m = (27 + 0,90) - 11,00 = 16,895 \text{ m}$$

$$\sigma = \frac{MF}{I_m} \cdot y$$

$$MF'_{max} = \frac{\sigma_{max} \cdot I'_m}{Y'_{max}} = \frac{(1,8\,\text{T/cm}^2) \cdot 10^4 \cdot 753,983\,\text{m}^4}{16,893} = 803.391,58\ \text{t} \cdot \text{m}$$

PROBLEMA 25. Los esfuerzos máximos (calculados en la hipótesis de aguas tranquilas) debidos a la flexión longitudinal en la sección maestra de un petrolero de 27 m de puntal son:

En cubierta   .....   650 kg/cm²
En fondo   .....   600 kg/cm²

Correspondientes a un momento flector de 600.000 t·m.

El área total **A** de las secciones transversales de los elementos que contribuyen a la resistencia longitudinal es de **10 m²**.

Otros elementos son:

Brusca trapezoidal   .....   440 mm
Espesor del fondo   .....   30 mm
Espesor de la cubierta   .....   30 mm

Se pide:

1) Posición actual del eje neutro de la sección, respecto a la línea base.
2) Momento de inercia de la maestra (respecto a su eje neutro).
3) Determinar los nuevos espesores que deben darse a la cubierta y al fondo para que el esfuerzo máximo en la sección no sea mayor de 640 kg/cm².
   (Este último cálculo debe realizarse trasladando un área «a» desde el fondo a la cubierta y considerando una manga de 55 m).
4) Posición del nuevo eje neutro; nuevo valor de la inercia de la maestra y nuevos valores de los esfuerzos máximos.

La sección maestra viene determinada por la siguiente geometría:

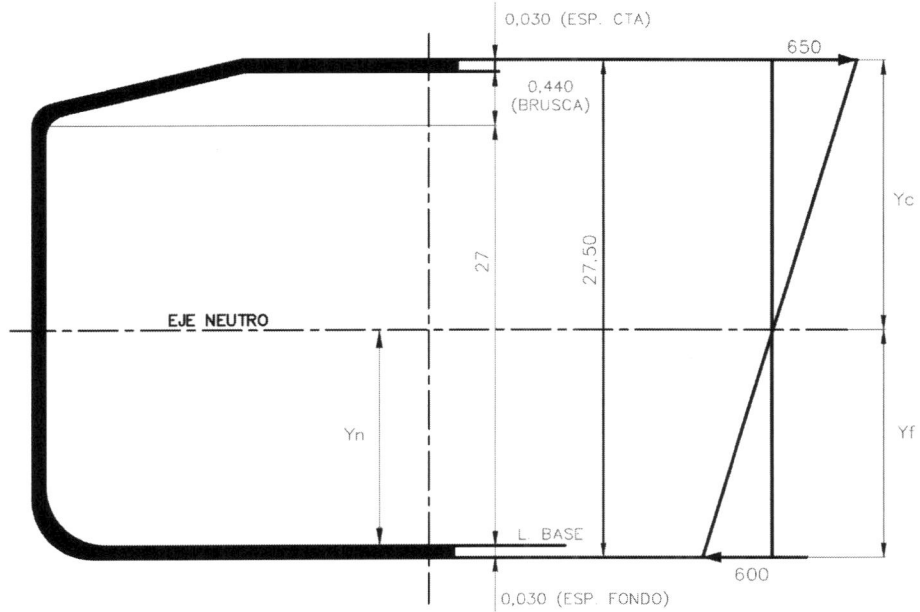

Solución:

1)

$$\frac{Y_n + 0,030}{600} = \frac{27,50}{600+650} \implies Y_n = \frac{600}{600+650} \cdot 27,50 - 0,030 = 13,17 \text{ m}$$

2)

$$\left.\begin{array}{rcl}\sigma_C &=& \frac{MF}{I_n} \cdot Y_C \\[2mm] \sigma_F &=& \frac{MF}{I_n} \cdot Y_F\end{array}\right\} \sigma_C + \sigma_F = \frac{MF}{I_n} \cdot (Y_C + Y_F) \implies I_n = MF \cdot \frac{Y_C + Y_F}{\sigma_C + \sigma_F}$$

$$I_n = 600.000 \cdot \frac{27,50}{6.500+6.000} = 1.320 \text{ m}^4$$

3) Llamemos «a» al área que se sustrae del fondo y se añade en cubierta. Esta área se «trasladará», reduciendo el espesor del fondo e incrementando el de cubierta. Aproximadamente los centros de gravedad de estas variaciones estarán:

- El de la reducción del fondo a: -0,03 m desde la línea base.
- El del incremento de cubierta a: +27 + $\frac{2}{3} \cdot 0,44$ = 27,30 m sobre la línea base.

La nueva configuración tendrá:

ELEMENTO	A	y	A · y	A · y²	i_p
BUQUE INICIAL	10	13,17	131,70	1.734,49	1.320
EN FONDO	-a	-0,03	+ 0,03 · a	-0,0009 · a	-
EN CUBIERTA	+a	27,30	27,30 · a	745,29 · a	-
	10		131,70 + 27,33 · a	1.734,49 + 745,2891 · a	1.320
				Σ = 3.054,49 + 745,2891 · a	

$$Y_n' = \frac{27,33 \cdot a}{10} = 13,17 + 2,733 \cdot a \text{ (m)}$$

$$I_n' = 1.741,03 - 10 \cdot (13,17 + 2,733 \cdot a)^2 = 1.320 + 25,417 \cdot a - 74,693 \cdot a^2 \text{ (m}^4)$$

$$Y_{max}' = (D+Br) - Y_n' + e_{cub} = (27+0,44) - (13,17 + 2,733 \cdot a) + 0,03 = 14,30 - 2,733 \cdot a \text{ (m)}$$

$$\sigma' = \frac{MF}{I_n'} \cdot Y' \implies \sigma' \cdot I_n' = MF \cdot Y'$$

$$0,640x10^4 \cdot [1.320 + 25,417 \cdot a - 74,493 \cdot a^2] = 600.00 \cdot [14,30 - 2,733 \cdot a]$$

$$1.320 + 25,417 \cdot a - 74,493 \cdot a^2 = 93,75 \cdot [14,30 - 2,733 \cdot a]$$

$$-20,625 + 281,636 \cdot a - 74,693 \cdot a^2 = 0$$

$$a^2 - 3,77 \cdot a + 0,2761 = 0$$

$$a = \tfrac{1}{2} \cdot \left(3,77 \pm \sqrt{14,217 - 1,104}\right) = \tfrac{1}{2} \cdot (3,77 \pm 3,621)$$

$\nearrow 0,0747 \ \text{m}^2$

$\searrow \cancel{3,696} \ \text{m}^2 \ (\text{valor no apropiado})$

$$\delta e = \frac{a}{55} = \frac{0,0747}{55} = 0,0014 \ \text{m, es decir, 1,4 mm de media}$$

4)

$$Y_n' = 13,17 + 2,733 \cdot a = 13,17 + 2,733 \cdot 0,0747 = 13,3742 \ (\text{m})$$

$$I_n' = 1.320 + 25,417 \cdot 0,0747 - 74,693 \cdot 0,0747^2 = 1.321,482 \ (\text{m}^4)$$

$$\sigma_C = \frac{MF}{I_n} \cdot Y_C = \frac{600.000}{1.321,482} \cdot (14,3 - 2,733 \cdot 0,0747) = 6.400 \ \text{t/m}^2 = 640 \ \text{kg/cm}^2$$

$$\sigma_F = \frac{MF}{I_n} \cdot Y_F = \frac{600.000}{1.321,482} \cdot (13,3742 + 0,030) = 6086 = 6.086 \ \text{t/m}^2 = 608,6 \ \text{kg/cm}^2$$

PROBLEMA 26. Determinar la distribución relativa de esfuerzos de cizalla en las almas de la viga cajón de sección rectangular como aparece en la figura adjunta (cotas en mm).

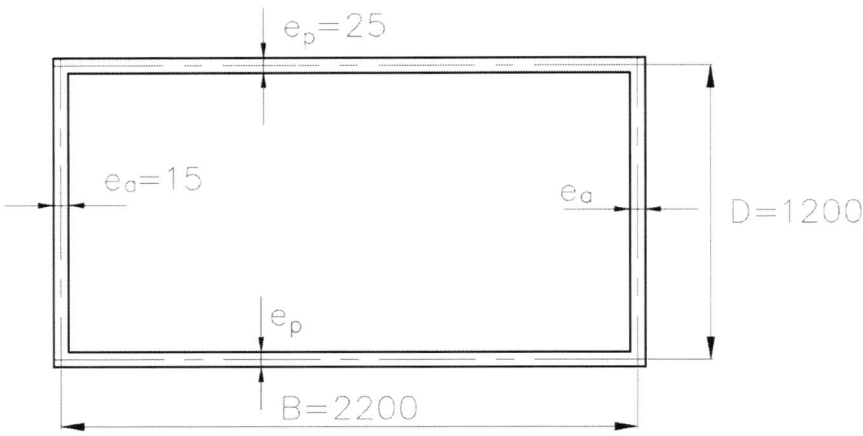

Solución:

1) Cálculo de I_n e Y_n

Por simetría, el eje neutro pasa por el centro. Tomamos este eje como base para simplificar los cálculos.

ELEMENTO	DIMENSIONES	A	y	A · y	A · y²	i_p
CUBIERTA	220x2,5	550	+60	+33	1,98	-
FONDO		220x2,5 550	-60	-33	1,98	-
COSTADOS	120x1,5x2	0	0	0	0,432	-
		1.460		0	3,96	0,432
					$\Sigma = 4,392$	

$$A = 1.460 \text{ cm}^2$$

$$I_n = 4,392x10^6 + 0 = 4,392x10^6 \text{ cm}^4$$

2) Cálculo de «m» en un punto genérico del costado P situado a una distancia «y» del Eje Neutro.

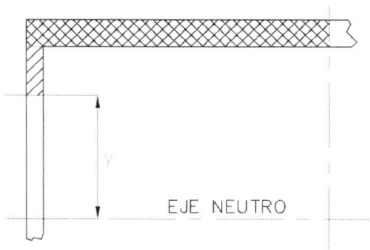

Área de los costados a tener en cuenta:

$$a_a = \left(\frac{D}{2} - y\right) \cdot 2 \cdot e_a = (D - 2 \cdot y) \cdot e_a$$

Distancia desde su centro de gravedad al eje neutro:

$$y_a = \frac{\left(\frac{D}{2} + y\right)}{2} = \frac{D + 2 \cdot y}{4}$$

El momento estático del área rayada, respecto al Eje Neutro será:

$$m = B \cdot e_p \cdot \frac{D}{2} + a_a \cdot y_a = B \cdot e_p \cdot \frac{D}{2} + (D^2 - 4 \cdot y^2) \cdot \frac{e_a}{4} = \frac{B \cdot D \cdot e_p}{2} + \frac{D^2 \cdot e_a}{4} - e_a \cdot y^2$$

La cual es la ecuación de una parábola.
- Su valor máximo se da en el Eje Neutro (Y=0) y vale:

$$m_{max} = \frac{B \cdot D}{2} \cdot e_p + \frac{D^2}{4} \cdot e_a$$

- Su valor mínimo dentro del costado se da para y = $\frac{D}{2}$ y vale:

$$m_{min} = \frac{B \cdot D}{2} \cdot e_p$$

En este caso particular:

$$m_{max} = \frac{220 \cdot 120}{2} \cdot 2,5 + \frac{120^2}{4} \cdot 1,5 = 38.400 \text{ cm}^3$$

$$m_{min} = \frac{220 \cdot 120}{2} \cdot 2,5 = 33.000 \text{ cm}^3$$

Como el esfuerzo cortante en el alma viene dado por:

$$\tau = \frac{F \cdot m}{I \cdot b}$$

y en este caso «b» es constante en el alma (b = 2 · e_a = 2 · 1,5 = 3 cm), por lo que, si denominamos:

$$\tau_{max} = \frac{F \cdot m_{max}}{I \cdot b}$$

se tendrá:

$$\tau = \tau_{max} \cdot \frac{m}{m_{max}}$$

es decir:

$$\frac{\tau}{\tau_{max}} = \frac{m}{m_{max}} = \frac{1}{38.400} \cdot \left(\frac{B \cdot D \cdot e_p}{2} + \frac{D^2 \cdot e_a}{4} - e_a \cdot y^2\right)$$

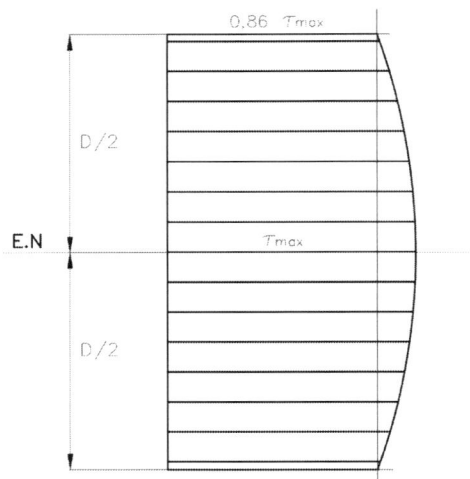

PROBLEMA 27.   Calcular la flecha en la maestra de un petrolero de L = 300 m; $I_\otimes$ = 900 m^4; sometido a una distribución parabólica de MF tal que en la Maestra M_o = 450.000 t · m.

Supóngase que la Inercia se mantiene constante a todo lo largo del buque viga.

Solución:

Eligiendo los ejes de la figura, la ecuación que da el momento flector será:

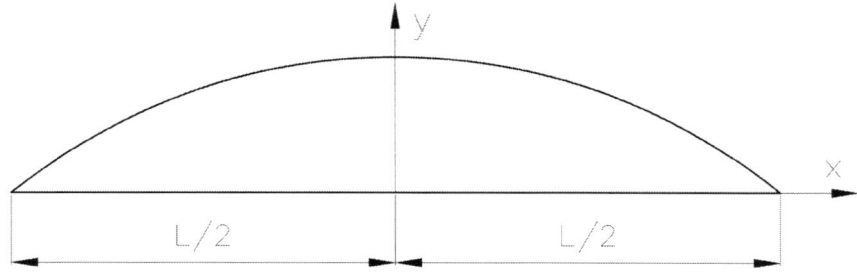

$$M = M_o - k \cdot x^2$$

donde k se calcula por la condición de que M debe ser cero en los extremos:

$$0 = M_o - k \cdot \left(\frac{L}{2}\right)^2 \quad => \quad k = \frac{4 \cdot M_o}{L^2}$$

$$M = M_o - \frac{4 \cdot M_o}{L^2} \cdot x^2$$

$$\frac{d^2y}{dx^2} = \frac{M}{E \cdot I_o} = \frac{1}{E \cdot I_o} \cdot \left[M_o - \frac{4 \cdot M_o}{L^2} \cdot x^2\right]$$

1ª integral: $\frac{1}{E \cdot I_o} \cdot \left[M_o \cdot X - \frac{4 \cdot M_o}{3 \cdot L^2} \cdot x^3 + A \right]$

2ª integral: $\frac{1}{E \cdot I_o} \cdot \left[M_o \cdot \frac{X^2}{2} - \frac{M_o}{3 \cdot L^2} \cdot x^4 + A \cdot X + B \right]$

Cálculo de A y B imponiendo las condiciones de y=0 para x=$\frac{L}{2}$ y x=$-\frac{L}{2}$;

$$\left. \begin{array}{c} x = -\frac{L}{2} \\ \\ y = 0 \end{array} \right\} \frac{M_0 \cdot L^2}{8} - \frac{M_0 \cdot L^4}{48 \cdot L^2} - A \cdot \frac{L}{2} + B = 0 \implies \frac{5 \cdot M_0 \cdot L^2}{48} - A \cdot \frac{L}{2} + B = 0 \quad (1$$

$$\left. \begin{array}{c} x = +\frac{L}{2} \\ \\ y = 0 \end{array} \right\} \frac{M_0 \cdot L^2}{8} - \frac{M_0 \cdot L^4}{48 \cdot L^2} + A \cdot \frac{L}{2} + B = 0 \implies \frac{5 \cdot M_0 \cdot L^2}{48} + A \cdot \frac{L}{2} + B = 0 \quad (2$$

Que forman un sistema de 2 ecuaciones con dos incógnitas (A y B):

Restando (1 - (2: $\qquad -2 \cdot A \cdot \frac{L}{2} = 0 \quad \Rightarrow$ A = 0

Sumando (1 + (2: $\quad 10 \cdot \frac{M_o \cdot L^2}{48} + 2 \cdot B = 0 \quad \Rightarrow$ B = $-\frac{5 \cdot M_o \cdot L^2}{48}$

Por tanto, la ecuación de la elástica será:

$$y = \frac{M_0}{E \cdot I_0} \cdot \left[\frac{x^2}{2} - \frac{x^4}{3 \cdot L^2} - \frac{5 \cdot L^2}{48} \right]$$

Sustituyendo valores se obtiene:

x = $-\frac{L}{2}$ $\quad \ldots \quad$ y = 0

x = $+\frac{L}{2}$ $\quad \ldots \quad$ y = 0

x = 0 $\qquad \ldots \quad$ y = $-\frac{5 \cdot M_0 \cdot L^2}{48 \cdot E \cdot I_0} = \frac{5 \cdot 450.000 \cdot 300^2}{48 \cdot 2,1 \times 10^7 \cdot 900}$ = - 0,223 m.

PROBLEMA 28. Calcular la flecha en la maestra de un petrolero de L = 315 m de eslora total, sometido a una distribución de Momentos Flectores dada por la expresión: $MF_{(x)} = 6x10^5 \cdot \left(1 - 16 \cdot \left(\frac{x}{L}\right)^2\right)$ t x m, siendo x la abscisa de cada sección transversal respecto a la cuaderna maestra (+ a proa de la de esta) y L = Eslora Total dada, considerando que el Momento de Inercia de la viga-buque en la Maestra es, $I_m = 1.200$ m^4 y el Módulo de Elasticidad del acero: E = 2,1x10^7 t/m^2.

Solución:

$$\delta = \frac{1}{E \cdot I} \int \int (M \cdot dx)\,dx = \frac{1}{E \cdot I} \int \int \left(6x10^5 \cdot \left[1 - 16\left(\frac{x}{L}\right)^4\right] dx\right) dx =$$

$$= \frac{1}{E \cdot I} \int \left(6x10^5 \left[x - \frac{16}{5} \cdot \frac{x^5}{L^4}\right] + A\right) dx = \frac{1}{E \cdot I} \cdot 6x10^5 \cdot \left\{\left[\frac{x^2}{2} - \frac{16}{30} \cdot \frac{x^6}{L^4}\right] + A \cdot x + B\right\}$$

Los valores de las constantes de integración A y B se determinan imponiendo la condición de que las flechas se refieran a la recta que pasa por los extremos de proa y de popa, es decir que en estos ($x = -\frac{L}{2}$ y $x = +\frac{L}{2}$, respectivamente) la flecha sea nula:

$$\left.\begin{array}{c} f = 0 \\ x = -\frac{L}{2} \end{array}\right\} \quad \frac{1}{E \cdot I} \cdot 6x10^5 \left\{\left[\frac{L^2}{8} - \frac{16}{30} \cdot \frac{L^2}{64}\right] - A \cdot \frac{L}{2} + B\right\} \qquad (1$$

$$\left.\begin{array}{c} f = 0 \\ x = +\frac{L}{2} \end{array}\right\} \quad \frac{1}{E \cdot I} \cdot 6x10^5 \left\{\left[\frac{L^2}{8} - \frac{16}{30} \cdot \frac{L^2}{64}\right] + A \cdot \frac{L}{2} + B\right\} \qquad (2$$

Restando (1 - (2: $\qquad\qquad\qquad 2 \cdot A \cdot \frac{L}{2} = 0 \quad \Rightarrow A = 0$

Sumando (1 + (2: $\quad \frac{2}{E \cdot I} \cdot 6x10^5 \left\{\left[\frac{L^2}{8} - \frac{L^2}{120}\right] + B\right\} = 0 \quad \Rightarrow B = -\frac{7}{60} \cdot L^2$

Sustituyendo estos valores de A y de B en la expresión de f antes integrada:

$$f = \frac{1}{E \cdot I} \cdot 6x10^5 \left\{\left[\frac{x^2}{2} - \frac{16}{30} \cdot \frac{x^6}{L^4}\right] - \frac{7}{60} \cdot L^2\right\}$$

La flecha en la Maestra corresponde a x = 0, por lo que tendremos:

$$f_\otimes = f_{x=0} = -\frac{6x10^5}{2,1x10^7 \cdot 1.200} \cdot \frac{7}{60} 315^2 = 0,276 \text{ m}$$

NOTA: Se ha supuesto que la inercia I se mantiene a lo largo de la eslora L.

PROBLEMA 29. Un *bulckarrier* de 65.000 T.P.M. clasificado en el *LLoyd's Register of Shipping*, tiene un módulo resistente que excede en un 3 % del valor mínimo reglamentario (W_{min}).

Determine (en función de W_{min}):

a) Máximo momento flector (*Still Water Bending Moment*) admisible en navegación cuando el buque ha sido cargado en bodegas alternas con mineral ($\gamma = 2{,}2\ t/m^3$).

b) Ídem en situación de puerto.

Solución:

Tipo de buque: **1**

$$\sigma_t = 16{,}40\ kg/mm^2$$
$$\sigma_w = 10\ kg/mm^2 \qquad \text{en navegación.}$$
$$\sigma_w = 5\ kg/mm^2 \qquad \text{en puerto.}$$

$$
\begin{aligned}
M.A.S.W.B.M &= \sigma_t \cdot W - \sigma_w \cdot W_{min} = \\
&= \sigma_t \cdot (1{,}03 \cdot W_{min}) - \sigma_w \cdot W_{min} = \\
&= (1{,}03 \cdot \sigma_t - \sigma_w) \cdot W_{min}
\end{aligned}
$$

Si ponemos σ_t y σ_w en kg/mm^2, W_{min} en cm^3 y deseamos el resultado en t·m se deberá emplear la expresión:

$$(1{,}03 \cdot \sigma_t - \sigma_w) \cdot 10^3 \cdot W_{min} \cdot 10^{-6} = (1{,}03 \cdot \sigma_t - \sigma_w) \cdot 10^{-3}$$

a) en navegación, M.A.S.W.B.M = $6{,}892 \cdot 10^{-3} \cdot W_{min}$
b) en puerto, M.A.S.W.B.M = $11{,}892 \cdot 10^{-3} \cdot W_{min}$

PROBLEMA 30. Un *bulkcarrier* cuyas características principales son:

Eslora entre perpendiculares	Lpp	175,00 m
Eslora de escantillonado	L	173,15 m
Manga	B	29,00 m
Puntal	D	16,00 m
Calado de escantillonado	d	11,35 m
Coeficiente de bloque	CB	0,797

va a ser clasificado en el Lloyd's Register.

Calcúlese los valores admisibles del momento flector en aguas tranquilas suponiendo que el módulo es igual al reglamentario.

Casos: Navegación y puerto; Carga homogénea y carga en bodegas alternas; lastres.

Solución:

Los máximos momentos flectores admisibles en aguas tranquilas vienen dados por la expresión:

$$(M_s)_{adm} = (M_t)_{adm} - M_w = \sigma_t \cdot W - \sigma_w \cdot W_{min}$$

y en el caso de que, como se indica en el enunciado, W = W$_{min}$ se tendrá:

$$
\begin{aligned}
(M_s)_{adm} &= (\sigma_t - \sigma_w) \cdot W_{min} &\quad [1] \\
W_{min} &= \frac{C_1}{f} \cdot L^2 \cdot B \cdot (CB + 0,7) = \left\{ 10,75 - \left(\frac{300 - 173,15}{100} \right)^{1,5} \right\} \cdot 173,15^2 \cdot 29 \cdot (0,797 + 0,7) = \\
&= 12,132 \cdot 10^6 \ cm^3 &\quad [2]
\end{aligned}
$$

Los *bulkcarriers*, en L.R. Se consideran bajo un doble aspecto:

a) BUQUES TIPO 1
   Carga en bodegas alternas.
b) BUQUES TIPO 2
   Carga homogénea o lastre.

Teniendo en cuenta el cuadro:

	σ_t	σ_w kg/mm^2	
	kg/mm^2	NAVEGACIÓN	PUERTO
BUQUE TIPO 1	16,40	10	5
BUQUE TIPO 2	18,15	10	5

y el valor (2) para W_{min}, la expresión (1) permite obtener los valores siguientes:

	M.A.S.W.B.M. (t·m) Máximos momentos flectores admisibles en aguas tranquilas	
	NAVEGACIÓN	PUERTO
BUQUE TIPO 1	77.647	138.308
BUQUE TIPO 2	98.878	159.539

PROBLEMA 31. Calcúlese el alargamiento de las fibras del fondo de un petrolero (cuyas características se dan a continuación) entre dos puntos, situados respectivamente a 60 m y a 240 m de la perpendicular de popa, causado por la componente de momento flector debido a las olas, según el criterio del *Lloyd's Register of Shipping*.

Eslora   L   313,00 m
Manga   B   50,00 m
Puntal   D   27,50 m
Calado   d   20,31 m
C Bloque   CB   0,8335

Punto Nº	X	W_F
0′	60	49,22
1′	90	70,50
2′	120	86,60
3′	150	86,60
4′	180	86,60
5′	210	86,60
6′	240	71,40

donde:

X = Abscisa respecto a Ppp.

$\mathbf{W}_F$ = Módulos de fondo (millones de cm^3) = $\frac{I_n}{y_f}$

Solución:

1) Valor de dicha componente de M.F debida a las olas en la maestra:

$$M_{wo} = \sigma_w \cdot W_{min}$$

$$W_{min} = \frac{C_1}{f} \cdot L^2 \cdot B \cdot (CB + 0,7) = \frac{10,75}{1} \cdot 313^2 \cdot 50 \cdot (0,8335 + 0,7) = 80,752 \cdot 10^6 \ cm^3$$

Según L.R, σ_w = 10 kg/mm^2 = 1 t/cm^2 (En mar abierto)

$M_{wo} = 80,752 \cdot 10^6 \cdot 1 = 80,752 \cdot 10^6$ t·cm = 807.520,00 t·m

2) Distribución a lo largo de la eslora:

SECCIÓN	X	FACTOR	M_w (t·m)
0	0	0,00	0
2	31,3	0,14	113.053
4	62,6	0,30	242.256
6	93,9	0,58	468.362
8	125,2	0,87	702.542
10	156,5	1,00	807.520
12	187,8	0,90	726.768
14	219,1	0,68	549.114
16	250,4	0,41	331.083
18	281,7	0,20	161.504
20	313,0	0,00	0

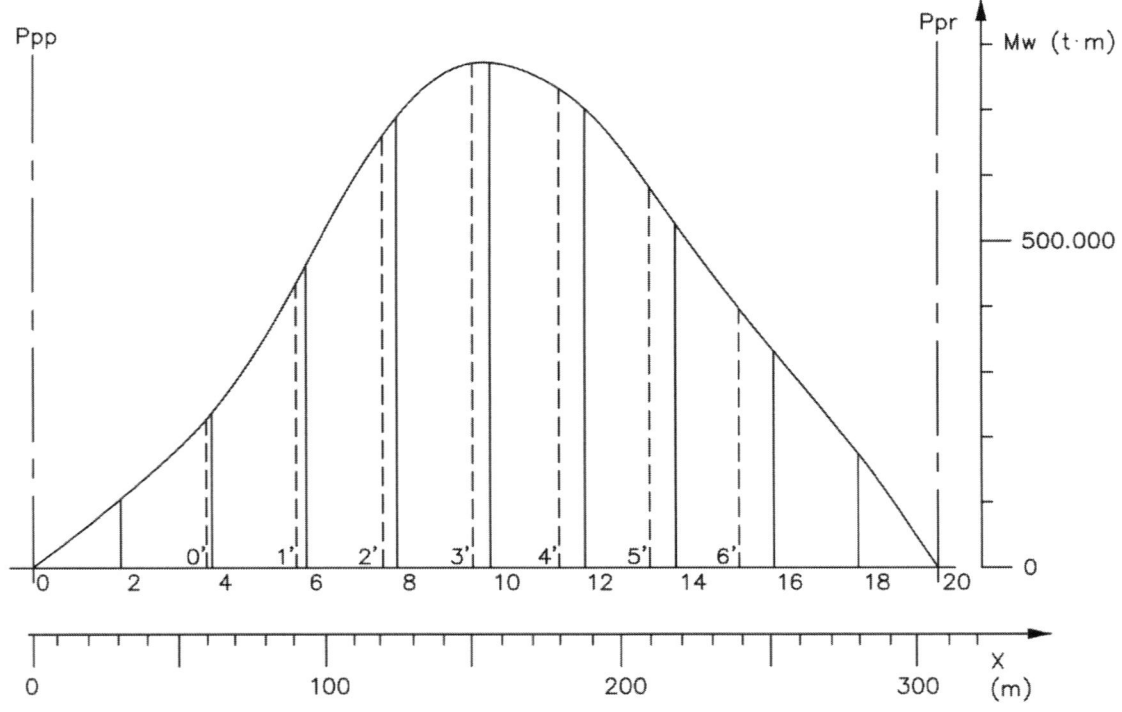

3) Integración:

PUNTO Nº	ABSCISA X	MÓDULO wf	FACTOR SIMPSON	COCIENTE WF/F.S.	MOMENTO FLECTOR (M)	COCIENTE (M·F.S)/WF
0′	60	49,22	0,5	98,44	23,00	0,2336
1′	90	70,50	2	35,25	44,00	1,2482
2′	120	86,60	1	86,60	67,50	0,7794
3′	150	86,60	2	43,30	80,60	0,8661
4′	180	86,60	1	86,6	75,00	0,8661
5′	210	86,60	2	43,30	58,50	1,3510
6′	240	71,4	0,5	142,80	39,00	0,2731
					$\Sigma =$	6,599

$$\delta = \int_{x_1}^{x_2} \varepsilon \, dx = \int_{x_1}^{x_2} \frac{M}{E \cdot WF} \, dx$$

Integrando por SIMPSON:

$$\delta = \frac{2 \cdot \Delta x}{3} \cdot \frac{\Sigma}{E} = \frac{2 \cdot 3.000}{3} \cdot \frac{6,599}{2.100} = 6,28 \; (cm)$$

NOTA: Unidades (cm, t)

4) Diversas situaciones:

SITUACIÓN	(kg/mm^2) σ_w	(cm) δ
NAVEGACIÓN	10	6,40
VIAJES CORTOS	8	5,12
PUERTO	5	3,20

(Los valores de δ son proporcionales al calor de σ_w).

PROBLEMA 32. Un buque petrolero de 80.000 T.P.M. va a ser clasificado en el *Lloyd's Register of Shipping*. El módulo resistente de la cuaderna maestra excede en un 5 % al valor de módulo mínimo reglamentario.

Determínese en que proporción (porcentaje) pueden excederse los momentos flectores calculados en la hipótesis de aguas tranquilas (*Still Watger Bending Moments*) para las siguientes situaciones del buque:
a) NAVEGANDO.
b) EN PUERTO.

con respecto a los valores máximos admisibles que le corresponderían si su módulo resistente fuese igual al reglamentario.

Solución:

En virtud de lo indicado en el Apartado 5.2.5 de la lección 5:

$$M.A.S.W.B.M. = \sigma_t \cdot W - \sigma_w \cdot W_{min} = \sigma_t \cdot \left(1 + \tfrac{r}{100}\right) \cdot W_{min} - \sigma_w \cdot W_{min=}$$
$$= \left\{\sigma_t \cdot \left(1 + \tfrac{r}{100}\right) - \sigma_w\right\} W_{min}$$

Cuando el módulo W sea igual al reglamentario se tendrá $\gamma = 0$ y el momento flector admisible en aguas tranquilas será:

$$(M.A.S.W.B.M.)_{min} = (\sigma_t - \sigma_w) \cdot W_{min}$$

$$\boxed{\gamma = \frac{M.A.S.W.B.M.}{(M.A.S.W.B.M.)_{min}} = \frac{\sigma_t \cdot \left(1 + \tfrac{r}{100}\right) - \sigma_w}{\sigma_t - \sigma_w}}$$

Teniendo en cuenta la siguiente (Tabla I), deducida de la mencionada lección 5, para el Lloyd's se deducen los porcentajes que recoge la Tabla II.

TABLA I

REF	TIPO DE BUQUE	SITUACIÓN	σ_t	σ_w	σ_s
1		NAVEGACIÓN	16,4	10	6,4
2	TIPO 1	VIAJES CORTOS	16,4	8	8,4
3		EN PUERTO	16,4	5	11,4
4		NAVEGACIÓN	18,15	10	8,15
5	TIPO 2	VIAJES CORTOS	18,15	8	10,15
6		EN PUERTO	18,15	5	13,15

TABLA II

REF	$(\gamma - 1)\,\%$	
1	12,81	← a)
2	9,76	
3	7,19	← b)
4	11,13	
5	8,94	
6	6,90	

Las respuestas concretas a las preguntas a) y b) del enunciado aparecen señaladas en la Tabla II. Los valores que figuran en dicha tabla se han calculado mediante la expresión enmarcada arriba, por ejemplo, para a):

$$(\gamma - 1)\,\% = \left\{ \frac{\sigma_t \cdot \left(1 + \frac{r}{100}\right) - \sigma_w}{\sigma_t - \sigma_w} - 1 \right\} \cdot 100 = \left\{ \frac{16,4 \cdot \left(1 + \frac{5}{100}\right) - 10}{16,4 - 10} - 1 \right\} \cdot 100 = 12,81\,\%$$

NOTA: (Los valores σ_t, σ_w, σ_s incluidos en la Tabla I están expresados en kg/mm^2)

PROBLEMA 33. La figura recoge la estructura simplificada de la cuaderna maestra de un carguero (buque tipo II) de eslora L=165 m y coeficiente de bloque 0,820 que va a ser clasificado en el *Lloyd's Register*.

Las cotas están en mm y los espesores indicados contienen ya un cierto incremento para tener en cuenta el efecto del reforzado longitudinal, donde sea aplicable.

Se pide:

1) Determinar posición del eje neutro.
2) Módulos Resistentes en el fondo y cubierta.
3) Máximo momento flector admisible en aguas tranquilas
    a) En NAVEGACIÓN en mar abierto.
    b) En PUERTO.

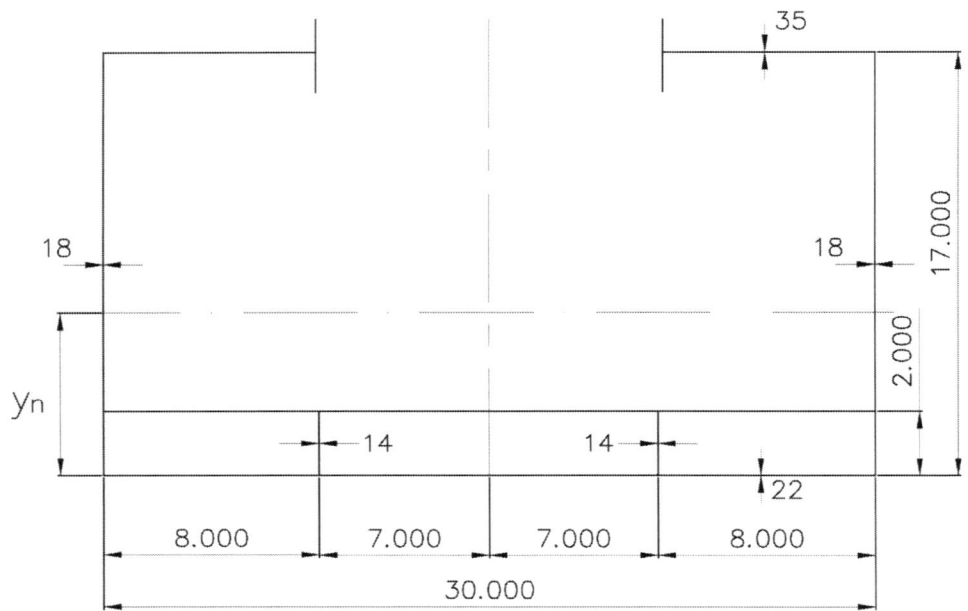

Solución:

ELEMENTOS	A (cm^2)	y (m)	A · y (cm^2 x m)	A · y^2 (cm^2 x m^2)	Ip (cm^2 x m^2)
CUBIERTA	5.600	17,018	95.301	1.621.832	-
COSTADOS	6.120	8,500	52.020	442.170	147.390
FONDO	6.600	-0,011	-73	1	-
DOBLE FONDO	6.900	2,012	13.883	27.933	-
VAGRAS	560	1.000	560	560	187
Σ =	25.780		161.691	2.092.496	147.577

$Y_n = \frac{161.691}{25.780} = 6,272$ m (desde la línea base)

$I_n = 2.092.496 + 147.577 - 25.780 \cdot 6,272^2 = 1.225.939,80$ cm^2· m$^2 = 122,594 \cdot 10^8$ cm^4

Módulo de Fondo = $\frac{I_n}{Y_f} = \frac{122,594 \cdot 10^8}{327,4} = 19,56 \cdot 10^6$ cm^3

Módulo de Cubierta = $\frac{I_n}{Y_c} = \frac{122,594 \cdot 10^8}{1.700 - 627,4} = 11,43 \cdot 10^6$ cm^3

Módulo mínimo reglamentario:

$$C_1 = 10,75 - \left(\frac{300 - 165}{100}\right)^{1,5} = 9,181$$

$$W_{min} = 9,181 \cdot 165^2 \cdot 30 \cdot (0,820 + 0,7) = 11,398 \cdot 10^6 \text{ cm}^3$$

Exceso de módulo: $r = \frac{11,43 \cdot 10^8 - 11,398 \cdot 10^6}{11,398 \cdot 6} \cdot 100 = 0,281\%$

Momento flectores admisibles en aguas tranquilas:

$$\begin{aligned} M_a = M.A.S.W.B.M. &= \sigma_t \cdot W - \sigma_w \cdot W_{min} = \sigma_t \cdot \left(1 + \tfrac{r}{100}\right) \cdot W_{min} - \sigma_w \cdot W_{min} \\ &= \left\{\sigma_t \cdot \left(1 + \tfrac{r}{100}\right) - \sigma_w\right\} W_{min} \end{aligned}$$

- NAVECIÓN:

$$M_a = \left\{18,15 \cdot \left(1 + \frac{0,281}{100}\right) - 10\right\} 11,398 \cdot 10^3 = 93.475 \text{ t} \cdot \text{m}$$

- PUERTO:

$$M_a = \left\{18,15 \cdot \left(1 + \frac{0,281}{100}\right) - 5\right\} 11,398 \cdot 10^3 = 150.465 \text{ t} \cdot \text{m}$$

PROBLEMA 34. Un petrolero clasificado en el *Lloyd's Register,* tiene un módulo resistente que excede en un 2 % del valor mínimo reglamentario.

Determínese en función del módulo mínimo reglamentario W_{min} el máximo momento flector admisible «en aguas tranquilas» para la condición de navegación.

Datos:

$$\sigma_t = 16,4 \ kg/mm^2$$
$$\sigma_w = 10 \ kg/mm^2$$

Solución:

$$
\begin{aligned}
M.A.S.W.B.M. &= W \cdot \sigma_t - \sigma_w \cdot W_{min} = \\
&= 1,02 \cdot W_{min} \cdot \sigma_t - \sigma_w \cdot W_{min} = \\
&= (1,02 \cdot \sigma_t - \sigma_w) \cdot W_{min}
\end{aligned}
$$

En el caso de que el módulo sea igual al mínimo reglamentario el valor anterior se reducirá a:

$$M.A.S.W.B.M. = (\sigma_t - \sigma_w) \cdot W_{min}$$

PROBLEMA 35. En una eslora de un buque compuesta por un alma de 500x15 mm y una platabanda de 200x25, es necesario agujerear el alma para hacer pasar una tubería. El orificio que ha de hacerse es de 150 mm de diámetro y su centro está en la fibra media del alma. Para compensar la debilitación causada se piensa colocar un suplemento soldado a la platabanda como indica la figura adjunta.

Determínese el espesor mínimo de dicho suplemento de manera que no queden disminuidos el módulo de la cuaderna maestra ni la resistencia de la eslora para soportar momentos flectores locales.

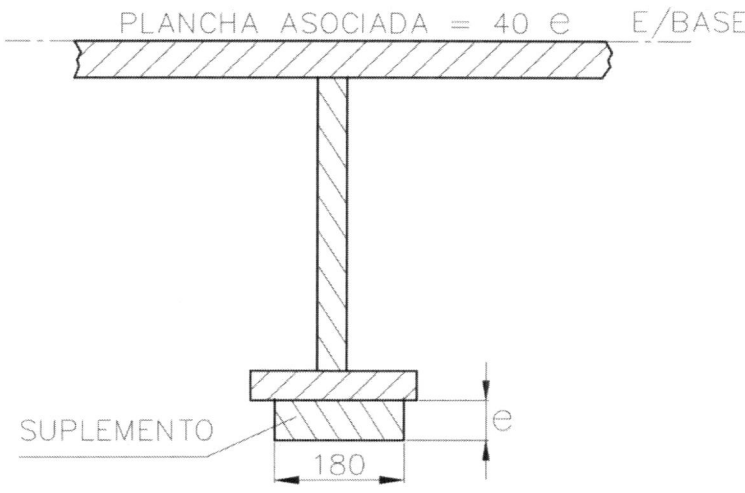

Datos adicionales:

Espesor de la cubierta .... 20 mm
Distancia del E.N. a la cubierta ..... 12 m

Solución:

a) El área que se elimina del alma es $a_1 = 15 \cdot 1,5 = 22,5 cm^2$. Pero como se va a compensar en un punto más cercano al eje neutro, será necesario colocar un área ligeramente mayor. Admitiendo que no se modifica sensiblemente la posición de dicho eje neutro y despreciando la inercia propia del área perdida.

$$a_1 \cdot y_1^2 = a_2 \cdot y_2^2$$

$$a_2 = a_1 \left(\frac{y_1}{y_2}\right)^2 = 22,5 \left(\frac{12-0,250}{12-0,525}\right)^2 = 23,59 \ cm^2$$

$$23,59 = 18 \cdot e$$

$$e = \frac{23,59}{18} = 1,31 \ cm \simeq 14 \ mm$$

Comprobemos ahora la resistencia local:
b) Módulo resistente antes de agujerear la eslora:

ELEMENTO	DIMENSIÓN	A	y	A · y	A · y²	i_p
Pl. asociada	80 x 2	160	1	160	160	-
Alma	50 x 1,5	75	27	2.025	54.675	15.625
Platabanda	20 x 2,5	50	53,25	2.663	141.778	-
		285		4.848	196.613	15.625

$$y_n = \frac{4.848}{285} = 17,011 \ cm$$

$$y_{max} = (50+2,5+2) - y_n = 37,489 \ cm$$

$$I_n = 196.613 + 15.625 - 17,011^2 \cdot 285 = 129.766 \ cm^4$$

$$W_1 = \frac{I_n}{y_{max}} = 3.461 \ cm^3$$

c) Módulo resistente después de agujerear el alma y compensarse:

ELEMENTO	DIMENSIÓN	A	y	A · y	A · y²	i_p
Antes de aguj.	-	285	-	4.848	196.613	15.625
Aligeramiento	15 x 1,5	-22,5	27	-608	-16.402	-422
Compensación	18 x 1,4	25,2	55,2	1.391	76.783	-
		287,7		5.631	256.994	15.203

$$y_n = \frac{5.631}{287.7} = 19,572 \ cm$$

$$y_{max} = (50+2,5+2+1,4) - y_n = 36,628 \ cm$$

$$I_n = 256.994 + 15.203 - 19,572^2 \cdot 287,7 = 161.990 \ cm^4$$

$$W_2 = \frac{I_n}{y_{max}} = 4.459 \ cm^3$$

Siendo $W_2 > W_1$, todo está correcto.

PROBLEMA 36. El calado de escantillonado de un petrolero es de 20 m, y a ese calado las toneladas por centímetro de inmersión son de 160. En fechas próximas a la entrega, a petición del armador, la Sociedad de Clasificación, aplicando una nueva versión de sus reglas, permite un cierto aumento de calado que supone un incremento de 6.400 toneladas en el peso muerto que es capaz de transportar el buque.

Calcúlese la disminución que podrían haber tenido las planchas del fondo de ese mismo petrolero (de 25 mm, según figuran en el plano de la cuaderna maestra) si se estuviese escantillonando (en las nuevas reglas) para un calado máximo de 20 m.

Solución:

El incremento de calado concedido habrá sido:

$$\frac{6.400}{160} = 40 \ cm = 0,40 \ m$$

es decir, que se ha pasado de 20 a 20,4 m. Si en lugar de incrementar el calado se hubiese disminuido el espesor, el resultante sería:

$$e' = e \cdot \sqrt{\frac{20}{20,40}} = 25 \cdot \sqrt{\frac{20}{20,40}} = 24,754 \ mm$$

y, por lo tanto no se podría haber disminuido el espesor, ya que para tomar 24 mm debería resultar menos de 24,25 mm.

PROBLEMA 37. El calado de escantillonado de un *bulkcarrier* es de 11,30 m y el peso muerto correspondiente es de 39.800 toneladas. La tabla siguiente recoge las cifras de espesores y módulos resistentes exigidos por las Reglas respectivamente para las planchas y refuerzos de fondo, así como los que realmente figuran en el plano de la Cuaderna Maestra.

Teniendo en cuenta que el buque tiene 42 toneladas por centímetro de inmersión al nivel del calado de escantillonado, determínese el peso muerto que podría alcanzar si se fijase el calado máximo de acuerdo con el límite de resistencia estructural del conjunto de las planchas y refuerzos de fondo y costado.

CONCEPTO		EXIGIDO	DISPUESTO
ESPESOR FONDO	(mm)	16,37	16,50
ESPESOR COSTADO	(mm)	14,86	15,00
MÓDULO REFUERZOS DEL FONDO	(cm^3)	430	436
MÓDULO REFUERZOS DEL COSTADO	(cm^3)	395	403

Solución:

a) Calado admisible por planchas del fondo:

$$d_1 = 11,30 \cdot \left(\frac{16,50}{16,37}\right)^2 = 11,480 \ m$$

b) Calado admisible por planchas del costado:

$$d_2 = 11,30 \cdot \left(\frac{15,00}{14,86}\right)^2 = 11,514 \ m$$

c) Calado admisible por refuerzos del fondo:

$$d_3 = 11,30 \cdot \left(\frac{436}{430}\right) = 11,458 \ m$$

d) Calado admisible por refuerzos del costado:

$$d_4 = 11,30 \cdot \left(\frac{403}{395}\right) = 11,529 \ m$$

Calado máximo admisible:

$$d_m = min\{d_1, d_2, d_3, d_4\} = 11,458 \ m$$

P.M. $= 39.800 + (11,458 - 11,30) \cdot 100 \cdot 42 = 40.464 \ tons.$

PROBLEMA 38. En el contrato de construcción de un bulkcarrier se especifica:

a) El Peso Muerto será el que corresponda al máximo calado aprobado por la Sociedad de Clasificación, siempre y cuando este no exceda de 11,50 m.

b) Por cada tonelada de Peso Muerto que exceda de 40.000, el constructor percibirá 10.000 € de premio.

El calado de escantillonado es de 11,30 m y el Peso Muerto correspondiente, 39.800 toneladas.

Los espesores que exige la Sociedad de Clasificación son:

- En el fondo .... 16,37 mm
- En el costado ...... 14,86 mm

por los que figuran en el plano de la Cuaderna Maestra son los siguientes:

- En el fondo .... 16,50 mm
- En el costado ...... 15,00 mm

El puntal de francobordo es de 16 metros. El francobordo geométrico (calculado por las Reglas de Francobordo) es de 4.550 mm. Las toneladas por centímetro de inmersión son 42.

Calcúlese el premio que podría obtener el astillero constructor negociando para obtener el máximo calado admisible.

NOTA. Supóngase al efectuar el cálculo, que tanto los refuerzos locales de fondo como los de costado tienen margen suficiente para absorber el aumento de calado resultante.

Solución:

a) Calado admisible por francobordo geométrico:

$$d_1 = 16 - 4,550 = 11,450 \; m$$

b) Calado admisible por planchas del fondo:

$$d_2 = 11,30 \cdot \left(\frac{16,50}{16,37}\right)^2 = 11,480 \; m$$

c) Calado admisible por planchas del costado:

$$d_3 = 11,30 \cdot \left(\frac{15,00}{14,86}\right)^2 = 11,514 \; m$$

Calado máximo admisible = min $\{d_1, d_2, d_3\}$ = 11,450 < 11,50 (calado según enunciado).
Incremento de Peso Muerto: $(11,45 - 11,30) \cdot 100 \cdot 42 = 630 \; tons$.

P. Muerto resultante: $39.800 + 630 = 40.430$ *tons.*

Excedente de 40.000 TPM = 430 *tons.*

Premio Correspondiente: $430 \cdot 10.000 = 4,3$ M.€

PROBLEMA 39. El calado de escantillonado de un petrolero es de 20 m. Al cabo de unos años de navegación se realiza una inspección y se advierte una disminución media del 8 % en el espesor de las planchas del fondo. Determínese la penalización de francobordo (es decir, la disminución del calado máximo permitido) que debe imponerse al buque para que los esfuerzos locales en las planchas del fondo no excedan más del 20 % de los que tenían lugar cuando el buque estaba recién construido.

Solución:

Del estudio de las planchas como una unión de «tiras» o «bandas» empotradas en sus extremos, se deduce que los esfuerzos debidos a la presión hidrostática pueden calcularse por:

$$\sigma = k \cdot \frac{d \cdot s^2}{e^2}$$

donde:

      k ...... Coeficiente.
      d ...... Calado o altura de carga hidrostática.
      s ...... Espaciado entre refuerzos.
      e ...... Espesor de las planchas del fondo.

Por ello, denominando con subíndice 1 a la situación inicial (buque nuevo) y con subíndice 2 la actual, se tendrá:

$$\left.\begin{array}{c} \sigma_1 = \frac{d_1 \cdot s^2}{e_1^2} \\[2mm] \sigma_2 = \frac{d_2 \cdot s^2}{e_2^2} \end{array}\right\} \text{ dividiendo miembro a miembro:} \quad \frac{\sigma_1}{\sigma_2} = \frac{d_1}{d_2} \cdot \left(\frac{e_2}{e_1}\right)^2$$

según el enunciado: $e_2 = \frac{100-8}{100} \cdot e_1 = 0,92 \cdot e_1$ y se admite $\sigma_2 = 1,20 \cdot \sigma_1$

Por tanto,

$$\frac{\sigma_1}{1,2 \cdot \sigma_1} = \frac{d_1}{d_2} \cdot (0,92)^2 \Longrightarrow d_2 = 1,2 \cdot (0,92)^2 \cdot d_1 = 1,02 \cdot d_1$$

Como el calado d_2 tendría que ser mayor que el de proyecto d_1 para alcanzar el sobre esfuerzo permitido del 20 %, no es necesario reducir el calado; es decir, que no se impone penalización de francobordo.

PROBLEMA 40. El calado de escantillonado de un bulkcarrier es de 11,30 m y el espesor calculado como necesario para el fondo es de 16,37 mm, por lo que se ha construido en planchas de 16,5 mm. Teniendo en cuenta que las toneladas por centímetro de inmersión en este buque son 42, determínese el aumento de peso muerto que podría obtenerse aumentando el calado hasta el valor que lo permita el escantillonado local.

Solución:

$$\left.\begin{array}{l} \sigma_1 = k \cdot \dfrac{d_1 \cdot s^2}{e_1^2} \\[2ex] \sigma_2 = k \cdot \dfrac{d_2 \cdot s^2}{e_2^2} \end{array}\right\} \quad \begin{array}{l} \text{igualando esfuerzos:} \\[1ex] \dfrac{d_1 \cdot s^2}{e_1^2} = \dfrac{d_2 \cdot s^2}{e_2^2} \end{array}$$

$$d_2 = d_1 \cdot \left(\frac{e_2}{e_1}\right)^2 = 11,30 \cdot \left(\frac{16,50}{16,37}\right)^2 = 11,48 \; m$$

Incremento de calado: $11,48 - 11,30 = 0,18 \; m = 18 \; cm$

Incremento de desplazamiento (y de peso muerto, por lo tanto) $18 \cdot 42 = 756 \; tons.$

PROBLEMA 41. La figura y tabla adjuntas muestran la distribución de momentos flectores locales (MF) sobre una cuaderna de un buque de estructura transversal.

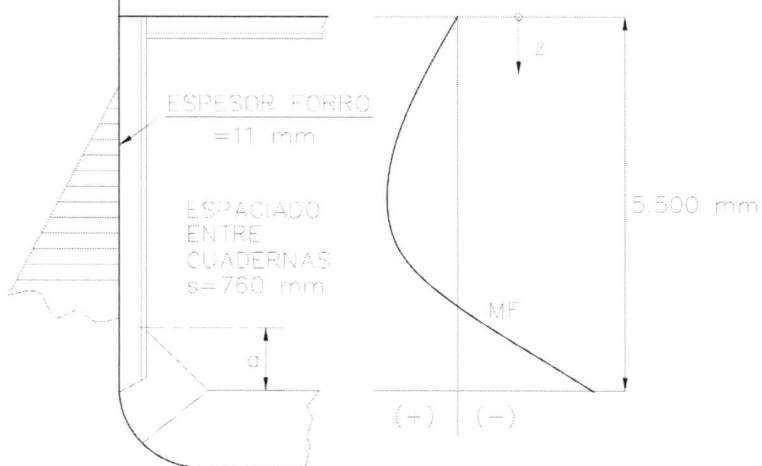

Z (mm)	MF (t · m)
0	0
550	1,2196
1.100	2,3151
1.650	3,4627
2.200	3,6381
2.750	3,6174
3.300	2,9766
3.850	1,5916
4.400	-0,6615
4.950	-3,9068
5.500	-8,2679

Calcular:

1) Módulo resistente necesario para el perfil de la cuaderna y elegir una llanta con bulbo para que $\sigma_t \leq 1,73 t/cm^2$.
2) Altura «a» mínima necesaria para el cartabón pie de cuaderna.

Solución:

1) MF de diseño: $MF_{(d)} = 3,6381\ t \cdot m => W_{req} = 3,6381 \cdot 100/1,73 = 210,3\ cm^3$
Peralte: $30 \cdot 210,3^{0,35} = 195\ mm$
Elegiremos un refuerzo de 200x9 y contando con una plancha asociada de 76x1,1 cm:

	A	y	$A \cdot y$	$A \cdot y^2$	ip
Perfil 200x9	23,6	12,1	285,56	3.455,3	941
Pl. asociada	83,6	-0,55	-45,98	25,3	-
	107,2		239,58	4.421	

$$y_n = \frac{239,58}{107,2} = 2,235\ cm$$

$$I_m = 4.421 - 107,2 \cdot 2,235^2 = 3.885,56\ cm^4$$

$$y_{max} = 20 - 2,235 = 17,765\ cm$$

$$W = \frac{I_m}{y_{max}} = 218,7 > W_{req}$$

Por lo tanto, se puede dar por válido el refuerzo elegido.

2) La otra «Z» para la que el MF es de igual magnitud (y signo contrario) al $MF_{(d)}$ se obtiene por interpolación:

$$
\left.\begin{array}{cc}
Z & MF \\
\hline
4.400 & -0.6615 \\
4.950 & -3,9068
\end{array}\right\} \quad \begin{aligned} Z(*) &= 4.440 + \tfrac{4.950-4.400}{3,9068-0,6615} \cdot (3,6381 - 0,6615) \\[2mm] &= 4.904,462 \simeq 4.904 \ mm \end{aligned}
$$

Por lo que la altura mínima necesaria para el cartabón pie de cuaderna será:

$$
a = 5.500 - 4.904 = 596 \ mm
$$

PROBLEMA 42. Dimensionar un perfil de llanta con bulbo para un bao de una cubierta de estructura transversal y la extensión horizontal «e» mínima de los cartabones de conexión de las bulárcamas teniendo en cuenta los datos siguientes:

- Espaciado entre baos, $s = 800\ mm$
- Luz (entre caras internas de los perfiles de las cuadernas), $l = 7.500\ mm$
- Carga de diseño sobre cubierta, $p = 2,3\ t/m^2$
- Esfuerzo admisible, $\sigma_t = 1,6\ t/cm^2$
- Espesor de la cubierta, $e = 11\ mm$

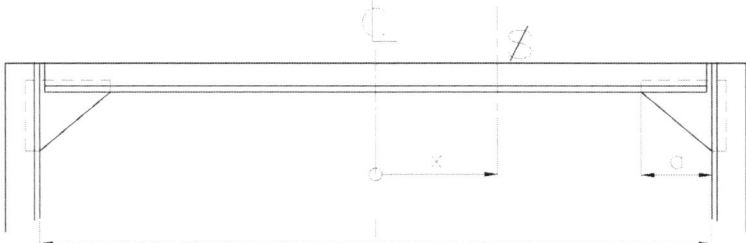

Sugerencia: considerar el bao como una viga bi-empotrada cuyo momento flector en una sección $\not s$ que dista x del centro del vano es:

$$MF = q \cdot \left(\frac{x^2}{2} - \frac{l^2}{24} \right)$$

donde, «q» es la carga por unidad de longitud sobre la viga.

Solución:

a) Carga por unidad de longitud sobre el bao:

$$q = s \cdot p = 0,800 + 2,3 = 1,84\ t/m$$

b) Momentos Flectores más representativos:
- En el centro del vano $(x = 0)\ -ql^2/24 = -(1,84 \cdot 7,5^2)/24 = -4,313\ t \cdot m$
- En los empotramientos $(x = \pm l/2\ +ql^2/12 = (1,84 \cdot 7,5^2)/12 = 8,625\ t \cdot m$

c) Como se disponen cartabones de conexión, el MF de diseño del perfil del bao es el correspondiente al centro del vano. Por lo tanto el módulo requerido será:

$$W_{req} = \frac{MF_{(d)}}{\sigma_{adm}} = \frac{4,313 \cdot 10^2\ t \cdot cm}{1,6\ t \cdot cm^3} = 269,6\ cm^3$$

d) Elección del perfil:
Peralte: $30 \cdot 269,6^{0,35} = 212,7\ mm$
Elegiremos un refuerzo de 220x10 y contando con una plancha asociada de 80x1,1 cm

	A	y	$A \cdot y$	$A \cdot y^2$	ip
Perfil 220x10	29	13,4	388,6	5.207,24	1.400
Pl. asociada	88	-0,55	-48,4	26,62	-
	117		340,2	6.633,86	

$$y_n = \frac{340,2}{117} = 2,908 \ cm$$

$$I_m = 6.633,86 - 117 \cdot 2,908^2 = 5.644,66 \ cm^4$$

$$y_{max} = 20 - 2,908 = 17,092 \ cm$$

$$W = \frac{I_m}{y_{max}} = 295,6 > W_{req}$$

Por lo tanto, se puede dar por válido el refuerzo elegido.

e) La extensión del cartabón se determina calculando la abscisa del punto del vano en el que $MF = -MF_{(d)}$:

$$q \cdot \left(\frac{x^2}{2} - \frac{l^2}{24} \right) = \frac{q \cdot l^2}{24} \Rightarrow \frac{x^2}{2} - \frac{l^2}{24} = \frac{l^2}{24} \Rightarrow \left(\frac{x}{l} \right)_* = \sqrt{1/6} = 0,40825$$

Extensión del cartabón:

$$a = \left[0,5 - \left(\frac{x}{l} \right)_* \right] \cdot l = (0,5 - 0,40825) \cdot l = 0,092 \cdot l$$

Con $l = 7.500 \ mm \Rightarrow A = 690 \ mm$

PROBLEMA 43. El puntal de un carguero convencional de dos cubiertas es de 9 metros. La altura del entrepuente superior es de 3 metros y la del doble fondo 1,2 m. El calado máximo es de 5 m. La clara entre cuadernas, 800 mm. Las planchas del costado son de 10 mm de espesor.

Suponiendo un esfuerzo admisible de flexión de 1.200 kg/cm². Se pide:

1) Calcular el perfil necesario para la cuaderna inferior, suponiendo sus extremos empotrados.
2) Determínese el momento flector en el extremo superior de la cuaderna inferior y elíjase como perfil para la cuaderna superior uno que sea capaz de resistir dicho momento flector sin que se sobrepase el mencionado valor de $\sigma_t = 1.200 kg/cm^2$.
3) Considerando el conjunto de las dos cuadernas como una viga empotrada en su parte inferior (centro del cartabón pie de cuaderna) y apoyada en las cubiertas, dibújese el diagrama de momentos flectores y los esfuerzos máximos de flexión a que se encuentran sometidas las dos cuadernas.

Solución:

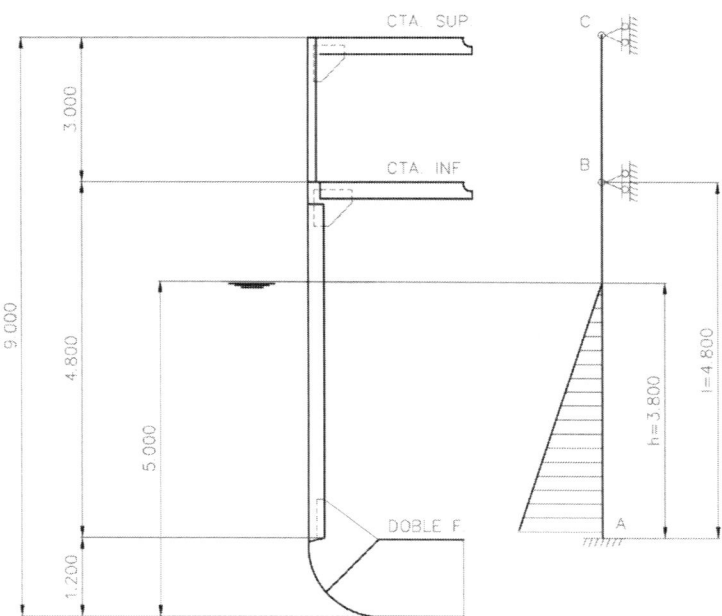

Los momentos de empotramiento del tramo inferior se calcularon así:

$$q = \gamma \cdot h \cdot s = 1,026 \cdot 3,80 \cdot 0,800 = 3,119 \, t/m = 30,59 N/mm$$

$$M_A = \frac{q \cdot h^2}{60 \cdot l^2} \cdot (10 \cdot l^2 - 10 \cdot h \cdot l + 3 \cdot h^2) = \frac{3,119 \cdot 3,80^2}{60 \cdot 4,80^2} \cdot (10 \cdot 4,80^2 - 10 \cdot 3,80 \cdot 4,80 + 3 \cdot 3,80^2)$$

$$M_A = 2,975 \, t \cdot m$$

$$M_B = -\frac{q \cdot h^3}{12 \cdot l} \cdot \left(1 - \frac{3}{5} \cdot \frac{h}{l}\right) = -\frac{3,119 \cdot 3,80^3}{12 \cdot 4,80} \cdot \left(1 - \frac{3}{5} \cdot \frac{3,80}{5,80}\right)$$

$$M_B = -1,560 \ t \cdot m$$

1) El perfil necesario para la cuaderna inferior, suponiendo sus extremos empotrados debe ser suficiente para soportar un $MF = 2,975 \ t \cdot m \ (= M_A)$. Debería tomar un módulo resistente no menor de:

$$W = \frac{2,975 \cdot 10^5}{1.200} = 248 \ cm^3$$

Tantearemos con un refuerzo con bulbo con peralte:

$$30 \cdot W^{0,35} = 207 \ mm$$

Plancha asociada: $800x10 \ mm$
El perfil de refuerzo de llanta con bulbo que cumple con los requisitos impuestos es el siguiente:

$$220x10: \quad \text{Área} = 29; \ C = 13,4; \ i_p = 1.400$$
$$W = 286,6 \ cm^3; \ I = 5.073 \ cm^4$$

2) Perfil necesario para la cuaderna superior:

$$W_{req} = \frac{M_B}{\sigma_t} = \frac{1,560 \cdot 10^5}{1.200} = 130 \ cm^3$$

Tantearemos con un refuerzo con bulbo con peralte:

$$30 \cdot W^{0,35} = 167 \ mm$$

Consideraremos la misma plancha asociada de $800x10 \ mm$ El perfil de refuerzo de llanta con bulbo que cumple con los requisitos impuestos es el siguiente:

$$180x10: \quad \text{Área} = 22,5; \ C = 10,6; \ i_p = 717$$
$$W = 176 \ cm^3; \ I = 2.689 \ cm^4$$

3)

3.1) Coeficientes de reparto, Nudo B):

Tramo (1)

$$\frac{I_1/l_1}{I_1/l_1 + I_2/l_2} = \frac{5.073/480}{5.073/480 + 2.689/300} = 0,541$$

Tramo (2)

$$\frac{I_2/l_2}{I_1/l_1 + I_2/l_2} = \frac{2.689/300}{5.073/480 + 2.689/300} = 0,459$$

3.2) Relajación:

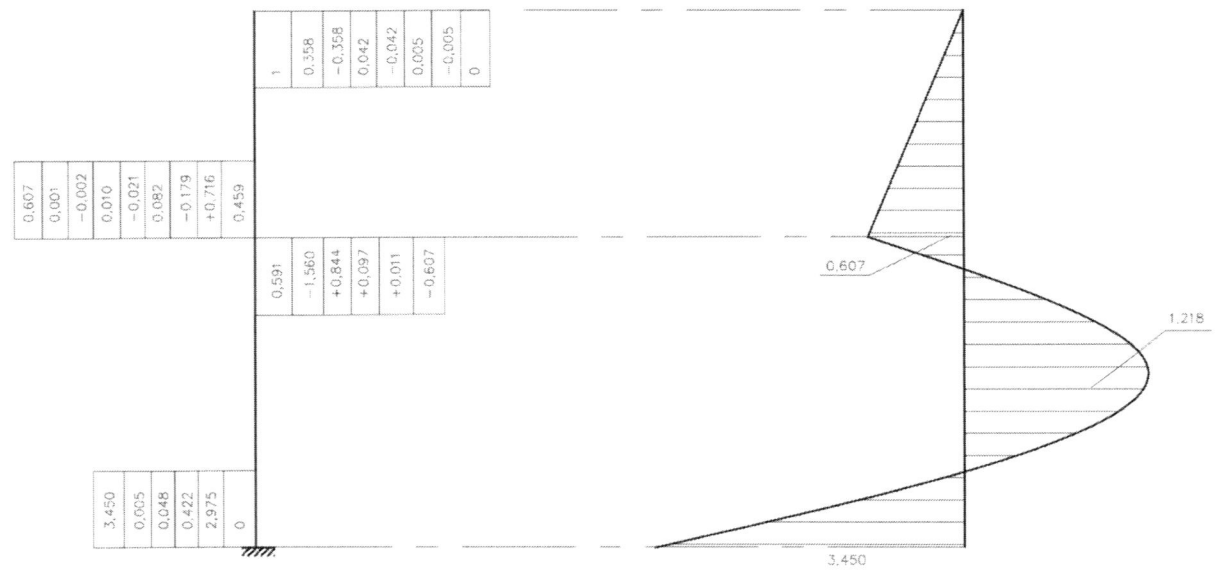

3.3) Diagrama de momentos flectores. Tramo 1):

(I) Carga triangular: $q' = q_A \cdot l/h = 3,119 \cdot 4,8/3,8 = 3,940\ t/m$

(II) Carga uniforme: $q' - q_A = 3,940 - 3,119 = 0,821\ t/m$

La debida a los momentos de reacción aplicados en los extremos (resultados del Cross)

$$M_A = 3,450$$

$$M_B = -0,607$$

x/l	
0	-3,450 t · m
0,5	$3,940 \cdot 4,8^2 \cdot 0,0625 - 0,821 \cdot 4,8^2 \cdot 0,125 - 0,5 \cdot (3,450 + 0,607) = 1,281$ t · m
1	-0,607 t · m

3.4) Diagrama de momentos flectores. Tramo 1):

Es una ley lineal con M_B = -0,607 t · m en la parte inferior y cero en la superior. (Ver diagrama)

4) Comprobación con *software* de cálculo de barras:

Introduciendo los datos en el *software* 3D BEAM:

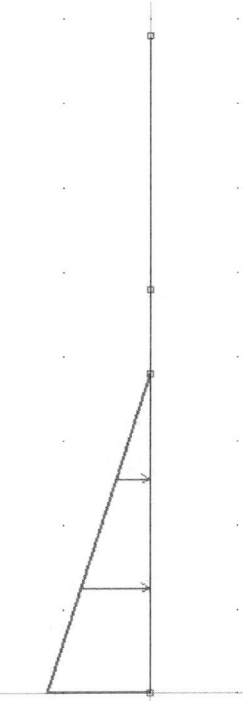

se obtienen los siguientes resultados para las soluciones del diagrama de momentos flectores:

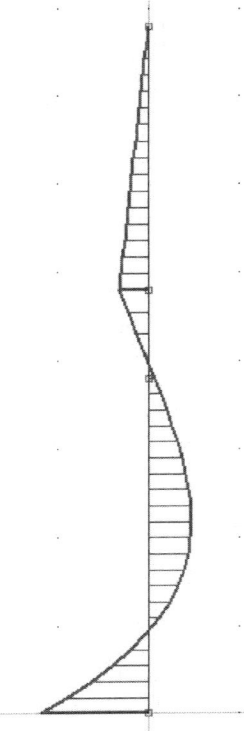

Los resultados son:

ALTURA	VALOR	
mm	N · mm	t · m
0	32.230.534	3.287
2182	-12.986.712	-1.324
4800	8.541.711	0.871

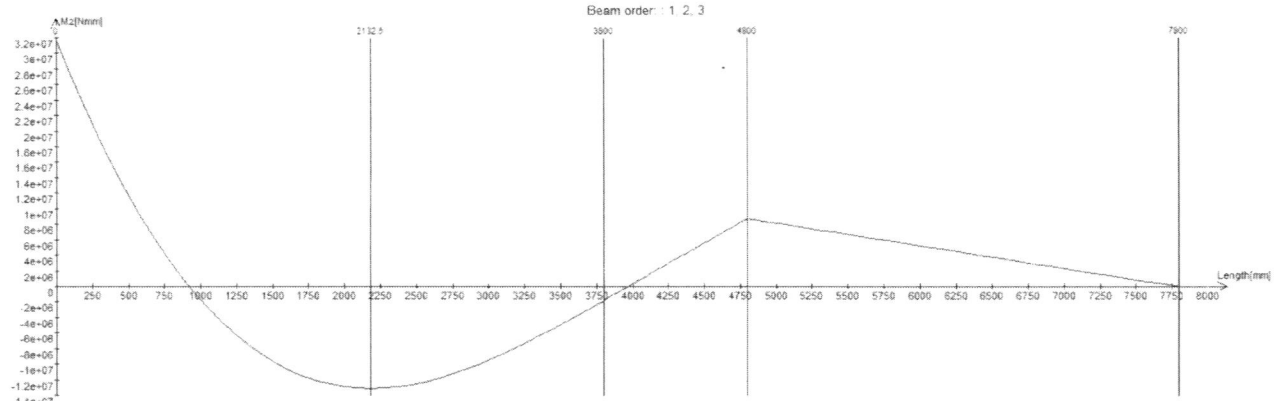

PROBLEMA 44. La figura muestra el bao y los puntales de la cubierta inferior de un carguero.

Suponiendo:

- Las inercias del bao y de los puntales son iguales.
- Los extremos del bao (babor y estribor) están empotrados en el costado.
- Los extremos inferiores de los puntales están empotrados en el doble fondo.
Se pide:

1) Diagrama de momentos flectores en bao y puntales
2) Perfil necesario considerando un σ_t admisible de 1.200 kg/cm² y plancha asociada de 10 m.

   Nota: téngase en cuenta que los puntales trabajan a flexión y compresión combinados.

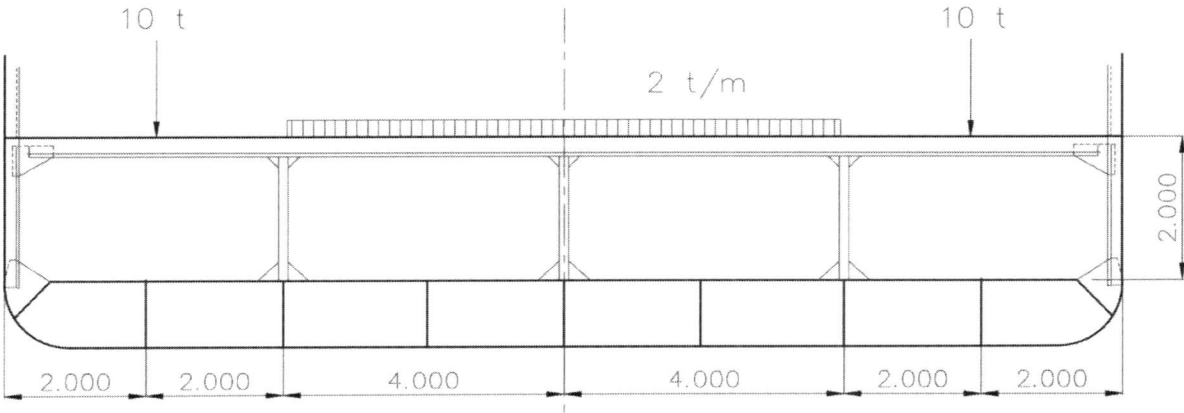

Solución:

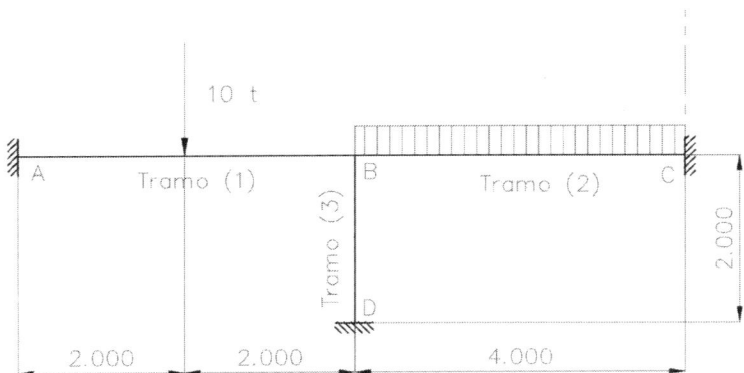

Por simetría, se considera solamente la mitad de la estructura. Los momentos de empotramiento son:

Tramo (1)

$$\frac{p \cdot l}{8} = \frac{10 \cdot 4}{8} = 5 \, t \cdot m \text{ (ambos extremos)}$$

Tramo (2)

$$\frac{q \cdot l^2}{12} = \frac{2 \cdot 4^2}{12} = 2,67\, t \cdot m \text{ (ambos extremos)}$$

Coeficientes de reparto, Nudo B:

Tramo (1)

$$\frac{I/4}{I/4 + I/4 + I/2} = 0,25$$

Tramo (2)

$$\frac{I/4}{I/4 + I/4 + I/2} = 0,25$$

Tramo (3)

$$\frac{I/2}{I/4 + I/4 + I/2} = 0,50$$

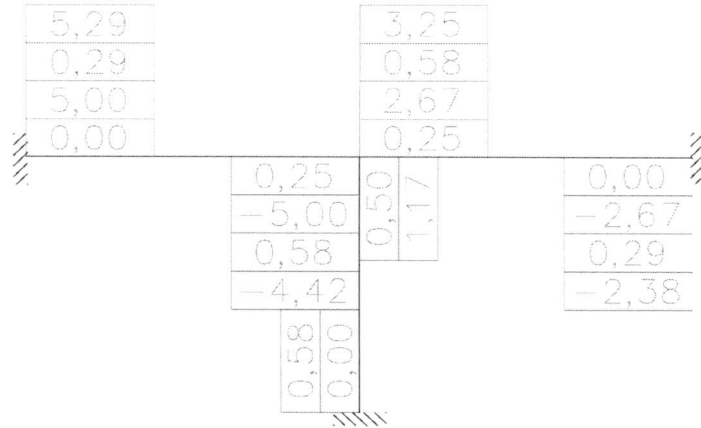

Los momentos en los centros de los dos tramos del bao son:

Centro del Tramo (1)

$$\frac{10 \cdot 4}{4} - \frac{5,29 + 4,42}{2} = 5,15\, t \cdot m$$

Centro del Tramo (2)

$$\frac{2 \cdot 4^2}{8} - \frac{3,25 + 2,38}{2} = 1,19\, t \cdot m$$

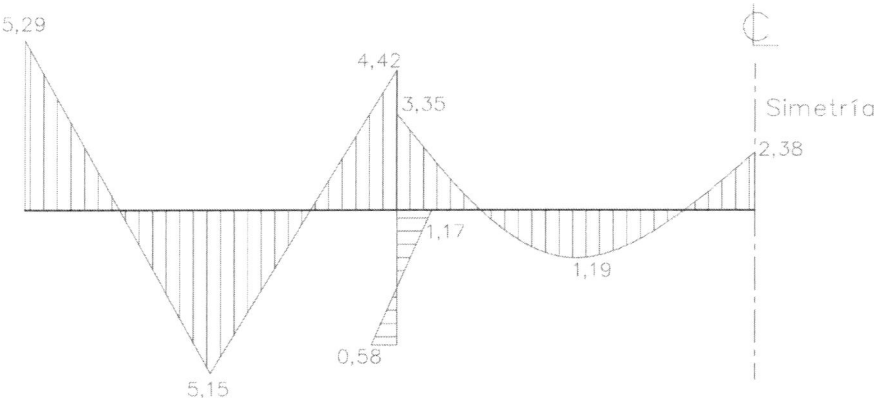

Módulo mínimo para el bao:

$$W_{min} = \frac{5,29 \cdot 100}{1,2} = 441 \; cm^3$$

o bien si consideramos que este pico está absorbido por el cartabón, escantillonaremos el bao para:

$$W_{min} = \frac{5,15 \cdot 100}{1,2} = 429 \; cm^3$$

Peralte $\simeq D = 30 \cdot 441^{0,35} = 250 \; mm$

Con plancha asociada de 580 x 10 mm:

PERFIL	240 x 11	260 x 10
ÁREA TOTAL	92,9	94,1
I_m	6.973	8.687
w	370,4	432,4

Se adopta un perfil de 260 x 10.

Perfil requerido para el puntal

Para calcular la carga axil sobre cada puntal habría que determinar las reacciones sobre los apoyos, pero en bastante aproximación, puede estimarse:

    a) Puntales laterales:

$$\frac{10}{2} + \frac{2 \cdot 4}{2} = 9 \; t$$

    b) Puntal central:

$$\frac{2 \cdot 8}{2} = 8 \; t$$

En consecuencia, los puntales laterales son los más cargados ya que, además soportan flexión.

Sea el $\bigcirc = 168,3 \times 7,1; A = 36 \; cm^2; W = 39 \; cm^3$

$$\sigma = \frac{9}{36} + \frac{1,17 \cdot 100}{139} = 1.092$$

Este perfil valdría, aunque habrá que verificar la resistencia al pandeo.

PROBLEMA 45. La figura adjunta representa la sección transversal de un dique flotante. En su parte inferior se da el esquema para el estudio de la Resistencia Transversal: se supone una viga apoyada en los ejes de los cajones laterales y cargada en su parte central con una fuerza vertical P (acción de los picaderos) hacia abajo, y una carga uniformemente distribuida q (diferencia entre empujes, lastres y peso propio) hacia arriba.

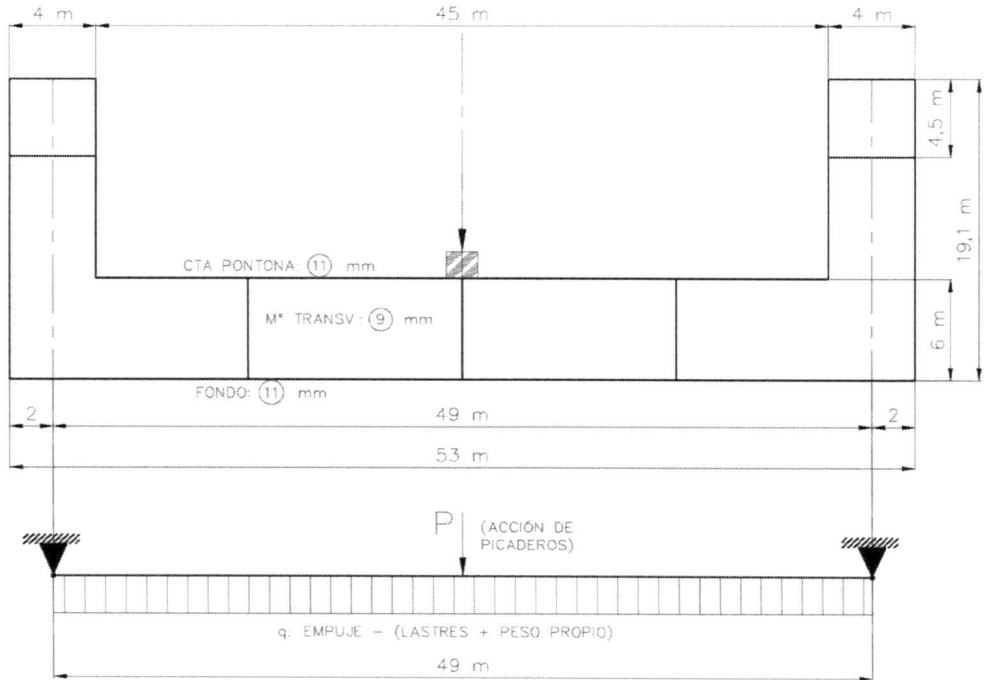

Se disponen mamparos transversales resistentes espaciados 4,813 m de un espesor de 9 mm.

Por cada mamparo:

$P =$ 1.124,6 t
$q =$ 16,79 t/m

Se pide:

1) Diagrama acotado de fuerzas cortantes y momentos flectores actuantes.
2) Esfuerzos máximos de tracción, compresión, cizalla y combinado en la viga transversal (I, fondo, cubierta, mamparo).

Solución:

1) Diagramas

Momentos flectores:

En 1): 0

En 2): $\frac{P \cdot l}{4} - \frac{q \cdot l^2}{8} = \frac{1.124,6 \cdot 49}{4} - \frac{16,79 \cdot 19^2}{8} = 8.737,25 \ t \cdot m$

Fuerzas cortantes:

En 1): $R = \frac{P - q \cdot l}{2} = 150,95 \ t$

En 2): $\frac{P}{2} = 562,30 \ t$

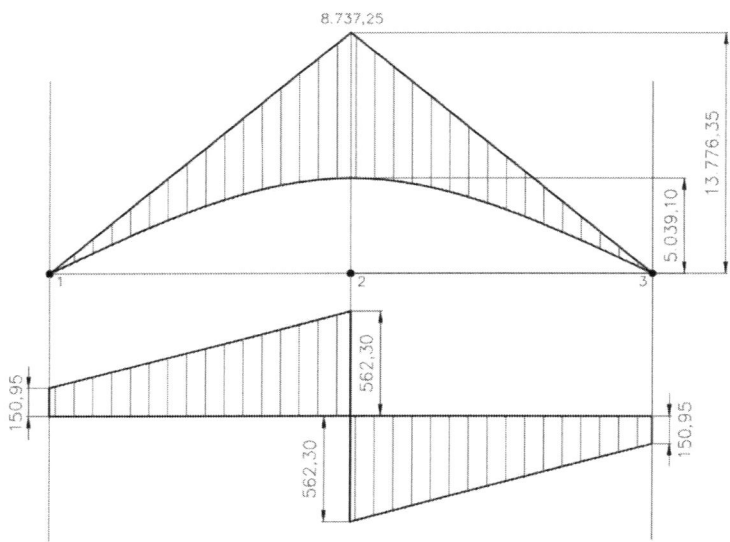

Evidentemente la sección más crítica es la central (Nº 2) donde se da un valor máximo del Momento Flector (8.737,25 t · m), así como una discontinuidad en la distribución de Fuerzas Cortantes que hace que inmediatamente a una banda u otra del centro aparezca un máximo absoluto de 562,30 t.

2) Características geométrico-resistentes de la viga transversal

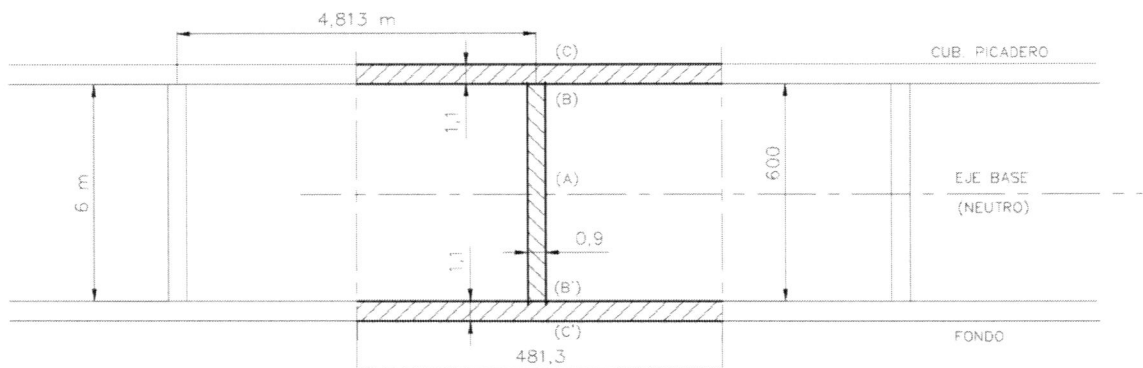

ELEMENTO	A	y	$A \cdot y$	$A \cdot y^2$	I_p
Cubierta	529,43	300,55	159.120	47.823.572	-
Mamparo	450,00	0	0	0	16.200.000
Fondo	529,43	-300,55	-159.120	47.823.572	-

$$y_n = 0$$

$$y_{max} = 301, 1 \ cm$$

$$I_n = 111.847.144 \ cm^4$$

$$W = \frac{I_m}{y_{max}} = 371.462 \ cm^3$$

Momento estático en (B): $m_B = 481, 3 \cdot 300, 55 \cdot 1, 1 = 159.120 \ cm^3$
Momento estático en (A): $m_A = m_B + 500 \cdot 150 \cdot 0, 9 = 199.620 \ cm^3$

3) Esfuerzos

Punto A

$$\sigma = \ 0$$

$$\tau = \ \frac{F \cdot m_A}{I_n \cdot e} = \frac{562,3 \cdot 199.620}{111.847.144 \cdot 0,9} = 1,115 \ t/cm^2 = 1.115 \ t/cm^2$$

$$\sigma_c = \ \sqrt{\sigma^2 + 3 \cdot \tau^2} = 1.931 \ kg/cm^2$$

Puntos B y B′

$$\sigma = \ \frac{M}{I_n} \cdot y = \frac{873.725}{111.847.144} \cdot 300 = 2,344 \ t/cm^2 = 2.344 \ kg/cm^2 \ \begin{cases} \text{Compresión en (B)} \\ \text{Tracción en (B′)} \end{cases}$$

$$\tau = \ \frac{F \cdot m_B}{I_n \cdot e} = \frac{562,3 \cdot 159.120}{111.847.144 \cdot 0,9} = 0,889 \ t/cm^2 = 899 \ kg/cm^2$$

$$\sigma_c = \ \sqrt{\sigma^2 + 3 \cdot \tau^2} = 2.804 \ kg/cm^2$$

Puntos C y C′

$$\sigma = \frac{M}{I_n} \cdot y = \frac{873.725}{111.847.144} \cdot 301,1 = 2,352 \ t/cm^2 = 2.352 \ kg/cm^2 \ \begin{cases} \text{Compresión en (C)} \\ \text{Tracción en (C')} \end{cases}$$

$$\tau = 0$$

$$\sigma_c = 2.352 \ kg/cm^2$$

PROBLEMA 46. El desglose de pesos del dique flotante cuya disposición general se muestra en el Problema 17 de esta relación de ejercicios es el siguiente:

Peso de las dos murallas laterales (20 m de altura) .... 2.800 t
Resto del peso de acero (pontona) .... 5.000 t
Equipo (situado sobre las murallas laterales) .... 922,5 t

El dique va a ser construido en una grada inclinada y lanzada al agua por el procedimiento tradicional de doble imada. (Las imadas se harán coincidir con los mamparos longitudinales situados a 10 m de crujía).

Teniendo en cuenta que cada 5 metros de la eslora del dique existe un mamparo transversal no estanco, de 10 mm de espesor y que el fondo del dique y la cubierta de picaderos tienen 11 mm de espesor, se desea conocer la resistencia transversal del dique sobre las imadas. Se pide:

1) Diagrama de momentos flectores sobre la sección transversal (Viga-mamparo transversal).

2) Diagrama de fuerzas cortantes sobre dicha viga mamparo transversal.

3) Esfuerzos máximos de flexión y cizalla.

4) Máxima intensidad del esfuerzo combinado (criterio de Henley-Von Mises: $\sigma_c = \sqrt{\sigma^2 + 3 \cdot \tau^2}$

Solución:

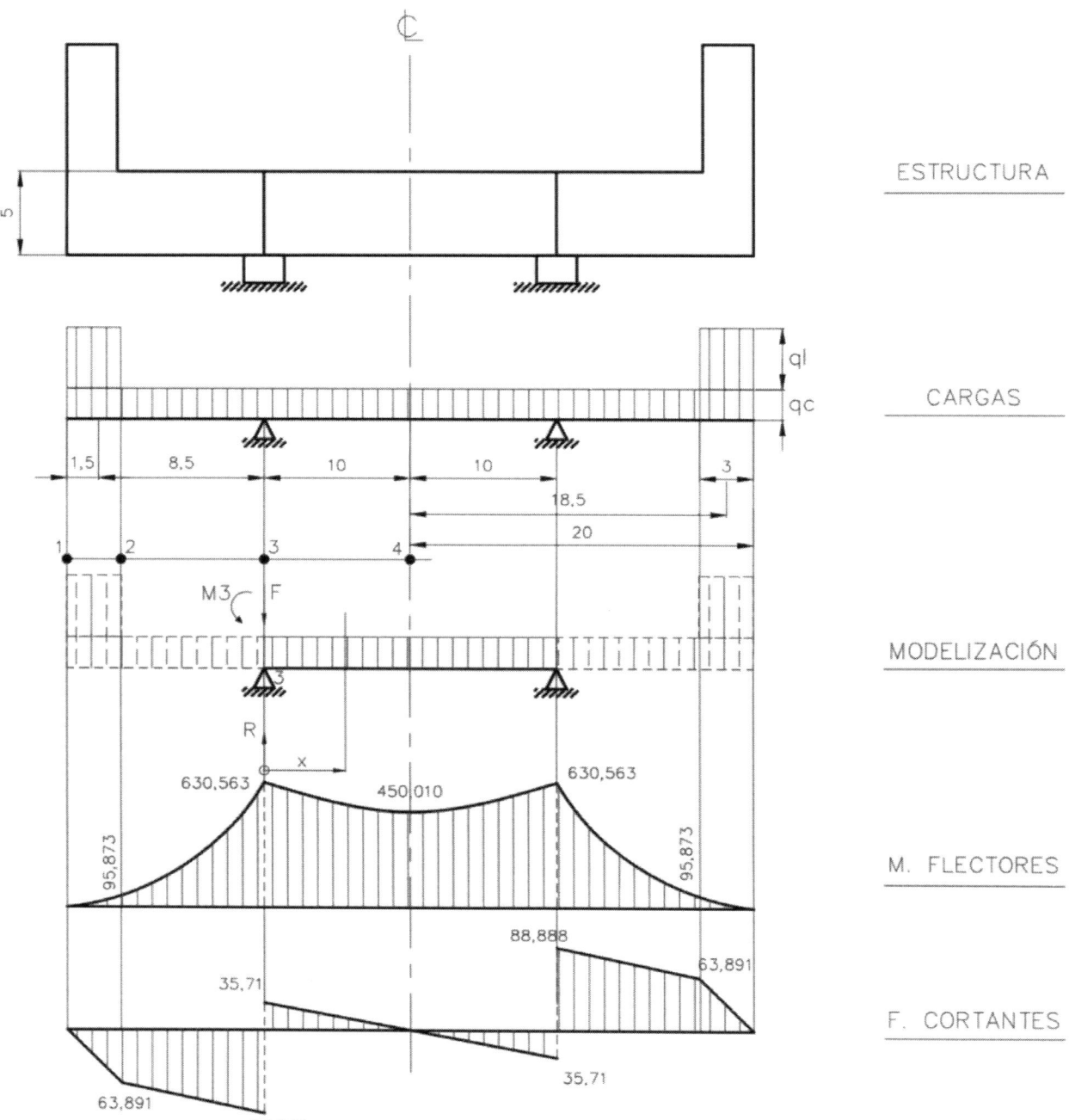

a) Cargas

Consideramos una clara de mamparos transversales:

$$q_c = \frac{5.000}{175} \cdot 5 \cdot \frac{1}{40} = 3{,}571 \; t/m$$

$$q_l = \frac{2.800 + 922{,}5}{175} \cdot 5 \cdot \frac{1}{6} = 17{,}726 \; t/m$$

b) Reacciones en las imadas

Por cada mamparo transversal:

$$R = \tfrac{1}{2} \cdot (3,571 \cdot 40 + 17,726 \cdot 6) = 124,598\ t$$

c) Diagrama de momentos flectores

<u>Punto 1:</u> 0
<u>Punto 2:</u> $(3,571 + 17,726 \cdot \tfrac{3^2}{2} = 95,837\ t \cdot m$
<u>Punto 3:</u> $3 \cdot 17,726 \cdot 8,5 + \tfrac{10^2}{2} \cdot 3,571 = 630,563\ t \cdot m$
<u>Punto 4:</u> $3 \cdot 17,726 \cdot 18,5 + \tfrac{20^2}{2} \cdot 3,571 - 124,598 \cdot 10 = 452,010\ t \cdot m$

d) Diagrama de fuerzas cortantes

<u>Punto 1:</u> 0
<u>Punto 2:</u> $-(3,571 + 17,726) \cdot 3 = -63,891\ t$
<u>Punto 3:</u> $3 \cdot 17,726 - 10 \cdot 3,571 = -88,888\ t$ (al otro lado, $-88,888 + 124,598 = 35,71\ t$)
<u>Punto 4:</u> 0

e) Características geométrico-resistentes de la viga transversal

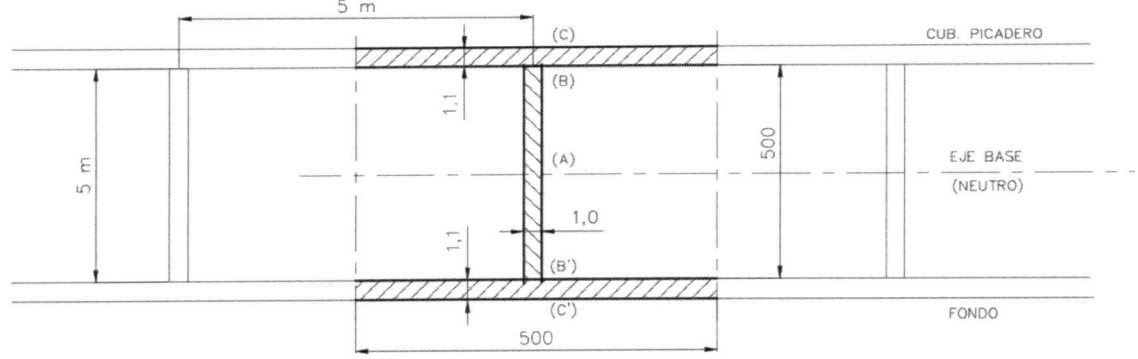

ELEMENTO	A	y	$A \cdot y$	$A \cdot y^2$	I_p
Cubierta	550	250,55	137.802	34.526.416	-
Mamparo	500	0	0	0	10.416.667
Fondo	550	-250,55	-137.802	34.526.416	-

$$y_n = 0$$

$$y_{max} = 251,1\ cm$$

$$I_n = 79.469.499\ cm^4$$

$$W = \frac{I_m}{y_{max}} = 316.485\ cm^3$$

Momento estático en (B): $m_B = 550 \cdot 250,55 = 137.802 \ cm^3$
Momento estático en (A): $m_A = m_B + 250 \cdot 125 = 169.052 \ cm^3$

f) Esfuerzos

La sección más crítica es la correspondiente a 3 (en coincidencia con los apoyos en las imadas).

$$M.Flector = 630,563 \ t \cdot m$$

$$F.Cortante = 88,888 \ t$$

Punto A

$$\sigma = \quad 0$$

$$\tau = \quad \frac{F \cdot m_A}{I_n \cdot e} = \frac{88,888 \cdot 169.052}{79.469.499 \cdot 1} = 0,189 \ t/cm^2 = 189 \ kg/cm^2$$

$$\sigma_c = \quad \sqrt{\sigma^2 + 3 \cdot \tau^2} = 327 \ kg/cm^2$$

Puntos B y B'

$$\sigma = \quad \frac{630,563 \cdot 100}{79.469.499} \cdot 250 = 0,198 \ t/cm^2 = 198 \ kg/cm^2$$

$$\tau = \quad \frac{F \cdot m_B}{I_n \cdot e} = \frac{88,888 \cdot 137.802}{79.469.499 \cdot 1} = 0,154 \ t/cm^2 = 154 \ kg/cm^2$$

$$\sigma_c = \quad \sqrt{\sigma^2 + 3 \cdot \tau^2} = 332 \ kg/cm^2$$

Puntos C y C'

$$\sigma = \quad \frac{630,563 \cdot 100}{316.485} = 0,199 \ t/cm^2 = 199 \ kg/cm^2$$

$$\tau = \quad 0$$

$$\sigma_c = \quad 199 \ kg/cm^2$$

PROBLEMA 47. La distancia entre cuadernas de un *bulkcarrier* es de $s = 830$ mm. Las bulárcamas de los tanques laterales superiores se disponen cada 6 claras. La carga sobre cubierta es de 1,5 t/m² y sobre la escotilla de 1 t/m².

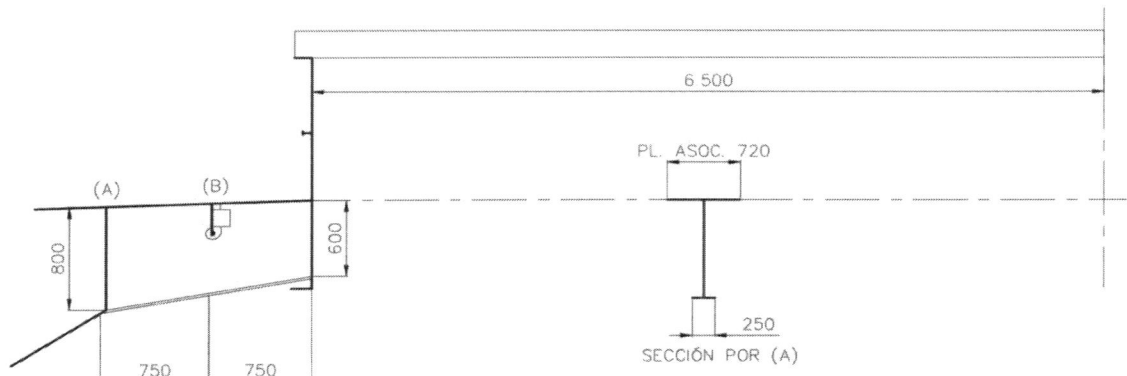

Suponiendo empotrado el pico interior de la bulárcama alta en la estructura del tanque lateral alto y teniendo en cuenta la carga sobre cubierta y la reacción de la eslora de escotilla (que se considera apoyada sobre el extremo del pico de la bulárcama) calcúlese el momento flector máximo y las fuerzas cortantes en:

- El empotramiento (A).
- A la altura del longitudinal (B).

En función de los valores anteriores y teniendo en cuenta que:

- El esfuerzo máximo admisible a flexión es de 1.200 kg/cm²
- El esfuerzo máximo admisible a cizalla es de 850 kg/cm²
- El espesor de la cubierta es de 18 mm
- El peralte del longitudinal es de 280 mm. Al corbatearlo se puede considerar que solo se pierde (a efectos de resistencia del alma de la bulárcama a fuerzas cortantes) un 20 % del peralte del longitudinal
- Puede considerarse un ancho asociado de cubierta de 40 veces el espesor
- La patabanda inferior tendrá un ancho de 250 mm

Calcúlese:

a) Espesor necesario del «pico» de bulárcama.
b) Espesor necesario de su patabanda.

Solución:

La carga a la que está sometido el pico que se debe estudiar es la representada en la figura:

P (Carga transmitida por la tapa de escotilla)

Para cada bulárcama:

$$P = 6,5 \cdot (6 \cdot 0,830) \cdot 1 = 32,37 \ t$$

$$q = (6 \cdot 0,830) \cdot 1,5 = 7,47 \ t/m$$

Fuerzas cortantes:

$$\text{En (B)} \quad F_B = 32,37 + 7,470 \cdot 0,75 = 37,973 \ t$$

$$\text{En (A)} \quad F_A = 32,37 + 7,470 \cdot 1,50 = 43,575 \ t$$

a) Espesor necesario para el pico de la bulárcama.

El cálculo del espesor de la bulárcama se hace considerando la fuerza cortante. La sección más crítica es la (B), debilitada por el paso del longitudinal. Si se corbatea este, el área efectiva a cizalla en dicha sección (B) será:

$$\left(\frac{0,8+0,6}{2} - 0,2 \cdot 0,28 \right) \cdot e = 0,644 \cdot e$$

siendo «e» el espesor que se pretende determinar.

Como el τ admisible es de 850 kg/cm² = 8.500 t/m², se tendrá:

$$e = \frac{F_B}{0,644 \cdot \tau_{ad}} = \frac{37,973}{0,644 \cdot 8.500} = 0,0069 \ m \simeq 7 \ mm$$

Comprobación en el punto (A)

$$\tau = \frac{43,575}{0,8 \cdot 0,007} = 7.781 \ t/m^2 = 778 \ kg/cm^2$$

b) Espesor de la platabanda

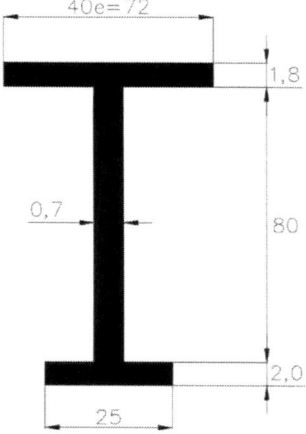

Lo calcularemos para soportar el momento flector:

$$MF = P \cdot 1,5 + \frac{1,5^2}{2} \cdot q = 32,37 \cdot 1,5 + \frac{1,5^2}{2} \cdot 7,47 = 56,96 \, t \cdot m$$

$$W_{min} = \frac{56,96 \cdot 100}{1.200} = 4.746 \, cm^3$$

Prueba 1: -> $e' = 20 \, mm$

A	y	$A \cdot y$	$A \cdot y^2$	I_p
129,6	0,90	117	105	-
56,0	41,80	2.341	97.845	29.867
50,0	82,80	4.140	342.792	-
235,6		6.598	470.609	

$$y_n = \frac{6.598}{235,6} = 28,01 \, cm$$

$$y_{max} 83,8 - 28,01 = 55,79 \, cm$$

$$I_n = 285.767 \, cm^4$$

$$W = 5.122 \, cm^3$$

Prueba 2: -> $e' = 18 \, mm$

A	y	$A \cdot y$	$A \cdot y^2$	I_p
129,6	0,90	117	105	-
56,0	41,80	2.341	97.845	29.867
45,0	82,70	3.722	307.768	-
230,6		6.180	435.585	

$$y_n = \frac{6.180}{230,6} = 26,8 \, cm$$

$$y_{max} 83,8 - 26,8 = 56,8 \, cm$$

$$I_n = 269.959 \, cm^4$$

$$W = 4.752 \, cm^3$$

Por lo tanto, el espesor necesario es de **18 mm**

PROBLEMA 48. Un puntal de bodega soporta un área de 30 m^2 sobre la que gravita una carga de 2 t/m^2. El puntal de bodega es de 5 m. Elegir un perfil tubular para dicho puntal.

Solución:

$$P = 30 \cdot 2 = 60\ t$$

$$l_e = 0,65 \cdot 5 = 3,25\ m$$

$$A_0 = \frac{P}{0,95} = \frac{60}{0,95} = 63,16\ cm^2$$

Elegimos en primera instancia un diámetro de puntal de 273x8 cuya área es de 66,6 cm^2 y radio de 9,37 cm:

$$\lambda = \frac{l_e}{r} = \frac{325}{9,37} = 34,69 < 130 => \sigma_c = 2.450 - 0,0724 \cdot \lambda^2 = 2.361\ kg/cm^2$$

$$P_{crítica} = A \cdot \sigma_c = 66,6 \cdot 2.361 = 157.242,6\ kg = 157,24\ t$$

$$Cs = \frac{P_{crtica}}{P} = \frac{157,24}{60} = 2,62$$

Como el coeficiente de seguridad es algo mayor de 2,5 podría pensarse en reducir algo el perfil tubular.

PROBLEMA 49. Un puntal de entrepuente soporta un área de 30 m^2 sobre la que gravita una carga de 2,5 t/m^2. La altura de entrepuente es de 4,60 m. Elegir un perfil tubular para construir dicho puntal.

Solución:

$$P = 30 \cdot 2,5 = 75 \ t$$

$$l_e = 0,80 \cdot 4,6 = 3,68 \ m$$

$$A_0 = \frac{P}{0,95} = \frac{75}{0,95} = 78,95 \ cm^2$$

Elegimos en primera instancia un diámetro de puntal de 273x10 cuya área es de 82,6 cm^2 y radio de 9,31 cm:

$$\lambda = \frac{l_e}{r} = \frac{368}{9,31} = 39,53 < 130 => \sigma_c = 2.450 - 0,0724 \cdot \lambda^2 = 2.337 \ kg/cm^2$$

$$P_{crtica} = A \cdot \sigma_c = 82,6 \cdot 2.337 = 193.030,0 \ kg = 193,03 \ t$$

$$Cs = \frac{P_{crtica}}{P} = \frac{193,03}{75} = 2,57$$

El perfil tubular podría considerarse como válido puesto que el coeficiente de seguiridad es ligeramente mayor de 2,5.

PROBLEMA 50. La figura adjunta representa una planta de una bodega de un carguero de dos cubiertas. Las escotillas en ambas son de 8 x 6 m y las brazolas van soportadas por sendos puntales en crujía.

Altura del entrepuente … … 3 m
Puntal de la bodega … … 4,5 m
Carga sobre cubierta superior … … 2 t/m^3
Carga sobre entrepuente … … 3 t/m^3

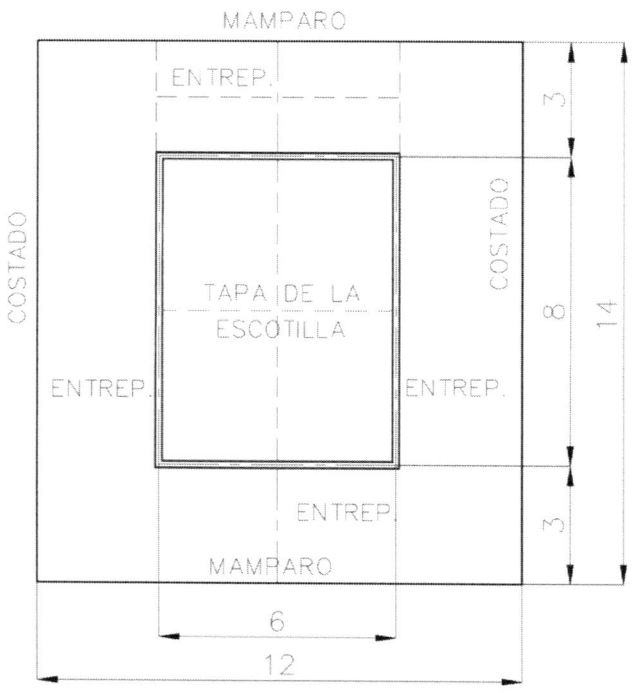

Elegir un perfil tubular para el puntal inferior (dentro de la bodega).

Solución:

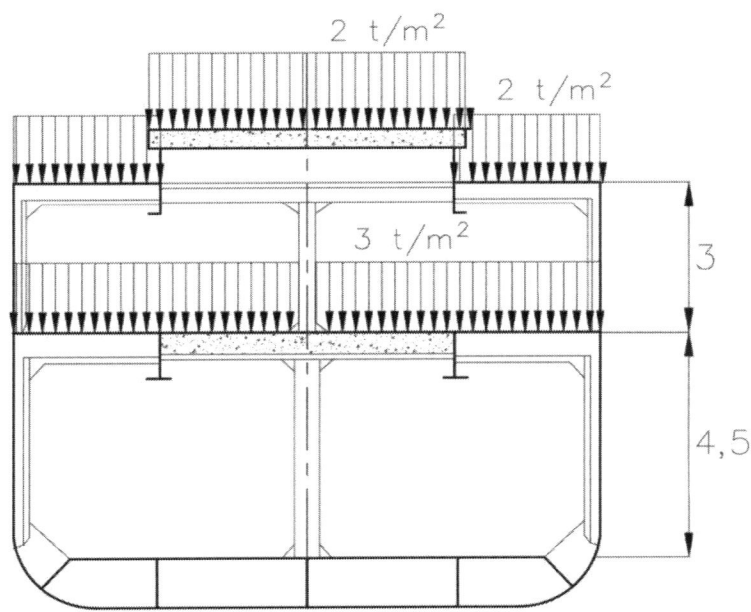

$$\underline{\text{Sup. asociada}}$$

$$P_1 = \underbrace{\left(\tfrac{3}{2}+\tfrac{8}{2}\right)}_{l} \cdot \underbrace{\left(\tfrac{12}{2}\right)}_{b} \cdot \ 2\,t/m^2 \ = 66\,t$$

$$P_2 = \left(\tfrac{3}{2}+\tfrac{8}{2}\right) \cdot \left(\tfrac{12}{2}\right) \cdot \ 3\,t/m^2 \ = 99\,t$$

$$P = P_1 + P_2 = 165\,t$$

$$l_e = 0,65 \cdot 4,5 = 2,925\ m$$

$$A_0 = \frac{P}{0,95} = \frac{165}{0,95} = 173,684\ cm^2$$

Elegimos en primera instancia un perfil tubular con diámetro exterior 457 x 12,5 (A = 175 cm²; r = 15,73 cm)

$$\lambda = \frac{l_e}{r} = \frac{292,5}{15,73} = 18,6 < 130 => \sigma_c = 2.450 - 0,0724 \cdot \lambda^2 = 2.425\ kg/cm^2\,[1]$$

$$P_{critica} = A \cdot \sigma_c = 175 \cdot 2,425 = 424,38\ t$$

---

[1]Alternativamente, un valor válido para σ_c se puede obtener como sigue:

$$\frac{\sigma_c}{\tau} = \frac{\pi^2 \cdot E}{(l/r)^2} = \frac{2,0726 \cdot 10^7}{18,6^2} = 59.909 > \sigma_c$$

Entrando en la Tabla 9.2 $\sigma_c \simeq 2.425$

$$C.s = \frac{P_{critica}}{P} = \frac{424,38}{165} = 2,57$$

Como el coeficiente de seguridad es algo mayor de 2,5 podría pensarse en reducir algo el perfil tubular. Concretamente con un tubo de 406,4x12,5 (A = 155 cm²) se alcanza un C.s = 2,27

PROBLEMA 51.

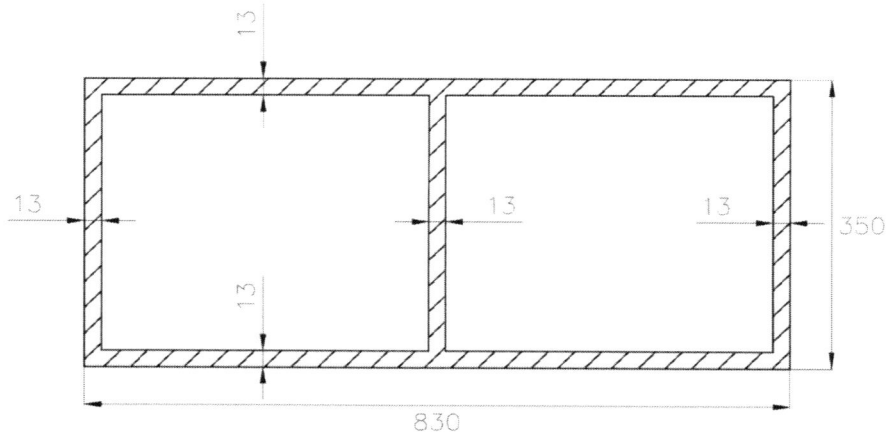

a) Calcular la carga crítica de pandeo de un puntal de un entrepuente de 6,5 m de altura situado en un buque Ro-Ro y cuya sección es la que muestra la figura. Las dimensiones están en mm y el material es Acero Dulce.

b) ¿Cuál será la carga máx. de trabajo para que $\sigma_t \leq 1.200 \ kg/cm^2$ y el C.s frente al pandeo no sea menor de 2,5?

Solución:

Se trata de un perfil prefabricado simétrico. El eje respecto al que tiene el mínimo momento de inercia de la sección es uno paralelo al lado mayor y que pasa por el centro de gravedad del área de la sección.

Aun cuando el cálculo de dicho momento de inercia se puede hacer considerando que se trata de un perfil compuesto por 5 elementos (los dos lados mayores y los tres menores), es más sencillo considerarlo como diferencia entre los momentos de inercia del rectángulo grande total (830x350) y de los dos huecos interiores, cuyas dimensiones son:

Anchura: (830 - 3 x 13) / 2 = 395,5 mm = 39,55 cm
Altura: 350 - 2 x 13 = 324 mm = 32,40 cm

Por tanto:

$$A = 80 \cdot 35 - 2 \cdot 39,55 \cdot 32,40 = 342,16 \ cm^2$$

$$I_m = \frac{1}{12} \cdot 83 \cdot 35^2 - 2 \cdot \frac{1}{12} \cdot 39,55 \cdot 32,40^3 = 72.355 \ cm^4$$

$$r = \sqrt{\frac{I_m}{A}} = 14,542 \ cm$$

a)

$$le = 0,80 \cdot 6,5 = 5,2 \ m = 520 \ cm$$

$$\lambda = \frac{le}{r} = \frac{520}{14,542} = 35,758$$

Como λ < 100 y se trata de acero dulce:

$$\sigma_{cr} = 2.450 - 0,072 \cdot 35,758^2 = 2.358 \ kg/cm^2$$

$$P_{cr} = \sigma_{cr} \cdot A = 2.358 \cdot 342,16 = 806.813 \ kg = 806,8 \ t$$

b) Carga de trabajo considerando la más exigente de las dos condiciones siguientes:

i) Esfuerzo de compresión < 1.200 kg/cm^2

$$P_i = 1,2 \cdot 342,16 = 410,6 \ t$$

ii) Coeficiente de seguridad respecto al pandeo: 2,5

$$P_{ii} = (2,358/2,5) \cdot 342,16 = 322,7 \ t$$

$$P_{trabajo} = 322,7 \ t$$

PROBLEMA 52. El fondo de un buque ro-ro es de estructura longitudinal, de 16 mm de espesor y con una separación entre longitudinales de 850 mm, mientras que las varengas están espaciadas 2,5 m. Calcular el esfuerzo crítico de pandeo del panel en relación con la acción de momento flector de quebranto.

* **Nota.** En el cálculo no se tendrá en cuenta la posible acción de la presión hidrostática: supóngase que la cara interna hay una contrapresión que la equilibra.

Solución:

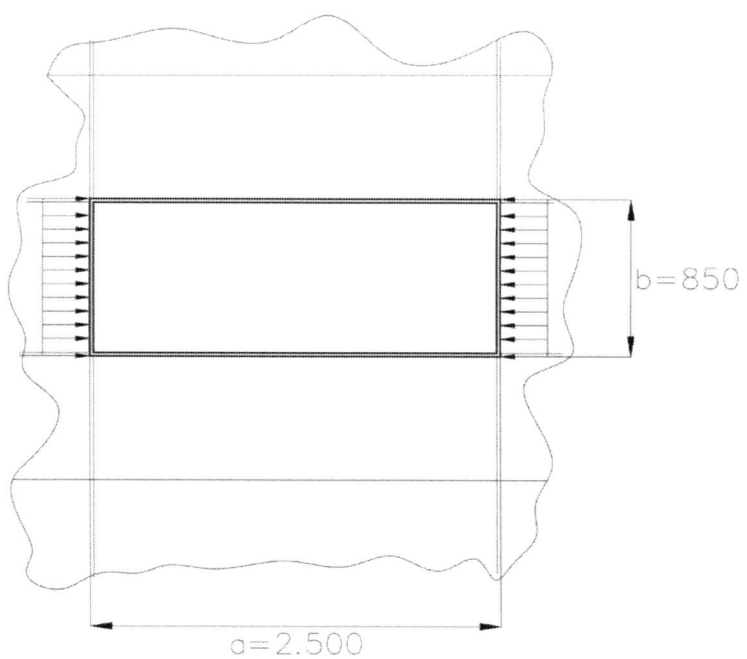

$$\alpha = \frac{a}{b} = \frac{2.500}{850} = 2,94 > 1 => k = 4$$

$$\frac{\sigma_{co}}{\sqrt{\tau}} = 1,9 \cdot 10^6 \cdot \left(\frac{16}{850}\right)^2 \cdot 4 = 2.693 \ kg/cm^2$$

Entrando en la Tabla 9.2, en la columna $\sigma_c/\sqrt{\tau}$ con dicho valor se obtiene:

$$\sigma_c = 2.030 \ kg/cm^2$$

PROBLEMA 53. La cubierta de un petrolero de estructura longitudinal es de 18 mm de espesor. Los longitudinales están espaciados 800 mm, mientras que los anillos de bulárcamas están espaciados 3 metros. Calcular el esfuerzo crítico de pandeo del panel en relación con la acción de un momento flector de arrufo.

Solución:

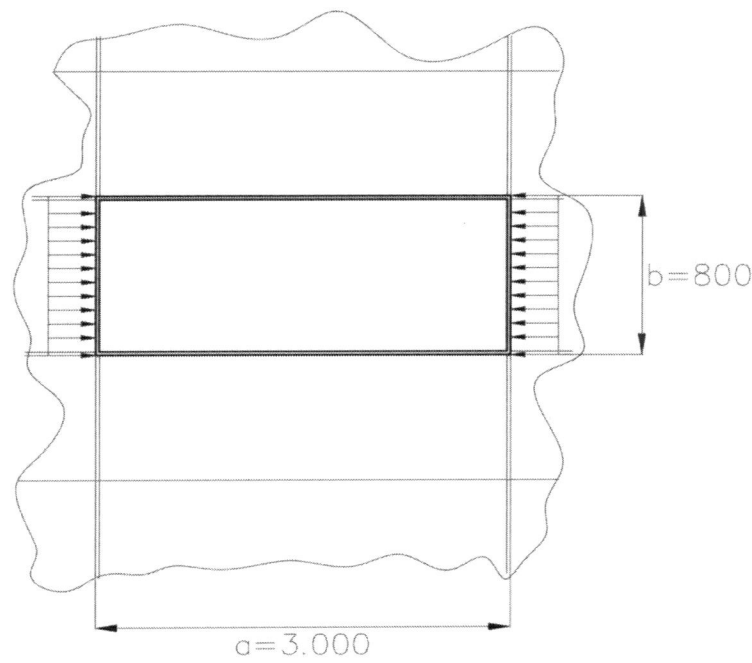

$$\alpha = \frac{a}{b} = \frac{3.000}{800} = 3,75 > 1 \Longrightarrow k = 4$$

$$\frac{\sigma_{co}}{\sqrt{\tau}} = 1,9 \cdot 10^6 \cdot \left(\frac{18}{800}\right)^2 \cdot 4 = 3.847 \ kg/cm^2$$

Entrando en la Tabla 9.2, en la columna $\sigma_c/\sqrt{\tau}$ con dicho valor se obtiene:

$$\sigma_c = 2.224 \ kg/cm^2$$

PROBLEMA 54. La cubierta de un *bulkcarrier* es de 32 mm de espesor. Los longitudinales de cubierta están espaciados 830 mm, mientras que las bulárcamas sobre las que se apoyan tienen una separación de 4.980 mm. Calcular el coeficiente de seguridad contra el pandeo si está sometida a un momento flector de arrufo que causa un σ = 1.640 kg/cm^2 en las planchas de cubierta.

Solución:

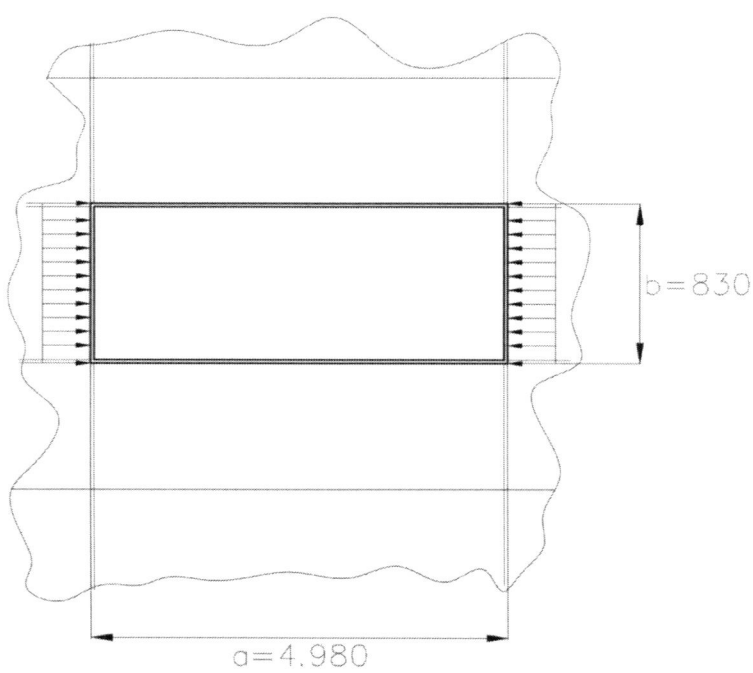

$$\alpha = \frac{a}{b} = \frac{4.980}{830} = 6 > 1 => k = 4$$

$$\frac{\sigma_{co}}{\sqrt{\tau}} = 1,9 \cdot 10^6 \cdot \left(\frac{32}{830}\right)^2 \cdot 4 = 11.297 \; kg/cm^2$$

Entrando en la Tabla 9.2, en la columna $\sigma_c/\sqrt{\tau}$ con dicho valor se obtiene:

σ_c	$\sigma_c/\sqrt{\tau}$
2.420	11.002
2.425	12.065

Por lo tanto, interpolando para 11.297 -> $\sigma_c = 2.421 \; kg/cm^2$

$$C.s = \frac{2.421}{1.640} = 1,48$$

PROBLEMA 55. Un panel de una bulárcama de fondo de un petrolero tiene una altura de 1.200 mm y una anchura de 950 mm. Considerando que está sometido a una distribución de esfuerzos de flexión (tracción/compresión) de 1.300 kg/cm², siendo $\tau_{xy} = 0$.

La plancha de la varenga es de acero normal y de 12 mm de espesor.

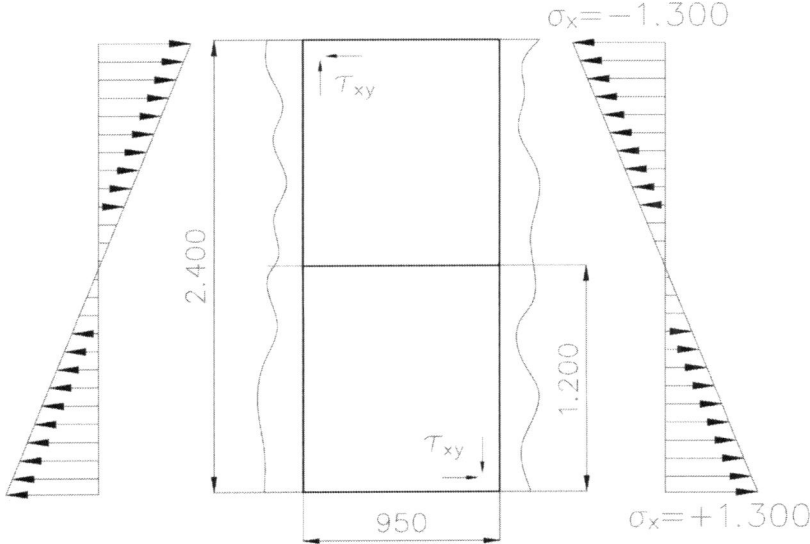

Se pide:

1) Calcular el coeficiente de seguridad contra el pandeo.
2) Calcular el coeficiente de seguridad contra el pandeo si solo actúa un esfuerzo de cizalla $\tau_{xy} = 850$ kg/cm² (es decir, que en esta caso, $\sigma_x = 0$).

Solución:

1)

$$\alpha = \frac{a}{b} = \frac{950}{1.200} = 0,792$$

(Teniendo en cuenta que la presencia del refuerzo horizontal divide la altura de la bulárcama en dos paneles de 1.200 mm cada uno).

Entrando en la Tabla 9.6, caso $2_{(1}$: ($\sigma_x = 1.300$; $\tau_{xy} = 0$)

$$\alpha = 0,792 < 1 => k = 7,7 + 33 \cdot (1 - 0,792)^3 = 8$$

$$\sigma_i/\sqrt{\tau} = 1,9 \cdot 10^6 \cdot \left(\frac{12}{1.200}\right)^2 \cdot 8 = 1.520 \; kg/cm^2$$

Entrando en la Tabla 9.2 (Límite elástico 2.450, lim. prop. 1.225)

$$\sigma/\sqrt{\tau} = 1.520 => \sigma = 1.485 \; kg/cm^2 \; ; \; C.s = \frac{1.485}{1.300} = 1,14$$

2) Entrando en la Tabla 9.6, caso 3: ($\sigma_x = 0$; $\tau_{xy} = 850$)

$$\alpha = 0,792 \implies k = \sqrt{3} \cdot (4 + 5,34/\alpha^2) = 21,673$$

$$\sigma_i/\sqrt{\tau} = 1,9 \cdot 10^6 \cdot \left(\frac{12}{1.200}\right)^2 \cdot 21,673 = 4.118 \ kg/cm^2$$

Entrando en la Tabla 9.2 se obtiene:

$$\left.\begin{array}{ccc} \sigma_i/\sqrt{\tau} & \sigma_i & \text{Interpolando} \\ 4.109 & 2.250 & \text{para} \\ 4.166 & 2.255 & \sigma_i/\sqrt{\tau} = 4.118 \end{array}\right\} \left.\begin{array}{l} \sigma_i = 2.251 \\ \tau_0 = \frac{\sigma_i}{\sqrt{3}} = 1.299 \ kg/cm^2 \end{array}\right\} C.s = \frac{1.299}{850} = 1,53$$

PROBLEMA 56. Un panel de vagra del doble fondo de un *bulkcarrier* está sometido a la acción combinada de un esfuerzo de flexión $\sigma = 1.000$ kg/cm^2 y a una cizalla $\tau_{xy} = 850$ kg/cm^2 (véase figura). La altura de doble fondo es de 2,1 m y la separación entre varengas, 2,715 m. El espesor de la vagra es de 18 mm. Determínese el coeficiente de seguridad contra el pandeo.

Solución:

$$\left. \begin{array}{l} a = 2,715 \\ b = 2,100 \end{array} \right\} \alpha = \frac{a}{b} = \frac{2,715}{2,100} = 1,293 > 1 => æ = \frac{2}{9} + \frac{1}{6} \cdot \alpha^2 = 0,322$$

$$\left. \begin{array}{l} \sigma = 1.000 \\ \tau_{xy} = 850 \end{array} \right\} \beta = \frac{\alpha}{\beta_{xy}} = \frac{1.000}{850} = 1,176$$

$$k = 24 \cdot æ \cdot \sqrt{\frac{\beta^2 + 3}{1 + \beta^2 \cdot æ^2}} = 24 \cdot 0,322 \cdot \sqrt{\frac{1,176^2 + 3}{1 + 1,176^2 \cdot 0,322^2}} = 15,132$$

$$\frac{\sigma_i}{\sqrt{\tau}} = 1,9 \cdot 10^6 \cdot \left(\frac{e}{b}\right)^2 \cdot k = 1,9 \cdot 10^6 \cdot \left(\frac{18}{2.100}\right)^2 \cdot 15,132 = 2.112,3 \; kg/cm^2$$

Entrando en la Tabla 9.2: $\sigma_i \simeq 1.834$

$$\sigma_e = \frac{\beta \cdot \sigma_i}{\sqrt{\beta^2 + 3}} = \frac{1,176 \cdot 1.834}{\sqrt{1,176^2 + 3}} = 1.030 \; kg/cm^2$$

$$C.s = \frac{\sigma_c}{\sigma} = \frac{1.030}{1.000} = 1,03$$

El coeficiente de seguridad es escaso, puesto que debe ser del orden de 1,25.